保险理论与实务

主　编　唐东升　张　霞
副主编　叶　乔　孙瑞者　崔　静　黄雪梅
参　编　费红彦
主　审　蒋雪辉

北京理工大学出版社
BEIJING INSTITUTE OF TECHNOLOGY PRESS

版权专有　侵权必究

图书在版编目（CIP）数据

保险理论与实务／唐东升，张霞主编. —北京：北京理工大学出版社，2017.1（2022.7 重印）

ISBN 978 - 7 - 5682 - 3565 - 5

Ⅰ.①保…　Ⅱ.①唐…　②张…　Ⅲ.①保险学 – 高等学校 – 教材　Ⅳ.①F840

中国版本图书馆 CIP 数据核字（2016）第 317568 号

出版发行／北京理工大学出版社有限责任公司
社　　址／北京市海淀区中关村南大街 5 号
邮　　编／100081
电　　话／（010）68914775（总编室）
　　　　　（010）82562903（教材售后服务热线）
　　　　　（010）68944723（其他图书服务热线）
网　　址／http：//www.bitpress.com.cn
经　　销／全国各地新华书店
印　　刷／北京虎彩文化传播有限公司
开　　本／787 毫米×1092 毫米　1/16
印　　张／20.25　　　　　　　　　　　　　　　责任编辑／王俊洁
字　　数／476 千字　　　　　　　　　　　　　　文案编辑／王俊洁
版　　次／2017 年 1 月第 1 版　2022 年 7 月第 5 次印刷　　责任校对／王素新
定　　价／48.00 元　　　　　　　　　　　　　　责任印制／李志强

图书出现印装质量问题，请拨打售后服务热线，本社负责调换

前　言

为了贯彻落实《国务院关于加快发展现代职业教育的决定》（国发〔2014〕19号）、《教育部关于深化职业教育教学改革全面提高人才培养质量的若干意见》（教职成〔2015〕6号）、《金融人才发展中长期规划（2010—2020年）》（银发〔2011〕18号）等文件精神，"重庆市农村金融专业能力提升项目"团队从2015年开始，根据2012年11月13日教育部职业教育与成人教育司印发的《高等职业学校专业教学标准（试行）》中的金融相关专业教学标准、保险代理从业人员资格考试的要求，积极开展教育教学改革和课程建设，在总结改革和建设成果的基础上，联合重庆有金融专业的部分高职学院，共同编写了本教材。

为便于金融类相关专业学生消化吸收，提高学习效率，本教材突出了以下特色：

一、适用范围广泛

在《高等职业学校专业教学标准（试行）》中，金融管理与实务、国际金融、保险实务、投资与理财、农村合作金融等专业教学标准的课程体系构架都涉及保险理论与实务课程，且保险实务专业教学标准把该课程作为专业核心课程。编写组在编写过程中，联合有上述专业的学校的专业老师共同探讨，充分考虑了这些金融类专业的差异性，使教材能够满足各高职金融类专业教学的需要。

二、教材内容新颖

中华人民共和国第十二届全国人民代表大会常务委员会第十四次会议于2015年4月24日通过了《全国人民代表大会常务委员会关于修改〈中华人民共和国计量法〉等五部法律的决定》，其中，对《中华人民共和国保险法》（以下简称《保险法》）进行了13处修改。编写组在编写过程中，认真学习了修改后的《保险法》，与《保险法》相关的内容均以最新《保险法》为准。

三、实施任务驱动

采用项目导向、任务驱动模式编排教材内容，每个项目下有若干任务，每个任务由任务描述、任务分析、任务实施等内容组成，让学生在完成具体任务的过程中学习相关理论知识和技能，并提升职业能力，从而培养学生分析问题、解决问题的能力。

四、注重持续发展

本教材中增设了案例分析、知识拓展等内容，让学生利用课余时间去阅读、领会，有助于学生了解学科前沿动态和发展趋势，养成自主学习的习惯；同时，对重要知识点设计了二维码，学生可随时随地通过手机轻松学习教材内容。另外，每个任务后增加了同步测试内容，让学生自我检查学习效果。

本教材由重庆城市管理职业学院唐东升教授和重庆电子工程职业学院张霞副教授担任主编。重庆青年职业技术学院崔静老师编写项目一、项目九，重庆城市管理职业学院叶乔老师编写项目二、项目八，重庆城市管理职业学院唐东升老师编写项目三，重庆财经职业学院黄雪梅老师编写项目四，重庆工程职业技术学院孙瑞者老师编写项目五、项目七，重庆电子工程职业学院张霞老师编写项目六。

在教材编写过程中，中国人寿保险股份有限公司四川省分公司内部控制岗主管蒋雪辉对教材内容进行了审定，中国人寿保险股份有限公司重庆市分公司第三营业部团队主管经理费红彦参与了课程标准的制定、教材案例的设计，在此表示衷心感谢；同时，编写组参考、借鉴了书后阅读指引中的相关文献，在此，对相关作者表示诚挚的谢意。

由于作者水平有限，成书时间仓促，书中不妥之处在所难免，敬请读者及同行批评指正，以促进我们不断修改完善。

唐东升

2016 年 8 月 26 日

目 录

模块一 保险基础知识

项目一 风险与风险管理 ………………………………………………………（3）
　　任务一　认识风险 ……………………………………………………………（3）
　　任务二　管理风险 ……………………………………………………………（9）

项目二 保险 ……………………………………………………………………（21）
　　任务一　认识保险 ……………………………………………………………（22）
　　任务二　区分不同的保险 ……………………………………………………（29）
　　任务三　认识保险的职能 ……………………………………………………（34）
　　任务四　了解保险的产生与发展 ……………………………………………（39）

项目三 保险市场与保险监管 …………………………………………………（50）
　　任务一　认识保险市场 ………………………………………………………（50）
　　任务二　分析保险市场的需求与供给 ………………………………………（58）
　　任务三　了解保险中介 ………………………………………………………（66）
　　任务四　认识保险监管 ………………………………………………………（78）
　　任务五　监管保险市场 ………………………………………………………（86）

模块二 保险实务

项目四 保险合同 ………………………………………………………………（101）
　　任务一　认识保险合同 ………………………………………………………（102）
　　任务二　掌握保险合同要素 …………………………………………………（112）
　　任务三　订立与履行保险合同 ………………………………………………（123）
　　任务四　变更、中止及终止保险合同 ………………………………………（132）

2　保险理论与实务

任务五　解释保险合同及处理争议 ·· (139)

项目五　保险基本原则 ··· (144)

任务一　运用最大诚信原则 ·· (144)

任务二　运用保险利益原则 ·· (150)

任务三　运用损失补偿原则 ·· (155)

任务四　运用近因原则 ·· (162)

项目六　保险公司业务经营 ··· (166)

任务一　开展保险展业 ·· (166)

任务二　开展保险承保 ·· (172)

任务三　进行保险理赔 ·· (176)

任务四　服务保险客户 ·· (184)

任务五　进行保险投资 ·· (188)

任务六　实施再保险 ·· (196)

项目七　财产保险 ··· (207)

任务一　认识财产保险 ·· (207)

任务二　认识财产损失保险 ·· (211)

任务三　认识责任保险 ·· (237)

任务四　认识信用保险和保证保险 ·· (247)

项目八　人身保险 ··· (253)

任务一　认识人身保险 ·· (253)

任务二　认识人寿保险 ·· (257)

任务三　认识人身意外伤害保险 ··· (274)

任务四　认识健康保险 ·· (283)

模块三　保险职业道德

项目九　保险职业道德 ··· (293)

任务一　了解保险职业道德 ·· (293)

任务二　了解保险代理人的职业道德 ····································· (298)

同步测试参考答案 ··· (305)

参考文献 ·· (317)

模块一

保险基础知识

项目一

风险与风险管理

项目介绍

本项目主要是让学生在老师的指导下,了解风险与风险管理的基础理论知识,了解风险管理的历史演变和内涵,掌握风险管理的方法,为完成后期项目奠定基础。

知识目标

1. 识记风险的概念及特点;
2. 识记风险的组成要素及分类;
3. 掌握并能运用风险管理的基本方法;
4. 了解风险管理的目标;
5. 了解风险管理的方法。

技能目标

通过该项目的完成,掌握并运用风险管理的方法实施风险管理。

素质目标

具有风险意识,热爱保险事业,合理利用风险管理的方法,客观地指导保险市场风险管理。

任务一 认识风险

【任务描述】在本任务下,学生应熟悉风险的概念、特征、构成要素及种类。

【任务分析】在老师的指导下,学生向保险公司或保险业务员了解保险市场的风险,对保险市场的风险状况形成感性认识,然后再回到课堂进行系统的理论学习,以完成本任务。

4　保险理论与实务

【相关知识】

一、风险的概念

1. 风险的内涵

目前在学术界，还没有形成一个被大家认可的统一概念。通常讲，风险是指某种事件发生的不确定性。这种不确定性主要包括发生与否不确定、发生的时间不确定以及发生风险后的损失程度不确定三层含义。不确定性也意味着预期结果与实际结果之间可能存在差异。据此，风险的大小决定于风险事故发生的概率（损失概率）及其造成后果的程度（损失程度）。

2. 风险的结构

风险的结构是指构成风险的各个要素关系的综合，这些要素的共同作用决定了风险的存在、发生和发展。风险由风险因素、风险事故和损失构成。

（1）风险因素

风险因素指那些会影响某一特定风险事故的发生，或发生的可能性，或损失程度的原因或条件。风险因素是导致风险事故发生的潜在原因，例如，对于建筑物而言，风险因素是指其所使用的建筑材料的质量、建筑结构的稳定性等；对于人而言，则是指健康状况和年龄等。根据风险因素的性质不同，风险因素分为有形风险因素和无形风险因素两种类型。

①有形风险因素也称实质风险因素，是指某一标的本身所具有的足以引起风险事故发生或增加损失机会或加重损失程度的因素，如某一建筑物所处的地理位置、所使用的建筑材料的性质等。

②无形风险因素是与人的心理或行为有关的风险因素，包括道德风险因素和心理风险因素。其中，道德风险因素是指与人的品德修养有关的无形因素，即由于人们不诚实或有不轨企图，故意促使风险事故发生，以致引起财产损失和人身伤亡的因素。心理风险因素是与人的心理状态有关的无形因素，即虽然没有主观上的故意而为，但由于疏忽、过失或是漠视等原因，增加风险事故发生的机会或加大损失的严重性的因素。道德风险因素和心理风险因素均与人密切相关，也可称为人为风险因素。

（2）风险事故

风险事故指造成人身伤害或财产损失的偶发事件，是导致损失的直接的或外在的原因。在事故发生之前，风险只是一种不确定的状态，风险事故的发生最终导致损失。例如，建筑物由于质量问题而倒塌，质量问题是风险因素，倒塌则是风险事故。如果仅有质量问题而没有倒塌，则不会造成损失。

（3）损失

在风险管理范畴，损失的含义是指非故意的、非预期的、非计划的经济价值的减少，即经济损失，一般以丧失所有权、预期利益、支出费用和承担责任等形式表现，精神打击、政治迫害、折旧等行为的结果一般不能视为损失。在保险实务中，常将损失分为直接损失和间接损失。由风险事故导致的财产本身损失和人身伤害称为直接损失；由直接损失引起的其他损失称为间接损失，包括额外费用损失、收入损失和责任损失等，有时间接损失可能超过直接损失。

综上所述，风险因素、风险事故与损失三者之间又存在着因果关系，即风险因素引起或增加风险事故；风险事故发生造成损失。

二、风险的特征

风险具有下列四大特征：

1. 客观必然性

风险的存在是不以人的意志为转移的，具有客观必然性。从古到今，风险无时无处不在，它是自然界和人类社会发展的复杂性的体现，有内在规律可循，其发生是一种必然的趋势，远远超出人们的主观愿望。无论是自然界中的洪水、地震等灾害，还是人类社会中的动荡冲突，如战争等，都是不以人的主观意志为转移的客观存在，都具有客观必然性。

2. 偶发不定性

虽然风险的存在是客观必然的，但它发生的时间、地点、形式却是偶然的和不确定的。如火灾、地震等风险在何时、何地、以何种形式发生是偶然的和不确定的，在某时或某地，也许发生，也许不会发生，发生的形式和程度可能是这样的，也可能是那样的。随着人们经验的积累，能够认识和掌握某风险的变化趋势和规律，但仍无法排除风险的偶发不定性。

3. 可变可控性

虽然风险的存在是偶发的和不确定的，但并不是说风险是完全不可驾驭的。风险是种客观现象，随着人们经验的积累、认识的提高，在对风险的长期的分析考查中，人们可以发现各种风险自身的规律性，从而增加识别风险、抗御风险以及预测风险的能力。这样，人们就能在一定程度上降低风险的不确定性，减小风险作用的范围和程度，减少风险发生的概率和机会，进而达到限制、控制甚至消除风险的目标。从这个角度来讲，风险具有可变可控性。

4. 可测性

风险是客观存在的，人们也就可以在实践中不断总结经验，依据发生过的风险事故资料，对未来可能发生的风险事故类型及严重程度进行分析、预测，并进行风险估计和评价，分析可能发生什么风险事故，以何种形式发生，发生的原因及后果如何，发生的可能性有多大。随着现代科学技术的发展，观测手段及分析技术越来越现代化，人们对风险分析预测的准确度较以前大大提高。

三、风险的分类

人类社会所面临的风险是多种多样的，不同的风险有不同的特点，对人类造成的危害的大小也不尽相同，为了更好地识别和管理风险，人们对风险按照不同的标准进行分类。

1. 按风险的性质分类

风险按性质分类，可分为纯粹风险与投机风险。

（1）纯粹风险

纯粹风险是指只有损失机会而无获利可能的风险。自然灾害、意外事故以及人的生老病死等，都属于这类风险。此类风险发生后所导致的结果只有两种，即无损失和损失，不会有任何获益。

（2）投机风险

投机风险是指既有损失机会又有获利可能的风险。投机风险发生后所导致的结果可能有三种：获利、无损失和损失。如股票市场行情的波动、新技术投资、新产品的开发等均属于这类风险。

纯粹风险与投机风险的区别在于以下两点：

①风险发生后，两者的结果不相同，因而人们对待两者的态度也不完全相同。前者只有损失的可能，对社会、企业、家庭都是损失，人们对待这类风险的态度往往是避而远之；而后者具有获利的可能，从而使其更具有诱惑性，偏好风险的人们往往甘冒风险而为之。

②两者的规律性不相同。前者在一定的情况下具有一定的规律性，服从一定的概率分布，容易适用大数法则；后者则没有太强的规律性，不易适用大数法则。

2. 按风险损害的对象分类

风险按其损害的对象分类，可分为财产风险、人身风险、责任风险、信用风险。

（1）财产风险

财产风险是指物质财产发生毁损、灭失和贬值的风险。如地震、海啸、泥石流等造成建筑物的倒塌，汽车、船舶、飞机等交通工具在运输过程中发生意外事故而毁损等，这些均属于财产风险。

（2）人身风险

人身风险是指人们因生、老、病、死、残而产生的经济风险。人的生老病死既有必然性，也有不确定性。这些风险的发生会造成经济收入的减少或支出的增加，从而导致本人或其抚养、赡养的亲属在经济上的困难。

（3）责任风险

责任风险是指由于侵权行为造成他人的财产损失或人身伤亡，依照法律应承担经济赔偿责任的风险。随着现代社会法制的不断健全和人们法律意识的不断增强，责任风险成为人们经济生活中有可能遇到的非常普遍的一种风险。如医生、律师、注册会计师等由于自己的疏忽或过失，有可能会面临各种职业责任风险；由于产品的缺陷而给消费者造成伤害，产品的生产商和销售商有可能面临产品责任风险；各类公共场合由于设施的不健全而给他人造成伤害，相关负责人则要承担公众责任风险；雇主对雇员在从事职业范围内的活动中身体受到的伤害应负经济赔偿责任，从而产生雇主责任风险，等等。

（4）信用风险

信用风险是指权利人因义务人不履行义务而导致损失的风险。例如在汽车消费信贷合同中，权利人就是向消费者发放贷款的银行或其他金融机构，它们作为贷款人，拥有如期收回本息的权利；而义务人就是指获得了贷款的消费者，他们作为借款人，负有如期归还本息的义务。如果在借贷合同的履行期间内，由于各种不确定的风险因素而使义务人不能或不愿履行还款义务，则权利人就面临着义务人到期不能履约的信用风险。

3. 按风险的环境分类

按照环境不同，风险可分为静态风险和动态风险两大类。

（1）静态风险

静态风险是在社会经济正常情况下存在的一种风险，指由于自然力的不规则作用，或者由于人们的错误或失当行为而招致的风险。如洪灾、火灾或海啸，人的死亡、残疾或疾病，以及盗窃、欺诈、呆账或破产等。

（2）动态风险

动态风险是指以社会经济的变动为直接原因的风险，通常由人们欲望的变化、生产方式和生产技术以及产业组织的变化等引起。例如消费者爱好转移、市场结构调整、资本扩张、技术改进、人口增长、利率变动或环境改变等。

静态风险与动态风险的主要区别在于以下几点：

①静态风险对于社会而言一般可能导致实实在在的损失，而动态风险对于社会而言并不一定都会导致损失，即它可能对部分社会个体（经济单位）有益，而对另一部分个体造成实际的损失。

②从影响范围来看，静态风险一般只对少数社会成员（个体）产生影响，而动态风险的影响则较为广泛。

③静态风险对个体而言，风险事故的发生是偶然的、不规则的，但就社会整体而言，其具有一定的规律性；相反，动态风险很难找到其规律性。

4. 按风险产生的原因分类

按风险产生的原因不同，可以将风险分为自然风险、社会风险、经济风险、政治风险、技术风险和法律风险。

（1）自然风险

自然风险是指由于自然因素、物理现象造成的风险。例如雷电、火灾、洪水、地震、泥石流等造成的财产损失风险。

（2）社会风险

这种风险的产生有两种情况：一是由于个人行为失常，如盗窃、疏忽等引起的风险；二是由于不可预料的团体行为，如罢工、战争等引起的风险。

（3）经济风险

经济风险是指在生产经营过程中，由于有关因素变动或估计错误而导致的产量减少或价格涨跌的风险等。例如经营管理不善、市场预测错误、消费需求变化、通货膨胀、汇率变动等所导致的经济损失的风险。

（4）政治风险

政治风险是指由于政治原因，如政局的变化、政权的更迭、政令法规的实施，以及种族和宗教冲突、叛乱、战争等引起社会动荡而造成损害的风险。

（5）技术风险

技术风险是指伴随着科学技术的发展、生产方式的改变而发生的威胁人们生产与生活的风险。如空气污染、噪声等。

（6）法律风险

法律风险是指由于颁布新的法律和对原有法律进行修改等原因而导致经济损失的风险。

5. 按承担风险的主体分类

按承担风险的主体不同，风险可分为个人及家庭风险、团体风险、政府风险。

（1）个人及家庭风险

个人及家庭风险主要是指以个人与家庭作为承担风险的主体的那一类风险。个人与家庭面临的风险主要有人身风险、财产风险、责任风险和信用风险等。

（2）团体风险

团体风险主要是指以企业或社会团体作为承担风险的主体的那一类风险。企业或社会团体面临的风险主要有企业或社会团体的员工人身风险、财产风险、信用风险和责任风险等。

8　保险理论与实务

（3）政府风险

政府风险主要是指以政府作为承担风险的主体的风险。

【任务实施】

将全班同学分成 5 人左右的小组，分小组进行学习、讨论、总结、评价。如表 1 - 1 所示。

表 1 - 1　任务实施

任务＼姓名	甲	乙	丙	丁	戊	……
熟悉风险及风险管理概念						
熟悉风险事故						
掌握风险因素						
了解信用风险						

注：在对应任务与姓名下打"√"，表明已完成任务。

同步测试

一、名词解释

1. 风险

2. 风险事故

3. 风险因素

4. 信用风险

二、简答题

1. 简述风险的特征。

2. 简要回答风险的分类。

3. 简要回答风险的构成要素。

三、单项选择题

1. 从广义上讲，风险是指（　　）。

A. 损失的不确定性

B. 盈利的不确定性

C. 既包括损失的不确定性，也包括盈利的不确定性

D. 损失的可能性

2. 风险由（　　）三个要素构成。

A. 风险因素、风险事故、损失　　　　　B. 风险单位、风险事故、损失

C. 风险因素、风险责任、损失　　　　　D. 风险因素、风险事故、责任

3. 一个人的身体状况属于（　　）。

A. 无形风险因素　　　　　　　　　　　B. 有形风险因素

C. 道德风险因素　　　　　　　　　　　D. 心理风险因素

4. 由于人们不诚实、不正直或有不轨企图，故意促使风险事故发生，以致引起财产损失和人身伤亡的因素是指（　　）。

A. 无形风险因素 B. 有形风险因素
C. 道德风险因素 D. 心理风险因素
5. 风险因素是风险事故发生的（　　），是造成损失的（　　）。
A. 间接原因　外部原因 B. 直接原因　间接原因
C. 外部原因　内部原因 D. 潜在原因　间接原因
6. 损失的直接的或外在的原因是（　　）。
A. 风险因素 B. 风险事故 C. 风险单位 D. 风险责任
7. 某日天下冰雹，使得路滑而发生车祸，造成人员伤亡。此事件的风险因素是（　　）。
A. 冰雹 B. 路滑 C. 车祸 D. 人员伤亡
8. 空气污染属于（　　）。
A. 社会风险 B. 政治风险 C. 经济风险 D. 技术风险
9. 盗窃属于（　　）。
A. 社会风险 B. 政治风险 C. 经济风险 D. 技术风险
10. 依据风险的性质分类，风险可分为（　　）。
A. 静态风险与动态风险 B. 基本风险与特定风险
C. 责任风险与信用风险 D. 纯粹风险与投机风险

四、多项选择题

1. 风险的组成要素是（　　）。
A. 风险因素 B. 风险事故 C. 损失 D. 道德风险
2. 风险的分类，按照损害对象不同，风险可分为（　　）。
A. 人身风险 B. 特定风险 C. 财产风险 D. 责任风险
3. 依据风险的起源与影响不同来区分，风险分为（　　）。
A. 基本风险 B. 投机风险 C. 特定风险 D. 纯粹风险
4. 风险的特性是（　　）。
A. 客观性 B. 不确定性 C. 与损失相关性 D. 无形性

任务二　管理风险

【任务描述】在本任务下，学生应熟悉风险管理的含义、演变、程序、目标、方法，运用风险管理的方法分析保险市场风险并提出防范对策。

【任务分析】在老师指导下，学生向保险公司或保险业务员了解保险市场风险管理的程序和方法，对保险市场风险管理形成初步认识，然后再回到课堂进行系统的理论学习，以完成本任务。

【相关知识】

一、风险管理的概念

人类对付风险的实践活动从古至今一刻也没有停止过。随着人类社会的不断发展，人类面临的风险也在不断发展变化，人们防范风险的意识也不断提高，对付风险的办法日益增多。到 20 世纪中叶，在美国，风险管理作为一门系统的管理科学被提出。随后形成了近乎全球性的风险管理运动。这是社会生产力和科学技术发展到一定阶段的必然产物，标志着现代风险管理的到来。

风险管理作为企业的一种管理活动，起源于 20 世纪 50 年代的美国。当时美国的一些大公司发生了重大损失，使公司高层决策者开始认识到风险管理的重要性。其中一次是 1953 年 8 月 12 日通用汽车公司在密歇根州的一个汽车变速箱厂因火灾损失了 5 000 万美元，成为美国历史上损失最为严重的 15 起重大火灾之一。这场大火与 50 年代其他一些偶发事件一起，推动了美国风险管理活动的兴起。后来，随着经济、社会和技术的迅速发展，人类开始面临越来越多、越来越严重的风险。科学技术的进步在给人类带来巨大利益的同时，也给社会带来了前所未有的风险。1979 年 3 月，美国三里岛核电站发生爆炸事故；1984 年 12 月 3 日，美国联合碳化物公司在印度的一家农药厂发生了毒气泄漏事故；1986 年，苏联切尔诺贝利核电站发生核事故，这一系列事件，大大推动了风险管理在世界范围内的发展。同时，在美国的商学院里首先出现了一门涉及如何对企业的人员、财产、责任、财务资源等进行保护的新型管理学科，这就是风险管理。目前，风险管理已经发展成企业管理中一个具有相对独立职能的管理领域，在围绕企业的经营和发展目标方面，风险管理和企业的经营管理、战略管理一样，具有十分重要的意义。

所谓风险管理，是指经济单位通过对风险的识别和衡量，采用合理的经济和技术手段对风险进行处理，以最低的成本获得最大安全保障的一种管理活动。

理解这一概念，需要把握以下几点：

1. 风险管理的主体是经济单位

这些经济单位包括个人、家庭、企事业单位、社会团体和政府部门以及跨国集团和国际联合组织等。

2. 风险管理的对象是风险

关于风险管理的对象，历史上有纯粹风险说和全部风险说两种观点。前者强调风险管理的对象是纯粹风险，后者强调风险管理应以全部风险为管理对象。

纯粹风险说认为，风险管理的基本职能是对威胁经济单位生存和发展的纯粹风险进行确认和分析，风险管理的目的是以最小费用支出，使纯粹风险的不利影响最小化。

全部风险说认为，风险管理不仅仅限于将纯粹风险的不利性减到最小限度，还应包括将投机风险的收益性增大到最大限度。它主张将防止通货膨胀、提倡技术革新、研究避免风险的方法等作为风险管理的内容。需要指出的是，保险活动所处理的风险主要是纯粹风险。

3. 风险管理的目标要清晰

风险管理的目标是以最小的成本换取最大的安全保障，进而确保经济单位的业务活动稳定、持续和发展，实现经济单位价值的最大化。因此，良好的风险管理能够增加经济单位成功的概率、降低失败的可能性。

4. 风险管理的决策要科学

在风险管理过程中，风险识别和风险衡量是基础，而选择合理的风险处理方法并进行科学的决策是关键。因此，风险管理者需要熟悉风险处理的各种方法，结合实际进行比较和选择，以"成本最低、保障最好"为原则，科学地进行风险管理决策，认真组织实施。

二、现代风险管理的演变

风险管理意识的形成和增强是风险管理产生的思想基础，高度的物质文明是风险管理产生的物质基础，社会矛盾的激化以及动荡的局势是风险管理产生的社会基础，概率论和数理统计为风险管理提供了理论基础，近代的科学管理思想为现代风险管理的产生做好了最后的准备。

1. 现代风险管理产生的背景

随着 18 世纪工业革命的出现，社会生产力得到了空前的发展，新技术、新工艺的普遍运用，使生产规模不断扩大，社会财富不断涌现，国际贸易和国际市场空前扩大，新的风险危害也不断增加。尤其是随着社会化生产程度的提高，使得原来较为松散的社会联系变得十分紧密，这又进一步提高了人们对安全的需求。在现代企业中，由于以下原因，风险管理意识得到了普遍增强。

（1）巨额损失概率增加

随着科学技术突飞猛进地发展，企业的积累和生产规模不断扩大，社会财富越来越集中，生产中任何疏忽大意都可能产生不可估量的巨大经济损失。如英国一家工厂，由于电焊工不小心，引发了一场火灾，直接造成 3 000 多万英镑的经济损失。特别是对一些"高""精""尖"技术部门，一次风险事故所造成的损失往往达到惊人的程度。

（2）损害范围扩大

由于社会化生产程度的提高，使得企业之间的联系变得越来越紧密；另外，随着市场的不断扩大，一些企业的营销范围由地区扩展到全国，由国内扩展到国外，这使得事故风险虽在某一局部范围内发生，但其影响波及的范围无论是在空间上还是在时间上，都是很大的。如一个大型钢铁厂被毁损，可能会波及千里之外的矿石供应商和钢材使用商，导致成千上万的人失业。又如 20 世纪 30 年代出现的世界性经济危机，使整个世界经济遭到了灾难性的破坏。另外，高技术的运用，在推动人类社会巨大发展的同时，也给人类带来了前所未有的风险损害，如环境污染、臭氧层的破坏、网络手机诈骗等。不仅给人类经济造成巨大损失，也会极大地威胁人类的生存。

（3）利润最大化冲动

一个企业是否能取得预期利润，是企业能否生存的根本标志。在市场经济条件下，企业经营的直接冲动在于获得最大利润。然而只有高风险的行业才能获得超额利润，如新技术、新工艺、新材料的运用，新产品、新材料的开发和试制都可能产生巨额利润，也可能导致巨额损失。这就迫使人们采取各种可能的措施，趋利避害。

2. 现代风险管理的发展

现代风险管理的发展主要是由企业安全管理思想带动的。企业安全管理思想随着工业化进展早在 19 世纪已经开始萌芽，它是伴随工业革命的诞生而产生的。现代工业文明促进了社会生产力的空前发展，社会财富因此迅速增长并高度集中。与之相伴的是意外事故不断增加，财产损失和人身伤亡日益严重。这不仅影响到企业的生产经营，而且危害到企业的生存。于是安全生产和安全管理成为一个十分突出的问题。

1906 年，美国钢铁公司董事长 B·H·凯里，从公司多次事故教训中提出了"安全第一"的思想，将公司原来的"质量第一，产量第二"的经营方针改为"安全第一，质量第二，产量第三"。这一改变保障了雇员的安全，又保证了产品的质量和产量。他的思想和实践获得了成功，并震动了美国实业界。1912 年，他在芝加哥创立了"全美安全协会"，研究制定了有关企业安全管理的法律草案。1917 年，英国伦敦也成立了"英国安全第一协会"。

被称为"现代经营管理之父"的法国管理学家亨利·法约尔（Henri Fayol）在其代表作《一般管理与工业管理》（General and Industrial Management）一书中提出，企业经营有六种职能的基础和保证，他能控制企业及其活动所遭遇的风险，维护财产和人身安全，从而创造最大的长期利润。法约尔率先把风险管理思想引入企业经营中，但并未形成完整的体系。

20世纪20年代初期，美国企业开始充分利用保险这一风险转移机制来保护资本。一些企业改变了把企业的风险管理看成是一种副业，由财会部门代办，或采用交给保险经纪人及代理人的传统做法。在西方国家的大中型企业中，逐渐出现专门负责保险和安全的管理人员，他们的主要职责是对企业存在和面临的各种风险进行全面的识别、预测和评估，然后对所有风险发生的可能性、造成后果的严重性、处理所需支付的费用等进行综合分析，并在此基础上制定和实施最优风险处理方案。企业的这些活动无疑直接促进了风险管理这一学科的产生，并使其迅速在全球范围内发展。可以说风险管理是直接从一般企业管理中的安全管理和保险管理中延伸和发展起来的。

第二次世界大战之后，各国工业都有了较大的发展，企业越来越趋向于大型化，生产中发生的事故及其影响已不再是孤立的、局部的事件，一旦发生事故，便会造成连锁的巨大灾难。因此，生产中的安全问题，日益受到人们的重视，于是专门的安全管理部门和研究机构相继成立。起初，安全工作的内容主要是检修设备和宣传安全生产的重要性，订立一些安全制度以及处罚办法。随着现代科学技术的发展，越来越多的科学手段被用于安全管理领域。例如，把系统工程学的原理运用于风险识别和风险衡量，人们已经对此进行了一些研究，并采取了一些措施，后来经过不断发展，直至第二次世界大战后，才过渡到全面风险管理。

1930年，美国宾夕法尼亚大学所罗门·许伽纳博士认为，风险管理是在对风险的不确定性和可能性因素进行考虑、预测、收集、分析的基础上，以最经济合理的方法制定出包括识别风险、衡量风险、积极管理风险所造成的损失等一整套科学系统的管理方法。1932年，由企业风险管理人员共同组成了纽约投保人协会（Insurance Buyer of New York），他们交换风险管理信息，并研究管理技术。于是，企业的保险管理逐步普及。20世纪50年代以前，各经济单位一直把保险作为处理风险的唯一方法，并且仅凭直觉和经验来判断所面临的风险，处理风险的方法是建立在对风险定性分析的基础上的。概率论和数理统计的运用，使得人们对风险的分析发生了质的飞跃，为完整的风险管理理论体系的建立做好了最后的准备工作。

到了20世纪60年代，很多学者开始系统研究风险管理。1963年，美国出版的《保险手册》刊载了梅尔和赫奇斯的《企业的风险管理》（Risk Management and Insurance）一文，1964年，威廉姆斯和汉斯出版了《风险管理与保险》（Risk Management and Insurance）一书，引起欧美各国的普遍重视。概率论和数理统计的运用，使风险管理从经验走向科学。风险管理的研究逐步趋向系统化、专门化，风险管理终于成为管理科学中的一门独立学科。

风险管理作为一门新兴的管理学科，在其形成和发展的过程中，由于人们对风险管理的出发点、目标和运用范围等强调的侧重点不同，学者们对风险管理提出的观点也不同，并且随着时代的发展与应用领域的拓展演变，使人们对风险管理的基本理论的认识逐步趋向一致，如风险管理是一项事前的准备工作，而非事后弥补工作。风险管理必须集中管理，以发挥决策效益，只有分散执行、分工协作，才能使风险管理工作获得最佳效果。

3. 现代风险管理理论形成

2009年11月15日，国际标准化组织（ISO）正式发布了三个用于风险管理的标准：

ISO 31000：2009《风险管理——原则与指南》、ISO 指南 73：2009《风险管理——术语》、ISO/IEC 31010：2009《风险管理——风险评估技术》，这三个风险管理的标准以下简称为标准。我国也于 2009 年年底发布了国家标准 GB/T 2453：2009《风险管理原则与实施指南》。

标准定义了风险的概念、确定了风险管理过程、规范了风险评估程序、指出了风险管理的 11 项重要原则，明确提出风险管理的首要原则是创造并保护价值。并明确指出风险是不确定性对目标的影响，其中的影响可能是正面的，也可能存在负面的；可能存在机会，也可能有威胁。风险管理就是管理不确定性、减少威胁、放大机会、创造条件、改变风险传导的过程，使其有助于目标的实现。

ISO 三个标准的发布，标志着人类对风险管理取得了重大进展，是人类在管理领域的又一个里程碑式的成果，它的发布改变了世人对风险纯负面的认识，将世界各国管理风险的先进理论及方法融为一体，开辟了人类管理风险、管理未来的新纪元。

近几年国内外重大事件的爆发再一次验证了风险管理的重要性及必要性。在 2008 年爆发的席卷全球的金融危机中，有的金融银行由于防范不利，准备应对风险的措施不足，从而被风险击毙；有的则获益良多，为什么？就是因为这些收益组织充分运用了风险管理手段，预测到风险可能发生，采取了有力的应对措施、调整了投资结构，当危机爆发后，主动应对，变威胁为机遇，从而获得较好收益。

在汶川地震中，安县桑枣中学因长期开展防灾逃生的应急训练，当地震突发时，2 200 多名师生在 1 分 36 秒内安全转移，创造了大地震中的"零伤亡"奇迹。大量的事实说明，有无风险的意识及防范风险的措施，后果大不相同。

为了适应国内外经济形势变化的需要，提高人们的风险意识及管控风险的方法技能，人力资源和社会保障部于 2010 年 9 月颁布了国家级"风险评估职业"培训证书。该证书旨在通过系统的专业培训，使学员具备风险评估岗位要求的技能，协助组织全面开展风险评估应对工作，从而抓住机遇，规避风险，为目标的实现提供保障。

三、风险管理的程序

风险管理的基本程序包括风险识别、风险衡量、风险处理和风险管理效果评价等环节。

1. 风险识别

风险识别是风险管理的第一步，是经济单位和个人对所面临的以及潜在的风险加以判断、归类整理，并对风险的性质进行鉴定的过程。

风险识别的主要内容包括：

①全面熟悉经济单位的人员构成、资产分布以及业务活动。

②分析人、物和业务活动中存在的风险因素，判断发生损失的可能性。

③分析经济单位所面临的风险可能造成的损失及其形态，如人身伤亡、财产损失、财务危机、营业中断和民事责任等。

此外，需要鉴定风险的性质，以便合理有效地处理风险。

由于风险的可变性，风险识别需要持续地、系统地进行，需要密切注意原有风险的变化，及时发现新的风险。

2. 风险衡量

风险衡量是指确定某种特定风险造成损失的规律。风险衡量是在风险识别的基础上进行的。在这一阶段，风险管理人员通过风险识别阶段所得到的信息，运用一定的方法，对所得信息进行加工和处理，从而得到风险事故发生的可能性及其损失程度这两个重要指标，为风险管理者选择风险处理方法、进行风险管理决策提供依据。

一般情况下，尤其是在日常生活中，风险管理者主要依靠自己的经验和智慧去衡量风险。随着风险管理方法的不断完善，很多风险管理者开始注重定性和定量结合的衡量方法，在所收集的数据、信息比较充分的情况下，结合运用概率论和数理统计及其他科学方法进行分析，以便更好地寻找风险造成损失的规律。

3. 风险处理

风险处理是指在对风险识别和风险衡量的基础上，是否对风险采取相应的行动的过程。风险处理是风险管理过程中的一个关键性环节。选择风险处理方法是一种综合性的科学决策。在决策时，既要针对实际的风险状况，又要考虑经济单位的资源配置状况，还要注意各种风险处理方法的可行性与效果。一般来说，选择风险处理的方法时，并不是一种风险选择一种方法，而是需要将几种方法组合起来加以运用。也只有在合理组合的基础上，才可能使风险处理做到成本低、效益高，即以最小的成本获取最大的安全保障。

4. 风险管理效果评价

风险管理效果评价是指对风险处理手段的适用性和效益性进行分析、检查、修正和评估。在选定并执行了最佳风险处理手段之后，风险管理者还应对执行效果进行检查和评价，并不断修正和调整计划。因为随着时间的推移，经济单位所面临的社会经济环境、自身业务活动和条件都可能发生变化。

在一定时期内，风险处理方案是否为最佳、其效果如何，需要采取科学的方法加以评估。

常用的评估方式为：效益比值＝因采取该项风险处理方案而减少的风险损失／因采取风险处理方案所支付的各种费用和机会成本之和。

若效益比值小于1，则该项风险处理方案不可取；若效益比值大于1，则该项风险处理方案可取。效益比值达到最大的风险处理方案为最佳方案。

四、风险管理的目标

风险管理的目标可分为总目标和具体目标。

1. 风险管理的总目标

风险管理的总目标是：以最小的风险管理成本获得最大的安全保障，实现经济单位价值的最大化。这里所说的成本，是指经济单位在风险管理过程中，各项经济资源的投入，其中包括人力、物力和财力，乃至放弃一定的收益机会。至于安全保障，就纯粹风险的管理而言，安全保障包括两个方面：一是风险损失的减少，即对风险的有效控制；二是实际损失能及时、充分并有效地得到补偿，如考虑投机风险的管理，安全保障还要包括投资收益获得的稳定性和可靠性。以最小的成本支出获得最大的安全保障，意味着要坚持成本效益最大的原则。

2. 风险管理的具体目标

风险管理的具体目标，按其定位不同，可以分为最低目标、中间目标和最高目标。其中，最低目标是确保经济单位的生存，中间目标是促进经济单位的发展，最高目标是实现经济单位的社会责任。下面以企业为重点，按照损失前和损失后两个阶段来讨论风险管理的具体目标。

(1) 损失前目标（损前目标）

损失前目标是风险事故发生之前，风险管理应达到的目标。具体包括经济目标、安全系数目标、合法性目标和社会工作责任目标。

1) 经济目标

风险管理必须经济合理，只有这样，才可以保证其总目标的实现。所谓经济合理，就是尽量减少不必要的费用支出和损失，尽可能采用风险管理措施降低成本。但是费用的减少会影响安全保障的程度。因此，如何使费用和保障程度达到均衡，是实现该目标的关键。

2) 安全系数目标

就是将风险控制在可承受的范围内。风险管理者必须使人们意识到风险的存在，而不是隐瞒风险。这样有利于人们提高安全意识，主动配合风险管理者实施计划。与此同时，风险管理者应该给予人们足够的安全保障，以减轻企业和员工对潜在损失的烦恼和忧虑。

3) 合法性目标

企业并不是独立于社会之外的个体，它受到各种法律规章的制约。因此，必须对自己的每一项经营行为、每一份合同以合法性的审视，以免不慎涉及官司而蒙受财力、人力、时间或名誉的损失。风险管理者必须密切关注与企业相关的各种法律法规，保证企业经营活动的合法性。

4) 社会责任目标

一个企业遭受损失时，受损的绝不只是企业本身，还有企业的股东、债权人、客户、消费者或劳动者，以及一切与之相关的人员和经济组织。损失严重时，甚至会使国家和社会蒙受损害。如果企业有完善的风险管理计划，通过控制或转移等方式使损失降低到企业可承受的范围，那无疑是对社会的一种贡献。

(2) 损失后目标（损后目标）

无论多么完美的风险管理计划，也不可能完全消除一个经济单位的所有风险。因此，确定损失发生后的行动目标有其必要性。

1) 生存目标

当企业发生了重大损失后，它的首要目标是生存。一个企业要持续存在，通常需要具备四个要素：生产、市场、资金和管理。如果损失事件对其中的某个要素产生了破坏作用，就会导致企业无法生存。所以，企业的风险管理计划应充分考虑损失事件对生存要素的影响程度，将损失发生后企业的生存放在首要位置。

2) 持续经营目标

这是指不因为损失事件的发生而使企业生产经营活动中断。生产经营活动中断并不一定会导致企业破产，经过一定的时间，有的企业可以恢复生产，但是，企业的竞争者却可能利用这段空档时间抢走企业原有的市场份额，这样，发展了的竞争者会给企业今后的生存发展带来威胁，因此，企业的风险管理者应尽可能在损失后保证生产经营的持续性。

3) 获利能力目标

这是指企业发生损失后，管理者很关心的一个问题就是损失事件对企业获利能力的影响。一般来说，一个企业都会有一个最低报酬率，它是判别一个投资项目是否可行的标准，同样也是制订风险管理计划的标准。风险管理者必须把损失控制在一定范围内，在这个范围内，企业获利能力不会低于最低报酬率。

4）收益稳定目标

这是指收益的稳定性对企业来说是极为重要的，因为它可以帮助企业树立正常发展的良好形象，增强投资者的投资信心。对大多数投资者来说，一个收益稳定的企业要比高收益、高风险的企业更具有吸引力。稳定的收益意味着企业的正常发展，稳定的收益利于投资者对收支做出计划安排。为了达到收益稳定目标，企业必须增加风险管理支出，更多地利用保险及其他风险转移技术。虽然有许多风险处理方法，如自留等，它们的成本要比上述方法低得多，但是为了使企业在损失发生后取得充分的补偿，风险管理者不得不去选择那些高成本的风险处理方法。

5）发展的目标

这是指企业的生产经营如逆水行舟，不进则退。现代社会竞争日益加剧，企业只有不断地推出更新、更高品质的产品，才能牢牢地吸引顾客。企业只有不断地开拓新市场，才能在市场上占据领先地位。企业如果停滞不前，在原先的业绩上徘徊，那么竞争者就会通过实力扩张，毫不留情地夺走它的顾客，将它排挤出市场，因此，企业必须不断地发展，以求获得永远的生存。但风险的存在，成了企业发展潜在的阻力，因为风险事故发生后，带来的损失会给企业的发展带来极大的冲击。为了实现发展目标，风险管理者必须建立高质量的风险管理体系，及时有效地处理各种损失，使企业在损失发生后，能迅速地取得补偿，为企业继续发展创造良好的条件。

6）社会责任目标

这是指企业及时有效地处理风险事故带来的损失，减少损失所产生的不利影响，可以减轻对国家经济的影响，保护与企业相关的人员和经济组织的利益，因而有利于企业承担社会责任，树立良好的社会形象。

3. 风险管理对目标的冲突

所有损前目标与损后目标之间存在着一定的联系。如为了达到安全系数目标，损失前对风险进行转移处理，减少损失发生，并使损失在一定程度上得到弥补，从而降低对企业生产经营的影响程度。但是，要能同时达到所有的损前目标和损后目标是比较困难的。因为，损前目标与损后目标之间、损前目标之间、损后目标之间有着各种各样的冲突，任何一项损后目标的实现，都需要一定资金的投入。而且随着损后目标层次的提高，其所需资金量也在上升，这显然与损前目标中的经济目标相冲突。另外，损前目标中的安全系数目标与经济目标也有冲突。为了能获取更大的安全保障，为了能"睡个安稳觉"，风险管理者需要更多地使用一些高成本的风险处理技术，如改进设备控制风险，购买保险转移风险，以期减少损失并在损失发生后能取得及时充分的经济补偿，而这些措施必然导致风险管理费用的急剧上升。风险管理者应妥当地处理目标间的冲突，以企业总目标为统帅广泛征求相关部门的意见，制定一个适应本企业具体情况的风险管理计划。

五、风险处理的方法

为完成风险管理目标，在对风险识别和风险衡量的基础上，风险管理人员必须运用合理而有效的方法对风险加以处理。本书将风险处理的方法分为两大类，即风险控制型处理方法和风险财务型处理方法。

1. 风险控制型处理方法

风险控制型处理方法是指在风险识别和风险衡量的基础上，针对经济单位所存在的风险因素，积极采取风险控制措施，以消除、减少风险因素或减少风险因素的危险性的风险处理方法。运用风险控制型处理方法，在风险事故发生前，可以降低经济单位的预期损失。因此，风险控制型处理方法的要点是减少损失概率或降低损失程度。

常用的风险控制型处理方法包括风险回避、损失控制、风险隔离等。

（1）风险回避

风险回避是指放弃某项具有风险的活动或拒绝承担某种风险以避免风险损失的一种风险处理方法。

风险回避通常有两种方法：一是从不从事可能产生某种特定风险的任何活动。例如，有人为了避免因飞机坠毁而丧生，从来不乘坐飞机；二是中途放弃可能产生某种特定风险的活动。例如，飞机在飞行的过程中得知降落地有雷雨天气，因此临时决定备降其他机场，如此免除可能导致的风险。

如果单纯地从处置特定风险的角度来看，风险回避是最彻底的方法，因为这完全避免了该种风险造成损失的可能性。但并非所有的风险都可以通过这种方式来处理，其适用性受到很大的限制。

①有些风险是无法避免的。例如死亡风险、自然灾害风险以及爆发全球能源危机的风险等。

②风险的存在往往伴随着收益的可能，避免风险就意味着放弃收益。例如，企业可以通过不从事任何经济活动来规避全部的财务风险，但在正常情况下，企业不经营也意味着没有收入，这样因噎废食是不可取的；个人如果一味地以风险回避来处理人生中可能面临的风险，则生活必然是了无情趣的。

③回避一种风险，可能会产生另外一种新的风险。例如，不乘坐飞机可以避免飞机坠毁的风险，但选择其他交通工具又会面临其他交通工具产生的风险。

由此可见，风险回避在很多情况下不宜使用，它通常适用的情形包括：损失频率和损失幅度都较大的特定风险；损失频率不高，但损失后果极为严重且无法得到补偿的风险；采用其他风险处理措施的经济成本超过进行该项经济活动的预期收益的风险；等等。

（2）损失控制

损失控制是指通过降低损失频率或者减少损失程度来控制风险的风险处理方法。一般来说，在损失发生前尽量降低损失频率的行为称为损失预防，也称防损；努力减轻损失程度称为损失减少，也称减损。例如，对汽车司机加强安全教育和驾驶技能的培训，可以有效地减少车祸发生的频率，是损失预防措施；而快速的紧急救援服务和在车上安装安全气囊，则是减轻车祸所致损失程度的损失减少措施。

损失减少措施按照实施时间是在事故发生前还是在事故发生后，又可以分为事前减损措施和事后减损措施。对于火灾损失控制来说，设置防火墙，限制火灾损失范围是事前减损措施，而安装自动灭火装置，将火灾扑灭在萌芽状态，则是事后减损措施。

（3）风险隔离

风险隔离是指把风险单位（又称经济单位）进行分割或者复制，尽量减少经济单位对某种特殊资产、设备或个人的依赖性，以此来减少因个别设备或个别人员遭受意外事故而造成总体上的损失。从具体实现的途径区分，其主要方法包括分割风险单位和复制风险单位。

1）分割风险单位

分割风险单位是将现在的资产或活动分散到不同的地点，而不是将它们全部集中在可能毁于一次损失的同一地方。这样，万一有一处发生损失，不至于影响其他。最通俗的一个例子就是"不要把所有的鸡蛋放在一个篮子里面"。

2）复制风险单位

复制风险单位是指增加风险单位的数量，准备备用的生产资料或设备，以便在正在使用的资产或设备遭受损失后将其投入使用。例如，企业的重要数据或设备会进行备份。

风险隔离的两种方法一般都会增加经济单位的费用开支，因此，作为处理风险的方法两者都有其局限性。例如，小企业很难承担建造两个相同仓库的费用。实际上，复制风险单位可能降低一次损失程度，但同样也可能会增加损失频率。

2. 风险财务型处理方法

风险财务型处理方法（又称风险融资型处理方法）是指通过事先的财务计划或合同安排来筹措资金，以便对风险事故造成的经济损失进行补充的风险处理方法。风险控制型处理方法并不能消除风险，因为损失总是会发生的。为了应对未来的损失，人们应该采取一些财务措施，使得损失一旦发生，受损的经济单位能迅速地获取所需的资金，为其恢复正常经济活动提供财务基础。与风险控制型处理方法所关注的事前防范不同，风险财务型处理方法的着眼点在于事前安排好事后的资金融通。

根据资金来源不同，风险财务型处理方法可以分为风险自留和风险转移两类。风险自留的资金来自经济单位内部；使用风险转移方法时，其资金来源于经济单位外部。借助合同安排转嫁风险、购买保险、通过其他金融衍生工具进行套期保值以及利用其他合约进行融资是四类主要的风险财务型转移措施。

（1）风险自留

风险自留是指由于面临风险的经济单位自己承担风险事故所致损失的一种风险处理方法。它是通过内部资金的融通来弥补损失。风险自留是处理风险的最普通方法。风险自留方法的采用，可能是被动的，也可能是主动的。

被动风险自留，又称非计划风险自留，是指因风险管理者主观或客观原因没有及时发现风险，对风险的存在性和严重性认识不足，没有对风险进行处理，或者虽认识到了风险的存在性和严重性，但囿于客观因素的限制，迟迟没有进行处理，而最终使经济单位自行承担风险损失。在日常生活中，被动的风险自留大量存在。例如，个人或家庭往往认为意外不会降临在自己头上，而不进行任何保险安排。

（2）风险转移

转移风险是指一些经济单位为避免承担损失，有意识地将损失或与损失有关的后果转嫁给另一些经济单位去承担的风险管理方法。如订立保险合同。投保人交纳保费，将个人面临的财产风险、人身风险和责任风险转移给保险公司。这种风险管理方法，有许多优越之处，是进行风险管理最有效的方法。风险转移包括以下两种：

1）非保险转移风险

这是指经济单位借助合同安排，将损失或与损失有关的财务后果转移给另外一些经济单位承担，如保证互助、基金制度等；或人们利用合同的方式，将可能发生的、不定事件的任何损失责任，从合同一方当事人转移给另一方，如销售、建筑、运输合同及其他类似合同的免责规定和赔偿条款等。

2）保险转移风险

这是指经济单位通过订立保险合同，通过其他金融衍生工具进行套期保值以及利用其他合约进行融资，将其未来可能面临的风险主动地转嫁（或称转移）给其他经济单位的一种风险管理技术。例如，投保人缴纳保费，将风险转嫁给保险人，保险人则在合同规定的责任范围内承担补偿或给付责任。根据金融衍生工具自身的交易方法和特点，企业应使筹资渠道多元化，转移未来汇率和利率变动的风险等。

【任务实施】

将全班同学按每组 5~7 人分成 n 组，要求收集有关非典发生、传播及控制的有关资料，并从风险管理的角度，讨论城市在流行病爆发期间，各个主体在风险管理方面应采取哪些措施？这些措施属于风险管理的哪一类工具？

同步测试

一、名词解释

1. 风险管理
2. 风险识别
3. 风险衡量
4. 风险回避
5. 损失控制

二、简答题

1. 简要回答风险管理的特点。
2. 简要回答风险管理的程序。
3. 简要回答风险管理的方法。
4. 简要回答风险管理的目标。

三、单项选择题

1. 风险管理的基本目标是（　　）。
   A. 以最小的成本获得最小的安全保障
   B. 以最大的成本获得最大的安全保障
   C. 以最小的成本获得最大的安全保障
   D. 以最大的成本获得最小的安全保障
2. 风险管理开始进入国际化阶段，是在（　　）。
   A. 1960 年　　　　　　　　　　　B. 20 世纪 70 年代中期
   C. 20 世纪 90 年代　　　　　　　D. 21 世纪
3. 风险管理的第一步是（　　）。
   A. 风险识别　　　　　　　　　　B. 风险评价
   C. 选择风险管理技术　　　　　　D. 评估风险管理效果

4. 风险管理的基本程序是（　　）。

A. 风险识别—风险估测—风险评价—选择风险管理技术—评估风险管理效果

B. 风险识别—风险评价—风险估测—选择风险管理技术—评估风险管理效果

C. 风险评价—风险识别—风险估测—选择风险管理技术—评估风险管理效果

D. 风险评价—风险估测—风险识别—选择风险管理技术—评估风险管理效果

5. 风险管理中最为重要的环节是（　　）。

A. 风险识别　　　　　　　　　　　B. 风险评价

C. 选择风险管理技术　　　　　　　D. 评估风险管理效果

6. 风险管理中损失前目标是（　　）。

A. 消除和降低风险发生的必然性　　B. 消除和降低风险发生的可能性

C. 使受损企业的生产得以迅速恢复　D. 使受损家园得以迅速重建

7. 风险管理中损失后目标是（　　）。

A. 减小风险事故的发生机会

B. 以经济、合理的方法预防潜在损失的发生

C. 消除和降低风险发生的可能性

D. 减轻损失的危害程度

8. 以下不属于控制型风险管理技术的是（　　）。

A. 避免　　　　　　B. 预防　　　　　　C. 抑制　　　　　　D. 转移

9. （　　）是通过对所收集的大量资料进行分析，利用概率统计理论，估计和预测风险发生的概率和损失程度。

A. 风险识别　　　　　　　　　　　B. 风险估测

C. 风险评价　　　　　　　　　　　D. 选择风险管理技术

10. 风险管理的方法分为（　　）。

A. 控制型和财务型　　　　　　　　B. 自留型和转移型

C. 控制型和转移型　　　　　　　　D. 自留型和控制型

四、判断题

1. 有风险因素必有风险事故（　　）。

2. 在风险管理的方法中，保险属于控制法（　　）。

3. 风险是损失的不确定性，所以不确定的损失风险是可保风险。（　　）

项目二

保 险

项目介绍

本项目主要是让学生在老师的指导下，认识保险，了解保险的历史及发展现状，通过对保险的定义、要素、特征及保险与其他类似制度的比较，认识保险的性质，掌握保险的职能与作用。

知识目标

1. 掌握保险的定义、特征；
2. 了解保险的分类；
3. 理解保险与赌博、储蓄、社会保险等类似制度的比较；
4. 了解保险的要素；
5. 掌握保险的职能与作用；
6. 了解保险的起源、形成与发展。

技能目标

通过该项目的完成，使学生了解保险的概念、发展历程、特点、种类以及保险的职能和作用等，建立对保险的基本认识，为后续课程奠定基础。

素质目标

使学生全面而扎实地掌握和理解保险的基本理论，激发学生学习的兴趣，发挥他们的主动性和创造性，促使学生将所学的保险理论知识转化为从事保险工作的职业能力。

引导案例

中国游客澳洲遇意外　国际医疗救护横跨南北助其脱险

2016年年初，杭州两夫妻在澳大利亚珀斯自驾游出车祸遇险求助的消息在朋友圈迅速传开，引发不少网友的关注。

杭州的蒋女士夫妇及倪女士夫妇一行四人在澳大利亚珀斯近郊发生车祸，四人均遭受不同程度的外伤，而对方司机则不幸丧生。蒋女士在车祸后遭遇短暂的意识丧失，并且右手臂及左脚部骨折，醒来后已在医院。由于语言不通并且对当地法律不了解，不得不寻求当地华人帮助。

国人在6 000多公里①之外遇险何人可依？此事先在微信朋友圈发酵，微信群"西澳华人救助群"等纷纷施以援手，继而引起了国内媒体的关注。而危急时刻，蒋女士突想起她曾购买过国内保险公司招商信诺的一份保险，应该是含有国际紧急救援服务的。蒋女士随即联系了招商信诺客服热线："我没记错，他们说我那份保单可以启动国际紧急救援服务，还让我先别慌，接下来的事情保险公司马上安排。"

珀斯距离杭州6 000多公里，蒋女士心中强烈的念头就是想回家，但怎么回、几时回都是问题。令她宽心的是，不久，招商信诺立即复电，表示已经与她的主治医生取得联系，将在她病情稳定后安排她乘坐商业航班商务舱返回杭州，并派出一名护士及一位非医疗人员陪护。同时安排机场内的轮椅辅助登机至飞机座位，确保行程两端均有地面救护车接送，在蒋女士一行人到达目的地后，直接送至当地医院进一步治疗。令人欣慰的是，招商信诺在安排两位客户的行程及其后续医疗方案的同时，转运的全部费用都无须蒋女士自己承担，真的是让她心里一块石头落了地。

2月17日，招商信诺安排国际医疗中心专职护士前往医院探视蒋女士，对她进行全面身体检查，以确保蒋女士的安全，并详细地告知返回时的安排、注意事项和细节。2月18日晚上11：55，蒋女士与朋友一起在该护士的护送下从澳大利亚珀斯机场出发，经香港转机后于2月19日下午14：35安全抵达杭州当地的接收医院，继续接受进一步治疗。

经过惊魂的一天，现在倪女士夫妇以及蒋女士夫妇对国际紧急救援服务有了切身的认识。"很多人包括我以前都不知道，不止飞机运送回国，医疗咨询、评估和推荐、入院担保、紧急医疗转运等都是可以享有的。"

目前，蒋女士情况不断好转，对于此次招商信诺专业细致的海外救援服务，蒋女士及其身边好友备受触动，纷纷点赞致意，感叹幸亏有张"保单"保身。

（资料来源：中国保险网 http://www.china - insurance.com/news - center/newslist.asp?id = 262790）

任何人在其一生中都有可能遇到意外事故甚至灾难，其后果可能是轻微的，也可能是严重的，严重时，不但引起伤害，也可能使人丧失生命，并使依靠其生活的家人失去生活来源。这种经济上的不稳定性需要得到保障。保险就是一种有效的保障方式。保险虽然不能事先化解风险，但是却能在较大程度上减轻或消除风险事故的损害。因此，我们需要对保险进行充分认识。

任务一　认识保险

【任务描述】在本任务下，学生应掌握保险的概念、要素与特征，了解保险与其相似制度之间的区别。

【任务分析】在老师的指导下，学生收集生活中有关未购买保险导致损失的案例，调查

---

① 1公里=1 000千米。

国内保险公司的现状，阅读、了解国家有关保险的管理制度，并对保险及与其相似的制度进行探讨，从而增加对课堂学习的理论知识的认识，以完成本任务。

【相关知识】

一、保险的定义、要素及其特征

1. 保险的定义

无论何种形式的保险，就其自然属性而言，可以将其概括为：保险是集合具有同类风险的众多单位和个人，以合理计算分摊金额的形式，实现对少数成员因约定的风险事故发生所致经济损失或由此引起的经济需要进行补偿或给付的行为，这是广义的保险。而狭义的保险即商业保险，本书中保险一词主要是指商业保险。当然，保险一词还可以从不同的角度来理解。

（1）从经济角度讲

保险是分摊灾害事故的一种经济方法。保险公司集中大量同质风险，借助概率论与大数法则，科学厘定保险费率并收取保险费，建立保险基金，以补偿财产损失或对人身伤害事件给付保险金。实际上是全体被保险人分摊少数遭受损失成员的损失的一种财务安排。

（2）从法律角度讲

保险是一种合同行为。合同双方当事人的权利和义务按照合同或法律的规定履行，投保人向保险人缴纳保险费，以取得损失发生时向保险人要求补偿的权利，保险人则承担按规定补偿被保险人的损失或给付保险金的责任。

（3）从社会角度讲

保险是社会生产和生活的"精巧稳定器"。当保险事故发生或灾难来临时，保险人给予被保险人一定的经济补偿，可以使被保险人的生产经营或个人生活得到一定的保障，使整个社会的经济生活得以稳定。

（4）从风险管理角度讲

保险是经济单位转移风险的一种方法。经济单位通过购买保险，在风险事故发生时，获得保险人的赔付，减轻甚至减除风险损失，从而起到了风险转移作用。

我国保险学界普遍从经济和法律两个角度来理解保险。

2. 保险的要素

（1）可保风险的存在

有风险才有保险，且保险只承保特定的风险事故，因此，可保风险是指符合保险人承保条件的特定风险。可保风险应具备以下要件：

1）风险必须是纯粹风险

保险人承保的风险只能是纯粹风险，不可能是投机风险。

2）风险必须具有不确定性

不确定性是指风险既有发生的可能性，又无法事先确定何时、何地发生，也无法确定其是否会有损失及损失的程度如何。

3）风险必须有导致重大损失的可能

它是指当风险发生后，可能给人们带来难以承受的经济损失或长时期的不良影响。

4）风险必须是大量的、同质的，而受损单位又是少数的

也就是说，风险必须使大量标的（保险对象）均有遭受损失的可能，但不能使大多数

的保险对象同时遭受损失。根据大数法则，考察的单位越多，事故发生的频率就越具有规律性，越接近于概率，费率的厘定则更科学。同时，受损单位又是少数的，才符合保险"一人为众，众为一人"的基础条件。

5）风险必须具有现实的可测性

事故发生的概率、引起的损失都是可以测定出来的。这才能科学确定损失率，进而厘定保费率。

（2）多数人同质风险的集合与分散

多数人参加保险，才能分担少数人的损失，保险的过程，既是风险的集合过程，又是风险的分散过程。风险的集合与分散应具备两个前提条件：

1）风险的大量性

风险的大量性，一方面是基于风险分散的技术要求，另一方面也是概率论和大数法则的原理在保险经营中得以运用的条件。

2）风险的同质性

所谓同质风险，是指风险单位在种类、品质、性能、价值等方面大体相近。

（3）费率的合理计算

保险作为一种商品交换行为，要实行等价交换。由于保险商品的特殊性，为保证保险双方当事人的利益，保险费率的厘定要符合适度、公平、合理的原则。

适度指应能足以抵补一切可能发生的损失以及有关的营业费用；合理指不能获得过多或超额利润；公平指被保险人的风险状况应与其承担的费率尽量一致。保险费率的厘定还应以完备的统计资料为基础，运用科学的计算方法。

（4）保险基金的建立

保险基金是用以补偿或给付因自然灾害、意外事故和人体自然规律所致的经济损失和人身损害的专项货币基金。保险基本职能的实现是建立在具有一定规模的保险基金基础之上的。无保险基金，则无保险事故赔付的保障，也就无保险可言。因此，保险基金是保险业存在的现实的经济基础，制约着保险企业的业务经营规模，也是保证保险企业财务稳定性的经济基础。

（5）保险合同的订立

保险合同是体现保险经济关系存在的形式，也是保险双方当事人履行各自权利与义务的依据。只有订立保险合同，双方的权利义务才能受到法律的约束和保护，商业保险行为也才能顺利运转。

3. 保险的特征

（1）经济性

保险是一种经济保障活动，是整个国民经济活动的一个有机组成部分。其保障的对象——财产和人身都直接或间接属于社会再生产中的生产资料和劳动力两大经济要素；其实现保障的手段，最终都必须采取支付货币的形式进行补偿或给付；其保障的根本目的，无论从宏观的角度还是从微观的角度看，都是为了发展经济。

（2）互助性

保险具有"一人为众，众为一人"的互助特性，这也是保险最基本的特征。它在一定条件下，分担了个别单位和个人所不能承担的风险，从而形成了一种经济互助关系。这种经济互助关系通过保险人用多数投保人缴纳的保险费（以下简称保费）建立的保险基金对少数遭受损失的被保险人提供补偿或给付而得以体现。

(3) 契约性

从法律角度看，保险是一种契约行为，是依法按照合同的形式体现其存在的。保险双方当事人要建立保险关系，其形式是保险合同；保险双方当事人要履行其权利和义务，其依据也是保险合同。没有保险合同，保险关系就无法成立。

(4) 商品性

保险体现了一种等价交换的经济关系，也就是商品经济关系。这种关系主要表现为保险人和投保人之间的服务与被服务的交换关系，即保险人销售保险产品、投保人购买保险产品的关系。

(5) 科学性

保险是一种科学处理风险的有效措施，保险经营以概率论和大数法则等科学的数理理论为基础，保险费率的厘定、保险准备金的提存等都是以科学的数理计算为依据的。

二、保险与类似制度的比较

1. 保险与赌博

保险与赌博二者相似之处在于它们都是以随机事件为基础，都可能以较小的支出获得较大的回报。但两者存在着本质上的区别。

(1) 目的不同

保险的目的在于保险对象遭受经济损失时，给予经济补偿或其他帮助，有效地转嫁风险，获得保障；赌博则以损人利己为目的，是一种投机取巧的行为。

(2) 手段不同

保险经营运用风险分散的原则，是以概率论和大数法则准确预测未来损失，合理地进行损失分摊，使保险经营建立在科学稳定的基础上；赌博则完全基于偶然因素，冒险获利。

(3) 结果不同

保险利己利人；赌博制造风险。

(4) 对标的的要求不同

保险必须以对保险标的具有经济利害关系为条件；赌博则无此项特征，单凭个人的意愿行事。

(5) 风险性质不同

保险承保的是纯粹风险；赌博是投机风险。

2. 保险与储蓄

保险与储蓄都是为将来的经济需要进行资金积累的一种形式，但二者也存在区别。

(1) 消费者不同

保险的消费者必须符合保险人的承保条件，经过核保，可能有一些人被拒保或有条件地承保；储蓄的消费者可以是任何单位或个人，一般没有特殊条件的限制。

(2) 计算技术要求不同

保险集合多数面临同质风险的单位和个人，分摊少数单位和个人的损失，需要有特殊的分摊计算技术；而储蓄总是使用本金加利息的公式，无须特殊的分摊计算技术。

（3）受益期限不同

保险有保险合同规定的受益期限，只要在保险合同的有效期间，无论何时发生保险事故，被保险人均可在预定的保险金额内得到保险赔付，其数额可能是其所交纳的保险费的几倍、几十倍甚至几百倍；而储蓄则以本息返还为受益期限，只有达到一定的期限，储户才能得到预期的利益，即储存的本金及利息。

（4）行为性质不同

保险用全部投保人交纳的保险费建立的保险基金对少数遭受损失的被保险人提供补偿，是一种互助行为；而储蓄是个人留出一部分财产做准备，以应对将来的需要，无须求助他人，完全是一种自助行为。

（5）消费目的不同

保险消费的主要目的是应付各种风险事故造成的经济损失；而储蓄的主要目的是获得利息收入。

3. 保险与社会保险

社会保险是指国家或政府通过立法的形式，采取强制手段对全体公民或劳动者因遭遇年老、疾病、生育、伤残、失业和死亡等社会特定风险而暂时或永久失去劳动能力、失去生活来源或中断劳动收入时的基本生活需要提供经济保障的一种制度。

它与保险的相同之处在于：它们都是以风险的存在为前提而产生的，保障对象是社会再生产的人身要素，都以概率论和大数法则为制定费率的数理基础，通过建立保险基金来提供经济保障。

不同之处在于以下几点：

（1）目的不同

社会保险具有保障性，不以盈利为目的；商业保险具有经营性，以追求经济效益为目的。

（2）建立基础不同

社会保险建立在劳动关系的基础上，只要形成了劳动关系，用人单位就必须为职工办理社会保险；商业保险是自愿投保，以合同契约的形式确立双方的权利义务关系。

（3）管理体制不同

社会保险由政府职能部门管理；商业保险由企业性质的保险公司经营管理。

（4）对象不同

参加社会保险的对象是劳动者，其范围由法律规定，受资格条件的限制；商业保险的对象是自然人，投保人一般不受限制，只要自愿投保并愿意履行合同条款即可。

（5）保障范围不同

社会保险解决绝大多数劳动者的生活保障；商业保险只解决一部分投保人的问题。

（6）资金来源不同

社会保险的资金由国家、企业、个人三方面分担；商业保险的资金只有投保人保费的单一来源。

（7）待遇计发不同

社会保险的待遇给付原则是保障劳动者的基本生活，保险待遇一般采取按月支付的形式，并随社会平均工资增长每年调整；商业保险则按"多投多保，少投少保，不投不保"的原则确定理赔标准。

（8）时间性不同

社会保险是稳定的、连续性的；商业保险是一次性的、短期的。

（9）法律基础不同

社会保险由《劳动法》及其配套法规来规范；商业保险则由《经济法》、《商业保险法》及其配套法规来规范。

4. 保险与慈善

保险和慈善均是对经济生活不安定的人的一种补救行为。其目标均为努力使社会生活正常和稳定。二者的区别在于以下几点：

①保险实行的是有偿的经济保障；慈善实行的是无偿的经济帮助。前者有偿；后者无偿。

②保险当事人地位的确定基于双方一定的权利义务关系；慈善的授受双方无对等义务可言，并非一定的权利义务关系。

③保险机构是具有互助合作性质的经济实体；慈善机构则完全是依靠社会资助的事业机构。

④保险行为受保险合同的约束；慈善事业是根据社会救济政策履行职责。

⑤保险准备的财产是投保人的保费，是基于数学计算为基础的；而慈善事业的资金则大多数是无准备的财产，即使是有准备的财产，也是出资人的自愿行为。

【任务实施】

一、分组讨论

将全班同学分为4~5人的小组，分小组对保险及其相似制度进行分析、讨论、总结、评价。

二、案例分析

在中国，保险与银行储蓄对客户的吸引程度存在差别。一个调查表明，在被调查者的家庭收入中，有30%用于购买金融产品，而在这些金融产品中，银行储蓄占50%，保险占18%，股票也占18%。请谈谈你的看法。

分析参考：

上述调查结果说明，银行储蓄在我国国民心目当中占有很重要的地位，保险等金融产品的重要性还没有被国民完全认识。"把钱存到银行好，要用时随时可以领取，而若购买保险，则没有这么方便。"这是很多中国人对保险的看法。事实上，这种看法是不全面的。

从预防风险上看，保险和银行储蓄都可以为将来的风险做准备，但它们之间有很大的区别：用银行储蓄来应付未来的风险，是一种自助的行为，并没有把风险转移出去；而保险则能把风险转移给保险公司，实际上是一种互助合作行为。从预期收益上看，银行储蓄的收益包括本金和利息，它是确定的；购买保险后得到的"收益"表面上看是不确定的（它取决于保险事故是否发生），但实际上是确定的；购买保险就意味着得到了风险的保障，而且这种保障的程度非银行储蓄所能相比；只要缴纳了足额的保险费，就能得到完全的、充分的保障。

保险有着储蓄所没有的功能。二者具有本质的区别，并不能作简单的类比。并且，单纯

28 保险理论与实务

从风险保障的角度来看，保险的保障程度显然比银行储蓄要高。

同步测试

一、名词解释

1. 保险

2. 社会保险

二、简答题

1. 简述保险的要素。

2. 简述保险的特征。

3. 简述保险与社会保险之间的区别。

三、单项选择题

1. 根据我国《保险法》对保险的定义，保险的内涵是指（　　）。

A. 保险是一种风险管理的办法　　　　　B. 保险是一种财务安排

C. 保险是一种商业行为　　　　　　　　D. 保险是一种经济保障形式

2. 从风险管理的角度看，保险是一种（　　）的机制。

A. 风险转移　　　　　　　　　　　　　B. 有效的财务安排

C. 合同管理　　　　　　　　　　　　　D. 分散风险、补偿损失

3. 从经济的角度看，保险是分摊意外事故损失和提供经济保障的一种非常有效的（　　）。

A. 风险转移　　　　　　　　　　　　　B. 财务安排

C. 合同管理　　　　　　　　　　　　　D. 分散风险、补偿损失

4. 商业保险的运行须具备一定的基本条件，这些条件即为商业保险的要素。商业保险的要素之一是（　　）。

A. 可保风险的存在　　　　　　　　　　B. 可保损失的存在

C. 投机风险的存在　　　　　　　　　　D. 遭受重大损失的必然性的存在

5. 下列属于保险与慈善相同点的是（　　）。

A. 提供保障的主体　　　　　　　　　　B. 提供保障的资金来源

C. 提供保障的可靠性　　　　　　　　　D. 借助他人保障自身经济生活的方法

6. 下列属于保险与储蓄相同点的是（　　）。

A. 消费者　　　　　　　　　　　　　　B. 技术要求

C. 受益期限　　　　　　　　　　　　　D. 以现在的剩余资金解决未来所需的准备

7. 可保风险必须具备的条件之一是（　　）。

A. 少量标的均有遭受损失的可能　　　　B. 少量标的均有遭受损失的必然

C. 大量标的均有遭受损失的可能　　　　D. 大量标的均有遭受损失的必然

四、多项选择题

1. 下列属于保险特征的有（　　）。

A. 经济性　　　　　　B. 互助性　　　　　　C. 契约性

D. 商品性　　　　　　E. 科学性

2. 保险与赌博的主要区别有（　　）。

A. 目的不同　　　　　B. 手段不同　　　　　C. 结果不同

D. 对标的的要求不同　　　　　　　　　E. 风险性质不同

3. 可保风险具有（　　）规定性。
A. 风险损失必须是意外且非故意的　　B. 风险一般是纯粹的
C. 风险损失是可衡量的　　D. 风险损失不能是巨灾损失
E. 风险的故障是不可测定的

4. 关于社会保险与商业保险，下列说法不正确的有（　　）。
A. 社会保险行为是依合同实施的契约行为，属于司法范畴；商业保险行为是依法实施的政府行为，属于公共范畴
B. 社会保险资金来源于各级政府财政、企事业单位和劳动者个人三个渠道，是集政府、企事业单位、个人等社会各方面的力量来保障劳动者的基本生活权利；而商业保险的资金只能来源于投保人所交的保险费，保险费不仅是建立商业保险基金的源泉，而且也是维持保险公司日常管理和业务费用开支的主要来源
C. 社会保险讲求权利平等和公平分配，能在一定程度上缩小社会成员之间的贫富差别；而商业保险则只按投保人的投保金额和保险事故造成的损失金额来决定赔偿额
D. 社会保险的保险人与被保险人的权利和义务关系建立在合同的关系上，而商业保险的保险人与被保险人的权利与义务关系建立在劳动管理的基础之上
E. 社会保险是国家职责，有多方筹资和政府财政作后盾，其收费和待遇可根据社会经济的发展而不断调整，安全可靠性强；而商业保险的收支却取决于保险企业对损失率、死亡率、疾病发生率的预测是否准确、资金运用是否成功等多种因素

五、判断题

1. 按照大数法则，可保风险的条件之一是，必须不能使大多数的保险标的同时遭受损失。（　　）
2. 大多数风险管理计划是自担风险与商业保险相结合。（　　）
3. 保险与储蓄都是为将来的经济需要进行资金积累的一种形式。（　　）

任务二　区分不同的保险

【任务描述】在本任务下，学生应熟悉保险的主要分类，了解国内各种保险的发展现状，掌握不同险种之间的主要区别。

【任务分析】学生在老师的指导下调查生活中保险的需求状况，了解国内相关保险的种类，阅读、了解不同险种之间的主要区别。

【相关知识】

一、根据保险标的不同划分

根据保险标的不同，保险可分为财产保险和人身保险。

1. 财产保险

财产保险是指以财产及其相关利益为保险标的的保险，包括财产损失保险、责任保险、信用保险、保证保险。

（1）财产损失保险

这是以物质财产及有关利益为保险标的的保险。包括企业财产保险、家庭财产保险、运

输工具保险、货物运输保险、建筑安装保险。

（2）责任保险

这是以被保险人对第三者依法应负的赔偿责任为保险标的的保险。包括公众责任保险、产品责任保险、雇主责任保险、职业责任保险。

（3）信用保险

这是保险人根据权利人的要求担保义务人（被保证人）信用的保险。它是由债权人投保，以债务人信用作为保险标的，在债务人未能如约履行债务清偿时，由保险人向债权人提供风险保障。

（4）保证保险

这是义务人（被保证人）根据权利人的要求，要求保险人向权利人担保义务人自己信用的保险。它是由债务人投保，以自身信用作为保险标的，由保险人向债权人提供风险保障。

2. 人身保险

人身保险则是以人的生命和身体为保险标的的保险，是以生存、年老、伤残、疾病、死亡等人身风险为保险事故的一种保险。当被保险人在保险期间因保险事故发生或生存到保险期满，保险人依照合同对被保险人给付约定的保险金。包括人寿保险、健康保险和意外伤害保险。

二、根据保险的性质不同划分

根据保险的性质不同，保险可分为商业保险、社会保险和政策保险。

1. 商业保险

商业保险是指保险人按商业原则经营，以营利为目的，与被保险方建立的一种等价的保险关系。

2. 社会保险

社会保险是指在既定的社会政策的指导下，由国家通过立法手段对公民强制征收保险费，形成保险基金，用于对其中因年老、疾病、生育、伤残、死亡和失业而导致丧失劳动能力或失去工作机会的成员提供基本生活保障的一种社会保障制度。

3. 政策保险

政策保险是指为贯彻一定的国家政策，以国家财政为后盾所建立的一种不以营利为目的的保险关系。开办政策保险是因为有些保险业务不便并入社会保险，也难以完全按照商业保险方式来经营。例如，为实现促进国际贸易政策而开办的输出保险。

三、根据保险的业务承保方式不同划分

根据保险的业务承保方式不同，保险分为原保险、再保险、重复保险和共同保险。

1. 原保险

原保险是保险人与投保人签订保险合同，构成投保人与保险人权利和义务关系的保险。

2. 再保险

再保险是保险人通过订立合同，将自己已经承保的风险，转移给另一个或几个保险人，以降低自己所面临的风险的保险行为。这种风险转嫁方式是原保险人对原承保业务风险的纵

向转嫁，即第二次风险转嫁。简单地说，再保险即"保险人的保险"。

3. 重复保险

重复保险是投保人对同一保险标的、同一保险利益、同一风险事故在同一保险期间，分别向两个以上保险人订立保险合同，且保险金额总和超过保险价值的保险。

4. 共同保险

共同保险是由两个或两个以上的保险人联合，直接承保同一保险标的、同一保险利益、同一保险事故，而保险金额之和不超过保险价值的保险。

四、根据保险的保障对象不同划分

根据保险的保障对象不同，保险可分为团体保险和个人保险。

1. 团体保险

团体保险一般用于人身保险，它是用一份总的保险合同，向一个团体中的众多成员提供人身保障的保险。

2. 个人保险

个人保险是为满足个人和家庭的需要，以个人作为投保人的保险，投保人为自然人。如家用汽车保险、家庭财产保险等。

五、根据保险的实施方式不同划分

根据保险的实施方式不同，保险可分为自愿保险和强制保险。

1. 自愿保险

自愿保险是投保人和保险人在平等互利、等价有偿原则的基础上，通过协商，采取自愿方式签订保险合同建立的一种保险关系。

2. 强制保险

强制保险又称法定保险，是指根据国家颁布的有关法律和法规，凡是在规定范围内的单位或个人，不管愿意与否都必须参加的保险，如机动车交通事故责任强制保险、社会保险等。

六、根据保险承保的风险不同划分

根据保险承保的风险不同，保险可分为单一风险保险和综合风险保险。

1. 单一风险保险

单一风险保险是指保险人仅对被保险人面临的某一种风险提供的保险。

2. 综合风险保险

综合风险保险是指保险人对被保险人面临的两种或两种以上的风险承担赔偿责任。

【任务实施】

一、分组讨论

根据实际人数将全班同学分为4~5个小组，每个小组调查生活中保险的需求状况，了解国内相关保险的种类，阅读、了解不同险种之间的主要区别，在课堂上进行分析、讨论、总结、评价。如表2-1所示。

32 保险理论与实务

表 2-1 任务实施

组别 任务	一	二	三	四	五	……
国内保险的主要种类						
各主要险种的特点						
区别是什么						
……						
……						

二、识别保险类别

根据所学基础知识，判断以下几种情况各属于何种保险？

1. 某人向 A、B 两家保险公司签订了一份保险合同。

2. 某人向 A 保险公司投保了 100 万元财产损失险，A 公司随后将其中的 20% 向 B 保险公司投保。

3. 某企业有 100 万元财产，该企业首先在甲保险公司投保了 50 万元财产险，随后又在乙保险公司投保了 40 万元财产险，这是否为重复保险？

如其他不变，该企业随后在乙保险公司投保了 90 万元财产险，这是否为重复保险？

4. 以下几种情况是否属于重复保险，为什么？

（1）某人将其家庭财产 100 万元向 A 保险公司投保了火灾险，随后又向 B 保险公司投保了盗窃险。

（2）某人以其房产 100 万元作为抵押向银行取得 50 万元贷款，随后该人和银行各自对该房产投保了 100 万元和 50 万元财产损失险。

（3）某人先向 A 保险公司以本人为被保险人投保了 50 万元人寿险，随后又向 B 保险公司同样投保了 50 万元人寿险。

同步测试

一、名词解释

1. 原保险

2. 再保险

3. 重复保险

4. 共同保险

5. 财产损失保险

6. 责任保险

7. 信用保险

8. 保证保险

二、简答题

1. 简述原保险与再保险的区别。

2. 简述保险的主要分类。

三、单项选择题

1. 按照实施方式，保险可分为（　　）。
   A. 原保险、再保险　　　　　　　　B. 共同保险、重复保险
   C. 强制保险、自愿保险　　　　　　D. 财产保险、人身保险

2. 有甲、乙两家保险公司共同承保某客户的财产，并由甲出面与客户签订合计为1 000万元保险金额的保单（其中甲、乙分别承保500万元），则该保险为（　　）。
   A. 共同保险　　　B. 重复保险　　　C. 再保险　　　D. 原保险

3. 社会保险是指以劳动者为保障对象，通过国家立法的形式和政府强制实施的手段，以劳动者的年老、疾病、伤残、失业、死亡等特殊事件为保障内容的一种（　　）。
   A. 社会保障制度　　B. 社会福利制度　　C. 社会求助活动　　D. 保险体系

4. 从保障性来看，保障可靠性最差的是（　　）。
   A. 社会保险　　　B. 政府救济　　　C. 民间救济　　　D. 商业保险

5. 强制保险是由国家（政府）通过法律或行政手段强制实施的一种保险。以下（　　）属于强制保险的险种。
   A. 人身意外伤害险　　　　　　　　B. 机动车交通事故责任强制保险
   C. 家庭财产损失险　　　　　　　　D. 人寿保险

6. 保险人将其所承保的风险和责任的一部分或全部，转移给其他保险人的一种保险称为（　　）。
   A. 共同保险　　　B. 重复保险　　　C. 再保险　　　D. 原保险

7. 由几个保险人联合，直接承保同一保险标的、同一风险、同一保险利益的保险称为（　　）。
   A. 重复保险　　　B. 共同保险　　　C. 再保险　　　D. 原保险

8. 投保人以同一保险标的、同一风险事故分别与两个或两个以上保险人订立保险合同，且保险金额总和超过保险价值的保险称为（　　）。
   A. 联合保险　　　B. 共同保险　　　C. 复合保险　　　D. 重复保险

9. 与共同保险相同，重复保险也是投保人对原始风险的横向转嫁，即属于（　　）。
   A. 风险的第一次转嫁　　　　　　　B. 风险的第二次转嫁
   C. 风险的第三次转嫁　　　　　　　D. 风险的第四次转嫁

四、多项选择题

1. 按承保方式分类，保险可分为（　　）。
   A. 原保险　　　B. 再保险　　　C. 强制保险
   D. 共同保险　　E. 重复保险

2. 再保险对国民经济的作用体现在（　　）。
   A. 国家进行国际经济合作的重要手段　　B. 进一步分散风险
   C. 保障社会公众利益　　　　　　　　　D. 方便社会公众转移风险
   E. 扩大经营能力

3. 按照保险业务的承保方式来分类，可将保险划分为（　　）。
   A. 重复保险　　　B. 再保险　　　C. 原保险
   D. 单个保险　　　E. 共同保险

五、判断题

1. 责任保险所承保的法律责任主要是指刑事责任。（　　）
2. 再保险接受人对原保险的被保险人负有给付保险金的责任。（　　）
3. 被保证人根据权利人的要求，请求保险人担保自己的信用的保险是信用保险。（　　）
4. 生死合险又称两全保险，是生存保险与死亡保险的混合险种。（　　）
5. 广义财产保险包括财产损失保险、责任保险和保证保险。（　　）
6. 投保人与两个以上保险人之间，就同一保险利益、共同缔结保险合同的保险是重复保险。（　　）
7. 社会保险是政府为了政策上的目的，运用普通保险的技术而开办的一种保险。（　　）

任务三　认识保险的职能

【任务描述】 在本任务下，学生应通过了解保险的四大职能学说，掌握保险的职能，熟悉保险的作用。

【任务分析】 在老师的指导下，学生通过对保险职能学说的学习，分析保险可能存在的职能，通过讨论探究的方法增加学生对保险的职能及作用的认识，以完成本任务。

【相关知识】

保险的性质决定保险的职能。反之，保险的职能又说明或表现保险的性质，是保险性质的客观要求。保险的职能具体可分为两类：基本职能和派生职能。基本职能是指保险在一切经济条件下均具有的职能，而派生职能是指随着社会生产力的发展、社会经济制度的演进，保险逐渐具有的职能。

一、保险职能学说

1. 单一职能说

该学说主张保险只有经济补偿的唯一功能。认为经济补偿是建立保险基金的根本目的，也是保险形式产生和形成的原因。在再生产过程中，存在着风险对生产力的破坏与怎样筹资以维护生产力的矛盾。保险就是通过经济补偿恢复生产力，以解决这一矛盾的经济手段。

该学说只是强调了保险机制的目的和社会效应。但是，对于保险如何达到它的目的和取得它的效应却未能加以说明，也就是说，单一职能说不能完整地说明保险运行机制的全过程，从而也就不能完整地表现保险的性质。

2. 基本职能说

该学说坚持保险具有分散风险职能和经济补偿职能，两个职能是相辅相成的。分散风险是处理偶然性危险事故的技术手段，只是保险经济活动所特有的内在职能；经济补偿作为积极体现保险行为内在功能的现实表现形式，是保险经济活动的外部职能。

该学说准确地表述了保险机制运行过程中目的和手段的统一，完整地表现了保险的性质，所以，我们说分散风险职能与经济补偿职能的统一就是保险。该学说在我国保险理论界得到比较普遍的认可。但问题是，保险除了这两大基本职能外，是否还存在着保险运行机制所决定的其他派生职能呢？这又引发了对保险派生职能的探讨。

3. 二元职能说

该学说认为保险具有补偿职能和给付职能。即从财产保险的角度看，保险具有经济补偿的职能；从人身保险的角度看，保险又具有保险金给付的功能。

这一观点主要是在西方保险二元性质说的影响下产生的。保险作为独立的经济范畴，应该有一个统一的概念，"二元说"的观点是不能接受的。因此，由保险二元性质说所导出的保险"二元职能说"同样是不能接受的。

4. 多元职能说

该学说认为保险不仅具有分散风险和经济补偿两个基本职能，还应包括给付保险金、积累资金、融通资金、储蓄、防灾防损、社会管理等职能，或者其中的若干个。

多元职能说者一般都持发展的观点，认为随着市场经济的发展，保险的功能也应该有所发展，这种动态观无可非议。但是，多功能论往往把一些属于保险公司的职能（诸如融通资金、防灾防损等）归属于保险的职能，这就混淆了保险经济范畴与保险公司经济组织的概念，因而是不正确的。此外，储蓄是货币信用的一种形式，把它作为保险的职能也是不合适的。再如，保险是否具有"社会管理"的功能？看法也不一致。

二、保险的基本职能

保险的基本职能是集中保费建立保险基金，为特定危险后果提供经济保障。保险的基本职能有两个：分散风险和补偿损失。

1. 分散风险职能

为了确保经济生活的安定，保险人把集中在某一单位或个人身上的因偶发的灾害事故或人身事件所致的经济损失，通过直接摊派或收取保费的办法平均分摊给所有被保险人，这就是保险的分散风险职能。

2. 补偿损失职能

保险人用集中起来的保险费来补偿被保险人合同约定的保险事故或人身事件所致的经济损失，保险所具有的这种补偿能力就是保险的补偿损失职能。

分散风险和补偿损失这两个职能是相辅相成的，分散风险是保险处理风险事故的技术方法，是达到补偿损失这一目的所采用的手段，补偿损失是保险的最终目的。

三、保险的派生职能

保险制度随着生产力的发展逐步完善，其职能有了新的扩展，在基本职能基础上产生出派生职能。保险的派生职能主要有防灾防损职能、融资职能和分配职能。

1. 防灾防损职能

防灾防损职能是指保险人与被保险人或其他相关部门共同努力，加强灾害预防和损失控制活动，减少或防止灾害事故的发生，尽量避免人身伤亡和财产损失，以降低赔付率，提高自身的经济效益，保障社会财产安全。防灾防损职能对于保险人和被保险人来说是个双赢的行为。

2. 融资职能

保险的融资职能就是保险融通资金或保险资金运用的职能。由于保险的补偿与给付的发生具有一定的时差性，这就为保险人进行投资活动提供了可能性。同时，保险人为了使保经营稳定，必须保证保险基金保值增值，这就派生了保险的融资职能。

3. 分配职能

分配职能又可以称为社会管理职能，是指保险基金实际上参与了国民收入的再分配。保险人通过向多数投保人收取保费建立保险基金，并在风险事故发生后向少数投保人进行经济赔偿，就像财政中的转移支付一样，这一部分资金实现了再分配。

四、保险的作用

1. 保险的宏观作用

保险在宏观经济中的作用指保险对全社会和整个国民经济产生的影响。主要表现在以下几个方面：

（1）保障社会再生产的正常进行

社会再生产过程由生产、分配、交换和消费四个环节组成，它们在时间上是连续的，在空间上是均衡的。但是，再生产过程的这种连续性和均衡性会因遭遇各种灾害事故而被迫中断和失衡。保险的经济补偿职能能及时和迅速地对这种中断和失衡发挥修补作用，从而保证社会再生产的连续性和稳定性。

（2）促进对外贸易的发展

由于国际贸易经济涉及国家、地区间的经贸往来，货物往往要经过海洋运输、陆上运输、航空运输等若干环节，因而遭到自然灾害或意外事故而导致损失的风险也较大，这就使保险成为必须。保险可以保护国际贸易中合同双方的利益，促进国际贸易顺利开展。

（3）推动科学技术向现实生产力转化

采用新技术，就意味着有新的风险，保险可以对采用新技术带来的风险提供保障，为企业开发新技术、新产品提供便利条件，促进先进技术的推广运用。

（4）有利于社会稳定

保险通过分散风险及提供经济补偿，在保障社会稳定方面发挥着积极的作用。公民个人及其家庭生活安定是整个社会稳定的基础。然而，各种风险事故的发生常使个人或家庭遭到损害，成为社会不稳定因素。这些不稳定因素会使正常的社会生活秩序遭到破坏。具有未雨绸缪、有备无患作用的保险，通过保障个人及家庭的生活稳定，消除了这些不稳定因素，从而维护了社会生活秩序的安定。

（5）动员国际范围内的保险基金

再保险机制或共保险机制可以把保险市场上彼此独立的保险基金连接为一体，共同承保某一特定的风险，这种行为一旦超越国界，就可实现国际范围内的风险分散，从而将国际范围内的保险基金联为一体。国际再保险是动员国际范围内的保险基金的一种主要形式。

2. 保险的微观作用

（1）有助于企业及时恢复经营、稳定收入

保险赔偿具有及时、合理、有效的特点。投保企业一旦遭遇灾害事故损失，就能够按照保险合同约定的条件及时得到保险赔偿，获得资金，重新购置资产，恢复生产经营。同时，由于企业恢复生产及时，还可减少受灾企业的一些间接经营损失。

（2）有利于企业加强经济核算

保险作为企业风险管理的财务手段之一，能够把企业不确定的巨额灾害损失，化为固定的少量的保险费支出,并摊入企业的生产成本或流通费用,这是完全符合企业经营核算制度的。

(3) 促进企业加强风险管理

保险公司常年与各种灾害事故打交道,积累了丰富的风险管理经验,不仅可以向企业提供各种风险管理经验,而且可以通过承保时的风险调查与分析、承保期内的风险检查与监督等活动,尽可能地消除危险的潜在因素,达到防灾防损的目的。此外,保险公司还可以通过保险合同的约束和保险费率杠杆调动企业防灾防损的积极性,共同搞好风险管理工作。

(4) 有利于安定人们的生活

家庭财产保险可以使受灾家庭恢复原有的物资生活条件。当家庭成员,尤其是工资收入者,遭遇生老病死等意外的或必然事件时,人身保险作为社会保险和社会福利的补充,对家庭的正常经济生活起保障作用。

(5) 有利于民事赔偿责任的履行

人们在日常生活和社会活动中,不可能完全排除民事侵权或他侵而发生民事赔偿责任或民事索赔事件。具有民事赔偿责任风险的单位或个人可以通过交保险费的办法将此风险转嫁给保险公司,为维护被侵权人的合法权益而顺利获得民事赔偿。

【任务实施】

一、分组讨论

根据实际人数将全班同学分为4~5人的小组,各小组对引导案例中的问题进行分析、讨论、总结、评价,最后,教师总结评价。

二、案例分析

2015年4月25日、5月12日,尼泊尔境内分别发生8.1级地震、7.5级余震,波及我国西藏地区,造成西藏日喀则地区农牧民住房大范围倒塌,损坏严重。地震发生后,中国人民财产保险股份有限公司立即启动大灾应急预案,成立大灾救援应急小组,调度各方面理赔资源,累计投入1 363人次,历时48天,及时完成受灾的192个乡镇、1 600多个行政村农房的查勘、定损工作,共赔付4.03万户农牧民住房赔款2.43亿元,成为西藏有史以来最大的一笔保险赔款,取得较好的社会效益,赢得农户、政府、社会的好评。

通过以上案例,请思考保险在我们的社会生活中有着怎样的职能?对社会和人民又有着怎样的作用?

分析参考:

我国是自然灾害发生最频繁的国家之一,各种自然灾害发生频率高,波及范围广,不但给人民的生命财产造成严重的威胁,而且在遭遇重大自然灾害时,整个国民经济也会受到影响。保险不仅为受灾的个人和家庭提供经济补偿,而且保证了灾害过后社会生产的持续进行,从而起到稳定国民经济发展的作用。

从本案例中我们可以体会到保险的基本职能及其在国民经济中的作用。

1. 保险的基本职能是经济补偿和实现保险金的给付

保险的本质是一种经济关系,它是面临着共同风险的经济单位和个人为补偿灾害事故或其他约定事件所产生的损失,建立和使用保险基金而形成的经济关系的总和。在灾害事故、意外事故或约定的事件发生后,通过保险的补偿和给付,企业可以得到足够的资金,购买劳动资料、劳动对象，支付生产停顿期间所用的费用，以保证简单再生产的顺利进行。保险对个人可免除或减轻不幸事故造成的经济损失，保障本人或家属的物质福利。

2. 保险也有利于国民经济持续稳定发展

在现代社会生产中，灾害和意外事故越来越多。灾害和意外事故的发生总是会造成生产或经营终止或缩小，也有可能造成各种间接经济损失，引起一系列不良反应，影响国民经济计划的执行。由于保险具有经济补偿和给付保险金的职能，任何单位，只要在平时缴纳少量保费，一旦发生保险责任范围的事故，就可以立即得到保险的经济补偿，消除因自然灾害和意外事故造成经济损失而引起生产中断的可能，保证国民经济持续稳定地朝着既定的目标发展。

3. 保险还有利于社会的稳定

自然灾害和意外事故可能给人们带来突然的财产损失和人员伤亡，突如其来的灾害事故完全有可能使企业生产和人们的生活陷入困境，给社会带来许多不安定因素。但是，有了保险保障，情况就会发生根本的变化。保险能在最短的时间里帮助企业恢复生产，帮助居民重建家园，解除人们在经济上的各种后顾之忧。这能从根本上稳定企业、稳定家庭，消除社会不安定因素。

同步测试

一、名词解释

1. 风险分散职能
2. 补偿损失职能
3. 防灾防损职能
4. 融资职能
5. 分配职能

二、简答题

1. 简述保险的宏观作用。
2. 简述保险的微观作用。

三、单项选择题

1. 保险资金中闲置的部分重新投入社会再生产过程中发挥的职能为（　　　）。

A. 社会管理职能　　　B. 社会保障职能　　　C. 损失补偿职能　　　D. 融资职能

2. 在市场经济条件下，保险职能在具体社会和经济实践中所表现出的效果称为保险作用。保险作用的具体表现形式是（　　　）。

A. 宏观作用和微观作用　　　　　　　　B. 主观作用和客观作用

C. 补偿作用和给付作用　　　　　　　　D. 法定作用和自发作用

3. 保险人与被保险人共同努力，加强灾害预防和损失控制活动，减少或防止灾害事故的发生，尽量避免人身伤亡和财产损失，以降低赔付率，提高自身的经济效益的保险职能是（　　　）。

A. 风险分散职能　　　B. 防灾防损职能　　　C. 补偿损失职能　　　D. 融资职能

4. 保险分配关系是客观存在的一种（　　　）关系。

A. 保险　　　　　　　B. 利益　　　　　　　C. 社会　　　　　　　D. 经济

5. 保险的作用是保险诸职能的发挥所产生的（　　　）。
   A. 社会效应　　　B. 经济效应　　　C. 政治效应　　　D. 商业效应

四、多项选择题

1. 下列有关保险的陈述正确的是（　　　）。
   A. 保险是风险处理的传统有效的措施
   B. 保险是分摊意外事故损失的一种财务安排
   C. 保险体现的是一种民事法律关系
   D. 保险不具有商品属性
   E. 保险的基本职能包括分摊损失与防灾防损
2. 保险的基本职能包括（　　　）。
   A. 风险分散职能　　B. 补偿损失职能　　C. 资金融通职能　　D. 分配职能
3. 保险职能学说包括（　　　）。
   A. 单一职能说　　B. 基本职能说　　C. 二元职能说　　D. 多元职能说

五、判断题

1. 保险的基本职能中，分散风险是前提条件，补偿损失是分散风险的目的。（　　　）
2. 保险分配是价值形式的分配。（　　　）
3. 保险交换是不等价交换。（　　　）

任务四　了解保险的产生与发展

【任务描述】在本任务下，学生应通过对保险历史发展的学习，了解保险的产生与演变，并对当前保险业的现状形成基本认识。

【任务分析】在老师的指导下，学生查看关于世界保险发展的课外资料、视频，并调查国内保险业的发展现状，从而增进对课堂学习的理论知识的认识，以完成本任务。

【相关知识】

自从人类社会诞生的那一天起，人们就在寻找防灾避祸的方法，但真正意义上的保险制度却形成于现代。保险并不是在人类社会发展的初期阶段就存在的，而是在人类社会发展的过程中逐渐产生和发展起来的。简要回顾与分析保险产生与发展的历史过程，有助于人们了解保险产生和发展的原因，认识保险与经济发展和人类进步相互依存、相互促进的关系，认识保险发展的规律性。

一、保险的产生

1. 人类保险思想的萌发与保险雏形

（1）中国古代保险思想

人类社会从一开始就面临着各种自然灾害和意外事故的侵扰。在与大自然抗争的过程中，古代人就萌生了对付灾害事故的保险思想和原始形态的保险方法。

我国历代王朝都非常重视积谷备荒。春秋时期孔子"耕三余一"的思想就是颇有代表性的见解。孔子认为，每年如能将收获粮食的三分之一积储起来，这样连续积储3年，便可存足 1 年的粮食，即"余一"。如果不断地积储粮食，经过 27 年，可积存 9 年的粮食，就可达到太平盛世。

（2）外国古代保险思想

在国外，保险思想和原始的保险雏形在古代也已经产生。据史料记载，公元前 2 500 年，在西亚两河（底格里斯河和幼发拉底河）流域的古巴比伦王国，国王下令僧侣、法官及村长等对他们所辖境内的居民收取赋金，用以救济遭受火灾及其他天灾的人们。这被公认为是世界上最早的保险。现代海上保险是由古代巴比伦和腓尼基的船货抵押借款思想逐渐演化而来的。火灾保险起源于 1118 年冰岛设立的 Hrepps 社，该社对火灾及家畜死亡损失承担赔偿责任。

2. 现代保险的产生

（1）现代海上保险

1）最早的保险单

1347 年 10 月 23 日，意大利热那亚商人乔治·勒克维伦签发了最早的一张保险单。

意大利是海上保险的发源地。早在 11 世纪末叶，十字军东征以后，意大利商人就控制了东方和西欧的中介贸易。在经济繁荣的意大利北部城市，特别是热那亚、佛罗伦萨、比萨和威尼斯等地，由于其地理位置是海上交通的要冲，这些地方已经出现类似现代形式的海上保险。那里的商人和高利贷者将他们进行贸易的汇兑票据与保险的习惯做法带到他们所到之处，足迹遍及欧洲。许多意大利伦巴第商人在英国伦敦同犹太人一样从事海上贸易、金融和保险业务，并且按照商业惯例仲裁保险纠纷，逐渐形成了公平合理的海商法条文，后来成为西方商法的基础。自从 1290 年犹太人被驱赶出英国后，伦敦的金融保险事业就操纵在伦巴第人手中。在伦敦，至今仍是英国保险中心的伦巴街由此得名。英文中的保险单（Policy）一词也源于意大利语"Polizza"。

大约在 14 世纪，海上保险开始在西欧各地的商人中间流行，逐渐形成了保险的商业化和专业化。1310 年，在荷兰的布鲁日成立了保险商会，协调海上保险的承保条件和费率。1347 年 10 月 23 日，热那亚商人乔治·勒克维伦开出了迄今为止世界上发现最早的保险单，它承保"圣·克勒拉"号船舶从热那亚至马乔卡的航程保险。1397 年，在佛罗伦萨出现了具有现代特征的保险单形式。

可以称得上现代含义的保险合同是 1384 年订立的比萨合同。这张保险单内容是承保从法国南部的阿尔兹至意大利比萨的一批货物和运输风险。到 1397 年，佛罗伦萨开出的保单已经有承保"海上灾难、天灾、火灾、抛弃、王子的禁止、捕捉"等字样，当时的保险单如同其他商业合同一样，是由专业的撰状人起草的。13 世纪中叶，在热那亚一带就有撰状人 200 个。据一位意大利的律师调查，1393 年，有位热那亚的撰状人一年就起草了 80 多份保险单。这个时期，意大利在海上保险中独领风骚。莎士比亚在《威尼斯商人》中就写到海上保险及其种类。第一家海上保险公司也于 1424 年在热那亚出现。

2）《1906 年英国海上保险法》成为各国立法典范

15、16 世纪，西欧各国不断在海上探寻和开辟新的航线，欧洲商人的贸易范围空间扩大，海上保险得到迅速发展，随之而来的是保险纠纷也相应增多，于是出现了国家或地方保险法规。1435 年，西班牙的巴塞罗那颁布了世界上最早的海上保险法典，1468 年，在威尼斯订立了关于法院如何保证保单实施及防止欺诈的法令。1532 年，在佛罗伦萨总结了以往海上保险的做法，制订了一部比较完整的条例并规定了标准保单格式。在美洲新大陆发现后，贸易中心逐渐地从地中海区域移至大西洋彼岸，1556年，西班牙国王腓力二世颁布法令，对保险经纪人加以管理，确定了经纪人制度。1563年，西班牙的安特卫普法令对航海以及海上保险办法和保单格式作了较明确的规定，这一法令以及安特卫普交易所的习惯后来被欧洲各国普遍采用，保险制度趋于成熟和完善。1601年，伊丽莎白一世颁布了第一部有关海上保险的法律——《涉及保险单的立法》。

17世纪中叶，英国逐步发展成为世界贸易和航运业垄断优势的殖民帝国，这给英国商人开展世界上的海上保险业务提供了有利条件。1720年，经英国女王特许，英国创立了伦敦保险公司和英国皇家交易保险公司，专营海上保险，规定其他公司或合伙组织不得经营海上保险业务。18世纪后期，英国成为世界海上保险的中心，占据了海上保险的统治地位。

（2）现代火灾保险

火灾保险起源于1118年冰岛设立的Hrepps社，该社对火灾及家畜死亡损失负赔偿责任。1591年，德国酿造业发生一起大火。灾后，为了筹集重建酿造厂所需资金和保证不动产的信用而成立了"火灾保险合作社"，这是火灾保险的雏形。

1666年9月2日，位于伦敦市中心的皇家面包店突然因为烘炉过热，引发了一场火灾。大火蔓延至全城，燃烧了五天五夜，烧毁13 000多栋住宅和90多个教堂，伦敦80%的建筑物被烧毁，20万人因此无家可归。在经历了这场灾难之后，一个叫尼古拉斯·巴蓬的医生开始筹措开办一家承保火灾风险的保险公司。经过十多年的摸索和实践，1680年，巴蓬医生和他的四个朋友凑齐了4万英镑，开办了世界上第一家火灾保险营业所，1705年，更名为菲尼克斯火灾保险公司。巴蓬的主顾多是经历了伦敦大火的居民，他们为了防止灾害再次造成的巨大损失，纷纷到巴蓬这里购买保险，而巴蓬也意识到不能给所有的房子都按照统一标准收费，于是他独创性地依据房屋的结构和租金收取保费，例如，砖石建筑的费率定为年房租的2.5%，木质结构的房屋费率则提高至5%，这种差别费率制为日后保险业的发展提供了一个样板，巴蓬本人也被誉为"现代火灾保险之父"。

1752年，著名科学家和政治活动家本杰明·富兰克林在费拉德尔菲亚创办了美国第一家火灾保险社。19世纪，欧美的火灾保险公司大量出现，火灾承保能力大大提高。1871年，芝加哥一场大火造成1.5亿美元损失，其中1亿美元损失是投过保的，可见当时保险之发达。而且从承保范围看，火灾保险的标的开始由单纯的建筑物扩大到其他财产。

（3）现代人身保险

在海上保险的产生和发展过程中，一度包括人身保险。15世纪后期，欧洲的奴隶贩子把运往美洲的非洲奴隶当作货物进行投保，后来船上的船员也可投保；如遇到意外伤害，由保险人给予经济补偿，这些应该是人身保险的早期形式。

17世纪中叶，意大利银行家伦佐·佟蒂提出了一项联合养老办法，这个办法后来被称为"佟蒂法"，并于1689年正式实行。佟蒂法规定每人交纳法郎，筹集起总额140万法郎的资金，保险期满后，规定每年支付10%，并按年龄把认购人分成若干群体，对年龄高些的，分息就多些。佟蒂法的特点就是把利息付给该群体的生存者，如该群体成员全部死亡，则停止给付。

著名的天文学家哈雷，在1693年以西里西亚的勃来斯洛市的市民死亡统计为基础，编制了第一张生命表，精确表示了每个年龄的死亡率，提供了寿险计算的依据。18世纪40—

50 年代，辛普森根据哈雷的生命表，作成依死亡率增加而递增的费率表。之后，陶德森依照年龄差等计算保费，并提出了"均衡保险费"的理论，从而促进了人身保险的发展。1762 年成立的伦敦公平保险社，才是真正根据保险技术基础而设立的人身保险组织。

（4）责任保险

责任保险作为一类有体系的保险业务，始于 19 世纪的欧美国家，发达于 20 世纪 70 年代以后。1855 年，英国开办了铁路承运人责任保险，但到 20 世纪初，责任保险才有了迅速发展，成为现代经济不可缺少的一部分，成为保险人的支柱业务之一。大多数国家还将多种公共责任作为强制投保的规定，如机动车辆第三者责保险等。在西方非寿险保险公司中，责任保险的保费收入一般都占保费总收入的 10% 以上，在保险市场上有举足轻重的地位。

（5）信用保险

信用保险是随着资本主义商业信用风险和道德风险的频繁发生而发展起来的。1702 年，英国开设主人损失保险公司，承办诚实保险。1842 年，英国保证保险公司成立。1876 年，美国在纽约开办了诚实保证业务，于 1893 年又成立了专营信用保险的美国信用保险公司。第一次世界大战以后，信用危机使各国的信用保险业务大受打击。1934 年，各国私营和国营出口信用保险机构在瑞士成立了国际信用保险协会，标志着国际信用保险的成熟和完善。目前，信用保险的承保范围已经相当广泛。

> **知识拓展**
>
> ### 世界上第一份保险单的来源
>
> 1347 年 10 月 23 日，意大利商船"圣·科勒拉"号要运送一批贵重的货物由热那亚到马乔卡。这段路程虽然不算远，但是地中海的飓风和海上的暗礁会成为致命的风险。这可愁坏了"圣·科勒拉"号的船长，他不想丢掉这样一笔大买卖，同时也害怕在海上遇到风暴而损坏了货物，他可承担不起这么大的损失。正在他为难之际，朋友建议他去找一个叫做乔治·勒克维伦的意大利商人，这个人以财大气粗和喜欢冒险而著名。于是，船长找到了勒克维伦，说明了情况，勒克维伦欣然答应了他。双方约定，船长先存一些钱在勒克维伦那里，如果 6 个月内"圣·科勒拉"号顺利抵达马乔卡，那么这笔钱就归勒克维伦所有，否则，勒克维伦将承担船上货物的损失。这样，一份在今天看来并不完备的协议就成了第一份海上保险的保单，也成为现代商业保险的起源。现在我们仍然可以在意大利热那亚博物馆看到这两张具有里程碑意义的保险单。

二、保险的发展

1. 世界保险业的发展

根据 2008 年的《世界保险业报告》，中国寿险保费收入排名为全球第六，其中，前五位分别是美国、日本、英国、法国、德国，紧随中国之后的则是意大利、韩国、中国台湾和印度。而 2015 年，我国保监会发布数据，2015 年全国保费收入为 2.4 万亿元，同比增长 20%，行业发展速度创近 7 年来新高。"十二五"期间，我国保险市场规模的全球排名由第六位跃升至第三位。

除此以外，在社会福利制度较为健全、福利水平较高的发达国家或地区，商业寿险的需求仍旧保持旺盛，几乎占据了全球市场份额的67%。另外，没有人口总量优势的韩国及中国台湾地区的寿险保费收入也排在了世界前十位，这与全球老龄化社会发展趋势密不可分。

(1) 美国：只要客户需要，保险公司就承保

第二次世界大战结束后，美国保险业进入迅猛发展阶段，仅20年时间，市场规模就跃居世界首位，非寿险市场位居世界首位，寿险市场则仅次于日本。

美国的保险业务分人寿与健康（包括人身事故）保险、财产与灾害保险两大类。如今保险已成为美国人生活中必不可少的一部分，人寿、医药、房屋、汽车、游船、家具等都可以保险，这样就能最大限度地抵御各种潜在风险带来的灾害。

美国保险的险种数量之多、覆盖面之广令人咋舌，如互联网上网保险、解聘下属员工遭报复保险、被外星人绑架保险、意外婚礼保险、流产保险、收养子女失败保险，等等。美国保险业的口号是：只要客户需要，保险公司就承保。

目前，美国保险市场已相对成熟，保费呈稳定增长态势。

(2) 日本：不买保险被认为是不可思议的

相比欧美国家而言，日本保险业的起步较晚，但发展速度却在全球名列前茅，现已成为仅次于美国的全球第二保险大国。

20世纪50年代，随着经济复苏，日本保险业规模已恢复到"二战"前的水平，形成由社会保险、企业年金、商业保险三位一体的保险体系。60年代初，日本曾流行一个说法叫"国民皆年金，国民皆保险"，这体现了当时的现实情况——国民都加入了国民年金保险，部分人加入了企业年金保险，绝大多数人买了商业保险。进入80年代，日本已发展成为世界保险大国。

死亡率下降、出生率大幅下跌和平均预期寿命延长使日本成为全球经济大国中人口老龄化速度最快的国家。加上日本国土面积狭小、经济发达，使国民个个具有较高的保险意识，谁要不买保险，会被人认为是不可思议的。保险对于日本人而言，成为仅次于银行存款之外的第二大投资方式。

(3) 英国：保险业是金融出口创汇的主力军

英国保险业居欧洲之首，是全球仅次于美、日的第三大保险市场，2006年占全球保费收入的11%。英国保险业共有雇员32.4万人，约占英国金融从业人员的1/3。保险业是英国金融出口创汇的主力军，其1/5净保费收入来自海外业务，2006年，来自海外的保费收入高达390亿英镑，其中寿险、养老险等长期业务占290亿英镑，财产险等普通业务占100亿英镑。

2. 中国保险业的发展

(1) 中国保险业的开端

保险业作为金融的三大支柱之一，在经济发展中处于非常重要的位置。保险在中国已有200多年的发展历史，早在1805年，英国东印度公司就在广州开办了中国第一家保险机构，主要为鸦片贸易服务。但是真正意义上的民族保险业的开端还是在19世纪后叶。

鸦片战争以后，西方列强迫使清政府签订了一系列不平等条约，加强了对我国政治、军事、经济的侵略。外国保险公司纷纷登陆中国，中国保险市场逐渐形成。外国保险公司凭借不平等条约所持有的政治特权扩张业务领域，利用买办招揽业务，垄断了早期的中国保险市

场，从中攫取了巨额利润。

面对外商独占中国保险市场，每年从中国掠夺巨额利润，致使白银大量外流这一严峻事实，中国人民振兴图强、维护民族权利、自办保险的民族意识被激起。在此情况下，1865年5月25日，义和公司保险行在上海创立。义和公司保险行是我国第一家自办的保险机构，其成立打破了外商保险公司独占中国保险市场的局面，为以后民族保险业的兴起开辟了先河。

提到保险业，就不得不提到航运业，保险与贸易两者是互为表里的关系。轮船招商局于1872年在上海成立，是中国人自办的最早的轮船航运企业，也是现在的招商局集团的前身。它不仅是中国现代航运业的起点，也可以说是中国保险业的源头之一。以李鸿章为代表的洋务派，为适应航运业发展的需要，先后创办了"保险招商局""仁和水险公司"和"济和水火险公司"等官办保险公司，取得了较好的经营业绩，并坚持与外商保险公司进行斗争，从而在一定程度上抵制了外商对中国保险市场的控制。当然，洋务派在保险业方面的努力不能改变外商垄断中国保险市场的局面。

（2）新中国成立前在夹缝中生存发展的民族保险业

到民国初期，中国民族保险业获得了难得的发展机遇：一是民国初建，需要刺激工商业的发展，以稳定政权；二是第一次世界大战的爆发，使欧美列强卷入战争，无暇东顾，大大减缓了洋商对中国保险市场的控制；三是五四运动的爆发、反帝斗争的兴起，使整个民族赢得了对民族工商业的支持和对洋商的抵制。从1912年到1925年，国内陆续创办了华安合群等30余家民族保险公司，华资寿险市场一度兴起，但由于经营不善，其中停业者居多。

至20世纪20年代中后期，金融资本投入保险业，民族银行开始兴办保险企业，民族保险业有了进一步发展，出现了太平保险公司这样实力雄厚、信誉卓著、分支机构代理网点遍布全国各大城市，甚至涉足南洋市场，在国际上也有一定声誉的民族保险公司。但是抗日战争爆发后，保险业受到巨大冲击。

（3）新中国成立后保险业的发展

新中国成立后中国保险业的发展史可谓跌宕起伏。经历了新中国成立初期的起步，到六七十年代的低谷，最后到现在的快速发展的过程。

保险业作为国家经济发展的晴雨表，到20世纪末，经过了四个发展时期。

一是在50年代的初创时期，保险业仅有中国人民保险公司（以下简称"人保"）一家国有保险公司，保险业务的发展还处于初级拓荒阶段，业务范围也十分狭窄，但是当时保险业配合新中国经济建设，在保障生产安全、促进物资交流、安定人民生活、壮大国有资产等方面发挥了积极作用。

二是在六七十年代的低谷期，由于当时的历史原因，本外币保险业务基本停办，仅保留五大口岸城市的涉外险业务，保险业陷入长达20年的停滞时期，发展严重受挫。

三是80年代的复苏期，伴随着中国改革开放和经济发展，保险业迅速崛起，为国家经济建设和人民生活提供多方面广泛的服务，但市场经营主体仍处于人保独家垄断状态。

四是90年代的发展期，保险业独家垄断的格局被打破，取而代之的是中外保险公司多家竞争、共同发展的多元化新格局。

进入20世纪以来，我国保险业正步入一个全新的发展阶段，根据我国入世承诺，保险业在金融行业中开放力度最大，开放过渡期最短。2004年12月11日过渡期结束，目前，我国保险业进入全面对外开放的新时期，呈现出日渐市场化、专业化、国际化、规范化的新特点。

知识拓展

2014年中国保险业发展的区域性差异分析

根据保监会和各省区政府工作报告最新公布的统计数据，《中国保险报》数据中心初步测算出2014年中国大陆各省区保险密度与保险深度。数据显示，截至2014年年底，全国保险密度为1 479元/人（237.2美元/人），保险深度为3.18%。

保险密度和保险深度是衡量保险业发展情况及成熟程度的两个重要指标。保险密度是按照一国的人口计算的人均保费收入，它反映了一个国家保险的普及程度和保险业的发展水平。一般说来，保险密度越大，表明该地区保险业越发达，市场发育水平越高。一个地区的保险业发展和保险密度是其经济、社会、文化等诸多因素共同作用的结果。保险深度是指保费收入占国内生产总值（GDP）的比例，它反映一个国家的保险业在整个国民经济中的地位。从保险密度和保险深度这两个指标可以看出我国保险业发展的整体情况，各省区保险业的发展差异及与世界同行业水平的差距。如图3－1~图3－3所示。

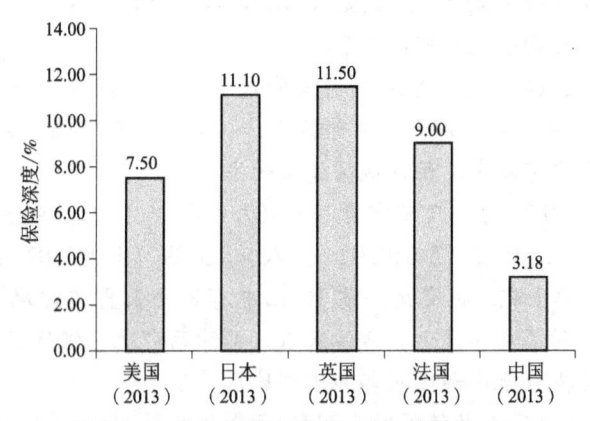

国家	保险深度/%
美国（2013）	7.50
日本（2013）	11.10
英国（2013）	11.50
法国（2013）	9.00
中国（2013）	3.18

图3－1 中国与发达国家保险深度情况对比

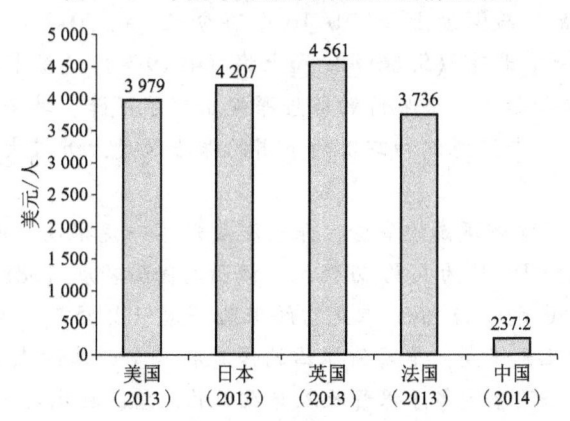

国家	美元/人
美国（2013）	3 979
日本（2013）	4 207
英国（2013）	4 561
法国（2013）	3 736
中国（2014）	237.2

图3－2 中国与发达国家保险密度情况对比

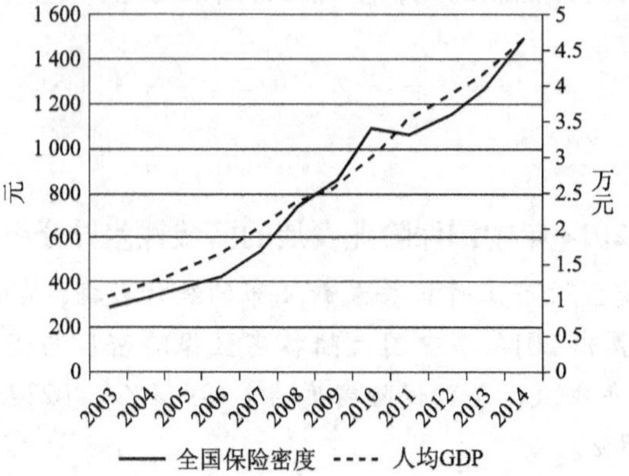

图3-3 中国历年保险密度与人均GDP

1. 大部分地区保险密度与深度同比增速较快

数据显示，与2013年1 265.67元/人的保险密度相比，2014年的保险密度上升了213.37元，同比增长16.86%，而2013年同比增长仅为10.65%。全国各地的保险密度同比均有所上升，除了河北和广西同比增长低于10%外，其余各省同比增速均超过10%。其中，辽宁更是一举拔得头筹，保险密度同比增长高达43.59%。宁夏和黑龙江分列第二和第三，同比分别增长32.02%和31.95%。此外，青海、河南、吉林、江西和广东的保险密度同比增速也都超过了20%。

与前几年相比，2014年全国各地区保险密度区域差异性有了一定的改善，表现为西部地区的保险密度增长速度高于东中部地区。但是，整体而言，2014年全国各地区保险密度仍呈现出由东部向中、西部地区递减的态势。

保险密度排名前10位的，只有宁夏（1 467.1元/人）是"新秀"，其他"九强"都是"老面孔"。其中，北京（5 610.92元/人）、上海（4 067.91元/人）和浙江（2 288.21元/人）继续稳坐前三把交椅。前10位中有8个来自东部地区，只有宁夏和新疆来自西部地区，分列第九和第十。总体来看，尽管西部地区保险密度水平相比东部和中部偏低，但是，其提升速度却比东部和中部地区要快。

2014年，在保险密度上升的同时，保险深度也有所增加。数据显示，较2013年（3.03%），2014年的保险深度上升了0.16个百分点，而2013年的保险深度仅同比上升了0.05个百分点。北京（5.66%）和上海（4.19%）延续前两年的态势，稳居前二。河南、内蒙古和西藏三个省份的保险深度出现了下降，其余省份的保险深度均有不同程度的上升，其中黑龙江和四川两个省的保险深度上升较大，超过了0.7个百分点。

值得注意的是，保险密度高的省份，保险深度却不一定很高。以江西和天津为例，江西和天津2014年的GDP均为1.57万亿元，江西的保险密度（881.44元/人）比天津的保险密度（2 094.86元/人）低，但是它的保险深度（2.55%）却比天津（2.02%）高。江西的保险深度比天津高，是因为江西的保费收入是天津的1.26倍，而江西的人口却是天津的3倍。保险密度等于保费收入与人口的比值，相比之下，江西的保险密度自然会小于天津的保险密度。

2. 区域间差异性改善可期

经济发展程度是影响保险业发展状况的决定性因素。相比 GDP 总量，人均 GDP 更能反映一个地区的经济发达程度。人均 GDP 与保险密度呈很强的线性关系，保险密度随着人均 GDP 上升而增加。

虽然改革开放以来，西部地区的经济有了较快的发展，但是与长三角、珠三角地区相比，经济仍然羸弱。而我国保险业地区层次划分结构与各地区经济发展状况及经济地位基本相符。东部地区经济实力比较强，人均收入也相对比较高，其保险业发展水平远远超过经济相对落后的西部地区。而西部地区由于经济起步晚，保险意识不足。从我国的人口结构来看，西部地区的人口无论是从总量上看还是从密度上看都要远低于东部地区。人口越多的地区，保险消费就越大。

从 2010 年开始，西部大开发进入了加速发展阶段，在前段基础设施改善、结构战略性调整和制度建设成就的基础上，巩固提高基础，培育特色产业，实施经济产业化、市场化、生态化和专业化区域布局的全面升级，实现经济增长的跃进。随着"一带一路"和长江经济带这两大发展战略的提出，将在西部形成紧密经济圈，发挥区域优势，推动西部更好发展，形成中国新的经济增长极。

可以展望，随着西部地区经济的发展，我国保险业发展地区间的差异性将获得改善。

3. 保险密度和保险深度仍远低于世界发达国家水平

加入 WTO 以来，我国保险业发展迅速，目前我国的保费收入已经位列世界第四，仅次于美国、日本、英国，可以说我国已经是一个保险大国。但保险密度和保险深度仍远低于世界发达国家水平。

据有关报告数据显示，2013 年，全球市场人均保险支出为 652 美元，发达市场人均保险支出为 3 621 美元。其中，同是保费收入大国的美国、日本、英国和法国 2013 年的保险密度分别为 3 979 美元/人、4 207 美元/人、4 561 美元/人和 3 736 美元/人，而我国保险密度到 2014 年也才仅为 237.2 美元/人，相差 20 倍。这表明我国运用保险机制的主动性还不够，全社会的保险意识还不强。

在保险深度方面，全球保险深度为 6.3%，美国、日本、英国和法国 2013 年的保险深度分别为 7.5%、11.1%、11.5%、9.0%，而我国的保险深度在 2014 年仅为 3.18%，差距非常明显。这表明我国保险业对国民经济相关领域的覆盖程度较低，保险业务的发展相对滞后。我国保险机构国际竞争力、保险业的国际影响力也还不够强，我国还不是保险强国。

2014 年 8 月，《国务院关于加快发展现代保险服务业的若干意见》（以下简称《新国十条》）发布，保险业迎来了发展的重大机遇期。《新国十条》提出了现代保险服务业的发展目标：到 2020 年，努力由保险大国向保险强国转变。使保险成为政府、企业、居民风险管理和财富管理的基本手段。保险深度达到 5%，保险密度达到 3 500 元/人。值得注意的是，《新国十条》进一步提高了保险业的地位，保险的社会保障、社会管理、经济补偿三大基本功能作用更加突出。

如果根据国务院对 2020 年的人口规划来计算，到 2020 年，人口总量将达到 14.5 亿人，保费收入要达到 5.07 万亿元。据此测算，未来五年，我国保费收入年均增长率将达到 16.56%，保险市场发展将进入跨越期。

在《新国十条》背景下，可以预见的是，保险将在包括风险保障、社会治理、经济补偿、支农惠农、经济提质增效等领域发挥重要作用。《新国十条》为商业保险积极参与并促进养老、医疗、健康等行业发展奠定了政策基础。

数据显示，2014 年，中国第三产业增加值的增速也快于第二产业的 7.3% 和第一产业的 4.1%。而保险业属于第三产业，在中国经济由工业主导向服务业主导加快转变的这一关键时期，保险市场的需求将逐步释放，保险业做大做强将成为保险业发展的主旋律。考虑到与发达国家的差距，我国保险业的发展空间还很大。未来随着人均收入水平的提高，国民保险意识的不断增强，我国保险业的发展必将迈入一个新时期。

（资料来源：http://www.sinoins.com/）

【任务实施】

根据班级实际人数将全班同学分为 5~6 小组，分组调查、收集与世界保险发展历史相关的课外资料、视频，并调查国外及国内保险业的现状，形成调查报告，完成后可让每组派一名代表向全班汇报调查结果。

同步测试

一、名词解释

1. 海上保险
2. 火灾保险
3. 责任保险
4. 信用保险

二、简答题

1. 简述新中国保险业的四个发展阶段。
2. 当今世界保险业的发展现状如何？

三、单项选择题

1. 在各类保险中，起源最早、历史最长的险种是（　　）。

A. 火灾保险　　　　B. 海上保险　　　　C. 陆上运输保险　　　　D. 人身保险

2. 我国特有的一种货物运输保险的原始形式是（　　）。

A. 票号　　　　　　B. 银局　　　　　　C. 客栈　　　　　　　　D. 镖局

3. 火灾保险的原始形态是（　　）。

A. 黑瑞甫制度　　　B. 年金制度　　　　C. 公典制度　　　　　　D. 相互制度

4. 现代海上保险发源于（　　）。

A. 埃及　　　　　　B. 荷兰　　　　　　C. 美国　　　　　　　　D. 意大利

5. 责任保险最先来源于（　　）。

A. 欧美国家　　　　B. 亚太国家　　　　C. 非洲国家　　　　　　D. 澳洲国家

6. 随着资本主义商业信用风险和道德风险的频繁发生而发展起来的险种是（　　）。

A. 责任保险　　　　B. 信用保险　　　　C. 火灾保险　　　　　　D. 海上保险

7. 最早在中国设立保险公司的国家是（　　）。
   A. 英国　　　　　B. 法国　　　　　C. 德国　　　　　D. 日本
8. 现代保险首先是从（　　）发展而来的。
   A. 海上保险　　　B. 火灾保险　　　C. 人寿保险　　　D. 责任保险
9. （　　）世界上第一份具有现代意义的保险单诞生。
   A. 1384年在法国　B. 1347年在意大利　C. 1384年在英国　D. 1347年在美国
10. 被称为现代火灾保险之父的是（　　）。
    A. 乔治·勒克维伦　　　　　　　　B. 爱德华·劳埃德
    C. 尼古拉斯·巴蓬　　　　　　　　D. 本杰明·福兰克林

四、多项选择题

1. 下列对责任保险陈述正确的是（　　）。
   A. 责任保险的起源比人寿保险要早
   B. 首先开办责任保险的是英国
   C. 目前世界上大多数国家对责任保险采用强制方式实施
   D. 第二次世界大战后，责任保险发展很快
   E. 在发达国家，责任保险已成为制造商及自由职业者不可缺少的保险
2. 人寿保险的起源是由（　　）的情况及其汇集演变而成的。
   A. 海上保险　　　B. 古代的殡葬制度　　　C. 中世纪欧洲的"行会制度"
   D. 1666年伦敦大火　　　　　　　E. 伦巴第人

五、判断题

1. 国外最早产生保险思想的并不是现代保险业发达的资本主义大国，而是处在东西方贸易要道上的文明古国，如古代的巴比伦、埃及和欧洲的希腊和罗马。（　　）
2. 在公元前2 000多年的古代巴比伦的《汉谟拉比法典》中有这样一条规定：商人可以雇佣一个销货员去外国港口销售货物，当这个销货员航行归来，商人可以收取一半的销货利润；如果销货员未归，或者回来时既无货也无销售利润，商人可以没收其财产，甚至可以把他的老婆孩子当作债务奴隶；但如果货物是被强盗劫夺，可以免除销货员的债务。（　　）
3. 尽管我国保险思想和救济后备制度产生很早，但因中央集权的封建制度和重农抑商的传统观念，商品经济发展缓慢，缺乏经常性的海上贸易。所以，在中国古代社会没有产生商业性的保险。（　　）
4. 到了中世纪，亚洲各国城市中陆续出现各种行会组织，这些行会具有互助性质，其共同出资救济的范围包括死亡、疾病、伤残、年老、火灾、盗窃、沉船、监禁、诉讼等不幸的人身和财产损失事故。（　　）
5. 就人寿保险领域来讲，一个国家（地区）的人寿保险的发达程度，和社会保险很有关系。例如英国是世界上第一个推行社会保险的国家，其完善的社会保险制度使英国的人寿保险业相比其他市场经济国家（地区），在国民经济中的地位较低。（　　）

项目三

保险市场与保险监管

项目介绍

本项目主要是让学生在老师的指导下，充分认识保险市场，正确分析保险市场的供给与需求，了解保险中介，掌握根据法律法规要求有效监管保险市场的技能，为完成后期项目奠定基础。

知识目标

1. 保险市场的概念、特征、构成、种类、衡量保险发展水平的指标；
2. 保险市场供给与需求的概念及影响因素；
3. 保险代理人、经纪人、公估人等保险中介；
4. 保险监管的概念、必要性、目标与方式。

技能目标

通过该项目的完成，掌握根据保险法律法规有效监管保险市场的技能。

素质目标

具有保险意识，热爱保险事业，合理利用保险市场的功能，客观地评价保险市场发展水平，依法依规监管保险市场。

任务一　认识保险市场

【任务描述】 在本任务下，学生应熟悉保险市场的概念、特征、构成要素、种类，掌握衡量保险发展水平的指标。

【任务分析】 在老师的指导下，学生向保险公司或保险业务员了解保险市场，对保险市场形成感性认识，然后再回到课堂进行系统的理论学习，以完成本任务。

【相关知识】

一、保险市场概述

1. 保险市场的内涵

保险市场是市场的一种形式，是保险商品交换关系的总和或是保险商品供给与需求关系的总和。它既可以指固定的交易场所，如保险交易所，也可以是所有实现保险商品让渡的交换关系的总和。在保险市场上，交易的对象是保险人为消费者所面临的风险提供的各种保险保障。

较早的保险市场出现在英国的保险中心——伦巴第街，后来随着海上保险市场的形成，参与保险市场交易活动的两大主体——供给方和需求方渐趋明朗，但这种交换关系仍较简单。随着保险业的不断发展，承保技术日趋复杂化，承保竞争日趋激烈，保险商品推销日趋区域化和全球化，仅由买卖双方直接参与的交换关系已经不适应市场的发展，保险市场的中介力量应运而生，使得保险交换关系更加复杂，同时，也使保险市场趋于成熟。在当今信息化时代，人们通过网络即可完成保险的交易活动。

1988 年以前，我国保险市场上只有中国人民保险公司独家经营。1988 年以来，随着新疆生产建设兵团保险公司、平安保险公司、太平洋保险公司的相继成立，保险市场独家经营的格局被打破。目前，我国保险市场主体不断增加，多家竞争的市场格局已经形成。而且我国的保险市场正逐步对外开放，国际交流与合作不断加强。

2. 保险市场的功能

（1）合理安排风险，维护社会稳定

保险市场通过保险商品交易合理分散风险，提供经济补偿，在维护社会稳定方面发挥着积极的作用。

（2）聚集、调节资金，优化资源配置

保险资金收入和支出之间有一个时间差，保险市场通过保险交易对资金进行再分配，从而充分发挥资金的时间价值，为国民经济的发展提供动力。

（3）实现均衡消费，提高人民生活水平

保险市场为减轻居民消费的后顾之忧提供了便利，使之能够妥善安排生命期间的消费，提升人民生活的整体水平。

（4）促进科技进步，推动社会发展

保险市场运用科学的风险管理技术，为社会的高新技术风险提供保障，由此促进新技术的推广应用，加快科技现代化的发展进程。

二、保险市场的特征

保险市场的特征是由保险市场的交易对象的特殊性所决定的。保险市场的交易对象是一种特殊形态的商品——保险经济保障，因此，保险市场表现出其独有特征：

1. 保险市场是直接的风险市场

保险企业的经营对象就是风险，保险市场所交易的对象是保险经济保障，即对投保人转嫁于保险人的各类风险提供保险经济保障，所以本身就直接与风险相关联。保险商品的交易过程，本质上就是保险人聚集与分散风险的过程。风险的客观存在和发展是保险市场形成和发展的基础和前提。没有风险，投保人或者被保险人就没有保险保障的需求，"无风险，无保险"，所以，保险市场是一个直接的风险市场。

2. 保险市场是非即时清结市场

所谓即时清结市场，是指市场交易一旦结束，供需双方立刻就能够确切知道交易结果的市场。

无论是一般的商品市场，还是金融市场，都是能够即时清结市场。即使是银行存款，由于利率事前确定，交易双方当事人在交易完成时也能够立即确切知道交易结果。而保险交易活动因风险的不确定性和保险的射幸性（即合同当事人一方的履约有赖于偶然事件的发生），使得交易双方都不可能确切知道交易结果，因此，不能立刻结清。相反，还必须通过订立保险合同，来确立双方当事人的保险关系，并且依据保险合同履行各自的权利与义务。因而，保险单的签发，看似是保险交易的完成，实则是保险保障的刚刚开始，最终的交易结果则要看双方约定的保险事件是否发生。所以，保险市场是非即时清结市场。

3. 保险市场是特殊的"期货"交易市场

由于保险的射幸性，保险市场所成交的任何一笔交易，都是保险人对未来风险事件发生所致经济损失进行补偿的承诺。而保险是否履约，即是否对某一特定的对象进行经济补偿，却取决于保险合同约定的时间内是否发生约定的风险事件以及这种风险事件造成的损失是否达到保险合同约定的补偿条件。只有在保险合同所约定的未来时间内发生保险事件，保险人才可能对被保险人进行经济补偿。这实际上交易的是一种"灾难期货"。因此，保险市场是一种特殊的"期货"市场。

三、保险市场构成要素

1. 保险市场的主体

保险市场的主体是指保险市场交易活动的参与者，包括保险市场的供给方和需求方以及保险市场的中介方。

（1）保险市场供给方

保险市场供给方是指在保险市场上提供各类保险商品，承担、分散和转移他人风险的各类保险人。它们以各种保险组织形式出现在保险市场上，如国有保险人、私营保险人、合营保险人、合作保险人、个人保险人。通常它们必须是经过国家有关部门审查认可并获准专门经营保险业务的法人组织。在保险市场运行过程中，完善的组织结构和供给主体是先决条件，也是保险市场发育成熟程度的主要标志。

（2）保险市场需求方

保险市场需求方是指面临特定的风险威胁，期望获得保险保障，并具有一定支付能力和消费理念的经济主体。保险商品需求方的组成多种多样，包括个人、家庭、各类企业的经济单位、政府及其机构。只有大量需求方的存在，才能使保险的基本原理"大数法则"得以实现，才能满足风险分散的要求，因此，它们是保险市场生存和发展的前提。

（3）保险市场中介方

保险市场中介方既包括活动于保险人与投保人之间，促成双方达成交易的媒介人（如保险代理人、保险经纪人）；也包括独立于保险人与投保人之外，以第三者身份处理保险合同当事人委托办理的有关保险业务的公证、鉴定、理算、精算等事项的人（如保险公估人、保险理算师、保险精算师、保险验船师）。保险市场中介方是保险市场有效运行的保证。

在现实生活中，保险市场还有政府参与监管和征税，也有投资银行、评估机构、法律机构等的参与。

2. 保险市场的客体

保险市场的客体是指保险市场上供求双方具体交易的对象，即保险商品。保险商品实质上是保险人提供的保险经济保障。作为一种劳务商品，它具有抽象性。只有在约定风险发生或约定期限届满时，保险商品才会发挥其经济补偿或给付的作用，而不像一般实物商品可以让人实质性地感受到其价值和使用价值。

3. 保险市场的交易价格

保险市场的交易价格即保险费率，它是调节保险市场活动的经济杠杆。保险费率的确定要比一般商品定价困难许多。一般商品价格可以依据已发生的成本费用和合理盈利，结合市场供求状况核定。而在保险经营中，损失赔偿支出是事后发生的，不能在收取保费时事先精确测定。因此，保险费率是一个受制于风险损失概率及需求主体预期效用的变量，其确定难度较高。尽管如此，通过长期的市场实践，各类保险已经形成了应有的合理费率水平。

四、保险市场的类型

保险市场按不同标准，可以分为不同的类型。

1. 按保险业务承保的程序不同分

保险市场按保险业务承保的程序不同，可分为原保险市场、再保险市场和自保市场。

（1）原保险市场

亦称直接业务市场，是保险人与投保人之间通过订立保险合同而直接建立保险关系的市场。

（2）再保险市场

亦称分保市场，是原保险人将已经承保的直接业务通过再保险合同转分给再保险人的方式形成保险关系的市场。

（3）自保市场

这是指由提供经济保障的自保公司所形成的保险市场。自保公司是由工商企业设立的，主要承保或再保该工商企业本身业务的保险公司。建立自保公司的目的在于保险费的节省和不外流。因为承保自己的利益，有利于防灾防损，也不会出现道德风险。

2. 按保险业务性质不同分

保险市场按保险业务性质不同，可分为人身保险市场和财产保险市场。

（1）人身保险市场

这是专门为社会公民提供各种人身保险商品的市场。人身保险市场主要是办理人寿保险、意外伤害保险业务的市场，我国简称为"寿险市场"。

（2）财产保险市场

这是从事各种财产保险商品交易的市场。财产保险市场主要是办理财产损失保险、责任保险、信用与保证保险等业务的市场。

3. 按保险业务活动的空间不同分

保险市场按保险业务活动的空间不同，可分为国内保险市场和国际保险市场。

（1）国内保险市场

这是专门为本国境内提供各种保险商品的市场，按经营区域范围又可分为全国性保险市场和区域性保险市场。

（2）国际保险市场

这是国内保险人经营国外保险业务的保险市场。

4. 按保险市场的竞争程度不同分

保险市场按竞争程度不同，可分为完全垄断型保险市场、寡头垄断型保险市场、自由竞争型保险市场、垄断竞争型保险市场。

（1）完全垄断型保险市场

这是由一家保险公司独占市场份额的保险市场，市场机制受到极大限制，保险市场不存在竞争。完全垄断保险市场有两种表现形式：一是专业型完全垄断保险市场，即在一个保险市场上同时存在两家或两家以上的保险公司，各垄断某一类保险业务，相互间不存在业务交叉；二是区域型完全垄断保险市场，即在一国保险市场上，同时存在两家或两家以上的保险公司，各垄断某一地区的保险业务，相互间业务没有交叉关系。

（2）寡头垄断型保险市场

这是只存在少数竞争的几家大保险公司的保险市场。寡头垄断市场的主要特点是，国家保险监管机关对市场规模控制得极为严格，进入市场极为困难，市场结构较为稳定。

（3）自由竞争型保险市场

这是保险市场上存在数量众多的保险公司、保险商品交易完全自由、价值规律和市场供求规律充分发挥作用的保险市场。这类保险市场主要存在于自由资本主义时期的西方国家，自垄断资本主义产生以后，已无现实性。

（4）垄断竞争型保险市场

这是大小保险公司在自由竞争中并存，少数大公司在保险市场中分别具有某种业务的局部垄断地位的保险市场。垄断竞争型保险市场的主要特点是，保险公司众多，保险商品有差别。在这种模式的保险市场上，保险供给者众多，大小保险公司并存，少数大公司在保险市场上取得垄断地位。在大垄断公司之间、垄断公司与非垄断公司之间，以及非垄断公司内部之间同时存在激烈的市场竞争。当今世界保险市场主要以垄断竞争型模式为主，在今后相当长的一段时期内，此种模式仍将占据主要地位。

五、衡量保险发展水平的指标

当前，国际上通用的衡量一个国家或地区保险发展程度的指标主要有两个：保险深度和保险密度。

1. 保险深度

保险深度是指保费收入占国内生产总值（GDP）的比例，它是反映一个国家的保险业在其国民经济中的地位的一个重要指标。其比例大小不仅取决于一国总体发展水平，和保险业的发展速度也密切相关。

2. 保险密度

保险密度是指保费收入与总人口的比例，它是按照一个国家的全国人口计算的人均保费收入，反映了一个国家保险的普及程度和保险业的发展水平。

近年来，随着国民经济的发展和国民保险意识的增加，我国保险业得到了快速发展。2005 年，我国保险深度为 2.7%，保险密度为 380 元。2012 年，我国保险深度为 2.98%，保险密度为 1 143.8 元；2013 年，我国保险深度为 3.02%，保险密度为 1 265.67 元；截至 2015 年年底，我国保险深度为 3.59%，同比增长 0.41 个百分点，保险密度为 1 766.49 元/人（271.77 美元/人），同比增长 19.44%。

但横向比较看，我国与发达国家还有很大差距。2015 年，全球保险深度为 6.2%，美国、日本、英国和法国 2014 年的保险深度分别为 7.3%、10.8%、10.6%、9.1%，而我国的保险深度在 2015 年仅为 3.59%，差距非常明显。这表明我国保险业对国民经济相关领域的覆盖程度较低，保险业务的发展相对滞后。在保险密度方面，全球市场人均保险支出为 662 美元，发达市场人均保险支出为 3 666 美元。其中，同是保费收入大国的美国、日本、英国和法国 2014 年的保险密度分别为 4 017 美元/人、4 207 美元/人、4 823 美元/人和 3 902 美元/人，而我国保险密度到 2015 年也才仅为 271.77 美元/人，相差 10 多倍。（以上数据有一部分前文已经提到，此处不详述）这表明我国运用保险机制的主动性还不够，全社会的保险意识还不强。

> **知识拓展**
>
> **一、保险发展水平的评价标准**
>
> 经济学家熊彼特指出：发展是经济组织内部自行发生的变化，而不是外部强加的，发展是一种新的组合，是流转渠道中自发的和间断的变化，是对均衡的干扰，它永远在改变和替代以前存在的均衡状态。如果仅仅是总量的增长而没有在质上产生新的现象，这样的变化就不能叫做发展。鉴于此，北京大学经济学院孙祁祥教授和首都经济贸易大学朱俊生在《我国保险业发展评价指标探析》一文中指出：在判断一国的保险业是否得到发展时，不仅要看保险总量指标，更要仔细观察其结构和效率指标。具体包括以下几点：
>
> **1. 保险相关比率指标**
>
> 保险相关比率指标是指保险深度和保险密度，这在前面的内容中已讲述。
>
> 保险深度和保险密度是时间序列的动态指标，数据可得性强，容易作横向或纵向对比。但没有反映保险体系内的结构变化与"新组合"，因此，仅用保险深度和保险密度来衡量保险发展是不够全面的。
>
> **2. 保险基金在社会经济保障体系中的地位指标**
>
> 这一指标体系包括两个指标：一是财产保险方面的指标，即衡量财产保险与财政在后备基金中的相对地位，是财产保险的赔付与财政救灾支出的比率。这一指标的意义是观察商业性的财产保险在补偿社会财产损失方面所发挥的作用。二是人身保险方面的指标，即衡量人身保险与社会保障制度在后备基金中的相对地位，是人身保险的给付与社会保障支出的比率。这一指标的意义是观察商业性的人身保险在转嫁社会成员人身风险事故中所发挥的作用。
>
> **3. 保险在金融体系中的地位指标**
>
> 这一指标体系包括两个指标：一是保险资产在金融资产中的地位，即保险资产与银行业金融资产的比率。该比率可以表明保险资产相对于银行资产的地位，同时也可以衡量储蓄替代效应的大小。二是保险在整个金融行业就业以及增加值中的地位，即保险业对经济的直接贡献在金融业中的相对比重。
>
> **4. 保险业结构合理性指标**
>
> 结构合理是保险业可持续发展的重要保证。衡量保险业结构是否合理的标准是保险

业资源是否在原保险与再保险之间、产寿险之间、保险公司与保险中介之间、不同区域之间、城乡之间以及国与国之间得到均衡有效的配置。综合借鉴标准普尔、A. M. Best、穆迪以及惠誉四大国际资信评估机构在对保险公司进行信用评级时所使用的评价公司盈利能力的模型，选定边际资产利用率、边际所有者权益利润率和保费利润率三个指标来综合评价原保险与再保险之间、产寿险之间、保险公司与保险中介之间的资源配置效率，通过统计技术分析保险业区域之间、城乡之间以及国与国之间的资源配置状况，并以此来衡量保险业结构是否合理。

5. 保险公司的效率指标

保险公司的效率是衡量保险发展程度的一个重要指标。效率衡量的是决策单位用最小化投入以达到某一预定产业或者使用各种稀缺资源以最大化其产出的能力，是公司竞争力的集中体现。保险公司的效率是指保险公司在业务活动中投入与产出或成本与收益之间的对比关系。从本质上讲，它是保险公司对其资源的配置，是保险公司竞争能力、投入产出能力和可持续发展能力的总称。

二、我国的保险市场

1. 我国保险市场的形成

（1）外商保险公司垄断时期的中国保险市场

我国现代形式的保险是伴随着帝国主义的入侵而传入的。19 世纪初，西方列强开始了对东方的经济侵略，外商保险公司作为保险资本输出与经济侵略的工具进入中国。

（2）民族保险业开创与发展时期的我国保险市场

外商保险公司对中国保险市场的抢占及西方保险思想的影响，引起一些华商的起而仿效。1824 年，一位广东富商在广州城内开设张宝顺行，兼营保险业务，这是华人经营保险的最早记载；1865 年，中国第一家民族保险企业上海华商义和公司保险行创立，打破了外商保险公司独占中国保险市场的一统天下局面，中国近代民族保险业正式诞生；1875 年，保险招商局成立，这是中国较大规模的民族保险企业；1886 年，"仁和""济和"两个保险公司合并为"仁济和"水火保险公司，资金达到 100 万两，雄厚的资金大大地加强了其在保险市场上的实力和竞争能力，成为中国近代颇有影响的一家华商保险企业。以 1875 年保险招商局的创办为契机，中国民族保险业以后又相继成立了 20多家水火险公司，并在民族资本主义工商业的大发展中得以迅速发展。

2. 新中国保险市场的初创

新中国成立后，首先对旧中国保险市场进行管理与整顿，紧接着创立与发展人民保险事业。1949 年 10 月 20 日，中国人民保险公司正式挂牌开业，这标志着中国现代保险事业的创立，开创了中国保险的新纪元。保险市场上除传统的火险和运输险外，还积极开发新的险种，同时中国人民保险公司在全国各地建立了自己的分支机构，并逐步开展了各种财产保险和人身保险业务。但是，由于"左"的错误思想的影响，1958 年 10月，国内保险业务被迫停办，直到 1979 年才恢复。20 年的中断，使大量的专业人员和宝贵资料散失，拉大了与国外保险同行的差距，给中国现代保险业的发展带来不可弥补的损失。中国共产党十一届三中全会以后，国内保险业务得到恢复。

3. 我国保险市场的现状及前景

（1）我国保险市场的现状

保险市场主体不断增加，多家竞争的市场格局已经初步形成；保险业务持续发展，市场潜力巨大；保险法规体系逐步完善，保险监管力度加强；保险市场逐步对外开放，国际交流与合作不断加强。

（2）我国保险市场的前景展望

我国保险业发展前景广阔，具有中国特色的保险市场体系正初步形成，这一体系包含以下特征：经营主体多元化、运行机制市场化、经营方式集约化、政府监管法制化、从业人员专业化、行业发展国际化。

【任务实施】

将全班同学分成每组5人左右的小组，分小组进行学习、讨论、总结、评价。

任务＼姓名	甲	乙	丙	丁	戊	……
熟悉保险市场的概念及功能						
熟悉保险市场的特征						
掌握保险市场的要素						
了解保险市场的类型						
掌握保险市场发展水平的衡量指标						

注：在对应任务与姓名下打"√"，表明已完成任务。

同步测试

一、名词解释

1. 保险市场
2. 保险市场主体
3. 保险市场客体

二、简答题

1. 简述保险市场的功能。
2. 简述保险市场的特征。

三、单项选择题

1. 保险资金收入和支出之间有一个时间差，保险市场通过保险交易对资金进行再分配，从而充分发挥资金的时间价值，为国民经济的发展提供动力。这是保险市场（　　）的功能。

　　A. 合理安排风险，维护社会稳定　　B. 聚集、调节资金，优化资源配置
　　C. 实现均衡消费，提高人民生活水平　　D. 促进科技进步，推动社会发展

2. 保险公估人是保险市场的（　　）。

　　A. 主体　　　　B. 客体　　　　C. 中介　　　　D. 都不是

3. 保险市场的客体是（　　）。

A. 保险商品　　　　B. 保险合同　　　　C. 保险费率　　　　D. 被保险人

4. 把保险市场分为人身保险市场和财产保险市场是保险市场按（　　）不同分类。

A. 保险业务承保的程序　　　　　　　B. 保险业务性质

C. 保险业务活动的空间　　　　　　　D. 保险业务竞争程度

5. 保费收入与总人口的比例是（　　）。

A. 保险深度　　　　B. 保险密度　　　　C. 保险关切度　　　　D. 保险厚度

四、多项选择题

1. 保险市场的主体包括（　　）。

A. 保险市场供给方　　　　　　　　　B. 保险市场需求方

C. 保险市场中介方　　　　　　　　　D. 政府

2. 下列属于保险市场主体的有（　　）。

A. 保险公司　　　　B. 家庭　　　　C. 个人　　　　D. 保险经纪人

3. 保险市场按竞争程度不同，可分为（　　）。

A. 完全垄断型保险市场　　　　　　　B. 寡头垄断型保险市场

C. 自由竞争型保险市场　　　　　　　D. 垄断竞争型保险市场

五、判断题

1. 在保险市场上，交易的对象是保险人为消费者所面临的风险提供的各种保险保障。
（　　）

2. 我国保险市场上只有中国人民保险公司独家经营。（　　）

3. 因保险事故发生后，保险人要给予赔付，因此，保险市场是一个无风险的市场。（　　）

4. 原保险市场是保险人与投保人之间通过订立保险合同而直接建立保险关系的市场。
（　　）

任务二　分析保险市场的需求与供给

【任务描述】在本任务下，学生应熟悉保险市场需求与供给的概念，掌握并能分析保险市场需求与供给的影响因素。

【任务分析】学生在老师的指导下，调查自己周边人群购买保险的种类、价格、数量等情况，并对调查数据进行整理，分析它们之间的关系。然后通过老师的讲解，归纳、总结保险需求与供给的关系及各自的影响因素。

【导入案例】

2015 年 11 月 27 日腾讯财经报道了《新华保险万峰谈供给侧改革：保险产品性价比太低》一文。拥有 33 年寿险从业经验的老将万峰，于 2014 年离开中国人寿之后，加入新华保险担任总裁，并带动新华保险在寿险业务上的转型。

万峰表示，寿险产品目前迫切需要一场供给端的变革。虽然市场提供的产品数量很多，全行业上千种，但能够解决保险保障需求的并不多。因此，保险公司只能通过强行推销等方式，进行销售。"每年各家公司都要组织开门红，搞阶段性的推销，这说明产品很多，但都是通过推销才卖出去的。"为什么保险公司要搞阶段性推销，而不能让客户主动购买呢？

【相关知识】

一、保险市场需求

1. 保险需求

保险需求就是指在一定的费率水平上，保险消费者从保险市场上愿意并有能力购买的保险商品数量。它是消费者对保险保障的需求量，可以用投保人投保的保险金额总量来计量。

与一般需求的表现不同，保险需求的表现形式有两方面：一方面体现在物质方面的需求，即在约定的风险事故发生并导致损失时，它能够对经济损失予以充分的补偿；另一方面则体现在精神方面的需求，即在投保以后，转嫁了风险，心理上感到安全，从而消除了精神上的紧张与不安。

然而，由于保险商品的特殊性所在，消费者除了要有投保欲望与缴费能力以外，保险利益的存在成为保险需求的首要前提。

2. 保险市场需求

保险市场需求是一个总括性、集合性的概念，是在各种不同的费率水平上，消费者购买保险商品的数量。即在特定时间内，在不同的费率水平上，消费者保险需求的集合形成了保险市场需求。

保险市场需求包括三要素：有保险需求的人、为满足保险需求的购买能力和购买意愿。保险市场需求的这三个要素是相互制约、缺一不可的，只有三者结合起来，才能形成现实的保险需求，才能决定需求的规模和容量。

保险市场需求可以从很多不同的层次进行测量。某一地区或某一险种的需求规模是由购买人数决定的，有多少人将成为该地区或该险种的消费者，涉及人们的兴趣、收入和通路三个因素。据此，保险市场需求可以划分为以下几类：

（1）潜在的保险市场需求

潜在的保险市场需求是由一些对保险商品或某一具体险种有一定兴趣的消费者构成的。一般通过随机询问的调查方法取得有关信息。

（2）有效的保险市场需求

仅有兴趣还不足以确定保险市场需求。潜在的保险消费者还必须有足够的收入来供购买保险商品使用。一般而言，保险形式的有效需求应具备三个条件：

①保险需求者对保险保障这种特殊商品的需要。

②保险需求者对想购买保险保障这种特殊商品的经济支付能力，即投保人必须有能力且有资格履行其义务，即交纳保险费。

③保险需求者即投保人想投保的标的物正好符合保险人的经济技术水平，即投保人想投保的险种正好和保险人所推出的或愿意推广的险种相吻合。

（3）合格有效的保险市场需求

在某些保险商品的供给中，保险公司可能会对一些消费者作出投保限制。例如，虽然所有的消费者都需要人寿保险，但是，只有那些能付得起保费、身体健康、具有责任感的人才能成为合格的投保人或被保险人。因此，合格有效的保险需求，是指具有保险商品的购买兴趣、有足够的缴费能力、能够接近保险商品、有资格成为投保人和被保险人的消费者的需求总和。

（4）已渗透的保险市场需求

一个保险公司应尽量满足全部有效保险需求。但是，在一定时期内，它只能根据自己的资源，配置选择其中某些部分作为服务的对象，即确定自己的目标市场，并与其他竞争者在此展开角逐。在其目标保险市场上，那些已经成为某家保险公司的投保人或被保险人就是该公司的"已渗透的保险需求"。

3. 主要影响因素

（1）风险

风险的存在是产生保险需求的前提条件，保险商品服务的具体内容是各种客观风险，"无风险，则无保险。"因此风险的客观存在是保险需求产生的前提。当然，虽然客观世界存在着各种各样的风险，但并不是有了风险就一定有保险。有了风险，还需要具备人们对安全的追求。保险业的首要立足点是风险的存在和人们对安全的追求。现代社会乃至将来社会，人类追求安全的心理不但不会减弱，反而会增强，利用保险这种经济形式是实现安全的有效途径。保险需求总量与风险因素存在的程度成正比例关系：风险因素存在的程度越大，范围越广，保险需求的总量也就越大；反之，保险需求量就越小。

（2）经济发展水平

保险是社会生产力发展到一定阶段的产物，并随着生产力的发展而发展。保险需求的程度取决于可用于保险的剩余产品的数量，因此，社会生产总值的增长程度，特别是可用于保险的剩余产品的价值增长幅度和居民收入增长速度，是保险需求的决定性因素。保险需求总量与国民生产总值的增长成正比例关系：国民生产总值增长得越多，社会可用于保险补偿的货币量增长得也就越快，保险需求量也就越大；反之，保险需求量也就越小。

（3）居民收入水平

收入水平直接关系到保险需求的购买能力。因此，收入水平的提高会带来保险商品需求总量和结构的增加。衡量保险需求量变化对收入变化的反映程度的指标是保险需求收入弹性。它是需求变化的百分数与收入变化的百分数之比，表示收入变化对需求变化影响的程度。保险需求的收入弹性一般大于1，即收入的增长引起对保险需求更大比例的增长。但不同险种的收入弹性不尽相同。

（4）保险商品价格

保险商品的价格是保险费率。保险需求主要取决于可支付保险费的数量。保险费率与保险需求一般成反比例关系：保险费率越高，则保险需求量越小；反之，保险需求量越大。当保险费率偏高时，由于个人的货币收入有限，无力支付昂贵的保险费，不得不削减自己的保险需求，企业若支付较高的保险费，就会增大产品的成本，抬高商品的定价，这对市场竞争不利，所以，这时企业也会削减对保险的需求；反之，当保险费率降低时，企业或个人能以较小的代价获取较高的经济保障，他们会扩大保险需求量。由此可见，保险需求与保险费率是呈反向变化的依存关系。反映保险需求量变化对保险商品价格变化反映程度的指标用保险需求的价格弹性表示，它是保险商品需求变化的百分数与保险商品价格变化的百分数之比，表示保险价格变化对保险商品需求变化影响的程度。不同险种有着不同的价格弹性。

另外，互补品与替代品的价格也将影响保险商品的需求。如果替代品的价格大幅度下降，那么保险需求量也将下降；如果互补品价格大幅度下降，那么保险需求量将上升。

（5）利率

现代人寿保险中有相当大的一部分是投资型保险，投资人将其闲置资金是选择投向保险公司还是投向商业银行，取决于投资收益率的高低。如果银行利率高于保险公司的获利水平，他们便会把资金投入银行，从而使保险需求减少。如果保险公司的获利水平高于银行利率，人们就会把资金由银行转向保险公司，从而扩大保险需求。自1990年8月至2015年10月，我国21次调低银行存贷款利率，极大地带动了人们对长期人身保险业务的需求。

（6）习惯和社会环境

习惯和社会环境是影响保险需求的重要因素。我国的文化传统、伦理观念历来将互助、抚养、赡养视为一种高尚品德。因此，有人认为参加保险是多余的事，这种传统文化对保险需求的影响是很大的。社会环境诸如保险宣传环境，包括新闻工具（报纸、电视、广播等）的运用、保险宣传广告等。此外，保险公司的选址、保险职员的服务质量等都在一定程度上影响着保险需求。

（7）强制保险的实施

强制保险是国家和政府以法律或行政手段强制实施的保险保障方式。凡是在规定的范围内，不论被保险人是否愿意，都必须参加保险，如机动车交通事故责任强制保险、旅行社责任保险等。因此，强制保险的实施人为地扩大了保险需求。

（8）人口因素

人口因素是影响保险需求尤其是人身保险需求的重要因素。人口因素包括人口总量和人口结构。一个国家的人口总量是人身保险的潜在需求市场，它与人身保险的需求成正比例关系：在其他因素一定的条件下，人口总量越大，对保险需求的总量也就越多；反之就越少。人口结构主要包括年龄结构、职业结构、文化结构、民族结构等，均对人身保险需求产生不同程度的影响。

二、保险市场供给

1. 保险市场供给

（1）承保能力

保险市场供给是指在一定的费率水平上，保险市场各家保险公司愿意并且能够提供的保险商品的数量。保险市场供给可以用保险市场的承保能力来度量。承保能力具有多重含义。

①它指的是保险市场能够提供的总保险金额。

②它指的是能够提供的某些特定险种的保险金额。

③它指的是可保风险的可保总金额。

度量保险供给的意义在于反映全社会保险供给量及其增长的程度。

（2）保险市场供给包括的内容

保险市场供给包括质和量两方面的内容。

①保险市场供给的质是指保险供给者所提供的各种不同的保险险种，如财产保险、人身保险、责任保险等具体险别，它们表示能为被保险人带来什么样的或多大范围的保障。

②保险供给的量，一方面是指某种保险品种所提供的经济保障额度；另一方面是指全社会所提供的保险供给总量，即全社会所有保险人对社会经济所担负的风险责任的总量。

2. 主要影响因素

保险供给是以保险需求为前提的。因此，保险需求是制约保险供给的基本因素。存在保险需求的前提下，保险市场供给受到以下因素的制约：

（1）保险资本量

保险公司经营保险业务必须拥有一定数量的经营资本。因为保险公司开展保险经营时，不仅要为基本设施、人员等支出费用，还需要拥有一定数量的资本作为赔付准备金。我国《保险法》第69条规定："设立保险公司，其注册资本的最低限额为人民币二亿元。"

（2）偿付能力

由于保险经营存在特殊性，各国法律对于保险公司都规定了最低偿付能力标准。因而保险供给会受到偿付能力的制约。保险公司的业务容量比例也使得公司不能随意、随时扩大保险供给。我国《保险法》第98条规定："保险公司应当具备与其业务规模相适应的最低偿付能力。保险公司的实际资产减去实际负债的差额不得低于保险监督管理部门规定的数额；低于规定数额的，应当增加资本金，补足差额。"

（3）保险技术水平

保险业经营是一种技术性和专业性都很强的业务活动，尤其是保险费率的厘定，要运用复杂的保险精算技术。有些险种即使有较大的市场需求，但由于险种设计过于繁复，保险公司仍难以提供供给。可见，保险技术的难易程度制约了保险供给。

（4）经营管理水平

保险经营需要管理者在风险管理、险种设计、法律框架、人事管理、制度建立等方面都具有一定的水平，这种水平的高低与保险供给成正比例关系。

（5）保险人才的数量和质量

保险人才的状况对保险供给有很大的影响。通常保险人才的数量越多，意味着保险供给量越大。在现代社会中，保险供给不但要讲求数量，还要讲求质量。而质量的提高关键在于保险人才的素质。保险人才素质高，许多新险种就容易被开发出来，推广得出去，从而扩大保险供给，促进保险需求。反之亦然。

（6）保险利润率

保险利润率是制约保险供给诸因素中最重要的因素之一。一般来说，需求的动力是消费，供给的动力是利润。在西方市场经济制度下，平均利润率规律支配着一切经济活动，保险资本也受平均利润率规律支配。因此，平均利润率是制约保险供给的基本因素，其他因素都围绕着这一因素发生作用。保险经营受平均利润率规律的制约，如果保险公司的平均利润率高，就会诱导人们投资保险公司，从而扩大保险供给；如果保险公司的平均利润率低，就会导致许多人退出保险行业，这样就缩小了保险供给。

（7）保险费率

在保险行业，一般来说，保险费率上升，所收保费越多，会刺激保险供给增加，此时社会有一部分资本流向保险行业，扩大了保险供给。反之，保险费率降低，保险供给就会减少。因此，保险市场供给与保险费率成正相关关系。保险公司可根据保险市场费率的变化，从保险结构上调整业务经营，通过扩大或减少供给、调高或调低费率的办法来使险种的结构合理化。

（8）互补品、替代品的价格

互补品的价格和保险供给成正相关关系。互补品的价格上升，引起保险需求减少，保险费率上升，使保险供给增加；互补品的价格下降，引起保险需求增加，保险费率下降，使保险供给减少。替代品的价格与保险供给成负相关关系。替代品的价格下降,保险需求减少,保险费率上升,使保险供给增加;反之,则使保险供给减少。

(9) 社会经济政策

政府制定有效的社会经济政策,引导保险经济的发展,对国民经济的运行意义重大。社会经济政策对保险经济运行的影响表现为两种形式:

一是涉及保险本身的规定,这主要是指社会经济政策对保险活动直接采取的各种管理、调节手段和办法。例如,财政政策、金融政策和保险政策。

二是涉及保险经济运行的社会经济环境,这主要是指社会经济政策的调整和变化,间接地创造了适宜保险经济发展的社会经济环境。例如,社会保障政策、发展农业政策、计划生育政策,等等。积极的或深化的社会经济政策可以对保险经营活动加以引导和疏通,从而增加保险供给;而消极的或抑制的社会经济政策会阻碍保险业的发展,其结果是减少保险供给。

(10) 政府监管

保险业是一个极为特殊的行业,各国对其都有相对于其他行业更严格的监管,有些甚至是极为苛刻的。因此,即使保险费率上升,但由于政府的严格监管,保险供给也难以扩大。

三、供求平衡

保险市场的供求状况一般分为三种:保险供给等于保险需求、保险供给大于保险需求、保险需求大于保险供给。

保险市场供求平衡,是指在一定费率水平下,保险供给恰好等于保险需求的状态,即保险供给与需求达到均衡点。即当费率 P 不变时,$S = D$。

保险市场供求平衡,受市场竞争程度的制约。市场竞争程度决定了保险市场费率水平的高低,因此,市场竞争程度不同,保险供求平衡的水平各异。而在不同的费率水平下,保险供给与需求的均衡状态也是不同的。保险市场有自动实现供求平衡的内在机制。

保险市场供求平衡包括供求的总量平衡与结构平衡两个方面,而且平衡还是相对的。

所谓保险供求的总量平衡,是指保险供给规模与需求规模的平衡。

所谓保险供求的结构平衡,是指保险供给的结构与保险需求的结构相匹配,包括保险供给的险种与消费者需求险种的适应性;费率与消费者缴费能力的适应性以及保险产业与国民经济产业结构的适应性等。

当保险供给大于需求时,竞争加剧,保险商品的价格将下降。当保险需求大于供给时,将使保险商品价格走高。

> **知识拓展**
>
> **一、需求弹性**
>
> 保险需求弹性是指保险需求对诸影响因素变动的反应程度,通常用需求弹性系数来表示。即:
>
> $$E_d = (\Delta D/D) / (\Delta f/f)$$
>
> 式中,D——保险需求;ΔD——保险需求的变动;f——影响保险需求的因素;Δf——

影响保险需求的因素的变动。

1. 保险需求的费率弹性

保险需求的费率弹性是指由于保险费率的变动而引起的保险需求量的变动，它反映了保险需求对费率变动的反应程度。用公式表示为：

$$E_p = (\Delta D/D) / (\Delta P/P)$$

式中：D——保险需求；ΔD——保险需求变动；P——保险费率；ΔP——保险费率的变动；保险需求与费率之间成负相关关系。

当$|E_d|=0$时，称完全无弹性，即保险需求量不因费率的上升或下降而有任何变化，如强制保险；当$|E_d|>1$时，称富于弹性，即当该险种的费率下降时，保险需求量的增加幅度大于费率下降的幅度，如大部分的汽车保险；当$|E_d|=1$时，称单位弹性，即保险需求的变化与费率变化成等比例关系；当$|E_d|=\infty$时，称无限大弹性，即保险费率的微小变化就会引起保险需求量无限大的反应。

2. 保险需求的收入弹性

保险需求的收入弹性是指保险消费者货币收入变动所引起的保险需求量的变动，它反映了保险需求量对保险消费者货币收入变动的反应程度。用公式表示为：

$$E_i = (\Delta D/D) / (\Delta I/I)$$

式中，D——保险需求；ΔD——保险需求的变动；I——货币收入；ΔI——货币收入的变动。

一般来讲，保险需求的收入弹性大于一般商品。

①保险商品特别是人身保险带有很大的储蓄性，随着消费者货币收入的增加，必然带动储蓄性保险需求量的增加。

②人们的消费结构会随着货币收入的增加而变化，一些高额财产、文化娱乐、旅游等精神消费支出比例会因此而增大，而与其具有互补作用的保险会随着消费者货币收入的增加而增加。

③对于大多数中低收入的消费者而言，保险尚属于奢侈品，当他们的货币收入增加时，必然会创造对保险商品的需求。

收入无弹性：$E_i=0$；收入富于弹性：$E_i>1$；收入缺乏弹性：$E_i<1$；收入单位弹性：$E_i=1$；收入负弹性：$E_i<0$。

3. 保险需求的交叉弹性

保险需求的交叉弹性指相关的其他商品的价格变动引起的保险需求量的变动，它取决于其他商品对保险商品的替代程度和互补程度，反映了保险需求量对

替代商品价格或互补商品价格变动的反应程度。用公式表示为：

$$E_x = \Delta D/D/ (\Delta P_g/P_g)$$

式中，D——保险需求；ΔD——保险需求变动；P_g——替代商品或互补商品价格；ΔP_g——替代商品或互补商品价格的变动。

一般而言，保险需求与替代商品的价格成正方向变动，即交叉弹性为正，且交叉弹性愈大，替代性也愈大。保险需求与互补商品价格成反方向变动，即交叉弹性为负。

4. 影响保险需求弹性的因素

一般而言，消费者对保险商品的需求愈强，其需求弹性愈小；保险商品的可替代程度越高，其需求弹性愈强；保险商品用途越广泛，其需求弹性越大；保险商品消费期限越长，其需求弹性越大；保险商品在家庭消费结构中所占的支出比例越大，其需求弹性越大。

二、供给弹性

1. 保险商品供给弹性的含义

保险商品供给弹性通常指的是保险商品供给的费率弹性，即指保险费率变动所引起的保险商品供给量变动，它反映了保险商品供给量对保险费率变动的反应程度，一般用供给弹性系数来表示，其公式为：

$$E_s = (\Delta S/S) / (\Delta P/P)$$

式中，E_s——保险商品供给量；S——保险商品供给量变动；P——保险费率，ΔP——保险费率变动

保险商品供给与保险费率成正相关关系。

2. 保险商品供给弹性的种类

供给无弹性，即 $E_s=0$，无论保险费率如何变动，保险商品供给量都保持不变；供给无限弹性，即 $E_s=\infty$，即使保险费率不再上升，保险商品供给量也无限增长；供给单位弹性，即 $E_s=1$，保险费率变动的比率与其供给量变动比率相同；供给富于弹性，即 $E_s>1$，表明保险商品供给量变动的比率大于保险费率变动的比率；供给缺乏弹性，即 $E_s<1$，表明保险商品供给量的变动比率小于保险费率变动的比率。

3. 保险商品供给弹性的特殊性

首先，保险商品供给弹性较为稳定。其次，保险商品供给弹性较大。

【任务实施】

分析前面【导入案例】，说明为什么保险公司要搞阶段性推销，而不能让客户主动购买？

分析参考：对于本任务开篇提到的保险公司通过推销才能销售保险产品，其根本原因在于产品的供给与需求没平衡。保险产品多，但货不对路，不能满足民众对于保险产品的需求。在目前的寿险产品中，理财产品占据绝对主流。保险公司做理财产品，这就意味着需要与银行、券商、信托等其他金融行业竞争，显然，保险公司并没有太大的竞争优势。同时，带理财性质的寿险性价比低，不能真正满足客户对寿险的需求。万峰曾经对比过，香港可以提供超过100项保障，而内地相同产品保障范围最多只有60多项，且前者保费较后者低。可见，内地保险产品没有充分考虑客户的需求及需求影响因素，虽然保险产品多，但没有形成有效供给。因此，我们一方面要通过社会宣传、学校教育等方式，提高居民的保险意识；另一方面要充分考虑影响客户保险需求的因素，注重保险基本服务，不要过度重视附加值服务，增加供给，并让潜在客户转化为现实客户。

66　保险理论与实务

同步测试

一、名词解释

1. 保险市场需求

2. 保险市场供给

3. 保险市场供求平衡

二、简答题

1. 简述影响保险供给的因素。

2. 简述影响保险需求的因素。

三、单项选择题

1. 当保险商品价格上升时，保险需求会（　　　）。

A. 增加　　　　　　　B. 减少　　　　　　　C. 不变　　　　　　　D. 先增后减

2. 如果互补品价格大幅度下降，那么保险需求量将（　　　）。

A. 上升　　　　　　　B. 下降　　　　　　　C. 不变　　　　　　　D. 先升后降

3. 如果保险公司的获利水平高于银行利率，那么保险需求就会（　　　）。

A. 增加　　　　　　　B. 减少　　　　　　　C. 不变　　　　　　　D. 先增后减

4. 替代品价格下降，会使保险供给（　　　）。

A. 增加　　　　　　　B. 减少　　　　　　　C. 不变　　　　　　　D. 先增后减

四、多项选择题

1. 构成保险需求的因素有（　　　）。

A. 有保险需求的人　　　　　　　　　　　B. 保险需求者的购买意愿

C. 保险互补商品的数量　　　　　　　　　D. 保险需求者的购买能力

2. 构成保险需求的因素有（　　　）。

A. 有提供保险商品的保险企业　　　　　　B. 保险企业愿意提供保险商品

C. 保险企业有能力提供保险商品　　　　　D. 有政府的政策支持

3. 保险市场供求平衡包括（　　　）。

A. 供求的总量平衡　　　B. 结构平衡　　　　C. 险种平衡　　　　D. 关系平衡

五、判断题

1. 保险消费者愿意购买的保险商品数量即构成保险需求。（　　　）

2. 保险费率与保险需求一般成正比例关系。（　　　）

3. 保险公司对一次保险事故可能造成的最大损失范围所承担的责任，不得超过其实有资本金加公积金总和的 10%；超过的部分，应当办理再保险。（　　　）

任务三　了解保险中介

【任务描述】在本任务下，学生应熟悉保险中介的主要功能，了解其发展趋势，掌握保险代理人、经纪人、公估人的种类、作用、业务范围等知识。

【任务分析】学生在老师的指导下深入保险市场，调查了解保险中介的主体，向相关主体咨询任务描述中的相关内容及其职业道德规范。

【相关知识】

一、保险中介概述

通过任务一的学习，我们知道：保险中介是保险市场的主体之一，是介于保险经营机构之间或保险经营机构与投保人之间，专门从事保险业务咨询与招揽、风险管理与安排、价值衡量与评估、损失鉴定与理算等中介服务活动，并从中依法获取佣金或手续费的单位或个人。

保险中介的主体形式多样，主要包括保险代理人、保险经纪人和保险公估人等。此外，其他一些专业领域的单位或个人也可以从事某些特定的保险中介服务，如保险精算师事务所、事故调查机构和律师等。

保险中介是保险市场精细分工的结果。保险中介的出现推动了保险业的发展，使保险供需双方更加合理、迅速地结合，减少了供需双方的辗转劳动，既满足了被保险人的需求，方便了投保人投保，又降低了保险企业的经营成本。保险中介的出现，解决了投保人或被保险人保险专业知识缺乏的问题，最大限度地帮助客户获得最适合自身需要的保险商品。此外，保险中介的出现和发展也使保险经营者从繁重的展业、检验等工作中解脱出来，集中精力致力于市场调研、险种开发、偿付能力管理、保险资金运用，以及信息传递迅速、系统运转高效的管理制度建设等方面。

保险业与银行业、证券业同属于金融业，虽然目前我国实行金融业分业经营政策，但相互之间有着不可分割的联系。由于金融机构与社会各行各业接触广泛，同时具有固定的销售渠道，因此，通过金融机构可以有效地开展兼业代理。在我国保险市场上，在一些业务量较小、业务面较广的分散性险种上，保险代理人发挥着独特的优势。目前，我国城乡专兼职保险代理人员已超过100万人，全国每年保费收入的60%以上通过保险代理人取得。

1. 保险中介的主要功能

保险中介在保险市场上作用的发挥，是由其在专业技术服务、保险信息沟通、风险管理咨询等诸方面的功能所决定的。

（1）专业技术服务功能

专业技术服务功能可分解为三个层面：

①专业技术。在保险中介公司中都具有各自独特的专家技术人员，能够弥补保险公司存在的人员与技术不足的问题。

②保险合同。保险合同是一种专业性较强的经济合同，非一般社会公众所能理解，在保险合同双方发生争议时，由保险中介人出面，不仅能解决专业术语和条款上的疑难问题，而且容易缓解双方之间的紧张关系。

③协商洽谈。保险合同双方在合作保险的全过程中存在着利益矛盾，意见分歧在所难免。由于保险中介公司的介入，能够提供具有公正性和权威性的资证，供保险双方或法院裁决时参考，有利于矛盾的化解和消除。

（2）保险信息沟通功能

这是指在信息不对称的保险市场中，建立保险中介制度，并利用其专业优势，为保险合同双方提供信息服务。这是加强保险合同双方的信息沟通，协调保险合同双方的关系，促进保险经济关系良性发展的最佳选择。

（3）风险管理咨询功能

这是指保险中介公司凭借其专业技术和专家网络优势，为社会公众提供风险评估、防灾防损等风险管理咨询服务，这种特殊性的专业技术优势，使保险中介公司在保险市场中处于不可替代的地位。

2. 保险中介发展的现状与趋势

近年来，我国保险中介市场一直保持强劲增长的态势，保险中介机构在服务社会经济发展、促进保险业创新发展、提升保险业服务水平等多方面发挥了重要作用。2014 年，全国保险公司通过保险中介渠道实现保费收入 16 144.2 亿元，占 2014 年全国总保费收入的 79.8%，同比下降 0.5%。其中，财产险 4 721.7 亿元，人身险 11 422.5 亿元。

但是，我国保险中介市场目前仍处于多、小、散、乱的状态，处于盈利模式不成熟的发展初级阶段，处于需要选择发展方向的关口，须深层次地、根本性地转变行业的发展方式。

不过，自 2014 年 4 月启动保险中介市场全面清理整顿工作后，我国保险中介市场已迈入一个新阶段。经过此轮清理，截至 2014 年年末，全国共有保险专业中介机构 2 546 家，同比增加 21 家。其中，保险专业代理机构 1 764 家，保险经纪机构 445 家，保险公估机构 337 家。全国保险专业中介机构注册资本 261.6 亿元，同比增长 16.8%。

2015 年 9 月 23 日，保监会召开 2015 年全国保险中介监管工作暨深化改革动员会，《中国保监会关于深化保险中介市场改革的意见》（以下简称《改革意见》）同步亮相。《改革意见》明确保险中介市场深化改革的总体目标：放开放活前端，管住管好后端，健全支持鼓励行业创新变革的体制机制；培育龙头型保险中介机构、区域性专业代理机构、个人代理人群体等多层次的中介市场主体；建成功能定位清晰、准入退出顺畅、要素流动有序的保险中介市场体系；形成主体管控有效、行政监管有力、行业自律充分、社会监督到位的四位一体保险中介监管体系，促进保险中介更好地发挥对保险市场的作用。

当前，我国保险中介正在通过集团化建设，加强中介企业的综合实力，提高企业的合规经营能力、市场竞争能力，进而提高整个保险中介行业的可持续发展能力。盛世大联、万舜股份等保险企业已成功挂牌新三版。同时，国家也在鼓励发展小微型、社区化、门店化的区域性专业代理机构，更好地贴近市场，贴近群众，做好保险服务；鼓励专业中介机构探索"互联网＋保险中介"的形式，形成新的业务平台；鼓励专业中介机构走差异化发展之路，积极服务国家经济发展大局，为"一带一路"战略和海外项目提供风险管理与保险服务。

按照建立和完善社会主义市场经济制度、推行改革开放政策的客观要求，市场化、规范化、职业化和国际化是未来中国保险中介行业生存的前提，也是发展的方向。

（1）市场化

保险中介是市场经济和开放经济的产物，从世界上保险中介的产生和发展的历史与现状看，保险业发达的、保险中介行业成熟活跃的国家，无一不是市场经济发达的国家。小农经济不需要保险中介，计划经济也不需要保险中介。世界知名的保险中介公司，无一不是在开放的市场竞争中发展和壮大起来的。中国党和政府正在坚定不移地推行社会主义市场经济制度和对外开放政策，在加入 WTO 形势下，中国保险业市场化进程势不可挡。保险中介人从一开始就必须牢牢树立起市场观念，彻底打消靠政策、靠扶持、靠垄断的念头，必须靠自己的敬业精神、专业水准、服务质量和良好信誉在市场竞争中求生存、求发展。

（2）规范化

保险中介机构要有科学的法人治理结构，根据现代企业制度的要求，健全组织框架。董事会、监事会和管理层切实各负其责，确保公司有效运转；要有完善的规章制度和有效的内控机制，形成一套覆盖公司业务和管理各个环节的规章制度体系，确保公司内部责权分明、平衡制约、规章健全、运作有序。要树立守法观念和自律意识，积极创造条件，尽早建立保险经纪、代理、公估等行业自律组织，形成规范经营、公平竞争的市场秩序。

（3）职业化

保险中介必须尽快职业化，造就一支高素质的保险中介队伍，形成一种明显的保险中介人的职业特征，有一套严格的执业和品行规范。要用保险中介人的职业特征、职业水准、职业纪律、职业操守和职业形象赢得投保人、保险人与社会各界的广泛认知和认可。从业人员要热爱自己的行业、自己的公司和自己的岗位，要格外注重自己的市场声誉和社会形象，特别是在艰难的创业时期，要有光荣感、责任感和使命感。

（4）国际化

所谓国际化，并没有一个固定的标准，它是动态的，既是目标，也是过程。目前，保险中介在中国是一个全新的行业，但在国际上它已经发展得相当成熟，形成了一套公认的运作规则和模式。在全球经济金融一体化、信息畅通、交流便利的今天，不应该也没有必要自己在黑暗中摸索，而必须从一开始就想到与国际接轨，在经营规则、理念和方式等诸多方面努力向那些在世界上已获成功的保险中介公司学习、接近和看齐。只有这样，才能争取到时间、争取到主动、争取到市场。否则，在可以预见的不远的将来，在激烈的市场竞争中，必将无立足之地。

二、保险代理人

2015年最新修订后的《中华人民共和国保险法》（以下简称《保险法》）第5章第117条指出：保险代理人是根据保险人的委托，向保险人收取佣金，并在保险人授权的范围内代为办理保险业务的机构或者个人。在现代保险市场上，保险代理人已成为世界各国保险企业开发保险业务的主要形式和途径之一。

根据我国《保险代理人管理规定（试行）》的规定，保险代理人分为专业代理人、兼业代理人和个人代理人三种。根据我国《保险法》和《保险代理人管理规定（试行）》的规定，从事保险代理业务必须持有国家保险监管机关颁发的保险代理人资格证书，并与保险公司签订代理合同，获得保险代理人展业证书后，方可从事保险代理活动。国家对上述三类不同的保险代理人都分别规定了其各自应具备的条件。

1. 代理人的种类

（1）专业代理人

专业代理人是指专门从事保险代理业务的保险代理公司。在保险代理人中，只有它具有独立的法人资格。

专业代理人的业务范围：代理推销保险产品，代理收取保费，协助保险公司进行损失的勘查和理赔等。

专业代理人必须具备的条件：

①公司最低实收货币资金为人民币50万元。在公司的资本中，个人资本总和不得超过

资本金总额的30%；每一个人的资本不得超过个人资本总和的50%；

②有符合规定的章程；

③有至少30名持有保险代理人资格证书的代理人员；

④有符合任职资格的董事长和总经理；

⑤有符合要求的营业场所。

（2）兼业代理人

兼业代理人是指受保险人委托，在从事自身业务的同时，指定专用设备、专人为保险人代办保险业务的单位，主要有行业兼业代理、企业兼业代理和金融机构兼业代理、群众团体兼业代理等形式。

兼业保险代理人的业务范围：代理推销保险产品，代理收取保费。

兼业代理人必须具备的条件：

①具有所在单位法人授权书；

②有专人从事保险代理业务；

③有符合规定的营业场所。

兼业代理人的业务范围仅限于代理销售保险单和代理收取保险费。

（3）个人代理人

个人代理人是指根据保险人的委托，在保险人授权的范围内代办保险业务并向保险人收取代理手续费的个人。个人代理人展业方式灵活，为众多寿险公司广泛采用。

个人代理人的业务范围：

①财产保险公司的个人代理人只能代理家庭财产保险和个人所有的经营用运输工具保险及第三者责任保险等。

②人寿保险公司的个人代理能代理个人人身保险、个人人寿保险、个人人身意外伤害保险和个人健康保险等业务。

可见，个人代理人的业务范围仅限于代理销售保险单和代理收取保险费，不得办理企业财产保险和团体人身保险。另外，个人代理人不得同时为两家（含两家）以上保险公司代理保险业务，转为其他保险公司代理人时，应重新办理登记手续。

个人代理人必须具备的条件：凡持有保险代理人资格证书者，均可申请从事保险代理业务，并由被代理的保险公司审核登记报当地保险监督管理部门备案。

2. 代理人的作用

纵观西方发达国家保险业的发展史，保险代理人在其中扮演了重要的角色。他们为保险市场的开拓、保险业务的发展起到了功不可没的作用。例如，在英、美、日等国约有80%以上的保险业务是通过保险代理人和经纪人招揽的。在我国，《保险法》专门以一章的形式阐述了有关保险代理人和保险经纪人的问题，并且于1996年2月和1997年12月两次出台了《保险代理人管理规定》，这些无不说明保险代理人在保险业发展中的地位和作用。实际上，保险代理制的实施、保险代理人的出现，为完善保险市场、沟通保险供求、促进保险业发展发挥了重要作用。

（1）保险代理人直接为各保险公司收取了大量的保险费，并取得了可观的经济效益

据有关资料介绍，目前，我国通过各种保险代理人所获得的分散性保险业务收入占保险业务总收入的50%左右，有的省市超过了60%。

（2）保险代理人的展业活动渗透到各行各业

覆盖了城市乡村的各个角落，为社会各层次的保险需求提供了最方便、最快捷、最直接的保险服务，发挥了巨大的社会效益。

（3）保险代理人直接、有效地宣传和普及了保险知识

对提高和增强整个社会的保险意识起到了积极的作用，进一步促进了我国保险事业的发展。

（4）保险代理人的运行机制，对国有独资保险公司的机制转换，有着直接和间接的推动作用

大家都从中深刻地认识到，国有独资公司必须建立起适应市场需求的营销机制。另外，保险代理作为一个新兴行业，它的发展能容纳大批人员就业。日本从事保险代理的人，约占国民的1%，随着我国保险事业的不断兴旺发达，保险代理人的队伍将日益扩大，从而在安置就业方面发挥一定的积极作用。

3. 代理人的职业道德

保险代理人的职业道德是指从事保险代理职业的单位或个人在保险代理工作中所遵守的行为规范的总和，具有诚信特点和法律性特点，主要包括：重合同、诚实守信、敬业精神、竭诚服务、遵纪守法、团结互助等。保险代理人职业道德具体内容将在项目九中详细介绍。

三、保险经纪人

2015年最新修订后的《中华人民共和国保险法》第5章第118条指出：保险经纪人是基于投保人的利益，为投保人与保险人订立保险合同提供中介服务，并依法收取佣金的机构。

保险经纪人必须具备一定的保险专业知识和技能，通晓保险市场规则、构成和行情，为投保人设计保险方案，代表投保人与保险公司商议，达成保险协议。保险经纪人不保证保险公司的偿付能力，对给付赔款和退费也不负法律责任，对保险公司则负有交付保费的责任。因经纪人在办理保险业务中的过错给投保人、被保险人造成损失的，由保险经纪人承担赔偿责任，所以保险经纪人是投保人的代理人，但经纪人的活动客观上为保险公司招揽了业务，故其佣金由保险公司按保费的一定比例支付。

保险经纪人起源于17世纪的英国，现在它已经成为世界性的行业，但是在中国还处于起步阶段。保险经纪人应当具有较高的业务素质，因此国际上对他都有严格的资格要求。在我国设立保险经纪人，必须报经中国保监会审批，从事保险经纪业务的人员必须参加保险经纪人资格考试，并获得资格证书。

1. 经纪人的种类

根据委托方的不同，保险经纪人可以分为狭义的保险经纪人（专指原保险市场的经纪人）和再保险经纪人。

（1）狭义的保险经纪人

狭义的保险经纪人是指直接介于投保人和原保险人之间的中间人，直接接受投保客户的委托。按业务性质的不同，狭义的保险经纪人又可分为寿险经纪人和非寿险经纪人。

寿险经纪人是指在人身保险市场上代表投保人选择保险人、代办保险手续并为此从保险人处收取佣金的中间人。寿险经纪人必须熟悉保险市场行情和保险标的的详细情况，熟练掌

握专项业务知识，还要懂法律，运用法律，并且会计算人身保险的各种费率，以便为投保人获得最佳保障。

非寿险经纪人是安排各种财产、利益、责任保险业务，在保险合同订约双方间斡旋，促使保险合同成立并为此从保险人处收取佣金的中间人。由于保险产品的复杂性，非寿险经纪人必须掌握相关的专业知识，以便能与投保人进行沟通，为投保人进行风险评估，设计风险管理方案，为投保人选择最佳保险保障等服务。

（2）再保险经纪人

再保险经纪人是促成再保险分保公司（公出公司）与接受公司建立再保险关系的中介人。他们把分保公司视为自己的客户，在为分保公司争取较优惠的条件的前提下选择接受公司，并收取由后者支付的佣金。再保险经纪人不仅介绍再保险业务、提供保险信息；而且在再保险合同有效期间对再保险合同进行管理，继续为分保公司服务，如合同的续转、修改、终止等问题；并向再保险接受人及时提供账单并进行估算。

2. 经纪人的作用

保险经纪人通过向投保人提供保险方案、办理投保手续、代投保人索赔并提供防灾防损或风险评估、风险管理等咨询服务，使投保人充分认识到经营中自身存在的风险，并参考保险经纪人提供的全面的、专业化的保险建议，使投保人所存在的风险得到有效的控制和转移，达到以最合理的保险支出获得最大的风险保障的目的，降低和稳固了经营中的风险管理成本，保证了企业的健康发展。

另外，因为保险经纪人的业务最终还是要到保险公司进行投保，保险经纪公司业务量的增加会引起保险公司整体业务量的增加，从而降低了保险公司的展业费用；在保险市场上，保险经纪人把保险公司的再保份额顺利地推销出去，消除了保险公司分保难的忧虑，大大降低了保险公司的经营风险；而且保险经纪人代为办理保险事务，减少了被保险人因不了解保险知识而在索赔时给保险人带来的不必要的索赔纠纷，提高了保险公司的经营效率。

因此，保险经纪人的产生不管是对投保人还是对保险公司来说都是有利的，它的产生是保险市场不断完善的结果。

3. 经纪人的经营范围

①以订立保险合同为目的，为投保人提供防火防损或风险评估以及风险管理咨询服务。通过保险经纪人提供的以上专门服务，可以使被保险人的防灾工作、风险管理工作做得更好，就可以以较低的费率获得保障利益。

②以订立保险合同为目的，为投保人拟订投保方案，办理投保手续。投保方案的选择是一项专业技术性很强的工作，被保险人自己通常不能胜任，保险经纪人就可以以其专业素质，根据保险标的情况和保险公司的承保情况，为投保人拟订最佳投保方案，代为办理投保手续。

③在保险标的或被保险人遭遇事故和损失的情况下，为被保险人或受益人代办检验、索赔。

④为被保险人或受益人向保险公司索赔。

⑤再保险经纪人凭借其特殊的中介人身份，为原保险公司和再保险公司寻找合适的买（卖）方，安排国内分入、分出业务或者安排国际分入、分出业务。

⑥保险监管机关批准的其他业务。

4. 经纪人的报考资格

我国已颁布的《保险经纪人管理规定（试行）》第9条规定：凡具有大专以上学历的个

人,均可报名参加保险经纪人资格考试。说明报考者必须具有大专以上学历,这样有利于提高从业人员的整体素质,为经纪人服务奠定良好的人员基础。第 12 条规定:有下列情况之一者,不得参加保险经纪人资格考试,不得申请领取资格证书。具体如下:

①曾受到刑事处罚者;
②曾因违反有关金融法律、行政法规、规章而受到行政处罚者;
③中国人民银行认定的其他不宜从事保险经纪业务的人员;
另据有关规定,在校在读的大专生、本科生不具备报考资格。

5. 经纪人的职业道德

保险经纪人代表着投保人的利益,他们所从事的保险中介业务都要求他们必须具备必要的保险专业知识和良好的职业道德,主要包括以下几条:

①掌握经济、金融、管理等专业知识;
②熟悉保险产品相关的专业知识;
③具有较强的沟通与组织协调能力及亲和力;
④具有良好的语言表达能力及分析判断能力;
⑤有积极进取的精神及接受挑战的性格;
⑥具有良好的责任心、有一定的团队协作精神。

四、保险公估人

保险公估人是指依照法律规定设立,受保险公司、投保人或被保险人委托办理保险标的的查勘、鉴定、估损以及赔款的理算,并向委托人收取酬金的公司。公估人的主要职能是按照委托人的委托要求,对保险标的进行检验、鉴定和理算,并出具保险公估报告,其处于中立地位,不代表任何一方的利益,使保险赔付趋于公平、合理,有利于调停保险当事人之间关于保险理赔方面的矛盾。

保险公估人在我国称为保险公估机构,是指依照《保险法》等有关法律、行政法规以及《保险公估机构管理规定》,经中国保监会批准设立的,接受保险当事人委托,专门从事保险标的的评估、勘验、鉴定、估损、理算等业务的单位。保险公估人是站在独立的立场上,协助保险理赔的独立第三人,接受保险公司和被保险人的委托为其提供保险事故评估、鉴定服务。

保险公估人的出现与保险市场的发展密不可分,它是保险市场发展的必然产物。随着保险公司理赔事务的日益增加和复杂化,催生其专业性的需求,为专门从事保险公估工作的保险公估人的形成和发展奠定了基础。

1. 公估人的种类

(1) 根据保险公估人在保险公估业务活动中先后顺序的不同分类

保险公估人可以分为承保时的公估人(承保公估人)、理赔时的公估人(理赔公估人)。

1)承保公估人

承保公估人主要从事保险标的的承保公估,即对保险标的作现时价值评估和承保风险评估。由承保公估人提供的查勘报告是保险人评估保险标的风险、审核其自身承保能力的重要参考。现时价值评估和承保风险评估是国际保险公估人新拓展的业务领域。

2)理赔公估人

理赔公估人是在保险合同约定的保险事故发生后,受委托处理保险标的的检验、估损及理算的专业公估人。理赔公估人包括损失理算师、损失鉴定人和损失评估人。

①损失理算师是指在保险事故发生后，计算损失赔偿金额，确定分担赔偿责任的理算师，他们主要确定保险财产的损失程度，确认是否全损或可以修复，修复费用是否超过财产的实际价值。根据国际保险实务习惯，损失理算师又分为陆上损失理算师与海损理算师。

前者是处理一般非海事保险标的的理赔事项的理算师，后者则是专门处理海事保险标的理赔事项的理算师。

②损失鉴定人是在保险事故发生后，判断事故发生的原因和责任归属的保险公估人，具体来说，他们负责查明事故发生的原因，判断是否有除外责任因素的介入，是否有第三者责任发生，进行损失定量等。

③损失评估人是指接受被保险人的委托，办理保险标的的损失查勘、计算的人。他们通常只接受被保险人单方面的委托，为被保险人的利益而从事保险公估业务。

（2）**按照业务性质的不同分类**

保险公估人可分为保险型公估人、技术型公估人、综合型公估人。

1）保险型公估人

这类保险公估人侧重于解决保险方面的问题，他们熟悉保险、金融、经济等方面的知识，但对其他专业技术知识知之甚少，或者完全不知，对于技术型问题的解决只能作为辅助。

2）技术型公估人

这类保险公估人侧重于解决技术方面的问题，其他有关保险方面的问题涉及较少。

3）综合型公估人

这类保险公估人不仅解决保险方面的问题，同时还解决保险业务中的技术问题。综合型保险公估人由于知识全面、经验丰富，越来越为社会所需要。

（3）**根据保险公估人从事活动范围的不同分类**

保险公估人可以分为海上保险公估人、汽车保险公估人、火灾及特种保险公估人。

1）海上保险公估人

海上保险公估人主要处理海上、航空运输保险等方面的业务。海上保险和航空运输保险均为国际型的保险，在国际上，船舶保险中的船身价值或其修理规模和费用的确定均与船舶的种类、吨位、用途直接相关，船上设备、机器、引擎、发电机等也有专业要求，保险公司必须请船舶公估公司处理；航空货物运输保险中的货运检验涉及发货人、收货人、承运人和保险公司多方利益和责任，各方当事人难以达成一致意见，保险公司通常委托居于独立地位的保险公估人处理，海上保险公估人由此应运而生。

2）汽车保险公估人

汽车保险公估人主要处理与汽车保险有关的业务。汽车保险在各国保险市场上具有举足轻重的作用，保险公估人也由此分外重视汽车保险公估。汽车保险公估人参与汽车保险理赔公估，不仅可以减少保险公司和被保险人之间在修理费用、重置价值方面的直接冲突，避免保险公司理赔人员与被保险人、汽车修理行合谋骗取保险赔款，而且可以有效制止汽车保险理赔中的不正当行为，使各保险公司在公平的市场环境中平等竞争。

3）火灾及特种保险公估人

火灾及特种保险公估人主要处理火灾及特种物质保险等方面的业务。随着经济的发展和科学技术的进步，财产保险的承保范围日益扩大，保险理赔的技术含量不断提高，保险公司自行处理理赔的难度加大，因此，大量拥有专业技术的保险公估人的出现，满足了火灾和特种保险的需要。

（4）根据委托方的不同分类

保险公估人可以分为接受保险公司委托的保险公估人、只接受被保险人委托的保险公估人。

1）接受保险公司委托的保险公估人

接受保险公司委托的保险公估人尽管是受保险公司的委托，但他们必须站在中立的立场处理保险承保和保险理赔事务。

2）只接受被保险人委托的保险公估人

这是指只接受被保险人的委托处理索赔和理算，而不接受保险公司委托的保险公估人。

（5）从保险公估人与委托方的关系来分类

保险公估人可分为雇佣保险公估人和独立保险公估人。

1）雇佣保险公估人

雇佣保险公估人是指长期受聘于某一家保险公司，按该公司的委托或指令处理各项理赔业务。这类公估人一般不能接受其他保险公司的委托业务。

2）独立保险公估人

独立保险公估人是指可以同时接受数家保险公司的委托处理理赔事务，其间的委托与被委托关系是暂时的，一旦公估人完成了保险公司的委托业务，他们之间的委托关系也相应结束。

2. 公估人的特点

（1）经济性

保险公估人通过储备专业技术人员，接受诸多保险人委托，处理不同类型的保险公估业务，积累保险公估经验，提高保险公估水平，从而可以帮助保险人降低成本，提高经济效益。

（2）专业性

由于面向众多保险当事人处理不同类型的保险理赔、评估业务，因此，保险公估机构必须拥有具有各种专业背景并熟悉保险业务的专业工程技术人员，他们处理保险理赔案件的技术更加熟练，经验更加丰富。

（3）超然性

指保险公估人相对保险当事人而言地位超然（即地位中立），在理赔过程中既为保险当事人提供理赔技术服务，又可以缓解保险当事人双方的矛盾。

3. 公估人的职能

（1）评估职能

包括勘验职能、鉴定职能、估损职能和理算职能等。

（2）公证职能

①保险公估人有丰富的保险公估知识和技能，在判断保险公估结论时具有权威性。

②保险公估人站在中间立场上对保险案件进行评审，并能够作出符合双方利益的评估结论。

（3）中介职能

①既可以受托于保险人，又可以受托于被保险人。

②以保险关系当事人之外的第三方身份从事保险公估经营活动，为保险关系当事人提供中介服务。

4. 公估人的作用

（1）保证保险当事各方的合法利益

保险公估是站在中立的立场上，从而保证各方的利益在公平的结果下不受损失。

（2）保险公估人的立场客观公正，容易被保险双方当事人认可

可以减少理赔纠纷，防止无休止地僵持或述诸法律，实现尽快赔付，恢复生产生活。

（3）促进保险企业组织变革，提高经营绩效

保险企业将一部分费时费力且易造成品牌损失的理赔工作交由保险公估人完成，既可以降低人力资源等经营成本，还有助于专注发展公司核心能力、提高效率，树立良好的品牌形象。

5. 公估人的职业道德

《保险公估从业人员职业道德指引》规定：保险公估从业人员在执业活动中应当做到：守法遵规、独立执业、专业胜任、客观公正、勤勉尽责、友好合作、公平竞争、保守秘密。

（1）守法遵规

①以《中华人民共和国保险法》为行为准绳，遵守有关法律和行政法规，遵守社会公德；

②遵守保险监管部门的相关规章和规范性文件，服从保险监管部门的监督与管理；

③遵守保险行业自律组织的规则；

④遵守所属保险公估机构的管理规定。

（2）独立执业

在执业活动中保持独立性，不接受不当利益，不屈从于外界压力，不因外界干扰而影响专业判断，不因自身利益而使独立性受到损害。

（3）专业胜任

①执业前取得法定资格并具备足够的专业知识与能力；

②在执业活动中加强业务学习，不断提高业务技能；

③参加保险监管部门、保险行业自律组织和所属保险公估机构组织的考试和持续教育，使自身能够不断适应保险市场的发展。

（4）客观公正

在执业活动中以客观事实为根据，采用科学、专业、合理的技术手段，得出公正、合理的结论。

（5）勤勉尽责

①秉持勤勉的工作态度，努力避免执业活动中的失误；

②对于委托人的各项委托尽职尽责，不因公估服务费用的高低而影响公估服务的公正性和质量；

③忠诚服务，不侵害所属保险公估机构利益；切实履行对所属保险公估机构的责任和义务，接受所属保险公估机构的管理。

(6) 友好合作

①在执业活动中与保险人、被保险人等有关各方友好合作，确保执业活动的顺利开展；

②与保险公司、保险经纪机构和保险代理机构的从业人员友好合作、共同发展；

③加强同业人员间的交流与合作，实现优势互补、共同进步。

(7) 公平竞争

①尊重竞争对手，不诋毁、贬低或负面评价保险公司、其他保险中介机构及其从业人员；

②依靠专业技能和服务质量展开竞争，竞争手段正当、合规、合法，不借助行政力量或其他非正当手段开展业务，不向客户给予或承诺给予不正当的经济利益。

(8) 保守秘密

对执业活动中的相关各方以及所属保险公估机构负有保密义务。

【任务实施】

请同学们到保险市场开展调查，完成下列调查问卷。

1. 保险中介主体包括：A1 _____、A2 _____、A3 _____、A4 _____。
2. 保险中介的主要功能包括：B1 _____、B2 _____、B3 _____、B4 _____。
3. 保险中介的发展趋势为：C1 _____、C2 _____、C3 _____、C4 _____。
4. 保险中介主体 A1 的主要内容：
(1) 种类：
(2) 业务范围：
(3) 主要作用：
(4) 职业道德要求：
5. 保险中介主体 A2 的主要内容：
(1) 种类：
(2) 业务范围：
(3) 主要作用：
(4) 职业道德要求：
6. 保险中介主体 A3 的主要内容：
(1) 种类：
(2) 业务范围：
(3) 主要作用：
(4) 职业道德要求：

同步测试

一、名词解释

1. 保险代理人
2. 保险经纪人
3. 保险公估人

二、简答题

1. 简述保险代理人的作用。

2. 简述保险经纪人的业务范围。

3. 简述保险公估人应具备的职业道德。

三、单项选择题

1. 协商洽谈是保险中介主要功能中的（　　　）内容。

A. 专业技术服务　　　B. 保险信息沟通　　　C. 风险管理咨询　　　D. 都不是

2. 专业代理人的最低实收货币资本为人民币（　　　）万元。

A. 20　　　　　　　　B. 30　　　　　　　　C. 50　　　　　　　　D. 80

3. 下列不属于兼业代理人业务范围的是（　　　）。

A. 代理推销保险产品　　　　　　　　　　B. 代理收取保费

C. 协助勘查和理赔　　　　　　　　　　　D. 都不是

4. 将狭义的保险经纪人分为寿险经纪人和非寿险经纪人，是根据（　　　）不同划分的。

A. 业务性质　　　　　B. 委托方　　　　　　C. 公司组织形式　　　D. 业务种类

四、多项选择题

1. 保险中介市场发展方向是（　　　）。

A. 市场化　　　　　　B. 规范化　　　　　　B. 职业化　　　　　　C. 国际化

2. 下列属于保险经纪人经营范围的有（　　　）。

A. 为投保人提供防火防损或风险评估以及风险管理咨询服务

B. 为投保人拟订投保方案，办理投保手续

C. 为被保险人或受益人代办检验、索赔

D. 为原保险公司和再保险公司安排国内分入、分出业务或者安排国际分入、分出业务

3. 保险公估人的特点包括（　　　）。

A. 经济性　　　　　　B. 专业性　　　　　　C. 超然性　　　　　　D. 独立性

4. 按照业务性质的不同，保险公估人可分为（　　　）。

A. 保险型公估人　　　B. 技术型公估人　　　C. 综合型公估人　　　D. 雇佣型公估人

五、判断题

1. 个人代理人可代理各种保险。（　　　）

2. 凡是中华人民共和国公民均可报考保险经纪人资格证。（　　　）

3. 雇佣保险公估人长期受聘于某一家保险公司，一般不能接受其他保险公司的委托业务。（　　　）

4. 再保险经纪人是促成再保险分出公司（分保公司）与接受公司建立再保险关系的中介人。（　　　）

任务四　认识保险监管

【任务描述】在本任务下，学生应理解保险监管的内涵及必要性，掌握保险监管的原则、方式、方法、目标。

【任务分析】老师设计保险监管处罚案例，提出问题，让学生思考，并让学生带着问题去调查、探索保险监管的主体、原则、目标等相关知识，以达到认识保险监管的目的。

【导入案例】

2011年10月24日，广东保监局发布行政处罚公告——粤保监罚〔2011〕196号，经查，2010年至2011年5月，天安保险营销阳江中心支公司阳春营销服务部存在私自制作客户印章，导致业务数据不真实的行为，广东保监局责令该营销服务部改正，并决定给予罚款15万元的行政处罚。

请问：广东保监局为何可以对天安保险营销阳江中心支公司阳春营销服务部进行处罚？依据何在？

【相关知识】

一、保险监管概述

保险监管是政府对保险业监督管理的简称，是政府为保护被保险人的合法利益，通过法律和行政手段对保险企业、保险经营活动和保险市场进行监督和管理的行为。即国家通过制定保险法律法规，对本国保险业进行宏观指导与管理；同时，国家专门的保险监管职能机构依据法律或行政授权对保险业进行行政管理，以保证保险法规的贯彻执行。

1. 保险监管的内涵

可从以下几个方面来理解保险监督管理（保险监管）的概念。

（1）保险监管的主体

即享有监督和管理权利并实施监督和管理行为的政府部门或机关，也称为监督管理机关。不同国家的保险监督管理机关有不同的形式和名称。目前，我国保险监督管理机关是中国保险监督管理委员会，简称保监会。中国保险监督管理委员会成立于1998年11月18日，是国务院的直属事业单位，是全国商业保险的主管机关。根据国务院授权履行行政管理职能，依照法律、法规统一监督管理中国保险市场，维护保险业的合法、稳健运行。2003年，国务院决定，将中国保监会由国务院直属副部级事业单位改为国务院直属正部级事业单位，并相应增加职能部门、派出机构和人员编制。在中国保险监督管理委员会成立之前，我国保险监督管理机关是中国人民银行。

另外，各个省市还设有保监局，作为中国保监会的派出机构，根据保监会的授权，履行辖区内保险业的行政管理职能，依照国家有关法律、法规和方针、政策，统一监督管理保险市场，维护保险业的合法、稳健运行，引导和促进保险业全面、协调、可持续发展。

（2）保险监管的性质

对于保险监督管理行为的性质，可从两方面来理解：

①保险监督管理是以法律和政府行政权力为根据的强制行为。保险监督管理这种强制性的行为不同于以自愿为基础的保险同业公会对会员公司的监督管理，不同于以产权关系为基础的母公司对子公司的监督管理，也不同于以授权为根据的总公司对分支机构的监督管理。

②在市场经济体制下，保险监督管理的性质实质上属于国家干预保险经济的行为。在市场经济条件下，为防止市场或市场配置资源失灵，国家具有干预经济的基本职能。对于保险市场而言，保险监督管理部门一方面要体现监督职能，规范保险市场行为，防止市场失灵，维护保险市场秩序，保护被保险人及社会公众的利益。具体而言，监督保险公司及其分支机构、保险中介的市场行为是否合乎法律、法规和部门规章，对于违反者予以查处，还需监测

保险公司的偿付能力和经营风险，督促保险公司防范和化解经营风险。另外，要体现管理职能，根据国务院授权履行行政管理职能，优化保险资源的配置，调控保险业的发展。具体而言，批准设立保险公司及其分支机构，审查保险机构高级管理人员任职资格，制定或受理基本保险条款和费率，办理保险许可证和变更事项等。

（3）保险监管的领域、内容和对象

保险监督管理仅限于商业保险领域，不涉及社会保险领域。保险监督管理的内容是保险经营活动，除涉及保险组织的相关内容外，主要指保险业务经营活动，即"保险保障的生产活动"和"风险转移的生产活动"，还包括资金运用等。需要指出的是，保险监督管理对有些保险经营活动（如保险资金运用）需要与其他监督管理部门协调（如证监会）来实施监督管理。例如，为了加强对保险公司股票投资的管理，中国保监会与中国银监会联合下发《保险公司股票资产托管指引》，中国保监会与中国证监会联合下发《关于保险机构投资者股票投资交易有关问题的通知》和《保险机构投资者股票投资登记结算业务指南》，这些规章和规范性文件共同构成了保险机构投资者投资股票的基本制度和政策框架。保险监督管理的对象是保险产品的供给者和保险中介人。保险产品的供给者是指保险人，具体包括保险公司、保险公司分支机构。保险中介人是辅助保险人和被保险人从事保险业务活动的保险代理人、保险经纪人和保险公估人。

（4）保险监管的依据

保险监督管理的依据是有关的法律、行政法规、规章和规范性文件。在我国，法律主要是指全国人民代表大会及其常务委员会通过的法律，如《保险法》《公司法》《海商法》等；行政法规是指国务院制定和发布的条例，如《外资保险公司管理条例》；规章是指中国保监会和国务院有关部委制定和发布的部门规章，如中国保监会发布的《保险公司管理规定》《保险代理机构管理规定》《保险经纪机构管理规定》等；规范性文件是指国务院、中国保监会、国务院有关部委发出的通知、指示、命令或制定的办法。这些通知、指示、命令或制定的办法虽不属于行政法规和部门规章，但具有执行效力，对保险业务的经营具有普遍的约束力，也是保险监督管理的依据。

2. 保险监管的必要性

保险监管的必要性主要体现在以下几个方面：

（1）建立和形成合理的保险市场结构的需要

这主要是由于保护自由竞赛、反垄断、避免过渡竞争的需要。

1）保护自由竞争的需要

在自由经济的情况下，每一个经济利益都会追求理想的最大化行为，使其自身利益最大化。而资源配置的手段是"看不见的手"，即价格和价值规律。市场自由的核心在于自由竞争，"看不见的手"的作用是以竞争为基础的，竞争越充分，资源配置的效率就越高。因此，保险市场的竞争程度决定了该市场的效率，保险监管对保护保险市场的自由竞争十分必要。

2）反垄断的需要

垄断是市场失灵的重要表现，反垄断是保险市场需要监管的重要原因。保险市场失灵的首要表现是保险市场的自然垄断。保险市场的垄断表现为单个保险公司完全垄断或少数保险公司寡头垄断。由于各家保险公司入市时间不同，经营管理水平、业务活动区域以及职工队伍素质各异，实力较强的保险公司有可能将其保险商品价格即费率降至边际成本以下，以此排挤其他保险公司,迫使他们退出保险市场,以便取得垄断地位,然后再抬高费率至边际成本以上,获取垄断利润,从根本上损害被保险人利益。因此,有必要通过保险监管,防止保险市场垄断。

3) 避免过度竞争的需要

过度竞争是由于有市场进入机制而没有正常的退出机制造成的,多数市场主体都达不到经济规模,整个市场集中度不高,它同样导致社会资源配置的低效率。保险市场上如果众多小公司达不到保险行业的合理规模,成本降不下来,反而因竞争的需要而将费率人为地压低,其后果是削弱甚至丧失偿付能力,最终损害被保险人的利益。因此,加强保险监管,防止保险市场上出现过度竞争是非常重要的。

(2) 保险行业的特殊性

保险业需要监管的原因还在于保险业本身的特殊性。保险公司的经营是负债经营,其通过收取保费而建立的保险基金是全体被保险人的财富,保险公司一旦经营不善,出现亏损或倒闭,将使广大被保险人的利益受到极大损害。另外,保险公司的承保对象涉及社会各部门、各阶层,保险公司的经营一旦出现问题,影响甚大,所以应加强对保险业的监管。

(3) 保险技术的复杂性

这也是其需要严格监管的原因。这主要是指保险商品的价格即费率的拟定与普通商品不同,保险经营以大数法则为数理基础,只有通过集合足够多的保险标的,保险人才能计算出合理的保险费率。保险是一种无形商品,保险人所"出售"的是未来的损害赔偿责任,是一种承诺。保险人能否真正实现其承诺,承担保险责任,将取决于它是否具有足够的偿付能力。不仅如此,在很多情况下,这种承诺是长期性的,甚至可能长达几十年。所以被保险人(受益人)希望政府能够有效地监督保险人在未来的某一时期向他支付保险金。

综上所述,在保险业的发展中,一方面要依靠市场这只"看不见的手",以引导保险公司积极进取;另一方面也应当承认政府保险监管部门这只"看得见的手"在宏观调控方面的必不可少的作用。要适度地把握两只手之间的力量平衡,兼顾保险业发展中的效率与公平,保障保险市场各主体的合法权益和保险业的稳定发展。

3. 保险监管的基本原则

(1) 依法监督管理原则

保险监督管理部门必须依照有关法律或行政法规实施保险监督管理行为。保险监督管理行为是一种行政行为,不同于民事行为。凡法律没有禁止的,民事主体就可以从事民事行为;对于行政行为,法律允许做的或要求做的,行政主体才能做或必须做。保险监督管理部门不得超越职权实施监督管理行为,同时,保险监督管理部门又必须履行其职责,否则属于失职行为。

(2) 独立监督管理原则

保险监督管理部门应独立行使保险监督管理的职权,不受其他单位和个人的非法干预。当然,保险监督管理部门实施监督管理行为而产生的责任(如行政赔偿责任)也由保险监督管理部门独立承担。

(3) 公开性原则

保险监督管理需体现透明度,除涉及国家秘密、企业商业秘密和个人隐私以外的各种监管信息应尽可能向社会公开,这样既有利于保险监督管理的效率,也有利于保险市场的有效竞争。

（4）公平性原则

保险监督管理部门对各监督管理对象要公平对待，必须采用同样的监管标准，创造公平竞争的市场环境。

（5）保护被保险人利益原则

保护被保险人利益和社会公众利益是保险监督管理的根本目的，同时也是衡量保险监督管理部门工作的最终标准。

（6）不干预监督管理对象的经营自主权原则

保险监督管理对象是自主经营、自负盈亏的独立企业法人，在法律、法规规定的范围内，独立决定自己的经营方针和政策。保险监督管理部门对监督管理对象有实施监督管理的权力，负有实施监督管理的职责，但不得干预监督管理对象的经营自主权，也不对监督管理对象的盈亏承担责任。

4. 保险监管的方法

保险监督管理部门对保险监督管理对象进行监督管理的方法主要有现场检查和非现场检查两种。

（1）现场检查

现场检查是指保险监督管理机构及其分支机构派出监督管理小组到各保险机构进行实地调查。现场检查有定期检查和临时检查两种，临时检查一般只对某些专项进行检查，定期检查要对被检查机构做出综合评价。现场检查的重点是检查被检查保险机构内部控制制度和治理结构是否完善，财务统计信息是否真实准确，保险投诉是否确实合理。为保证现场检查管理的质量，保险监督管理机构要建立清楚的、与检查频率和范围有关的规定，同时制定必要的检查程序和处理方法，以确保工作的严格进行，保证既定指标和检查结果相统一。现场检查一般分为检查准备阶段、检查实施阶段、报告与处理阶段、执行决定与申诉阶段、后续检查阶段5个阶段。

（2）非现场检查

非现场检查是指保险监督管理部门审查和分析保险机构各种报告和统计报表，依据报告和报表审查保险机构法律法规和监督管理要求的执行情况。非现场检查能反映保险机构潜在的风险，尤其是现场检查间隔阶段发生风险的可能，从而提前防范风险。由于非现场检查要汇总分析各类报表资料，从中既可以发现个别保险机构存在的问题，也可以把握整个保险系统以及市场体系的总体趋势，还能为保险监督管理机构的业务咨询工作提供依据。为确保非现场检查方式在保险监督管理中发挥应有的效力，要求保险公司的报表具有时效性、准确性和真实性。在西方发达国家，非现场检查得到了普遍的重视和应用。而在大多数发展中国家，由于报告信息资料和数据准确性差，使风险分析和评估缺乏可靠性和科学性。

为了有效发挥非现场检查的作用，保险监督管理机构要制定各种各样的标准报表，每个保险公司根据不同的内容分别按月、季、半年、年向监督管理机构报送。一般来说，资产负债表按月报送，反映资产流动性的报表按季报送，反映经营业绩的报表按年报送。保险监督管理机构收到这些报表后，对保险公司的各种风险进行评估，如果发现问题，便责令保险公司立即整改。必要时，聘用外部注册会计师或审计师检查，或者由双方共同完成。

现场检查与非现场检查这两种监管方法各有特色。非现场检查限于反映一个时点信息，能够帮助人们有效地确定开展现场检查的范围，调整进行现场监督的频率，增强现场检查的针对性，它的作用的发挥完全依赖于资产负债表等报表的真实性。而现场检查方法可以获得真实和全面的信息，为对被检查单位做出准确评价提供了依据。通常情况下，应该把现场检查和非现场检查两种方法结合运用。

5. 保险监管的方式

（1）公示方式

公示方式亦称公告管理，指政府对于保险行业的经营不进行直接监督，而是规定保险人按政府规定的格式将其资产、负债、财务成果及相关事项公布于众的管理方式。保险人经营的好坏，由被保险人及一般大众进行评判，而政府对保险人的组织形式、资金运用、规模大小等不多加干预。这种监管方式是政府对保险市场进行监督管理的各种方式中最为宽松的一种。这种监管方式必须具备一定的条件，如保险人具有相当的自律性，国民有较高的文化水平，社会各界对保险有相当的了解并对保险业的经营有正确的判断。历史上英国曾采用过这种监管方式，到20世纪80年代已被放弃。

（2）准则方式

准则方式又称规范方式，是指由政府制定出一系列有关保险经营的基本准则，要求保险人共同遵守，并对执行情况进行监督。这些基本准则仅涉及重大事项，如保险公司的最低资本额、资产负债表的审查、法定公布事项的主要内容、监管机构的制裁方式等。这种监管方式注重保险经营形式上的合法性，较公示监管严格，但仍未触及保险业经营管理的实体。加上保险技术性强，涉及的事物复杂多变，所以仅以某些基本准则，实际上很难起到监督管理保险人经营的作用。因此，这种方式在现实中逐渐被淘汰。

（3）实体方式

实体方式亦称许可方式，指国家保险监管部门在政府制定保险法规的基础上，根据保险法规所赋予的权力，对保险市场实行的全面有效的监督管理。其监管的内容涉及保险业的设立、经营、财务乃至破产清算。其监管的内容具体实际，有明确的衡量尺度，是对保险业监管中最为严格的一种。该方式赋予政府的保险监管机构以较高的权威，保证了监管的严肃性、强制性和一贯性，从而易于达到监管的有效性，它创始于瑞士，现已被世界上多数国家采用。

（4）"互联网＋"方式

在当今信息化时代，传统监管模式面临严峻挑战。未来将着重强化非现场监管，运用"互联网＋"的方式探索一条监管新路，大力推进新型监管信息平台建设。

目前，我国正以保险中介交易为主线建设开放式资源平台，即保险中介云平台。监管机关将通过中介云平台随时掌握市场交易情况，第一时间发现违法违规问题及线索，第一时间处置可能发生的风险，有力打击违法违规操作，防范化解中介风险。

6. 保险监管的目标

由于商业保险具有盈利性，容易导致恶意竞争。加上保险合同具有附和性，很容易使被保险人处于不利位置。因此，保险监管的目的是要维护保险市场的秩序，保护被保险人的利益。正如我国《保险法》第134条规定：保险监督管理机构依照本法和国务院规定的职责，遵循依法公开、公正的原则，对保险业实施监督管理，维护保险市场秩序，保护投保人、被保险人和受益人的合法权益。具体目标体现在以下几个方面：

（1）保证保险人的偿付能力，防止保险经营的失败

保险人的偿付能力是指保险人对其责任范围内的赔偿或给付所具有的经常偿付能力。投

保人购买保险的目的就是在保险事故发生并造成损失时，能让被保险人得到经济上的补偿。如果保险人不具备这种能力，保险就失去了存在的意义。正因为此，许多国家把偿付能力的监管列为第一目标。许多监管措施，如资本金、保证金、各种准备金、最低偿付能力、承保限额、法定再保险等规定，及财务报告与检查制度等，都是为了实现这一目标而制定的。

例如，我国《保险法》第101条规定：保险公司应当具有与其业务规模和风险程度相适应的最低偿付能力。保险公司的认可资产减去认可负债的差额不得低于国务院保险监督管理机构规定的数额；低于规定数额的，应当按照国务院保险监督管理机构的要求采取相应措施达到规定的数额。第103条规定：保险公司对每一危险单位，即对一次保险事故可能造成的最大损失范围所承担的责任，不得超过其实有资本金加公积金总和的百分之十；超过的部分，应当办理再保险。

（2）保证保险交易的公平性和公正性，防止利用保险进行欺诈

保险是以风险为经营对象，投保人自愿交纳保险费，保险人对风险损失进行赔偿或给付的行为，都是在遵循最大诚信原则的前提下进行的。但商业保险以盈利性为经营目标，保险人为了追求更多的利润，存在不断扩大经营规模的内在动力，保险人之间也存在恶意竞争的可能。因此，现实生活中，利用保险进行欺诈以获得不当利益的案例也确实存在，也有保险人利用保险合同的附和性设置不平等条约的现象，这就阻碍了与保险交易有交的当事人平等地参与市场交易。为此，许多国家都利用监管来规范和约束保险交易各方行为，并对保险欺诈行为进行处罚。

例如，我国《保险法》第114条规定：保险公司应当按照国务院保险监督管理机构的规定，公平、合理拟订保险条款和保险费率，不得损害投保人、被保险人和受益人的合法权益。第115条规定：保险公司开展业务，应当遵循公平竞争的原则，不得从事不正当竞争。第116条规定：保险公司及其工作人员在保险业务活动中不得欺骗投保人、被保险人或者受益人；不得对投保人隐瞒与保险合同有关的重要情况。第162条规定：保险公司有本法第116条规定行为之一的，由保险监督管理机构责令改正，处5万元以上30万元以下的罚款；情节严重的，限制其业务范围、责令停止接受新业务或者吊销业务许可证。

（3）保证保险经营的效率性，提高被保险人的利益

保险监管机构应维护被保险人的合法权益、维护公平竞争的市场秩序和保险体系的整体安全与稳定；同时，作为行业行政管理部门，还必须作好保险发展的中长期规划的研究和制定，研究保险发展的重大战略、基本任务和产业政策，要通过规划、指导和信息服务引导保险业发展的方向，促进保险业健康发展。要通过干预、管理和协调等方式，在全行业内合理引导保险资源流向和配置保险资源，促进保险人适度地规模经营，提高保险经营的效率。只有保险行业健康发展了，保险人的经营效率提高了，投保人才能得到更合理的、优惠的费率，被保险人的利益才能得到提高。

必须指出的是，监管者有效地履行监管职责，是实现监管目标的必要条件，但要将这些目标变成现实，单凭监管者的努力是远远不够的，还需要有保险人、保险中介人和被保险人的配合与支持，需要良好的经济、金融、法律环境，以及市场参与者的竞争意识、风险意识、法律意识、责任意识、道德意识、信誉意识和自我保护意识的配套与支撑。

【任务实施】

前述案例中，广东保监局作为中国保监会的派出机构，是保险监管主体之一，有权根据

保监会的授权，履行辖区内保险业的行政管理职能，依照国家有关法律、法规和方针、政策，统一监督管理保险市场，维护保险业的合法、稳健运行，引导和促进保险业全面、协调、可持续发展。所以它有权对天安保险营销阳江中心支公司阳春营销服务部的违规行为进行处罚。处罚依据是《保险法》第86条和170条第一款的规定。

请同学们结合此案例，查阅保险监管的相关法律、法规、规章及规范性文件，进一步弄清保险监管的必要性、方式、方法、原则、目标。

同步测试

一、名词解释

1. 保险监管
2. 非现场检查

二、简答题

1. 简述保险监管的必要性。
2. 简述保险监管的目标。

三、单项选择题

1. 我国目前保险监管的主体是（　　）。

　　A. 证监会　　　　B. 银监会　　　　C. 保监会　　　　D. 国务院

2. 保险监管的领域为（　　）。

　　A. 社会保险　　　B. 商业保险　　　C. 养老保险　　　D. 医疗保险

3. 由政府制定出一系列有关保险经营的基本准则，要求保险人共同遵守，并对执行情况进行监督，这种监管方式是（　　）。

　　A. 公示方式　　　　　　　　　　　B. 准则方式
　　C. 实体方式　　　　　　　　　　　D. "互联网+"方式

4. 监督保险人是否利用保险合同的附和性设置不平等条约，是保险监管的（　　）目标要求。

　　A. 保证保险人偿付能力，防止经营失败
　　B. 保证保险交易的公平性，防止利用保险进行欺诈
　　C. 保证保险经营的效率性，提高被保险人利益
　　D. 保证保险人合法经营，提高财富价值

5. 保险监管的第一目标是（　　）的监管。

　　A. 公平性　　　　B. 公正性　　　　C. 偿付能力　　　D. 效率性

四、多项选择题

1. 下列属于保险监督管理对象的是（　　）。

　　A. 保险公司　　　　　　　　　　　B. 保险公司分支机构
　　C. 保险代理人　　　　　　　　　　D. 保险经纪人

2. 保险监管的法律依据有（　　）。

　　A.《保险法》　　B.《公司法》　　C.《宪法》　　　D.《海商法》

3. 下列属于保险监管原则的是（　　）。

　　A. 独立原则　　　B. 经济原则　　　C. 公开原则　　　D. 公平原则

4. 下列属于现场检查重点的是（　　　　）。

A. 检查被检查保险机构内部控制制度和治理结构是否完善

B. 检查被检查保险机构财务统计信息是否真实准确

C. 检查被检查保险机构保险投诉是否确实合理

D. 检查被检查保险机构是否按时纳税

五、判断题

1. 在市场经济体制下，保险监督管理的性质实质上属于国家干预保险经济的行为。（　　　）

2. 现阶段，保险监督管理包括商业保险和社会保险的监管。（　　）

3. 保险监督管理的对象是保险产品的供给者即保险人。（　　）

4. 保险行业的特殊性在于保险公司的经营是负债经营。（　　）

任务五　监管保险市场

【任务描述】在本任务下，学生应掌握保险组织、保险从业人员、保险经营、保险财务、保险偿付能力、保险中介的监管内容。

【任务分析】老师事先向学生提供保险法等法律、法规（纸质材料、电子文档、查阅网址等均可），学生阅读后，归纳保险监管的内容，并收集、讨论、分析保险监管处罚的相关案例。

【相关知识】

一、监管保险组织

监管保险组织就是对保险组织的市场准入与退出进行监管。包括对保险机构的设立、整顿、接管、分立、合并以及破产清算等方面的监管。保险监管部门对保险组织设立进行监管的目的在于：一是规定和落实保险机构开业资本金；二是限制和选择保险机构的组织形式；三是规定保险机构营业的范围；四是保证保险机构高级管理人员的水平。

1. 监管保险组织形式

保险组织是依法设立、登记，并以经营保险为主业的机构。保险人以何种组织形式开展经营，各国可根据国情做出不同的规定。从目前情况看，主要有股份有限公司、有限责任公司、相互保险公司、相互保险社、保险合作社、劳合社、个人保险组织。

我国《保险法》在 2009 年修订之前，第 70 条规定："保险公司组织形式应采取下列组织形式：股份有限公司、国有独资公司。"但是，保险实践早已突破这样的规定，中外合资保险公司都是以有限责任的形式出现，因此，2009 年、2015 年两次修订后的《保险法》，均取消了保险公司组织形式的限制性规定。

2. 监管保险组织的设立、变更和终止

（1）保险组织的设立

它是创办保险公司的一系列法律行为及其法律程序的总称，是对保险人资格的认定过程。这些资格主要包括一定的设立条件和程序。

1）保险组织的设立条件

设立保险组织，必须具备比一般工商企业设立更为严格的条件，这是各国保险法的普遍

规定。我国《保险法》第 68 条规定，设立保险公司，应当具备下列条件：主要股东具有持续盈利能力，信誉良好，最近三年内无重大违法违规记录，净资产不低于人民币二亿元；有符合本法和《中华人民共和国公司法》规定的章程；有符合本法规定的注册资本；有具备任职专业知识和业务工作经验的董事、监事和高级管理人员；有健全的组织机构和管理制度；有符合要求的营业场所和与经营业务有关的其他设施；法律、行政法规和国务院保险监督管理机构规定的其他条件。第 69 条规定，设立保险公司，其注册资本的最低限额为人民币二亿元。保险公司的注册资本必须为实缴货币资本。

2）保险组织的设立程序

依照我国《公司法》规定，设立保险公司的一般程序为：申请筹建、筹建、申请开业、工商登记四个阶段。

首先是向国务院保险监督管理机构提出筹建保险公司的书面申请，并提交相关材料；自收到批准筹建通知之日起一年内完成筹建工作；筹建工作完成后，具备《保险法》规定的设立条件时，向国务院保险监督管理机构提出开业申请；自取得保险监督管理机构颁发的经营保险业务许可证之日起六个月内，向工商行政管理机关办理登记，领取营业执照，并缴存保证金之后，正式营业。

(2) 保险组织的变更

保险组织的变更是保险机构依法对其组织形式、注册资本、法人代表及其他高级管理人员、营业场所等重要事项进行的变更。当需要对这些重要事项进行变更时，保险机构必须报保险监管部门批准或备案。我国《保险法》第 84 条规定，保险公司有下列情形之一的，应当经保险监督管理机构批准：变更名称；变更注册资本；变更公司或分支机构的营业场所；撤销分支机构；公司分立或者合并；修改公司章程；变更出资额占有限责任公司资本总额百分之五以上的股东，或者变更持有股份有限公司股份百分之五以上的股东；国务院保险监督管理机构规定的其他情形。

(3) 保险组织的终止

根据《保险法》的规定，保险公司因分立、合并需要解散，或者股东会、股东大会决议解散，或者公司章程规定的解散事由出现，经国务院保险监督管理机构批准后解散。经营有人寿保险业务的保险公司，除因分立、合并或者被依法撤销外，不得解散。保险公司解散，应当依法成立清算组，按照《企业破产法》的规定进行清算。经营有人寿保险业务的保险公司被依法撤销或者被依法宣告破产的，其持有的人寿保险合同及责任准备金，必须转让给其他经营有人寿保险业务的保险公司；不能同其他保险公司达成转让协议的，由国务院保险监督管理机构指定经营有人寿保险业务的保险公司接受转让。转让应当维护被保险人、受益人的合法权益。

保险公司依法终止其业务活动，应当注销其经营保险业务许可证。

3. 监管外资保险组织

外资保险组织是指外国保险公司在我国设立的分公司、代表处或合资设市的保险公司。目前，外资保险公司在我国主要存在的形式是设立营业性的分支机构或非营业性的代表处。

(1) 监管外资保险公司分支机构的设立

外资保险公司的分支机构虽在我国没有独立的财产，但是它的负债主要在国内，而且直接参与我国部分保险市场的竞争，因此必须加强监管，防止其利用再保险或其他保险方式转移资产或利润。同时，为保护我国被保险人的合法权益，应适当对外资保险公司在我国境内的资产加以限制和管理。我国有关法律和行政规章规定，外国保险公司在我国设立营业性机构，必须具备以下条件：

①经营保险业务 30 年以上；

②提出申请前一年年末的资产总额在 50 亿美元以上；

③在中国设立代表处 2 年以上。

（2）监管外资保险公司代表机构的设立

外资保险公司代表机构不是独立的机构，只是外资保险公司的附属机构和派出机构，它在我国境内的所有活动由其所代表的外资保险公司负最终责任，所以，适用于母国监管原则。我国有关法律和行政规章规定，外资保险公司在我国设立代表处，必须符合以下条件：

①申请者所在国家或地区必须具有完善的金融监管制度。

②申请者是由其所在国家或地区的金融监管当局批准设立的金融机构或金融性行业协会成员。

③申请者合法经营，享有良好信誉，并在过去三年内连续盈利。

我国《保险法》第 183 条规定：中外合资保险公司、外资独资保险公司、外国保险公司分公司适用本法规定；法律、行政法规另有规定的，适用其规定。

二、监管保险从业人员

保险从业人员包括保险公司的高级管理人员和业务人员。保险经营的专业化程度高，技术性强，从业人员的业务水平高低对保险企业的经营业绩和财务管理有着直接和重大的影响。所以，对保险从业人员的监管成为保险组织监管的重要内容。

1. 监管高级管理人员

世界各国对保险公司高级管理人员都有较高的要求，并进行严格的资格审查：不符合法律规定的任职条件，不能担任公司的高级管理职务；合格管理人员没有达到法定数量，公司不能营业。在保险企业担任领导职务的任职条件包括文化程度、保险实践经验和道德素质等。

我国《保险法》第 68 条规定了设立保险公司的条件，其中第 4 款为：有具备任职专业知识和业务工作经验的董事、监事和高级管理人员；第 81 条规定：保险公司的董事、监事和高级管理人员，应当品行良好，熟悉与保险相关的法律、行政法规，具有履行职责所需的经营管理能力，并在任职前取得保险监督管理机构核准的任职资格。

《保险公司高级管理人员任职资格管理规定》又对保险公司高级管理人员的任职资格做出特别规定：保险公司高级管理人员应当具备良好的品行和能胜任工作所必需的学历、专业经历和经营管理能力，无不良记录；保险公司高级管理人员应当遵守中华人民共和国法律，贯彻执行国家的经济、金融、保险方针政策；中资保险公司的法定代表人应当是中华人民共和国公民；外资保险公司、中外合资保险公司的外方高级管理人员应当具备相应的汉语水平。担任保险公司高级管理人员还应具备以下条件：

①担任保险公司总公司的高级管理人员，应具有大学本科以上学历；从事金融保险或其他经济工作 10 年以上；具有在同等规模（或以上）金融保险机构或其他公司、企业担任部门经理或分公司副总经理以上领导职务 4 年以上任职经历，或在国家综合经济管理部门、金

融监督管理部门具有 3 年以上领导职务任职经历。

②担任保险公司分公司的高级管理人员，应具有大学本科以上学历；从事金融保险或其他经济工作 8 年以上；具有在同等规模（或以上）金融保险机构或其他公司、企业担任部门经理或中心支公司副总经理以上领导职务 3 年以上任职经历，或在国家综合经济管理部门、金融监督管理部门具有 2 年以上领导职务任职经历。

③担任保险公司中心支公司的高级管理人员，应具有大学专科以上学历；从事金融保险或其他经济工作 5 年以上；具有在同等规模（或以上）金融保险机构或其他公司、企业担任部门经理或支公司副经理以上领导职务 2 年以上任职经历，或在国家综合经济管理部门、金融监督管理部门具有 2 年以上的工作经历。

④担任保险公司支公司的高级管理人员，应具有大学专科以上学历；从事金融保险或其他经济工作 3 年以上。

⑤拟任的保险公司高级管理人员具有保险、金融、经济管理、法律、投资、财会类专业硕士以上学位的，从事金融保险或其他经济工作的年限可适当放宽。

保险公司的总公司应至少有 2 名高级管理人员从事保险工作 10 年以上，并具有担任业务管理职务 4 年以上任职经历；分公司和中心支公司应至少有 1 名高级管理人员从事保险工作 5 年以上，并具有担任业务管理职务 2 年以上任职经历。

2. 监管业务人员

对于核保员、理赔员、精算人员、会计师等的配备，各国法律都有相应的规定。我国《保险法》第 85 条规定：保险公司应当聘用专业人员，建立精算报告制度和合规报告制度。第 122 条规定：个人保险代理人、保险代理机构的代理从业人员、保险经纪机构的经纪从业人员，应当品行良好，具有从事保险代理业务或者保险经纪业务所需的专业能力。

自 2013 年 7 月 1 日起施行的《保险销售从业人员监管办法》规定：保险销售从业人员（包括保险公司的保险销售人员和保险代理机构的保险销售人员）应当符合中国保监会规定的资格条件，取得中国保监会颁发的资格证书，执业前取得所在保险公司、保险代理机构发放的执业证书；报名参加资格考试的人员，应当具备大专以上学历和完全民事行为能力。

三、监管保险经营

保险经营的监管一般侧重于对保险业务种类和范围、保险条款、保险费率和保险合同格式进行监管。

1. 监管保险业务种类和范围

对保险经营种类和范围的监管实际上包括两方面的内容：

（1）关于兼业问题

即可否同时经营保险业务和其他业务。可从两方面来看。

1）非保险企业或个人可否经营保险业务

由于保险是经营风险的特殊行业，不论是保险费率、保险条款、保险理赔，还是保险风险防范，都要求运用专门技术，专业化程度相对于其他行业要高得多，非一般行业或企业所能担当，为了保障被保险人的利益，绝大多数国家均通过立法确立商业保险专营原则，未经国家保险监管机关批准，擅自开办保险业务的法人或个人都属非法经营，国家保险监管机关可勒令其停业并给予经济上乃至刑事上的处罚。

2）保险企业可否经营其他非保险业务

为了防止保险企业经营失败和保证保险基金的专用性，保险企业也不得经营非保险业务，甚至不得从事未经核准的其他性质的保险业务。

但是在兼业问题上，也有例外的规定。如英国的法律规定，以经营商业业务为主的公司，经过批准也可以从事与其有关的保险业务，作为对顾客提供的额外服务，但在保险财务会计方面必须独立核算。

我国《保险法》第158条规定：违反本法规定，擅自设立保险公司、保险资产管理公司或者非法经营商业保险业务的，由保险监督管理机构予以取缔，没收违法所得，并处违法所得一倍以上五倍以下的罚款；没有违法所得或者违法所得不足二十万元的，处二十万元以上一百万元以下的罚款。

（2）关于兼营问题

即保险人可否同时经营财产保险和人身保险业务。由于财产保险和人身保险在经营技术基础、承保手段、保险费计算方式、保险期限、准备金计提方式以及保险赔偿或保险金给付条件和方法等方面存在很大的差别，尤其是人寿保险带有长期性和储蓄性，将二者兼营，很有可能将人寿保险的保险基金挪作财产保险赔付，所以，一般各国保险经营都遵循"产寿险分业经营"的原则，即同一保险人一般不得同时经营财产保险和人身保险业务。与此同步，在监管上也确立了"产寿险分业监管"制度。

我国《保险法》第95条规定：保险人不得兼营人身保险业务和财产保险业务。但是，经营财产保险业务的保险公司经国务院保险监督管理机构批准，可以经营短期健康保险业务和意外伤害保险业务。

由此可以看出，我国对保险经营范围的规定包含两层意思：一是禁止兼营，同一保险公司不得同时经营财产保险和人身保险业务；二是禁止兼业，保险公司不得从事保险以外的业务，非保险组织不得经营保险或类似保险的业务。保险公司的业务范围由中国保险监督管理委员会核定，保险公司只能在被核定的范围内从事经营活动。

2. 监管保险条款

（1）监管保险条款的重要性

保险条款是保险合同的核心内容，是保险人与投保人关于各自权利与义务的有效约定。由于保险合同是一种附和性合同，投保人、被保险人和受益人处于被动地位，保险人很容易利用保险合同的这一特点加大投保人和被保险人的责任，减少自己的责任，在无形中迫使被保险人接受不公平的条件，侵犯对方当事人的利益。所以，对保险条款的监管成为保险经营监管的主要部分。

（2）监管保险条款的主要方式

对保险条款的监管主要是通过保险条款的审批和备案进行操作。具体方式有以下几种：

①由保险监管部门制定，保险公司必须执行的条款；

②由保险公司自行拟定，报经保险监管部门审批或备案后执行的条款；

③由保险公司拟定并使用，但在使用后的一定时间内，需报保险监管部门备案的条款；

④法律允许的由保险同业公会依法制定的条款。

随着保险业的发展，逐渐出现对保险合同内容和格式标准化的趋势。与此相应，很多国家都有本国通用的保险条款，如英国主要通用"伦敦协会条款"，美国主要通用"美国协会条款"。在西方国家的海上保险市场上，许多国家的保险人，直接采用"伦敦协会条款"。通用条款基本上已规范化，一般都不再列入监管的范畴。

我国《保险法》第135条规定：关系社会公众利益的保险险种、依法实行强制保险的险种和新开发的人寿保险险种等的保险条款和保险费率，应当报国务院保险监督管理机构批准。国务院保险监督管理机构审批时，应当遵循保障社会公众利益和防止不正当竞争的原则。其他保险险种的保险条款和保险费率，应当报保险监督管理机构备案。

3. 监管保险费率

（1）监管保险费率的意义

保险费率是保险人用以计算保险费的标准，是保险商品的价格。费率的公平、合理对于保险经营和保险市场会产生积极的效应。如对保险人来说，合理的费率可以保证保险人有充足的偿付能力，也可以保证保险人实现自身的经济利益。对投保人来说，合理的费率才能使风险成本合理。对保险市场来说，合理的费率可以防止保险经营出现暴利，促进资源在保险市场的平衡流动和有序分配，有效调节保险市场参与者的数量和保险产品的数量。所以，各国一般都将费率监管作为保险经营监管的又一主要内容。对费率的监管应达到三个目标：保证费率的适当、公道和没有不公平的歧视。

（2）监管保险费率的重点

保险费率的监管，主要放在三个方面：

①费率的分类体系是否恰当；

②涉及保险利润方面的费率因素对投保人来说是否公平；

③巨灾处理是否恰当。

（3）监管权限

我国保险费率的监管权限与保险条款的监管权限基本一致。我国专门制定了《财产保险公司保险条款和保险费率管理办法》《人身保险公司保险条款和保险费率管理办法》，2015年修订后的《人身保险公司保险条款和保险费率管理办法》规定：中国保监会应当自受理保险条款和保险费率审批申请之日起20日内作出批准或者不予批准的决定。20日内不能作出决定的，经中国保监会负责人批准，审批期限可以延长10日。中国保监会应当将延长期限的理由告知保险公司。

4. 监管再保险业务

（1）监管再保险的意义

再保险人提供的是一种无形商品，对原保险人的保险责任予以保障，在承担风险责任方面共同协作，它的价值体现在再保险人承担未来义务时的能力和意愿上。如果再保险人不能履行赔付责任，将会严重影响原保险人的偿付能力，从而影响生产的稳定和生活的安定。所以，国家在加强保险监管的同时，必然加强对再保险业的监管。发展中国家对再保险的监管还有另一个原因，那就是出于保护本国保险市场、限制外国再保险力量侵入的需要。

（2）对兼营再保险业务实行宽松式管理

再保险是保险人之间的一种业务经营活动，再保险人与投保人和被保险人之间不发生任何业务关系，所以，各国对同一保险人兼营再保险业务和原保险业务问题态度明确，一般不加以限制。我国《保险法》第96条规定：经国务院保险监督管理机构批准，保险公司可以经营本法第95条规定的保险业务的下列再保险业务：分出保险、分入保险。可见，我国对再保险没有禁止兼营的问题。

（3）监管再保险的方法

国家对再保险的监管可通过多种途径实施。其中一个重要的途径就是直接干预，即采用各种方式和措施直接参与再保险市场活动，以调控再保险市场。如建立国家再保险公司、强制再保险分出、建立地区再保险集团等。

（4）监管再保险的内容

国家对再保险公司进行监管的核心是偿付能力管理，保证赔偿义务的履行。主要集中在以下四个方面：

1）审批再保险公司的设立和变更事项

再保险公司设立、变更时都必须向监管当局提出申请并提供有关情况，如开业资本金、承保风险的性质、每种业务的费率条款、普通保单和特殊保单的条件、再保险和转分保的原则等。

2）检查和监督再保险公司的经营

再保险公司营业之后，监管当局要对公司的偿付能力以及公司是否遵守有关法规进行检查和监督，再保险公司要按时递交年度报告。

3）干预再保险公司的经营活动

在例行检查过程中，一旦发现再保险公司经营处于困境，不符合有关规定的要求，监管当局可以干预其经营活动，对问题较大的再保险公司，则收回其营业执照。

4）清算再保险公司

当再保险公司不能履行其应负的责任，或者其财务状况变坏，或已经出现损害公众利益的情况时，监管当局有权做出清算决定。

对再保险业务的管理，我国《保险法》和《保险公司管理规定》都做出明确规定。我国《保险法》第103条规定：保险公司对每一危险单位，即对一次保险事故可能造成的最大损失所承担的责任，不得超过其实有资本金加公积金总和的百分之十；超过的部分，应当办理再保险。第105条规定：保险公司应当按照国务院保险监督管理机构的规定办理再保险，并审慎选择再保险接受人。

四、监管保险财务

1. 监管资本金与公积金

（1）监管资本金

资本金是保险公司所有者对公司的投资，代表着所有者对保险公司承担法律责任的最高限额。对资本金进行严格监管的积极作用在于：增加保险人承保、再保险和投资的能力，避免偿付能力不足的情况发生；增加对承保及投资预期与非预期损失的弥补能力；调节责任准备金、投资准备金或资金变动所产生的影响。其最终目的就是要保证资本金的真实性与合法性，促进保险人履行社会责任。对资本金的监管主要侧重于对筹集资本金的方式、期限、责任和资本金真实性、有无抽逃资本金现象、增资扩股，以及资本金运营进行监管。我国《保险法》第69条规定：设立保险公司，其注册资本的最低限额为人民币二亿元。保险公司的注册资本必须为实缴货币资本。国务院保险监督管理机构根据保险公司的业务范围、经营规模，可以调整其注册资本的最低限额，但不得低于本条第1款规定的限额。

(2) 监管公积金

保险公司提取公积金是为了用于弥补公司亏损和增加公司资本金。我国《保险法》第99条规定：保险公司应当依法提取公积金。《公司法》规定：公司应在税后利润中提取10%的法定盈余公积金；当法定盈余公积金累计达到注册资本的50%时，可不再提取。

公司除盈余公积外，还有资本公积。资本公积的来源有以下几种：

①资本溢价，即投资者实际缴付的出资额超过其在注册资本金中享有份额的差额；

②其他资本公积，如可供出售金融资产公允价值变动、长期股权投资权益法下被投资单位净利润以外的变动等。

2. 监管负债

保险公司的负债主要体现在保险责任准备金，包括未到期责任准备金、未决赔款责任准备金、人身险长期责任准备金、保险保障基金等。监管保险公司的负债主要是监管保险公司准备金的充足性。另外，揭示和纠正保险公司负债的低估或漏列，保证负债的真实性；检查负债内控制度的建立情况等也是保险公司负债监管的内容。

我国《保险法》第98条规定：保险公司应当根据保障被保险人利益、保证偿付能力的原则，提取各项责任准备金。保险公司提取和结转责任准备金的具体办法，由国务院保险监督管理机构制定。第100条规定：保险公司应当缴纳保险保障基金。本条还规定了保险保障基金统筹使用的三种情形。同时，第39条和164条均对"未按照规定提取或者结转各项责任准备金的"做出了处罚规定。

3. 监管资产

保险公司资产是指保险公司拥有或能够控制的、能以货币计量的经济资源，包括各种财产、债权和其他权利，也包括固定资产、流动资产、长期投资、无形资产、递延资产和其他资产。保险资产是保险公司可运用的资金，是保险公司收入的主要来源。对于不同形式和性质的资产，监管方法也各不相同。

监管保险财务所运用的主要分析方法有两种：

(1) 资产负债匹配分析法

它是国家保险监管部门通过对保险公司资产及负债的结构进行分析与评价，促使保险资产与负债合理配置，达到确保在未来任意时点上保险公司实际资产大于负债的目的。

(2) 会计报表分析法

保险会计报表又称保险财务报表，是在日常会计核算资料及其他有关资料的基础上定期编制的综合反映保险公司一定时期经济活动和财务状况的书面文件。

按所反映的经济内容不同，可分为资产负债表、损益表、现金流量表及有关会计报表附表；按编制时间不同，可分为年度报表、季度报表和月度报表。

五、监管保险偿付能力

1. 监管偿付能力的重要性

保险公司的认可资产减去认可负债的差额必须大于保险法规规定的金额，否则，保险公司即被认定为偿付能力不足。由于保险合同双方权利和义务在时间上的不对称性，例如保险人先收保险费后支付保险赔款或给付，而投保人是先交纳保险费，保险事故发生后再享受获得赔款或保险金的权利，所以，一旦保险人在经营过程中失去偿付能力，而大部分保险合同又尚未到期，被保险人将失去经济保障。因此，各国都把偿付能力监管作为保险监管的核心内容。

我国《保险法》第137条规定：国务院保险监督管理机构应当建立健全保险公司偿付能力监管体系，对保险公司的偿付能力实施监控。

2. 监管偿付能力的措施

监管保险公司偿付能力的措施主要有监管保险公司资本充足率、检查保险公司。

（1）监管资本充足率

保持适当的资本是保险公司偿付能力监管的核心之一。对资本的要求一般有两种：一种是规定保险公司的最低资本限额，又称静态资本管理，这是传统的资本管理方式；另一种是风险资本管理，又称动态资本管理，是一种新的资本管理模式。

1）最低资本限额管理

这是指法律或法规规定任何公司要经营保险业务都必须具有一定金额的资本金的资本管理方式。保险公司不管是要进行投资还是经营保险业务，其资本金额都必须符合这一要求，否则将被认为偿付能力不足而被保险监管机构依法予以清理。保险公司的最低资本金金额一般按保险公司的组织形式、业务种类和经营区域来规定。

我国《保险法》和《保险公司管理规定》中均作了设立保险公司注册资本不低于人民币2亿元，且必须为实缴货币资本的规定。如保险公司设立分支机构，在偿付能力方面应符合"上一年度偿付能力充足，提交申请前连续2个季度偿付能力均为充足"这一条件。

《保险法》第101条规定：保险公司应当具有与其业务规模和风险程度相适应的最低偿付能力。保险公司的认可资产减去认可负债的差额不得低于国务院保险监督管理机构规定的数额；低于规定数额的，应当按照国务院保险监督管理机构的要求采取相应措施达到规定的数额。第138条规定：对偿付能力不足的保险公司，国务院保险监督管理机构应当将其列为重点监管对象，并可以根据具体情况采取下列措施：责令增加资本金、办理再保险；限制业务范围；限制向股东分红；限制固定资产购置或者经营费用规模；限制资金运用的形式、比例；限制增设分支机构；责令拍卖不良资产、转让保险业务；限制董事、监事、高级管理人员的薪酬水平；限制商业性广告；责令停止接受新业务。

对于偿付能力严重不足的保险公司，国务院保险监督管理机构可以对其实行接管。

2）风险资本管理

它是指按照保险公司经营管理中的实际风险，要求保险公司保持与其所承担的风险相一致的认可资产。风险资本管理最初由美国联邦保险监管机构为了克服最低资本限额的缺陷，保证保险公司的偿付能力，提出并运用于保险监管实践的。这种管理的优势在于充分考虑了保险公司的组织形式、业务种类及规模、资产与负债的风险程度等因素。

《保险法》第107条规定：经国务院保险监督管理机构会同国务院证券监督管理机构批准，保险公司可以设立保险资产管理公司。保险资产管理公司从事证券投资活动，应当遵守《中华人民共和国证券法》等法律、行政法规的规定。

（2）检查保险公司

主要有两种方式：

1）非现场检查

主要是根据保险公司上报的各种报告、报表和文件，检查保险公司经营活动是否合法、合规。

2) 现场检查

主要是保险监管人员根据需要对保险公司进行实地现场检查，以判断保险公司所提供数据的准确性，检查保险公司的各项财务指标是否符合有关法规的规定。

这两种方式各有优势，相互配合，使监管更为有效。这两种方式在前面相关内容已作介绍。

六、监管保险中介人

对保险中介人的监管，我国《保险法》《保险代理机构管理规定》《保险经纪公司管理规定》《保险公估机构管理规定》等法律和规定分别对保险代理机构、保险经纪机构和保险公估机构的定义、职责、设立、变更和终止、从业资格、经营管理、监督检查、处罚等作了详尽规定，是对保险中介人实施监管的主要法律依据。其监管包括保险中介人执业资格的监管、执业监管、财务监管。

【任务实施】

一、分组讨论

将全班同学分为 5~7 人的小组，分组讨论下列问题，然后让每个组派一名代表向全班汇报讨论结果。为节约时间，也可让每组分别讨论不同的问题。

1. 保险监管的内容包括哪几个方面？
2. 保险组织监管有哪些具体内容？
3. 保险从业人员监管有哪些具体内容？
4. 保险经营监管有哪些具体内容？
5. 保险财务监管有哪些具体内容？
6. 保险偿付能力监管有哪些具体内容？

二、案例分析

案例 1：江苏华尊代理有限公司经党委会研究决定，在 2008 年 4 月将执行董事兼总经理由陶涛变更为宗亚刚。被江苏保监局罚款 2 万元（苏保监罚〔2010〕4 号）。

分析参考：

《保险法》第 81 条规定：保险公司的董事、监事和高级管理人员，应当品行良好，熟悉与保险相关的法律、行政法规，具有履行职责所需的经营管理能力，并在任职前取得保险监督管理机构核准的任职资格。该案例中，公司将执行董事兼总经理由陶涛变更为宗亚刚，未经保监会核准，故应受到处罚。

案例 2：中国保险监督管理委员会经现场检查、调查，发现中国大地财产保险股份有限公司在 2014 年至 2015 年，在车险电话销售业务经营中，存在公司销售人员使用与事实不符表述向投保人促销的情况，公司制定的电话销售（以下简称电销）公共话术样板存在大量与上述不实宣传相类似的表述。于是，保监会作出了对大地财险罚款 25 万元，对电商事业部总经理赵树东警告并罚款 8 万元，对电商事业部副总经理段伦平警告并罚款 5 万元，对副总经理尚勇涛警告并罚款 5 万元的决定（保监罚〔2016〕6 号）。

分析参考：

大地财险电话销售欺骗投保人的行为，违反了《保险法》第116条和161条有关规定。其中第116条规定，保险公司及其工作人员在保险业务活动中不得有下列行为：欺骗投保人、被保险人或者受益人；对投保人隐瞒与保险合同有关的重要情况；阻碍投保人履行本法规定的如实告知义务，或者诱导其不履行本法规定的如实告知义务。第161条规定：保险公司有本法第116条规定行为之一的，由保险监督管理机构责令改正，处5万元以上30万元以下的罚款；情节严重的，限制其业务范围、责令停止接受新业务或者吊销业务许可证。

同步测试

一、简答题

1. 简述设立保险公司应具备哪些条件？

2. 简述保险公司高级管理人员应具备哪些条件？

3. 简述如何监管保险偿付能力？

二、单项选择题

1. 保险公司的注册资本最低限额为人民币（   ）。

A. 一亿元　　　　　　B. 二亿元　　　　　　C. 三亿元　　　　　　D. 四亿元

2. 成立保险公司必须取得保险监督管理机构颁发的（   ）。

A. 营业执照　　　　　　　　　　　　B. 经营保险业务许可证

C. 税务登记证书　　　　　　　　　　D. 机构代码证

3. 保险公司支公司的高级管理人员应具有（   ）学历。

A. 中专　　　　　　　B. 专科　　　　　　　C. 本科　　　　　　　D. 硕士

4. 擅自设立保险公司、保险资产管理公司或者非法经营商业保险业务的，由保险监督管理机构予以取缔，没收违法所得，并处违法所得（   ）的罚款。

A. 1~5倍　　　　　　B. 1~6倍　　　　　　C. 2~6倍　　　　　　D. 3~6倍

5. 中国保监会应当自受理保险条款和保险费率审批申请之日起20日内作出批准或者不予批准的决定。20日内不能作出决定的，经中国保监会负责人批准，审批期限可以延长（   ）。

A. 3日　　　　　　　B. 5日　　　　　　　C. 10日　　　　　　D. 15日

6. 强制再保险分出是国家对再保险进行监管时采用的（   ）方法。

A. 直接干预　　　　B. 间接干预　　　　C. 集中监管　　　　D. 分散监管

7. 当保险公司法定盈余公积金累计达到注册资本的（   ）时，可不再提取法定盈余公积金。

A. 20%　　　　　　　B. 30%　　　　　　　C. 40%　　　　　　　D. 50%

8. 下列属于保险监管核心内容的是（   ）。

A. 保险组织监管　　　　　　　　　　B. 保险经营监管

C. 偿付能力监管　　　　　　　　　　D. 保险财务监管

三、多项选择题

1. 保险组织监管内容主要包括（   ）。

A. 保险组织设立　　　　　　　　　　B. 保险组织变更

C. 保险组织终止 D. 保险组织的形式
2. 保险业务种类和范围的监管包括（　　）。
A. 兼业监管 B. 兼营监管 C. 保险条款监管 D. 保险费率监管
3. 监管再保险的内容包括（　　）。
A. 审批再保险公司的设立和变更事项。 B. 检查和监督再保险公司的经营
C. 干预再保险公司活动。 D. 清算再保险公司。
4. 监管保险财务的主要内容有（　　）。
A. 资本金监管 B. 公积金监管 C. 负债监管 D. 资产监管
5. 监管保险财务所运用的主要分析方法有（　　）。
A. 资产负债匹配分析法 B. 会计报表分析法
C. 杜邦分析法 D. 成本分析法
6. 监管保险公司偿付能力的手段主要有（　　）。
A. 资本充足率监管 B. 现场检查 C. 非现场检查 D. 问卷调查

四、判断题

1. 保险组织的组织形式只能是股份有限公司。（　　）
2. 保险公司自取得保险监督管理机构颁发的经营保险业务许可证之日起即可正式营业。（　　）
3. 银行可以经营保险业务，保险公司也可经营货币资金借贷业务（　　）
4. 保险条款的监管是保险经营监管的主要部分。（　　）
5. 保险公司应按当期税后利润总额的 10% 提取法定盈余公积金。（　　）
6. 保险公司注册资本必须为实缴货币资本。（　　）

模块二

保险实务

项目四

保险合同

项目介绍

通过认识保险合同的相关重点专有名词和基本理论，区分保险合同的不同种类和表现形式，掌握保险合同的构成要素，熟悉订立、履行、变更、中止及终止保险合同的程序，能按照不同方式解决保险合同项下的保险争议。

知识目标

1. 了解保险合同的概念、特征、分类。
2. 了解保险合同的表现形式和构成要素。
3. 熟悉保险合同订立、履行、解除和终止的程序。
4. 掌握解决保险合同争议的方法。

技能目标

能准确识别保险合同的不同种类和表现形式，能运用保险合同相关知识解决现实中的保险纠纷。

素质目标

初步了解当前本地的保险公司布局。通过实地调查，锻炼学生的观察能力和沟通能力。锻炼学生分析保险问题的逻辑思维能力和解决保险纠纷的沟通协调能力。

引导案例

离婚后身故，前妻能否领取保险金

郝建是一个生活乐观、长相平凡的文艺青年。两年前，在一次旅游时他认识了活泼可爱的外地女孩玛丽，两人一见钟情，认识几个月后就结婚了。婚后玛丽给丈夫买了人寿保险，自己为受益人。由于没有自己的住房，婚后，小夫妻和郝建的父母一起住，和睦的生活没过多久，玛丽就因为琐事和婆婆大吵了一架，之后家庭矛盾时有发生。因此，郝建和玛丽两人的感情也越来越差。后来两人离婚并各自再婚。离婚后，玛丽每年仍然按时为郝建的这份保险缴费。天有不测风云，郝建在一次交通事故中不幸死亡。而对于保险公司赔付的保险金最终归谁，前妻和现任妻子争论不休，甚至大打出手。

问：

1. 离婚后，玛丽能否得到保险公司的保险金？

2. 如果郝建离婚并再婚后，到公证处办理了一份写明保单的受益人由前妻变更为现任妻子的公证书，但没有通知保险公司，此变更受益人的行为是否有效？

3. 综上归纳：如何有效地杜绝类似的保险金受益权纠纷隐患？通过本项目的学习，结合保险合同的相关理论对案例进行分析。

任务一　认识保险合同

【任务描述】学生通过网络或到保险公司实地考察，收集保险公司的合同样本，分析保险合同与一般的民商事合同的区别和联系。

【任务分析】教师指导学生随机分组，在小组内对学生进行不同分工，在相关专业网站上查找所需资料，如关于保险合同的法律法规，启发与引导学生理解保险合同的意义和作用。每组选定不同的保险公司，收集保险合同样本。结合学过的保险知识和经济法知识来理解保险合同的相关内容，分析保险合同与一般的民商事合同的区别和联系，根据自身理解，结合具体案例制作 PPT 汇报。

教师对学生完成任务的情况及时跟进，督促其按时完成。制定任务阶段式考核办法，明确不同阶段的分值、每组成员的分值等。

【相关知识】

保险关系的建立是以保险合同的签订为基础的，保险实务的开展也与保险合同息息相关。保险合同的订立、生效、履行、变更与解除等具体内容是保险活动得以顺利进行的法律基础。保险实务中的法律纠纷也与保险合同相关条款有关。

一、保险合同概述

1. 保险合同的概念

合同是平等主体的自然人、法人、其他组织之间设立、变更、终止民事权利义务关系的协议。保险合同属于民商事合同的一种，其设立、变更或终止时具有保险内容的民事法律关系。因此，保险合同不仅适用保险法，也适用合同法和民法通则等。

> 知识拓展
>
> **合同的特征**
>
> ①合同是两个以上法律地位平等的当事人意思表示一致的协议。
>
> ②合同以产生、变更或终止债权债务关系为目的。
>
> ③合同是一种民事法律行为。

我国《保险法》第10条规定：保险合同是投保人与保险人约定保险权利义务关系的协议。投保人是指与保险人订立保险合同，并按照合同约定负有支付保险费义务的人。保险人是指与投保人订立保险合同，并按照合同约定承担赔偿或者给付保险金责任的保险公司。

保险合同包括三层含义：

①当事人是投保人和保险人。

②内容是关于保险的权利义务关系。

③合同性质属于协议。

根据保险合同的约定，收取保险费是保险人的基本权利，赔偿或给付保险金是保险人的基本义务；于此相对应的，交付保险费是投保人的基本义务，请求赔偿或给付保险金是被保险人的基本权利。当事人必须严格履行保险合同。

订立保险合同，应当协商一致，遵循公平原则确定各方的权利和义务。除法律、行政法规规定必须投保的外，保险合同自愿订立。

2. 保险合同的特征

保险合同是一种特殊的民商事合同，除具有一般合同的共性外，还有其特殊性。具体的特点如下：

（1）保险合同是双务有偿合同

保险合同作为一种法律行为，一旦生效，便对双方当事人具有法律约束力。各方当事人均负有自己的义务，并且必须依协议履行自己的义务。与此同时，一方当事人的义务，对另一方而言就是权利。例如，投保人有交付保险费的义务，与此相对应的是，保险人有收取保险费的权利。保险双方当事人的权利和义务是对等的，而且是有偿的，即被保险人取得保险保障，必须支付相应的保险费。

（2）保险合同是要式合同

所谓要式，是指合同的订立要依法律规定的特定形式进行。订立合同的方式多种多样。在保险实务中，保险合同一般以书面形式订立。其书面形式主要表现为保险单、其他保险凭证及当事人协商同意的书面协议。保险合同以书面形式订立是国际惯例，它可以使各方当事人明确了解自己的权利、义务与责任，并作为解决纠纷的重要依据，易于保存。

（3）保险合同是附和性合同

附和性合同又称格式合同，是指合同条款不是由当事人双方共同协商拟订，而是由一方当事人先拟定，另一方当事人只是做出是否同意的意思表示的一种合同。保险合同是典型的附和性合同，因为保险合同的基本条款由保险人事先拟订并经监管部门审批。而投保人往往缺乏保险知识，不熟悉保险业务，很难对保险条款提出异议。所以，投保人购买保险就表示同意保险合同条款，即使需要变更合同的某项内容，也必须经保险人同意，办理变更手续，有时还需要增缴保费，合同方才有效。

（4）保险合同是最大诚信合同

任何合同的订立，都应以合同当事人的诚信为基础。但是，由于保险当事人双方信息的不对称性，保险合同对诚信的要求远远高于其他合同。因为，保险标的在投保前或投保后均在投保方的控制之下，而保险人通常是根据投保人的告知来决定是否承保以及承保的条件，所以，投保人的道德因素和信用状况对保险经营来说关系极大。另外，保险经营的复杂性和技术性使得保险人在保险关系中处于有利地位，而投保人处于不利地位。因此保险合同较一般合同更需要诚信，即保险合同是最大诚信合同。

（5）保险合同是射幸合同

合同的效果在订约时不能确定的合同为射幸合同。合同当事人一方并不必然履行给付义务，而只有当合同中约定的条件具备或合同约定的事件发生时才履行。保险合同是一种典型的射幸合同。投保人根据保险合同支付保险费的义务是确定的，而保险人仅在保险事故发生时承担赔偿或给付义务，即保险人的义务是否履行在保险合同订立时尚不确定，而是取决于偶然的、不确定的保险事故是否发生。但保险合同的射幸性是就单个保险合同而言的，而且也是仅就有形保障而言的。

二、保险合同的种类

1. 按照合同的性质分类

按照合同的性质分类，保险合同可以分为补偿性保险合同与给付性保险合同。

（1）补偿性保险合同

这是指保险人的责任，以补偿被保险人的经济损失为限，并不得超过保险金额的合同。各类财产保险合同和人身保险中的医疗费用保险合同都属于补偿性保险合同。

（2）给付性保险合同

这是指保险金额由双方事先约定，在保险事件发生或约定的期限届满时，保险人按合同规定的标准金额给付的合同。各类寿险合同属于给付性保险合同。

2. 按照保险价值是否确定分类

在各类财产保险中，依据保险价值在订立合同时是否确定，保险合同可分为定值保险合同与不定值保险合同。

（1）定值保险合同

这是指在订立保险合同时，投保人和保险人即已确定保险标的的保险价值，并将其载明于合同中的保险合同。

定值保险合同成立后，一旦发生保险事故，保险合同当事人应以事先确定的保险价值作为保险人确定赔偿金数额的计算依据。如果保险事故造成保险标的的全部损失，无论该保险标的实际损失如何，保险人均应支付合同所约定的保险金额的全部，不必对保险标的的重新估价；如果保险事故仅造成保险标的的部分损失，则只需要确定损失的比例。该比例与保险价值的乘积，即为保险人应支付的赔偿金额，同样无须重新对保险标的的实际损失的价值进行估量。在保险实务中，定值保险合同多适用于某些不易确定价值的财产，如农作物保险、货物运输保险以及以字画、古玩等为保险标的的财产保险合同。

（2）不定值保险合同

这是指订立保险合同时不预先约定保险标的的保险价值，仅载明保险金额作为保险事故发生后赔偿最高限额的保险合同。

在不定值保险合同条件下，一旦发生保险事故，保险合同当事人需确定保险价值，并以此作为保险人确定赔偿金数额的计算依据。通常情况下，受损保险标的的保险价值以保险事故发生时当地同类财产的市场价格来确定，但保险人对保险标的所遭受损失的赔偿不得超过合同所约定的保险金额。如果实际损失大于保险金额，保险人的赔偿责任仅以保险金额为限；如果实际损失小于保险金额，则保险人的赔偿不会超过实际损失。大多数财产保险业务均采用不定值保险合同的形式。

3. 按照承担风险责任的方式分类

按照承担风险责任的方式分类，保险合同可分为单一风险合同、综合风险合同与一切险合同。

（1）单一风险合同

这是指只承保一种风险责任的保险合同。如农作物雹灾保险合同，只对于冰雹造成的农作物损失负责赔偿。

（2）综合风险合同

这是指承保两种以上的多种特定风险责任的保险合同。这种保险合同必须一一列明承保的各项风险责任，只要损失是由于所保风险造成，保险人就负责赔偿。

（3）一切险合同

这是指保险人承保合同中列明的除不保风险以外的一切风险的保险合同，由此可见，所谓一切险合同，并非意味着保险人承保一切风险，即保险人承保的风险仍然是有限制的，但这种限制通过列明除外不保风险的方式来设立。在一切险合同中，保险人并不列举规定承保的具体风险，而是以"责任免除"条款确定其不承保的风险。也就是说，凡未列入责任免除条款中的风险，均属于保险人承保的范围。

4. 按照保险金额与出险时保险价值对比关系分类

根据保险金额与出险时保险价值对比关系，保险合同可分为以下三种不同的类型。

（1）足额保险合同

这指保险金额等于保险事故发生时的保险价值的保险合同。

（2）不足额保险合同

这指保险金额小于保险事故发生时的保险价值的保险合同。

（3）超额保险合同

这指保险金额大于保险事故发生时的保险价值的保险合同。

对于上述三种不同类型的保险合同，一旦发生保险事故而需要进行保险理赔时，保险人通常采取的处理方式分别可简单归纳为：足额保险，十足赔偿；不足额保险，按照保险金额与保险价值的比例承担赔偿责任；超额保险，超过部分则无效。

5. 按照保险标的分类

按照保险标的分类，保险合同可分为财产保险合同与人身保险合同。

（1）财产保险合同

这是指以财产及其有关的经济利益为保险标的的保险合同。财产保险合同通常又可分为财产损失保险合同、责任保险合同、信用保险合同等。

（2）人身保险合同

这是指以人的寿命和身体为保险标的的保险合同。人身保险合同又可分为人寿保险合同、人身意外伤害保险合同、健康保险合同等。

6. 按照保险承保方式分类

按照保险承保方式分类，保险合同可分为原保险合同与再保险合同。

（1）原保险合同

这是指保险人与投保人直接订立的保险合同，合同保障的对象是被保险人。

（2）再保险合同

这是指保险人为了将其所承担的保险责任转移给其他的保险人而订立的保险合同，合同直接保障的对象是原保险合同的保险人。

三、保险合同的表现形式

当事人的意思表示是否必须采取特定的形式或履行特定程序，也决定保险合同是否能依法成立。保险合同是要式合同，根据我国《保险法》第13条的规定，保险合同在保险单或其他保险凭证签发以前就已经成立，签发交付保险单或其他保险凭证是保险人的法定义务，并非保险合同成立所要求的特定书面形式。在保险业的操作实践中，绝大多数保险合同都以保险单或其他保险凭证等特定形式出现，当事人订立合同的行为也大都采取一定的书面形式。保险合同的主要表现形式包括以下几种：

1. 投保单

投保单是投保人向保险人申请订立保险合同的书面文件。如图4-1所示。它一般由保险人事先拟订，具有统一格式，列明申请订立合同的主要内容，包括投保人和被保险人的信息、保险标的的信息、所投保的险种类别、保险价值与保险金额、保险期间等。投保单是投保人保险要约的体现，其本身并非保险合同，但一经保险人承诺，即构成保险合同的组成部分。

中国人民保险公司船舶保险投保单（样式）

保险单号码_____

本公司依照船舶保险条款及在本保险单上注明的其他条件，承保被保险单位下列船舶保险：

船舶名称	种类	用途	制造年份	总吨位	保险金额	保险费率	保险费

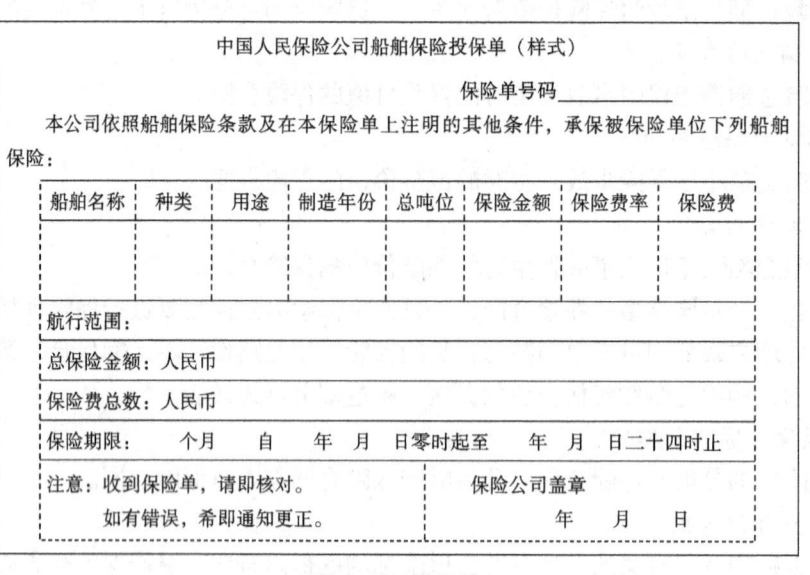

航行范围：

总保险金额：人民币

保险费总数：人民币

保险期限： 个月 自 年 月 日零时起至 年 月 日二十四时止

注意：收到保险单，请即核对。　　　　保险公司盖章

如有错误，希即通知更正。　　　　　　年 月 日

图4-1 投保单

2. 保险单

保险单是投保人与保险人之间订立的保险合同的正式书面文件，一般由保险人接受投保人的要约后签发给投保人，属于承诺的正式书面形式。如图4-2所示。在现代保险业中，保险单都是格式化的，由保险人事先拟订，将保险合同的权利义务内容详尽载明其中。保险单的正面一般采用表格方式，包括投保人和被保险人、保险标的情况、保险价值、保险金额和保险期限等内容，背面则印有标准保险条款，载明具体险种的保险责任范围和除外责任、投保人或被保险人与保险人其他的权利义务等内容。保险单是保险合同当事人以及关系人确

定权利义务，保险事故发生后被保险人或受益人索赔、保险人理赔的主要依据。

<table>
<tr><td colspan="7" align="center">人寿保险合同保险单</td></tr>
<tr><td colspan="7">本公司根据投保人申请，同意按下列条件承保。
　　　　　　　　　　　　　　　　　　　　　　　No：_____</td></tr>
<tr><td colspan="2">保险单号码</td><td colspan="2">投保单号码</td><td colspan="3"></td></tr>
<tr><td rowspan="2">被投保人</td><td>姓名</td><td>性别</td><td colspan="2">出生日期</td><td colspan="2">身份证号码</td></tr>
<tr><td>住所</td><td colspan="3"></td><td>邮编</td><td></td></tr>
<tr><td rowspan="2">投保人</td><td>姓名</td><td>性别</td><td colspan="2">出生日期</td><td colspan="2">身份证号码</td></tr>
<tr><td>住所</td><td colspan="3"></td><td>邮编</td><td>与被保险人关系</td></tr>
<tr><td>受益人</td><td>姓名</td><td>性别</td><td colspan="2">身份证号码</td><td>住所</td><td>受益份额</td></tr>
<tr><td colspan="7">* 如无指定受益人，则以法定继承人受益人。
* 受益人为数人且未确定受益份额的，受益人按照相等份额享有受益权。</td></tr>
<tr><td colspan="4">保险名称</td><td colspan="3">保险金额</td></tr>
<tr><td colspan="4">保险项目（给付责任）</td><td colspan="3">保险金额</td></tr>
<tr><td colspan="2">保险期间</td><td colspan="2">保险责任起止时间</td><td colspan="3"></td></tr>
<tr><td colspan="2">交费期</td><td colspan="2">交费方式</td><td colspan="3">份数</td></tr>
<tr><td colspan="2">保险费</td><td colspan="2">加费</td><td colspan="3">保险费合计</td></tr>
<tr><td colspan="2">生存给付领取年龄</td><td colspan="2"></td><td colspan="3">领取方式</td></tr>
<tr><td colspan="7">特别约定</td></tr>
</table>

图 4-2　保险单

3. 暂保单

暂保单又称临时保险单，是正式保险单或保险凭证签发之前，保险人向投保人签发的临时保险凭证。暂保单具有证明保险人已同意投保的效力，目的在于在正式保险单出具前为被保险人提供一种保险凭证和临时保障。它主要适用于财产保险中，具有与保险单或保险凭证同等的法律效力，为被保险人提供了暂时且及时的保险保障。但暂保单的有效期不长，通常不超过30天。正式保单出立后，暂保单自动失效。暂保单内容比较简单，只载明被保险人姓名、保险险种、保险标的等重要事项；如果所依据的保险单是标准化的，则只需说明保险人责任以正式保险单为准即可。

4. 保险凭证

保险凭证又称小保单，是保险人签发给投保人证明保险合同已经成立或保险单已经正式签发的一种书面凭证。如图4-3~图4-5所示。它一般不记载保险条款，但明确以某种保险单载明的保险条款为准，实质是一种简化的保险单，与保险单具有同等效力。保险凭证一般使用于团体保险、机动车强制责任保险和一些货物运输保险中，起到方便携带以兹证明的作用。

中国人民保险公司海事保险凭证

本凭证根据下列货物应交纳的保险费，对下列货物名称、金额等承保定险险。

被保险人：			投保人：		
货单号码	货物名称	保险金额	保险费率 ‰ 保险费 ‰	保险费	目的地

图 4-3　保险凭证①

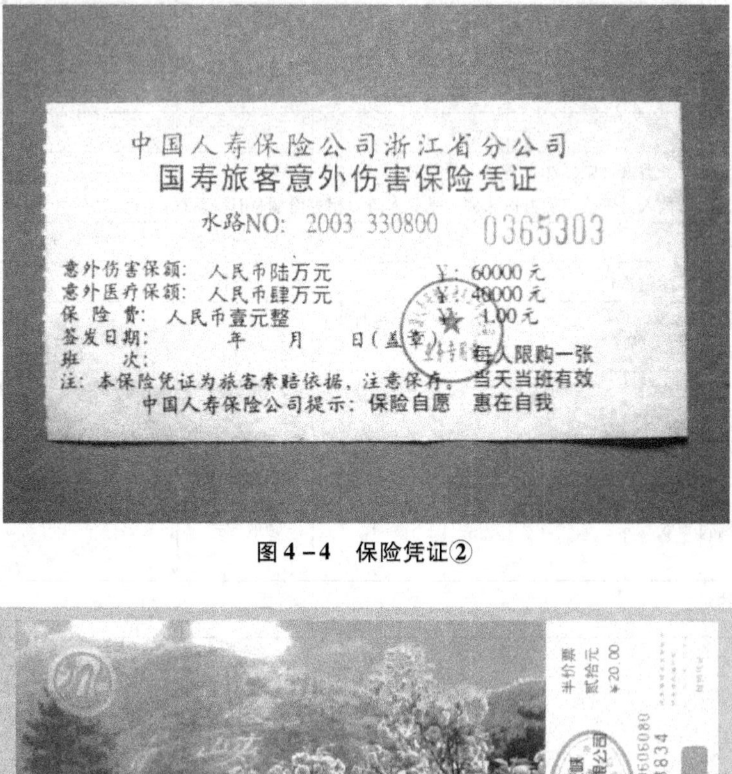

中国人寿保险公司浙江省分公司
国家稅务总局外币兼保险凭证

税务 NO: 2003 330800　0365303

人寿保险费：　¥60000 元
人寿保险万元：　¥40000 元
人寿保险万元：　¥4.00 元
人寿保费率　　　¥1.00 ‰
签发日期：　　　年　月　日（公章）
　　　　　　　　本人签字
注：本凭证经盖章签字后生效，×天内无异议有效。
　　　　　　　中国人寿保险公司浙江分公司 保险凭证

图 4-4　保险凭证②

中国人民财产保险股份有限公司 PICC
北京市海淀区分公司

保险凭证　№ 0525507

根据被保险人入学签外伤事保险

人身意外伤害保额：　40000.00元
住院补助医疗保额：　8000.00元
保险费：　　　　　2.00元（元/月按）

咨询服务热线电话：69142711
　　　　　　　　　69192646

(本证明日存根，无日期无效）

图 4-5　保险凭证③

5. 批单

批单是应投保人或被保险人要求，保险人出具的更改保险合同内容的书面文件。如图4－6和图4－7所示。通常在两种情况下使用批单：一是对格式化的标准保险条款进行部分修订；二是保险合同成立后，当事人协商一致，对合同内容进行修改。

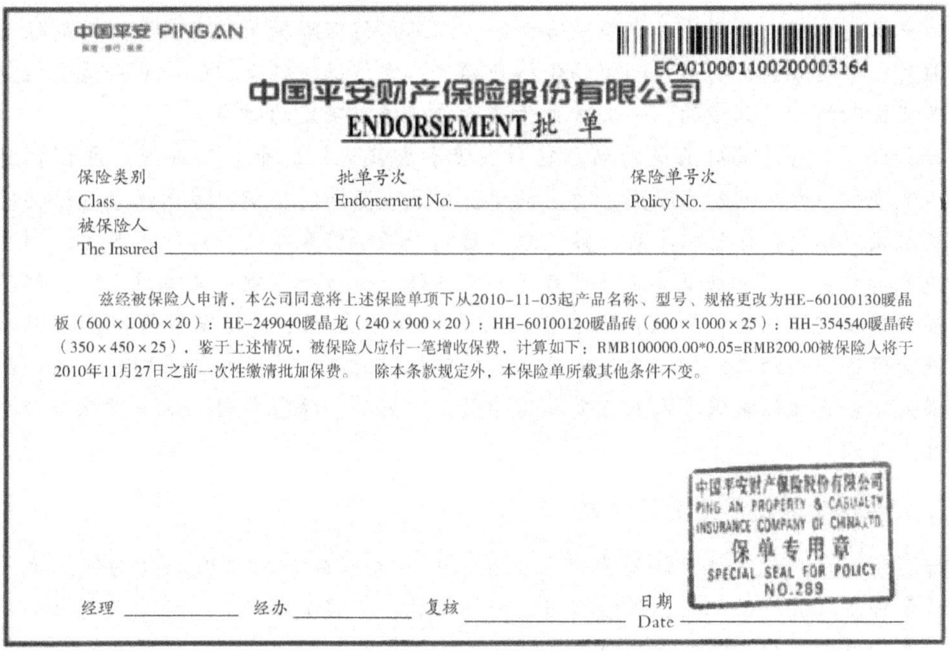

中国平安 PING AN

ECA010001100200003164

中国平安财产保险股份有限公司

ENDORSEMENT 批 单

保险类别 Class ________ 批单号次 Endorsement No. ________ 保险单号次 Policy No. ________

被保险人 The Insured ________

兹经被保险人申请，本公司同意将上述保险单项下从2010－11－03起产品名称、型号、规格更改为HE－60100130暖晶板（600×1000×20）；HE－249040暖晶龙（240×900×20）；HH－60100120暖晶砖（600×1000×25）；HH－354540暖晶砖（350×450×25），鉴于上述情况，被保险人应付一笔增收保费，计算如下：RMB100000.00*0.05=RMB200.00被保险人将于2010年11月27日之前一次性缴清批加保费。　除本条款规定外，本保险单所载其他条件不变。

中国平安财产保险股份有限公司
PING AN PROPERTY & CASUALTY INSURANCE COMPANY OF CHINA,LTD.
保单专用章
SPECIAL SEAL FOR POLICY
NO.289

经理 ________ 经办 ________ 复核 ________ 日期 Date ________

图4－6　批单①

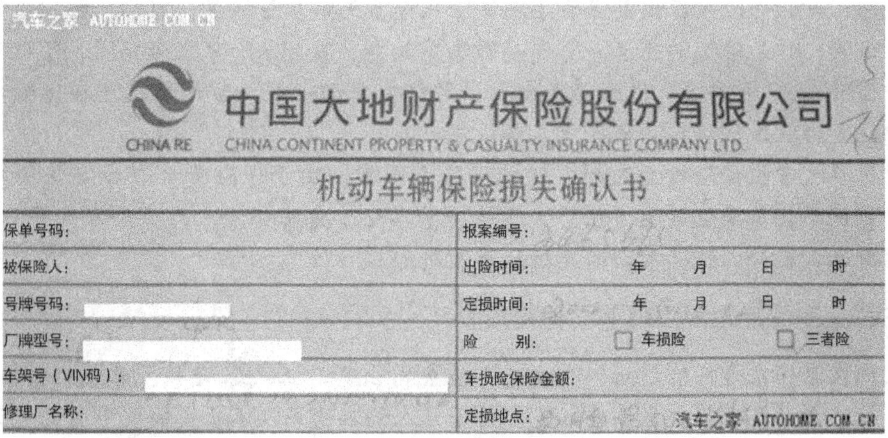

汽车之家 AUTOHOME.COM.CN

中国大地财产保险股份有限公司

CHINA RE　CHINA CONTINENT PROPERTY & CASUALTY INSURANCE COMPANY LTD.

机动车辆保险损失确认书

保单号码：	报案编号：
被保险人：	出险时间：　年　月　日　时
号牌号码：	定损时间：　年　月　日　时
厂牌型号：	险　别：□车损险　□三者险
车架号（VIN码）：	车损险保险金额：
修理厂名称：	定损地点：

汽车之家 AUTOHOME.COM.CN

图4－7　批单②

批单既可以是一张附贴便条，也可以体现为直接在保险单上的批注。批单一经签发，就成为保险合同的重要组成部分。

不同的保险公司、不同的保险业务，保险合同的表现形式不一定相同。即使是同一保险业务，采用的同一种保险合同形式，但不同保险公司之间在格式上也不一定相同。

知识拓展

一、有趣的定值保险

财产保险有不定值保险和定值保险之分，以不定值保险较为常见，即财产的保险价值按照发生保险事故时的财产的市场价格来确定；定值保险较少，财产的保险价值是双方按照投保时的情况约定的，一般常见于实际价值难以确定的财产。

比如说，我有一幅唐伯虎的画，它到底值多少钱呢？这个比较难说，所谓仁者见仁，智者见智，大家的看法不同，对它的价值自然有不同的认识。像承保古画这类的财产，仍然按照不定值保险的方式，按出险以后的市场价格来赔偿，那就不合适，因为古画本是无价之宝，可一旦烧掉了，那可是一文不值，保险公司就一文不赔吗？显然不合理，因此采取定值保险，由投保人和保险公司协商，决定古画的保险价值，如果出了险，就按照这个金额来赔偿。定值保险因其特殊性，财产保险的补偿原则在这里也不适用，因为无法再比较被保险人的损失和保险金额的大小，保险公司一定要按照当初约定的金额来赔偿。

二、暂保单的使用范围与效力

使用暂保单一般限于：保险代理人在争取到业务而尚未向保险人办妥保险单手续前，给被保险人开出的证明；保险公司的分支机构，在接受投保后，还未获得总公司批准前，先出立的保险证明；在洽订或续订保险合同时，订约双方虽已就主要条款达成协议，但还有一些条件需要商谈，在没有完全谈妥之前，先由保险人出立的保险证明；出口贸易结汇时，保险人在出具保险单或保险凭证前先出立暂保单，以此证明出口货物已经办理保险，作为结汇的凭证。暂保单的法律效力一般与保险单完全相同，不过有效期较短，通常在 30 天以内。保险单发出后，暂保单自动失效。暂保单也可在保险单发出之前中止效力，但保险人必须提前通知投保人。

暂保单也常被保险双方滥用。就被保险人而言，由于保险费可在出立保险单时支付，而暂保单又与保险单效力相同，这就等于享受了免费保险。而保险人为争取顾客，也不注意选择良好的投保人，因此往往产生纠纷。

三、人寿保险合同由哪些文件构成？

人们在参保人寿保险之后，会收到寿险公司出具的正式保险单、正式收据等凭证，那么，寿险合同是否仅仅指保险单呢？为了让人们不遗漏、不丢失一些重要的凭证，大家来看看寿险合同通常由哪些文件构成。

1. 投保单

这是投保人申请投保时填写的书面文件。

2. 保险单

这是寿险合同的正式书面凭证，由保户保管。

3. 保险条款

这是寿险合同双方享有权利和承担义务的重要依据。

4. 声明

在投保时，被保险人要作出对其告知事项真实性的说明。

5. 批注及批单

在寿险合同有效期内，投保人有权提出申请变更受益人、保险金额等内容，寿险公司要作出批单，并附在保险单后，其法律效力优先于原保单。

6. 健康告知书（或健康声明书）

申请投保时，会要求投保人或被保险人填写健康告知书。

四、保险合同的附和性

保险合同的附和性表现出合同双方的不平等交易，应如何保护投保人的利益？在我国保险实务中，通常从以下几个方面来保障投保人利益：

①由中国保监会对附和合同的内容合理与否进行事前调查，以确定是否有损害投保方利益的内容。

②在保险合同订立时，保险人须对格式条款尽明确说明义务，未尽说明义务的，保险合同条款无效。

③在合同履行过程中，当保险双方当事人对合同条款产生争议的，在使用保险合同文意解释时，通常采取不利于保险人的解释原则。

此外，虽然保险合同条款不能改变，但保险公司在处理个案的过程中，会视情况在合同中增加特别约定，尽可能体现合同的公平性。

【任务实施】

一、填写投保单

老师给出投保不同险种的某客户基本情况，要求学生分组，根据信息填制投保单。组织学生完成投保单的填制并进行点评和解析。并对填制的易错项进行归纳总结。

二、分析保险合同附和性的利与弊

通过在网上收集资料，分析保险合同附和性的利与弊。讨论相关的改进措施。

同步测试

一、名词解释

1. 保险合同
2. 附和性合同
3. 定值保险合同
4. 保险单

二、简答题

1. 简述保险合同的特征。
2. 简述保险合同的分类。
3. 简述保险合同的表现形式。

三、单项选择题

1. 保险人在签发正式保单之前出立的临时保险凭证被称为（   ）。

A. 保险证　　　　　　B. 投保单　　　　　　C. 暂保单　　　　　　D. 保险单

2. 合同当事人一方并不必然履行给付义务，而只有当合同中约定的条件具备或合同约定的事件发生时才履行，说明保险合同是（   ）。

A. 双务合同　　　　　B. 附和性合同　　　　C. 射幸合同　　　　　D. 有偿合同

3. 保险实务中，定值保险合同多适用于（   ）。

A. 易确定价值的财产　　　　　　　　　B. 不易确定价值的财产

C. 人身保险中的健康险　　　　　　　　D. 人身保险中的寿险

4. 保险凭证是简化了的保险单，保险凭证的效力与保险单相比（   ）。

A. 前者大于后者　　　　　　　　　　　B. 前者小于后者

C. 相等　　　　　　　　　　　　　　　D. 视具体情况而定

四、多项选择题

1. 按照保险合同标的的不同，保险合同可以分为（   ）。

A. 定值保险合同　　　　　　　　　　　B. 不定值保险合同

C. 财产保险合同　　　　　　　　　　　D. 人身保险合同

2. 以保险合同的性质为标准，可以将保险合同分为（   ）。

A. 财产保险合同　　　　　　　　　　　B. 人身保险合同

C. 给付性保险合同　　　　　　　　　　D. 补偿性保险合同

3. 下列关于原保险合同与再保险合同，表述正确的是（   ）。

A. 原保险合同与再保险合同既相互依存，又相互独立

B. 再保险合同以原保险合同为基础

C. 原保险接受人不得向再保险的投保人要求支付保险费

D. 再保险的被保险人不得向原保险的接受人提出赔偿或给付保险金的请求

五、判断题

1. 从经济角度来讲，保险是一种合同行为，体现的是一种民事法律关系。（   ）

2. 再保险合同的保障对象是原保险合同的被保险人。（   ）

3. 批单用来增添、取消或修改原保险合同中的条款，也可用来扩大保险责任的范围。（   ）

4. 保险合同仅是一般的双务合同。（   ）

5. 各类财产保险合同和人身保险合同都是补偿性保险合同。（   ）

6. 一切保险合同意味着保险人要承保一切风险。（   ）

任务二　掌握保险合同要素

【任务描述】学生通过保险合同样本的观察，熟练掌握保险合同的要素组成，即保险合同的主体、客体和内容。

【任务分析】教师提供给每组学生一份真实的保险合同复印件，指导学生分析合同的要素，讨论保险合同设计的内容、框架及其作用和意义。

【相关知识】

保险合同作为保险法律关系的表现形式,是由主体、客体和内容三个要素构成的。

一、保险合同的主体

保险合同的主体是保险合同的参加者,是在保险合同中享有权利并承担相应义务的人。保险合同的主体包括保险合同的当事人、关系人和辅助人。当事人是直接参与签订合同的双方;关系人是不直接参与签订合同,但在合同规定中享有权利和承担义务的各方;辅助人是合同签订和履行过程中起辅助作用的人。

1. 保险合同的当事人

保险合同的当事人包括保险人和投保人。

(1) 保险人

保险人,又称承保人,是指经营保险业务,与投保人订立保险合同,享有收取保险费的权利,并对被保险人承担损失赔偿或给付保险金义务的保险合同的一方当事人。对于保险人在法律上的资格,各国保险法都有严格规定。一般来说,保险人经营保险业务,必须经过国家有关部门审查认可。

我国《保险法》第 10 条规定:保险人是指与投保人订立保险合同,并按照合同约定承担赔偿或者给付保险金责任的保险公司。第 70 条、第 91 条,又从保险公司的组织形式、设立条件与程序、保险公司的变更、保险公司的经营、保险公司的整顿、保险公司的接管与破产六个方面对保险公司作了具体规定。在国际上,保险公司的组织形式主要是股份有限公司和相互保险公司。我国保险公司实行分业经营,同一保险人不得同时兼营财产保险业务和人身保险业务。保险公司业务范围由保险监督管理机构核定。

(2) 投保人

投保人,又称要保人,是与保险人订立保险合同并负有交付保险费义务的保险合同的另一方当事人。我国《保险法》第 10 条规定:投保人是指与保险人订立保险合同,并按照保险合同约定负有支付保险费义务的人。就法律规定而言,投保人可以是法人,也可以是自然人,但必须具有民事行为能力;就经济条件而言,投保人必须具有交付保险费的能力;就特殊条件而言,投保人应当对保险标的具有保险利益。

根据《中华人民共和国民法通则》的有关规定:不同投保人的民事行为能力有不同的具体规定。就自然人而言,必须年满 18 岁或年满 16 岁,但以自己的劳动收入为主要生活来源,并且无精神性疾病;就法人而言,必须依法成立,有必要的财产或经费、名称、组织机构和场所,并能独立承担民事责任。

2. 保险合同的关系人

保险合同的关系人包括被保险人和受益人。

(1) 被保险人

被保险人是指受保险合同保障,且有权按照保险合同规定向保险人请求赔偿或给付保险金的人。我国《保险法》第 12 条规定:被保险人是指其财产或者人身受保险合同保障,享有保险金请求权的人。

1) 被保险人的资格

一般来说,在财产保险合同中,被保险人的资格没有严格限制,自然人和法人都可以作为被保险人。而在人身保险合同中，法人不能作为被保险人，只有自然人而且只能是有生命的自然人才能成为人身保险合同的被保险人。在以死亡为给付保险金条件的保险合同中，无民事行为能力的人不得成为被保险人，但父母为其未成年的子女投保的除外，只是最高保险金额通常有限定。

2）被保险人与投保人的关系

在保险合同中，被保险人与投保人的关系，通常有两种情况：一是当投保人为自己的利益投保时，投保人和被保险人同为一人，此时的被保险人可以视同保险合同的当事人；二是当投保人为他人的利益投保时，投保人与被保险人分属两人，此时的被保险人即为这里所说的保险合同的关系人。

3）被保险人的数量

同一保险合同中被保险人可以是一人，也可以是数人，无论是一人还是数人，被保险人都应载明于保险合同中。如果被保险人已经确定，应将其姓名或单位在合同中载明；如果被保险人是可变的，则需要在合同中增加一项变更被保险人的条款。当约定的条件满足时，补充的对象自动取得被保险人的地位。

4）各类保险的被保险人

在财产保险中，被保险人是保险财产的权利主体；在人身保险中，被保险人既是受保险合同保障的人，也是保险事故发生的本体；在责任保险中，被保险人是对他人财产毁损或人身伤害依照法律、契约或道义负有经济赔偿责任的人；在信用（保证）保险中，被保险人是因他人失信而有可能遭受经济损失的人，或者是因自身失信可能导致他人损失的人。

（2）受益人

受益人一般属于人身保险范畴的特定关系人，即人身保险合同中由被保险人或投保人指定，当保险合同规定的条件实现时有权领取保险金的人。我国《保险法》第18条规定：受益人是指人身保险合同中由被保险人或者投保人指定的享有保险金请求权的人，投保人、被保险人可以为受益人。第39条又规定：投保人指定受益人时须经被保险人同意。

1）受益人的资格并无特别限制

自然人、法人及其他任何合法的经济组织都可作为受益人；自然人中无民事行为能力、限制民事行为能力的人，甚至活体胎儿等均可被指定为受益人；投保人、被保险人本人也可以作为受益人。

2）受益人是人身保险合同中的重要主体之一

在人身保险合同中，受益人有着独特的法律地位，除保险合同约定的事件发生后，受益人需及时通知保险人之外，不承担其他任何义务。

3）受益人的受益权是通过指定产生的

受益人取得受益权的唯一方式是被保险人或投保人通过保险合同指定。受益人中途也可以变更。但若是投保人指定或变更受益人，必须征得被保险人的同意。

4）在保险实务中，受益人在保险合同中有已确定和未确定两种情况

①已确定受益人是指被保险人或投保人已经指定受益人，这时受益人领取保险金的权利受到法律保护，保险金不能视为已死去的被保险人的遗产，受益人以外的任何人无权分享，也不得用于清偿死者生前的债务。

②未确定受益人又有两种情况：一是被保险人或投保人未指定受益人；二是受益人先于

被保险人死亡、受益人依法丧失受益权、受益人放弃受益权，而且没有其他受益人。在受益人未确定的情况下，被保险人的法定继承人就视同受益人，保险金应视为死者的遗产，由保险人向被保险人的法定继承人履行给付保险金的义务。

在财产保险合同中，由于保险赔偿金的受领者多为被保险人本人，所以在合同中一般没有受益人的规定。

3. 保险合同的辅助人

保险业务具有较强的专业性和技术性，因而保险合同在订立、履行过程中除当事人、关系人外，还需要辅助人。其中较为重要的有保险代理人、保险经纪人和保险公估人等。

①保险代理人是根据保险人的委托，向保险人收取保险代理手续费，在保险人授权的范围内代为办理保险业务的单位和个人。我国《保险法》规定：经营人寿保险业务的保险代理人，不得同时接受两家或两家以上人寿保险公司的委托，从而形成了专业代理人、兼业代理人和个人代理人。

②保险经纪人是基于投保人的利益，为被保险人和保险人订立保险合同提供中介服务，并依法收取佣金的单位。

保险经纪人与保险代理人的区别：法律地位不同，进行业务活动的名义有别，在授权范围内所完成的行为之效力对象不同，行为后果承担者不同。

③保险公估人是站在第三者的立场依法为保险合同当事人办理保险标的的查勘、鉴定、估损及理赔款项清算业务，并给予证明的人。保险公估人由具备专业知识和技术的专家担当，且保持公平、独立的立场执行职务。

二、保险合同的客体

客体是指在民事法律关系中主体享受权利和履行义务时共同指向的对象。客体在一般合同中称为标的，即物、行为、智力成果等。保险合同虽属民事法律关系范畴，但它的客体不是保险标的本身，而是投保人对保险标的所具有的法律上承认的利益，即保险利益。

根据我国《保险法》第12条规定：人身保险的投保人在保险合同订立时，对被保险人应当具有保险利益。财产保险的被保险人在保险事故发生时，对保险标的应当具有保险利益。人身保险是以人的寿命和身体为保险标的的保险。财产保险是以财产及其有关利益为保险标的的保险。因此，投保人必须凭借保险利益投保，而保险人必须凭借投保人对保险标的的保险利益才可以接受投保人的投保申请，并以保险利益作为保险金额的确定依据和赔偿依据。保险合同成立后，因某种原因保险利益消失，保险合同也随之失效。所以，保险利益是保险合同的客体，是保险合同成立的要素之一，如果缺少了这一要素，保险合同就不能成立。

保险标的是保险利益的载体，保险标的是投保人申请投保的财产及其有关利益或者人的寿命和身体，是确定保险合同关系和保险责任的依据。在不同的保险合同中，保险人对保险标的的范围都有明确规定，即哪些可以承保，哪些不予承保，哪些一定条件下可以特约承保等。因为不同的保险标的能体现不同的保险利益。而且，保险合同双方当事人订约的目的是实现保险保障，合同双方当事人共同关心的也是基于保险标的的保险利益。所以，在保险合同中，客体是保险利益，而保险标的则是保险利益的载体。

116 保险理论与实务

三、保险合同的内容

保险合同的内容即保险条款，是记载保险合同内容的条文、款目。是保险合同双方享受权利与承担义务的主要依据，一般事先印制在保险单上。

1. 按照保险条款的性质不同，可将其分为基本条款和附加条款

（1）基本条款

这是指保险人事先拟订并印在保险单上的有关保险合同双方当事人权利和义务的基本事项。基本条款构成保险合同的基本内容，是投保人与保险人签订保险合同的依据，不能随投保人的意愿而变更。

（2）附加条款

这是指保险合同双方当事人在基本条款的基础上，根据需要另行约定或附加的、用以扩大或限制基本条款中所规定的权利和义务的补充条款。附加条款通常也由保险人事先印就一定的格式，待保险人与投保人特别约定填好后附贴在保险单上，故又称附贴条款。

在保险实务中，一般把基本条款规定的保险人承担的责任称为基本险，附加条款所规定的保险人所承担的责任称为附加险。投保人不能单独投保附加险，必须在投保基本险的基础上才能投保附加险。

2. 按照保险条款对当事人的约束程度不同，可将其分为法定条款与任意条款

（1）法定条款

这是指由法律规定的保险双方权利和义务的保险条款。

（2）任意条款

这是相对于法定条款而言的，它是指由保险合同当事人在法律规定的保险合同事项之外，就与保险有关的其他事项所做的约定。保险双方当事人可以自由选择任意条款，故又称任选条款。

3. 保险合同的基本事项

（1）保险合同当事人和关系人的名称和住所

这是关于保险人、投保人、被保险人和受益人基本情况的条款，其名称和住所必须在保险合同中详加记载，以便保险合同订立后，能有效行使权利和履行义务。因为在保险合同订立后，凡有对保险费的请求支付、风险增加的告知、风险发生原因的调查、保险金的给付等，都会涉及当事人和关系人的姓名及住所事项，同时也涉及发生争议时的诉讼管辖和涉外争议的法律适用等问题。但在一些保险利益可随保险标的转让而转移于受让人的运输货物保险合同中，投保人在填写其姓名的同时，可标明"或其指定人"字样，该保险单可由投保人背书转让。此外，货物运输保险合同的保险单还可以采取无记名式，随保险货物的转移而转移给第三人。

在保险合同中应载明名称、住所的，一般是对投保人、被保险人和受益人而言。保险人的名称、住所已在保险单上印就。

（2）保险标的

明确了保险标的，有利于判断投保人对保险标的是否具有保险利益。所以，保险合同必须载明保险标的。财产保险合同中的保险标的是指物、责任、信用；人身保险合同中的保险标的是指被保险人的寿命和身体。

（3）保险责任和责任免除

保险责任是指在保险合同中载明的对于保险标的在约定的保险事故发生时，保险人应承担的经济赔偿和给付保险金的责任。一般都在保险条款中予以列举。保险责任明确的是，哪些风险的实际发生造成了被保险人的经济损失或人身伤亡，保险人应承担赔偿或给付责任。保险责任通常包括基本责任和特约责任。

责任免除是对保险人承担责任的限制，即指保险人不负赔偿和给付责任的范围。责任免除明确的是哪些风险事故的发生造成的财产损失或人身伤亡与保险人的赔付责任无关，主要包括法定和约定的责任免除条件。一般分为四种类型：

①不承保的风险，如现行企业财产基本险中，保险人对地震引起的保险财产损失不承担赔偿责任。

②不承担赔偿责任的损失，即损失免除。如正常维修、保养引起的费用及间接损失，保险人不承担赔偿责任。

③不承保的标的，包括绝对不保的标的，如土地、矿藏等和可特约承保的标的，如金银、珠宝等。

④投保人或被保险人未履行合同规定义务的责任免除。

（4）保险期间和保险责任开始时间

保险期间是指保险合同的有效期间，即保险人为被保险人提供保险保障的起讫时间。一般可以按自然日期计算，也可按一个运行期、一个工程期或一个生长期计算。保险期间是计算保险费的依据，也是保险人履行保险责任的基本依据之一。

保险责任开始时间是指保险人开始承担保险责任的起点时间，通常以某年、某月、某日、某时表示。我国《保险法》第14条规定：保险合同成立后，投保人按照约定交付保险费；保险人按照约定的时间开始承担保险责任。即保险责任开始的时间由双方在保险合同中约定。在保险实务中，保险责任的开始时间可能与保险期间一致，也可能不一致。如寿险合同中大多规定有观察期，保险人承担保险责任的时间自观察期结束后开始。

（5）保险价值

保险价值是指保险合同双方当事人订立保险合同时作为确定保险金额基础的保险标的的价值，即投保人对保险标的的所享有的保险利益用货币估计的价值额。

在财产保险中，一般情况下，保险价值就是保险标的的实际价值；在人身保险中，由于人的生命难以用客观的价值标准来衡量，所以不存在保险价值的问题，发生保险事故时，以双方当事人约定的最高限额核定给付标准。

（6）保险金额

保险金额是保险人计算保险费的依据，也是保险人承担赔偿或者给付保险金责任的最高限额。

在不同的保险合同中，保险金额的确定方法有所不同。在财产保险中，保险金额要根据保险价值来确定；在责任保险和信用保险中，一般由保险双方当事人在签订保险合同时依据保险标的的具体情况商定一个最高赔偿限额，还有些责任保险在投保时并不确定保险金额；在人身保险中，由于人的生命价值难以用货币来衡量，所以不能依据人的生命价值确定保险金额，而是根据被保险人的经济保障需要与投保人支付保险费的能力，由保险双方当事人协商确定保险金额。需要注意的是，保险金额只是保险人负责赔偿或给付的最高限额，保险人实际赔偿或给付的保险金数额只能小于或等于保险金额，而不能大于保险金额。

（7）保险费以及支付办法

保险费是指投保人支付的作为保险人承担保险责任的代价。交纳保险费是投保人的基本义务。保险合同中必须规定保险费的交纳办法及交纳时间。

财产保险一般为订约时一次付清保险费；长期寿险既可以订约时一次趸交保险费，也可以订约时先付第一期保险费，在订约后的双方约定的期间内采用定期交付定额或递增、递减保险费等办法。

投保人支付保险费的多少是由保险金额的大小和保险费率的高低以及保险期限等因素决定的。保险费率是指保险人在一定时期按一定保险金额收取保险费的比例，通常用百分率或千分率来表示；保险费率一般由纯费率和附加费率两部分组成。纯费率也称净费率，是保险费率的基本部分。在财产保险中，主要是依据保险金额损失率（损失赔偿金额与保险金额的比例）来确定；在长期寿险中，则是根据人的预定死亡（生存）率和预定利率等因素来确定。附加费率是指一定时期内保险人业务经营费用和预定利润的总数同保险金额的比率。

（8）保险金赔偿或给付办法

保险金赔偿或给付办法即保险赔付的具体规定，是保险人在保险标的遭遇保险事故，致使被保险人经济损失或人身伤亡时，依据法定或约定的方式、标准或数额向被保险人或其受益人支付保险金的方法。它是实现保险经济补偿和给付职能的体现，也是保险人的最基本义务。在财产保险中表现为支付赔款，在人寿保险中表现为给付保险金。

（9）违约责任和争议处理

违约责任是指保险合同当事人因其过错致使合同不能履行或不能完全履行，即违反保险合同规定的义务而应承担的责任。保险合同作为最大诚信合同，违约责任条款在其中的作用更加重要，因此，在保险合同中必须予以载明。

争议处理条款是指用以解决保险合同纠纷适用的条款。争议处理的方式一般有协商、仲裁、诉讼等。

（10）订立合同的年、月、日

订立合同的年、月、日，通常是指合同的生效时间，以此确定投保人是否有保险利益、保险费的交付期等。在特定情况下，订立合同的年、月、日，对核实赔案事实真相可以起到关键作用。

知识拓展

一、民事行为能力

《中华人民共和国民法通则》规定：

18 周岁以上的公民是成年人，具有完全民事行为能力，可以独立进行民事活动，是完全民事行为能力人。

16 周岁以上不满 18 周岁的公民，以自己的劳动收入为主要生活来源的，视为完全民事行为能力人。

10 周岁以上的未成年人是限制民事行为能力人，可以进行与他的年龄、智力相适应的民事活动；其他民事活动由他的法定代理人代理，或者征得他的法定代理人的同意。

不满 10 周岁的未成年人是无民事行为能力人，由他的法定代理人代理民事活动。

不能辨认自己行为的精神病人是无民事行为能力人，由他的法定代理人代理民事活动。

不能完全辨认自己行为的精神病人是限制民事行为能力人，可以进行与他的精神健康状况相适应的民事活动；其他民事活动由他的法定代理人代理，或者征得他的法定代理人的同意。

无民事行为能力人、限制民事行为能力人的监护人是他的法定代理人。

二、投保人应具备的条件

1. 具有相应的权利能力和行为能力

根据《民法通则》的规定，18周岁以上的成年人及已满16周岁，但以自己的劳动收入为主要生活来源的人，是完全民事行为能力人，可以成为保险合同的投保人，16周岁以上不满18周岁的未成年人及不能辨认自己行为和不能完全辨认自己行为的精神病人是限制民事行为能力或无民事行为能力的人，不能成为投保人。

2. 投保人对保险标的具有保险利益

《保险法》第12条：人身保险的投保人在保险合同订立时，对被保险人应当具有保险利益。财产保险的被保险人在保险事故发生时，对保险标的应当具有保险利益。

3. 投保人与保险人订立保险合同并按约定交付保险费

三、保险实务中投保人拥有的十项权利

①当业务员拜访你时，你有权要求业务员出示其所在保险公司的有效工作证件。

②你有权要求业务员依据保险条款如实讲解险种的有关内容。当你决定投保时，请认真阅读保险条款。

③在填写保单时，你必须如实填写有关内容并亲笔签名；被保险人签名一栏应由被保险人亲笔签署（少儿险除外）。

④当你付款时，业务员必须当场开具保险费暂收收据，并在此收据上签署姓名和业务员代码；也可要求业务员带你到保险公司付款。

⑤投保一个月后，你如果未收到正式保险单，请向保险公司查询；收到保险单后，应当场审核，如发现错漏之处，有权要求保险公司及时更正。

⑥投保后一定期限内，享有合同撤回请求权，具体情况视各公司规定而定。

⑦如因为工作变动或其他原因导致居住地发生变迁，请及时通知保险公司，申请办理迁移，以确保能持续享有服务。

⑧对于退保、减保可能给你带来的经济损失，请在投保时予以关注。

⑨保险事故发生后，请参照保险条款的有关规定，及时与保险公司或业务员取得联系。

⑩在投保过程中有任何疑问或意见，可向保险公司的有关部门咨询、反映或向保险行业协会投诉。

【任务实施】

一、分组讨论

教师给出某保险公司不同保险产品的保险条款样本，要求学生分组讨论条款设置的缘由。通过组织学生分析、解读保险合同条款，熟悉保险合同条款的基本内容。可让学生尝试设计一款新的保险产品，讨论保险条款如何编写。

二、案例分析

案例1：

保险金能否作为遗产进行继承

陈某作为投保人，为丈夫付某投保了一份"鸿寿养老金保险"，受益人注明为"陈某、付某"，未注明受益份额，保险事由为身故、身体高度残疾、养老。后付某猝死，陈某与付某的其他亲属因保险金的继承问题发生纠纷。请分析保险金能否作为遗产继承。

分析参考：

第一种观点：根据《保险法》第62条的规定："未确定受益份额的，受益人按照相等份额享有受益权。本案中保险金陈某享有一半，其余一半作为付某的遗产进行继承。

第二种观点：本案中保险金应全部由陈某享有。

本案的特殊之处在于付某既是被保险人又是受益人的双重身份。人们同意第二种观点，理由如下：

第一，从付某被保险人的身份出发，《保险法》第64条规定，被保险人死亡后，遇有下列情形之一的，保险金作为被保险人的遗产，由保险人向被保险人的继承人履行给付保险金的义务：（一）没有指定受益人的；（二）受益人先于被保险人死亡，没有其他受益人的；（三）受益人依法丧失受益权或者放弃受益权，没有其他受益人的。本案不符合上述规定的三种情形，而且根据上述规定，可推知只有在没有受益人的情况下，保险金才能作为被保险人的遗产由其继承人继承，而本案中被保险人付某死亡后，尚有受益人陈某，故保险金不能作为付某的遗产进行继承。

第二，从付某受益人的身份出发，《民法通则》第9条规定：公民从出生时起到死亡时止，不再具有民事权利能力。根据该规定，本案中保险赔付发生时，已经死亡的付某不再具有民事权利能力，从而无法享有对保险金的受益权，保险金也就不得作为付某受益产生的遗产被继承。

综上所述，在以被保险人死亡为给付保险金的事由时，如果被保险人同时也是受益人，其受益人的身份是虚设的，事实上也无法享有受益权。其中受益人为被保险人1人时，实际上等于未指定受益人，保险金只能作为遗产由被保险人的法定继承人享有；受益人为包括被保险人的数人时，保险金由其他符合条件的受益人享有。

案例2：

保险金能否作为遗产偿还债务

2015年5月，孙平因经商借好友耿健10万元。同年12月，孙平在保险公司投保人身保险，保险金额为10万元，其一家只有三口人，故指定其妻子和儿子作为受益人，受益份额均等，各占一半。2015年8月，孙平夫妇外出购货时不幸遭遇车祸死亡，其儿子到保险公司领取了10万元的保险金，耿健闻讯找到孙平家里，要求其儿子以该笔保险金清偿欠款，但遭拒绝。

问：

耿健是否有权要求获得该笔保险金，作为孙平对其债务的偿付呢？

分析参考：

在本案中，如果该笔保险金是孙平的遗产，根据我国《继承法》规定：继承遗产应当清偿被继承人依法应当缴纳的税款和债务，缴纳税款和清偿债务以他的遗产实际价值为限。那么孙平的儿子必须履行偿债义务，所以耿健能否获得这笔保险金的关键，在于这笔保险金是不是遗产。

从案情表面上看，王某指定了受益人，受益人的受益权来自被保险人的指定，而非继承取得，因而保险金不得作为遗产处理，那么被保险人的债权不得要求以保险金偿还债务。

保险金作为遗产是有条件的，根据《保险法》的规定：保险金只有在以下三种情况下才能作为遗产处理：

①被保险人没有指定受益人；

②受益人先于被保险人死亡又没有其他受益人；

③受益人放弃或者依法丧失受益权。

如出现这三种情况，保险金才能作为遗产，由保险人向被保险人的继承人履行给付保险金的义务。可以看出，如果保险金存在受益人，就不能作为被保险人的遗产处理。只有当部分或者全部保险金找不到受益人时，才能作为遗产处理。这也是为了充分保护受益人的利益和被保险人的权利。

在此案中，孙平已经指定了受益人，那么其债权似乎就不得要求以该笔保险金偿还其债务。但本案中，孙平同时指定了其妻子和儿子为受益人，而其中一个受益人又和他同时死亡。我国《保险法》规定：被保险人或者投保人可以指定一人或者数人为受益人。受益人为数人时，被保险人或投保人可以确定受益顺序和受益份额；未确定受益份额的受益人，按照相等份额享有受益权。孙平指定其妻子和儿子为受益人，受益份额均等，而其妻子又和他在车祸中一同丧生，按照一般人身保险条款，当受益人和被保险人谁先死亡无法确定或者同时死亡时，指定受益人先于被保险人死亡，其受益份额作为被保险人的遗产由被保险人的合法继承人继承，在此案中，孙平妻子享有的受益份额应作为孙平的遗产由孙平的儿子依法继承，但他同时也必须履行为孙平清偿债务的义务。

综上所述，孙平的儿子领取的保险金应分为两个部分：属于他自己享有的受益份额，即5万元保险金，不需对耿健偿债；属于它继承的遗产部分的5万元，应对耿健履行偿债义务，但仅以此部分为偿债限额。

同步测试

一、名词解释

1. 保险合同主体
2. 保险合同客体
3. 保险附加条款

二、简答题

1. 简述保险合同的要素。

2. 简述人身保险合同的投保人和受益人应具备哪些条件?

三、单项选择题

1. ( ) 是作为保险人承担赔偿或给付保险金的最大限额。

A. 保险费　　　　　B. 保险金额　　　　　C. 保险金　　　　　D. 保险价值

2. 保险公估人是保险合同的 ( )。

A. 主体　　　　　　B. 客体　　　　　　C. 中介　　　　　　D. 都不是

3. 保险合同的客体是 ( )。

A. 保险标的　　　　B. 保险利益　　　　C. 保险条款　　　　D. 保险金额

4. 以下关于保险合同条款的说法错误的是 ( )。

A. 保险条款是保险合同的核心内容

B. 保险条款是合同中约定主体双方享有权利、承担义务的具体条文

C. 保险条款是正确履行保险合同的前提

D. 以保险条款的制定机构为标准,保险条款分为主险条款、附加条款

5. 权利能力和行为能力是自然人,成为 ( ) 的基本条件。

A. 投保人　　　　　B. 受益人　　　　　C. 被保险人　　　　D. 保险人

6. 保险人最重要的义务是 ( )。

A. 说明义务　　　　　　　　　　　B. 保密义务

C. 签单义务　　　　　　　　　　　D. 赔偿或给付保险金义务

7. 人身保险的被保险人不可以是 ( )。

A. 投保人　　　　　B. 自然人　　　　　C. 受益人　　　　　D. 法人

8. 被保险人和受益人都是人身保险合同的 ( )。

A. 当事人　　　　　B. 关系人　　　　　C. 权利人　　　　　D. 辅助人

四、多项选择题

1. 投保人可以是 ( )。

A. 自然人　　　　　　　　　　　　B. 法人

C. 其他经济组织　　　　　　　　　D. 16 岁以下的未成年人

E. 农村承包户

2. 在保险索赔中,索赔权人有 ( )。

A. 被保险人　　　　B. 保险代理人　　　C. 投保人

D. 受益人　　　　　E. 保险经纪人

3. 在保险合同中享有权利、承担义务的人包括 ( )。

A. 保险人　　　　　B. 投保人　　　　　C. 被保险人

D. 受益人　　　　　E. 代理人

4. 受益人遇有下列情形,失去受益权 ( )。

A. 受益人先于被保险人死亡　　　　B. 受益人故意杀害被保险人未遂的

C. 受益人放弃受益权　　　　　　　D. 受益人被指定变更的

E. 被保险人先于受益人死亡

5. 以下属于保险合同主要事项的有 ( )。

A. 保险金额　　　　　　　　　　　B. 保险价值

C. 被保险人的变更　　　　　　D. 保险责任
E. 责任免除

6. 保险合同的当事人为（　　　）。
A. 投保人　　　B. 被保险人　　　C. 受益人
D. 保险中介人　　　E. 保险人

五、判断题

1. 询问告知是投保人或被保险人只对保险人询问的问题必须如实告知，对询问以外的问题，投保人无须告知。（　　　）

2. 受益人领取的保险金应视为被保险人的遗产。（　　　）

3. 投保人、被保险人未按照约定履行其对保险标的安全应尽责任的，保险人无权追究其法律责任。（　　　）

4. 在人身保险合同中，受益人依法丧失受益权或者放弃受益权，没有其他受益人的，被保险人死亡后，保险金将由保险人独立进行处理。（　　　）

5. 投保人、被保险人或者受益人故意造成被保险人死亡、伤残或者疾病等人身保险事故，骗取保险金，进行保险欺诈活动，构成犯罪的，依法追究其责任。（　　　）

6. 财产保险合同的被保险人未履行保险标的危险程度增加通知义务的，因保险标的危险程度增加而发生的保险事故，保险人只部分承担赔偿责任。（　　　）

任务三　订立与履行保险合同

【任务描述】 本任务中，学生应通过相关视频观察练习如何运用市场营销手段促使保险合同的签订与履行。

【任务分析】 每组用角色扮演法练习根据不同客户的保险需求营销保险产品，模拟保险合同签订和履行的过程，填写投保单，掌握保险双方的权利义务。教师指导学生观察总结保单填写过程中客户会出现的问题。

【相关知识】

一、保险合同的订立

保险合同的订立是指保险人与投保人在平等自愿的基础上就保险合同的主要条款经过协商最终达成协议的法律行为。

1. 保险合同订立的程序

与订立其他合同一样，保险合同的订立也要经过要约和承诺两个步骤。

（1）要约

又称"订约提议"，是指一方当事人就订立合同的主要条款，向另一方提出订约建议的明确的意思表示。提出要约的一方为要约人，接受要约的一方为受约人。就保险合同的订立而言，要约即为提出保险要求。由于保险合同通常采用格式合同，所以，保险合同的订立通常是由投保人提出要约，即投保人填写投保单，向保险人提出保险要求。

（2）承诺

又称"接受提议"，是指当事人一方表示接受要约人提出的订立合同的建议，完全同意要约内容的意思表示。要约一经承诺，合同即告成立。在保险合同订立的过程中，保险人对投保人提出的投保申请作出同意订立保险合同的意思表示就是承诺，即同意承保。

在保险合同订立的过程中，如前所述，通常是由投保人提出要约，保险人作出承诺，投保人为要约人，保险人为受约人。其原因是因为保险合同通常是格式合同，或者说投保人是在填写投单时已经知道了保险人所厘定的保险费率或在投保单上保险人已经事先印有保险费率的条件下而提出投保要求的。

但是，在一些投保单上没有列明保险费率，或者在保险人允许的情况下，投保人对保险人拟订的保险费率或条款提出修改意见时，投保人需要与保险人再议定；或者保险人对投保人的投保申请需增加新的附加条件时，保险人与投保人也需要反复磋商。在这个磋商过程中，与订立一般合同一样，保险要约人与受约人的法律地位可能出现反复交换的情况。当保险人作为受约人对投保人的投保申请提出条件时，保险人就从受约人的地位转换成了要约人的地位，而投保人也从当初要约人的地位转换成了受约人的地位。但是，就保险合同的订立而言，双方达成一致后，最终签发保单的只能是保险人，所以，保险合同的最终承诺人只能是保险人。

2. 保险合同的成立与生效

（1）保险合同的成立

保险合同的成立是指投保人与保险人就合同的条款达成协议。我国《保险法》第13条规定：投保人提出保险要求，经保险人同意承保，保险合同成立。保险人应当及时向投保人签发保险单或者其他保险凭证。保险单或者其他保险凭证应当载明当事人双方约定的合同内容。当事人也可以约定采用其他书面形式载明合同内容。在实务操作中，当保险人审核投保人填具的投保单后并在投保单上签章表示同意承保时，即意味着保险合同的成立，但是，保险合同的成立并不一定意味着保险责任的开始。

保险合同的一般成立要件有：投保人提出保险申请、保险人同意承保、保险人与投保人就合同条款达成协议。

（2）保险合同的生效

保险合同的生效是指依法成立的保险合同条款对合同当事人产生约束力。一般合同一经成立即生效，双方便开始享有权利，承担义务。但是，保险合同往往是附条件、附期限生效的合同，只有当事人的行为符合所附条件或达到所附期限时，保险合同才生效。如保险合同订立时，约定保险费交纳后保险合同才开始生效，那么，虽然保险合同已经成立，但要等到投保人交纳保险费后，才能生效。我国保险实践中普遍推行的"零时起保制"，就是指保险合同的生效时间是在合同成立的次日零时或约定的未来某一日的零时。

讨论　　　　　　　　　　　**张某的保单是否有效**

2015年3月10日，张某为其丈夫投保了长期人寿保险，保险金额为50万元。2015年4月23日，张某的丈夫遭遇车祸死亡，张某向保险公司提出索赔。保险公司在审核保单时发现，投保单中的投保人签字和被保险人签字字体完全一样，说明出自一人之手。张某承认是她填写的投保单，被保险人的名字也是她代签的。

保险公司认为，根据《保险法》的规定，这是一张无效保单，拒绝给付。张某不服，向法院提起诉讼。保险公司的处理是否妥当？为什么？

二、保险合同的履行

保险合同的履行是指保险合同双方当事人按照合同约定全面履行自己的义务。主要包括投保人义务的履行和保险人义务的履行。

1. 投保人义务的履行

（1）如实告知义务

该项义务要求投保人在合同订立之前、订立时及在合同有效期内，对已知或应知的与危险和标的有关的实质性重要事实向保险人作真实陈述。如实告知是投保人必须履行的基本义务，也是保险人实现其权利的必要条件。我国《保险法》第16条规定：订立保险合同时，保险人就保险标的或者被保险人的有关情况提出询问的，投保人应当如实告知。这说明我国对投保人告知义务的履行实行"询问告知"原则，即指投保人只需对保险人所询问的问题作如实回答，而对询问以外的问题，投保人因无须告知而未告知的，不能视为违反告知义务。

（2）交纳保险费义务

交纳保险费是投保人最基本的义务，通常也是保险合同生效的前提条件之一。投保人如果未按保险合同的约定履行此项义务，将要承担由此造成的法律后果：以交付保险费为保险合同生效条件的，保险合同不生效；对已经成立的财产保险合同，不仅要补交保险费，同时还要承担相应的利息损失，否则，保险合同终止，因某种法定或约定事由的出现，致使保险合同双方当事人的权利义务归于消灭的行为除外；约定分期交付保险费的人身保险合同，未能按时交纳续期保险费，保险合同将中止，在合同中止期间发生的保险事故，保险人不承担责任，超过中止期未复效者，保险合同终止。

（3）防灾防损义务

保险合同订立后，财产保险合同的投保人、被保险人应当遵守国家有关消防安全、生产操作、劳动保护等方面的规定，维护保险标的的安全，保险人有权对保险标的的安全工作进行检查，经被保险人同意，可以对保险标的采取安全防范措施。投保人、被保险人未按约定维护保险标的的安全的，保险人有权要求增加保险费或解除保险合同。

（4）危险增加通知义务

按照我国《保险法》第52条的规定：保险标的的危险程度增加时，被保险人应及时通知保险人。保险人可根据危险增加的程度决定是否增收保险费或解除保险合同。若被保险人未履行危险增加的通知义务，保险人对因危险程度增加而导致的保险标的的损失可以不承担赔偿责任。

讨论　　　　　　　　**危险增加时必须及时通知保险人**

刘某为自己所建的三层楼房向某保险公司投保家庭财产险。同年，刘某因工作调动全家搬往郊区居住，便将楼房出租给个体户张某堆放化学药品，事后，刘某也未将这一情况通知保险公司。后来存放在该楼的化学药品受热起火，三层楼全部烧毁。刘某拿保险单向保险公司索赔未果。因为刘某的楼房在出租后，危险增加，刘某未履行危险增加的告知义务，保险人不必承担保险责任。

保险公司是否应赔偿？如果是因为水灾造成楼房毁损，保险公司该不该赔偿？

（5）保险事故发生后及时通知义务

保险的基本职能是对保险事故发生造成被保险人之于保险标的的损失承担赔付责任。为了保证这一基本职能的体现，投保人、被保险人或受益人在知道保险事故发生后，应当及时将保险事故发生的时间、地点、原因及保险标的的情况、保险单证号码等通知保险人。这既是被保险人或受益人的一项义务，也是其获得保险赔付的必要程序之一。保险事故发生后通知义务的履行，可以采取书面形式或口头形式，但法律要求采取书面形式的，必须采取书面形式；"及时"应以合同约定的为准，合同没有约定的，应该根据实际情况，确定合理的时限。

（6）损失施救义务

保险事故发生时，被保险人有责任尽力采取必要的合理的措施，对损失施救，防止或减少损失。保险人可以承担被保险人为防止或减少损失而支付的必要的合理的费用。

（7）提供单证义务

保险事故发生后，投保人、被保险人或受益人向保险人提出索赔时，应当按照保险合同规定向保险人提供其所能提供的与确认保险事故的性质、原因、损失程度等有关的证明和资料，包括保险单、批单、检验报告、损失证明材料等。

（8）协助追偿义务

在财产保险中，由于第三人行为造成保险事故发生时，被保险人应当保留对保险事故责任方请求赔偿的权利，并协助保险人行使代位求偿权；被保险人应向保险人提供代位求偿所需的文件及其所知道的有关情况。

2. 保险人义务的履行

（1）承担赔偿或给付保险金义务

赔偿或给付保险金是保险人最基本的义务。这一义务在财产保险中表现为对被保险人因保险事故发生而遭受的损失的赔偿，在人身保险中表现为对被保险人死亡、伤残、疾病者；或达到合同约定的年龄、期限时给付保险金。需要特别指出的是，财产保险中的赔偿包括两个方面的内容：

①赔偿被保险人因保险事故造成的经济损失，包括财产保险中保险标的及其相关利益的损失，责任保险中被保险人依法对第三者承担的经济赔偿责任，信用保险中权利人因义务人违约造成的经济损失。

②赔偿被保险人因保险事故发生而引起的各种费用，包括财产保险中被保险人为防止或减少保险标的的损失所支付的必要的合理的费用，责任保险中被保险人支付的仲裁或诉讼费用和其他必要的合理的费用，以及为了确定保险责任范围内的损失，被保险人所支付的对受损标的的查勘、检验、鉴定、估价等其他费用。

（2）说明合同内容义务

订立保险合同时，保险人应当向投保人说明保险合同的条款内容，特别是对责任免除条款必须明确说明；否则，责任免除条款不产生效力。

（3）及时签单义务

保险合同成立后，及时签发保险单证是保险人的法定义务。保险单证是保险合同成立的证明，也是履行保险合同的依据。保险单证中应当载明保险当事人双方约定的合同内容。

（4）为投保人或被保险人保密义务

保险人在办理保险业务中对知道的投保人或被保险人的业务情况、财产情况、家庭状况、身体健康状况等,负有保密义务。为投保人或被保险人保密,也是保险人的一项法定义务。

> **知识拓展**
>
> ### 一、保险合同的订立原则
>
> **1. 公平互利原则**
>
> 公平互利原则是指保险合同的订立,应当使合同双方当事人都有利。它要求双方当事人所享有的权利与承担的义务对等,不应存在保险合同只有一方享有权利而另一方只承担义务的现象。
>
> **2. 协商一致原则**
>
> 协商一致原则是指在保险合同订立的过程中,双方当事人应当在法律地位完全平等的基础上,在法律、法规允许的范围内,充分协商,在充分表达各自意愿的前提下达成协议,任何一方不得将自己的意愿强加给对方。
>
> **3. 自愿订立原则**
>
> 自愿订立原则是指双方当事人在订立保险合同时,意志是独立的,不受他人意志的干涉与强迫。当事人有权在法律允许的范围和方式内自主决定保险合同的订立,任何在威胁、强迫、欺诈等不自愿的情况下签订的保险合同都是无效的。
>
> ### 二、保险合同的有效与无效
>
> **1. 保险合同的有效**
>
> 保险合同的有效是指保险合同具有法律效力并受国家法律保护。任何保险合同要产生当事人所预期的法律后果,使合同产生相应的法律效力,必须符合有效条件。按照保险合同订立的一般原则,保险合同的有效条件如下:
>
> (1) 合同主体必须具有保险合同的主体资格
>
> 在保险合同中,保险人、投保人、被保险人、受益人都必须具备法律所规定的主体资格,否则会引起保险合同全部无效或部分无效。
>
> (2) 主体合意、双方意思表示一致
>
> 所谓主体合意,主要指签订保险合同的双方当事人要合意(意思表示一致),而且必须以双方具有主体资格为基础,并且这种合意是建立在最大诚信基础上的,保险合同双方以完全的诚实,向对方履行告知所有相关重要事实的义务。任何一方对他方的限制和强迫命令,都可使合同无效。
>
> (3) 客体合法
>
> 所谓客体合法,是指投保人对于投保标的所具有的保险利益必须符合法律规定,符合社会公共利益要求,能够在法律上有所主张,为法律所保护。否则,保险合同无效。
>
> (4) 合同内容合法
>
> 所谓合同内容合法,是指保险合同的内容不得与法律和行政法规的强制性或禁止性规定相抵触,也不能滥用法律的授权性或任意性规定达到规避法律规范的目的。

2. 保险合同的无效

保险合同的无效是保险合同不具有法律效力，不被国家保护。保险合同无效须由人民法院或仲裁机构进行确认。导致保险合同无效的主要原因有以下八条：

（1）保险合同主体资格不符合法律规定

如投保人没有民事行为能力或对投保标的不具有保险利益，保险人未取得经营保险业务的许可证或超越经营范围经营保险业务等。

（2）保险合同的内容不合法

如投保人为非法据有的保险标的投保；未成年人父母以外的投保人，为无民事行为能力人订立以死亡为保险金给付条件的保险合同；以死亡为给付保险金条件的保险合同，未经被保险人同意并认可保险金额；保险条款内容违反国家法律及行政法规等。

（3）保险合同当事人意思表示不真实

即保险合同不能反映当事人的真实意志。如采取欺诈、胁迫等手段订立的保险合同、重大误解的保险合同、无效代理的保险合同等。

（4）保险合同违反国家利益和社会公共利益

如为非法利益提供保障的保险合同等。

保险合同无效可以分为全部无效和部分无效

保险合同的全部无效是指其约定的全部权利和义务自始不产生法律效力。如投保人对保险标的不具有保险利益，或违反国家利益和社会公益的保险合同，或保险标的不合法的保险合同等，均属于全部无效的保险合同。

保险合同部分无效是指保险合同某些条款的内容无效，但合同的其他部分仍然有效。如善意的超额保险中超额部分无效，保险价值以内部分仍然有效。

保险合同的无效不同于保险合同的失效。保险合同被确认无效后，即自始至终无效，是绝对无效；而保险合同失效则是由于某种事由的发生，使保险合同的效力暂时中止，而非绝对无效，待条件具备时，合同效力仍可恢复。

对于无效保险合同的处理方式依合同无效的影响程度不同而不同。一般的无效保险合同，采取返还财产的方式，即保险人将收取的保险费退还给投保人，被保险人将保险人赔付的保险金退还给保险人；对给当事人造成损失的无效保险合同采取赔偿损失的方式，即按照过错原则，由有过错的一方向另一方赔偿，如果双方均有过错，则相互赔偿；对有违反国家利益和社会公共利益的保险合同，采取追交财产的方式，即追交故意违反国家利益和社会公共利益的一方已经通过保险合同取得和约定取得的财产，收归国库。

三、保险人的保密义务

在订立和履行保险合同的过程中，保险人、再保险人（再保险）接受人，通过询问、现场查勘、审核证明资料等，可以知悉大量的有关投保人、被保险人和再保险分出人的业务和财产情况，这些情况都可能涉及投保人、被保险人、再保险分出人的商业秘密、个人隐私以及其他不愿公开的事项等，关系到投保人，被保险人、再保险分出人的切身利益。

因此，为了保护投保人、被保险人或再保险分出人的合法权益，规范保险经营行为，促进保险业形成良好的职业道德，保险人或者再保险人对在办理保险业务中知道的投保人、被保险人或者再保险分出人的业务和财产情况，负有保密义务。

1. 设定保险人和再保险人保密义务的必要性

投保人、保险人或者再保险分出人的业务、财产状况和个人隐私属于其商业秘密及隐私权的范畴。当今社会以尊重个人隐私和经济活动主体的商业秘密为原则，体现对人格权和商业秘密权的重视。投保人为了使保险人决定承保，告知保险人有关投保人及被保险人、受益人的业务和财产状况，甚至个人隐私，是为了求得保险保障。再保险分出人和再保险接受人情况也属于类似情况。保险人对了解到的这些情况应当予以保密，这也就是法律要求的应有之义。

2. 保险人和再保险人必须遵守保密义务

订立保险合同，保险人应当向投保人说明保险合同的条款内容，并可以就保险标的或者被保险人的有关情况提出询问，投保人应当如实告知。因此，保险人在办理保险业务中会了解投保人、被保险人、受益人的业务、财产以及个人隐私等情况，而这些情况往往又是投保人、被保险人不愿意公开的。为了维护投保人、被保险人和受益人的合法权益，保险人对其知道的这方面的情况依法负有保密义务。应再保险人的要求，再保险分出人应当将其自负责任及原保险的有关情况告知再保险人。因此，再保险人在办理再保险业务的过程中，必须知悉再保险分出人及原保险的投保人、被保险人、受益人的业务、财产及个人隐私等情况，对此，再保险人同样依法负有保密义务。

【任务实施】

一、角色扮演

每2人一组，分角色扮演订立保险合同双方当事人，体验保险合同订立的过程，通过视频资料模仿、归纳相应的拒绝话术。

二、案例分析

2015年9月，苏州某电子公司向深圳某保险公司投保了财产一切险，其厂房以及厂房内所有的机器设备、存货、办公用品总保险金额为1.7亿元，保险期限自2015年9月3日起至2016年9月2日止，保险责任包括火灾、雷击、爆炸等。2016年2月26日，厂房发生火灾，大量成品、半成品海绵被烧毁，厂房及生产设备也因火灾受损。经消防部门认定，此次火灾系某焊接工人气割材料库内的管道引燃周围可燃物引起火灾。事后，该公司向保险公司索赔。保险公司审核后拒绝理赔，拒赔理由主要是：

①该公司厂房在保险期限内由生产车间改为仓库，且未经消防部门审批，增加了保险标的的风险程度，从而扩大了承保风险。

②被保险人违反消防法律法规，在严禁使用明火的仓库允许施工人员用气割机切割风管。

③发生火灾时，消防栓未能正常使用。

④不符合消防安全的要求，投保后未按约定履行维护保险标的安全的责任，在保险标的危险程度增加时也未通知被告，而此次火灾事故系该公司纵容违规生产导致，因而违反了被

保险人应尽的保险标的危险程度增加的通知义务。

该公司对此不服。

分析参考：

本案属于典型的保险合同纠纷。遇到这种情况，投保人应及时地通过法律途径寻求支持。但本案也提醒广大投保人，投保后也应当维护保险标的的安全，当标的危险程度增加时，切记要及时通知保险公司，否则，可能遭到保险公司拒赔，引起纠纷。

《保险法》第51条规定：被保险人应当遵守国家有关消防、安全、生产操作、劳动保护等方面的规定，维护保险标的的安全。第52条规定：在合同有效期内，保险标的的危险程度显著增加的，被保险人应当按照合同约定及时通知保险人，保险人可以按照合同约定增加保险费或者解除合同。保险人解除合同的，应当将已收取的保险费，按照合同约定扣除自保险责任开始之日起至合同解除之日止应收的部分后，退还投保人。被保险人未履行前款规定的通知义务的，因保险标的的危险程度显著增加而发生的保险事故，保险人不承担赔偿保险金的责任。以上规定要求被保险人在对标的物进行保险后，要维护保险标的的安全，并在危险程度增加时及时通知保险公司，否则，保险公司不承担因危险程度增加导致的事故损失。

一般来说，《保险法》中规定的被保险人应当维护保险标的安全义务属于倡导性条款，只要被保险人遵守了国家有关消防和安全生产方面的规定，就可以视为履行了该项义务。事实上，保险标的的安全与不安全具有相对性，任何财产的绝对安全是不存在的。如果将被保险人维护保险标的安全的义务范围扩张至"保证保险标的不发生危险事故"，则保险存在的必要性就不存在了。在保险实务中，保险公司较少以此为由进行拒赔，通常也不能获得法院的支持。当保险标的物的危险程度增加时，就意味着保险合同订立所依据的条件发生了改变，因此，法律要求被保险人及时通知保险公司是必要和合理的。但如果被保险人没有履行通知义务，保险人适用本条进行拒赔也面临着很大的困难，因为要确认保险公司拒赔理由成立，至少要具备如下条件：

①保险事故确实是因保险标的危险程度增加而导致的，两者之间有必然的因果关系。根据"谁主张，谁举证"的原则，保险人对此因果关系要负举证责任。

②被保险人未及时按照合同约定通知保险人。如果合同没有约定，则被保险人无通知义务。

由于"危险程度"更多是一种状态概念，而非量的概念，因而衡量怎样的情况属于危险程度增加以及证明事故的发生就是增加的危险程度导致的这种因果关系，通常涉及很复杂的、时间和财力耗费都很大的技术鉴定工作，因此，保险公司在运用本条款拒赔时应当特别慎重，否则拒赔理由一旦不能获得法院支持，不仅要支付保险金，而且要支付鉴定费用。对被保险人而言，当保险标的物的危险程度增加时，务必遵循诚信原则，及时通知保险公司，以保护自己的利益，避免产生不必要的纠纷。

同步测试

一、名词解释

1. 要约

2. 承诺

二、简答题

1. 简述保险合同双方如何履行合同义务？
2. 简述保险合同无效有哪些情形？

三、单项选择题

1. 投保人提出保险要求，保险人同意承保的，属于（　　）行为。
   A. 要约　　　　　　B. 反要约　　　　　　C. 承诺　　　　　　D. 受约
2. 保险合同约定的保险事故发生后，保险人所承担的保险金赔偿或给付责任，称为（　　）。
   A. 直接责任　　　　B. 约定责任　　　　　C. 免除责任　　　　D. 保险责任
3. 下列有关人身保险合同陈述不正确的是（　　）。
   A. 以人的寿命与身体为保险标的
   B. 人身保险合同的金钱给付，事实上是一种约定给付
   C. 人身保险合同同样适用补偿原则，也存在重复保险、分摊、代位求偿等问题
   D. 人身保险合同的主体包括保险人、投保人、被保险人和受益人
4. 说明义务是指订立合同时，应由（　　）说明保险合同条款的内容。
   A. 投保人向被保险人　　　　　　B. 保险人向被保险人
   C. 保险人向投保人　　　　　　　D. 投保人向受益人
5. 商业保险所反映的保险关系是通过（　　）来体现的。
   A. 保险法　　　　　　　　　　　B. 保险基本原则
   C. 保险合同　　　　　　　　　　D. 双方的权利和义务

四、多项选择题

1. 在（　　）情况下，保险人可解除保险合同。
   A. 投保人故意隐瞒事实不履行如实告知义务
   B. 投保人、被保险人或受益人故意制造保险事故
   C. 财产保险中，投保人、被保险人未按约定履行其对保险标的安全应尽之责任
   D. 人身保险中，合同效力中止超过二年
   E. 人身保险合同中，未指定受益人
2. 导致保险合同无效的原因有（　　）。
   A. 违反法律和行政法规　　　　　　B. 违反国家利益和社会公共利益
   C. 采用欺诈、胁迫手段签订　　　　D. 投保人对保险标的不具有保险利益
   E. 投保人因疏忽或过失而违反如实告知义务
3. 无效的保险合同不发生法律效力，按照无效性质划分，保险合同无效可以分为（　　）。
   A. 全部无效　　　　　　　　　　B. 部分无效
   C. 绝对无效　　　　　　　　　　D. 相对无效
   E. 自始无效
4. 根据我国有关法律的规定，无效合同的确认权属于（　　）。
   A. 人民法院　　　　　　　　　　B. 保险人
   C. 投保人　　　　　　　　　　　D. 仲裁机关

E. 保监管部门
5. 保险人作为订立保险合同的另一方当事人，可以成为（　　）。
A. 原要约人　　　　　B. 受约人　　　　　C. 承诺人　　　　　D. 新的要约人

任务四　变更、中止及终止保险合同

【任务描述】 在本任务下，学生应熟悉保险实务中保全业务相关流程，掌握保险合同变更、中止和终止的各种情形。

【任务分析】 通过从网上收集资料和学习理论知识，教师指导学生填写保险合同变更、中止和终止过程中的各种申请书，归纳其中可能出现的保险纠纷。

【相关知识】

由于保险合同的长期性，在保险合同履行过程中，保险合同的主体和内容会发生改变，为维持保险合同的效力，需对保险合同进行变更。《保险法》第 20 条规定：投保人和保险人可以协商变更合同内容。变更保险合同的，应当由保险人在保险单或者其他保险凭证上批注或者附贴批单，或者由投保人和保险人订立变更的书面协议。

一、保险合同主体的变更

保险合同主体的变更指保险人及投保人、被保险人、受益人的变更。

1. 保险人的变更

保险人的变更，是指保险企业因破产、解散、合并、分立而发生的变更，经国家保险管理机关批准，将其所承担的部分或全部保险合同责任转移给其他保险公司或政府有关基金承担。

2. 投保人、被保险人、受益人的变更

在保险实践活动中，投保人、被保险人和受益人的变更最为常见，而且在财产保险合同与人身保险合同中情况各不相同。

（1）在财产保险中的情况

由于保险财产的买卖、转让、继承等法律行为而引起保险标的所有权转移，从而引起投保人或被保险人的变更。由于保险合同的主要形式是保险单，因此，投保人或被保险人的变更又会涉及保险单的转让。对此，有两种不同的做法：

①允许保险单随保险标的所有权的转移而自动转让，因而投保人、被保险人也可随保险标的的转让而自动变更，无须征得保险人的同意，保险合同继续有效。如货物运输保险合同，由于货物在运输过程中，不是由被保险人而是由承运人保管，加之货物所有权随着货物运输过程中提单的转移屡次发生转移，因此，保险标的所面临的风险与被保险人没有直接的关系。所以，允许保险单随着货物所有权的转移而自动转让，无须征得保险人的同意。

②保险单的转让要征得保险人的同意方为有效。对大多数财产保险合同而言，由于保险单不是保险标的的附属物，保险标的的所有权转移后，新的财产所有人是否符合保险人的承保条件，能否成为新的被保险人，需要进行考察，以决定保单能否转让给新的财产所有人。所以，保险单不能随保险标的的所有权的转移而自动转让，一般要由投保人或被保险人书面通知

保险人，保险人经过判断，并在保险单上背书，转让才有效。因此，投保人或被保险人必须得到保险人同意后才可变更，保险合同才可继续有效。否则，保险合同将终止，保险人不再承担保险责任。

值得注意的是，这里并不是指未经保险人同意保险标的不得转让，而仅指保险合同会因此而终止。

（2）在人身保险中的情况

在人身保险中因为被保险人本人的寿命或身体是保险标的，所以被保险人的变更可能导致保险合同终止，因此，人寿保险中，一般不允许变更被保险人。

人身保险合同主体变更主要涉及投保人与受益人的变更

1）投保人的变更

只要新的投保人对被保险人具有保险利益，而且愿意并能够交付保险费，即可转让人身保险合同，但必须告知保险人。但是，如果是以死亡为给付保险金条件的保险合同，必须经被保险人本人书面同意，才能变更投保人。

2）受益人的变更

受益人是由被保险人指定的，或经被保险人同意由投保人指定的，其变更主要取决于被保险人的意志。被保险人或者投保人可以随时变更受益人，无须经保险人同意，但投保人变更受益人时须经被保险人同意。但无论如何，受益人的变更，要书面通知保险人，保险人收到变更受益人的书面通知后，应当在保险单上批注。

二、保险合同内容的变更

保险合同内容的变更是指保险合同主体享受的权利和承担的义务所发生的变更，表现为保险合同条款及事项的变更。投保人和保险人均有变更保险合同内容的权利。保险人变更保险合同内容主要是修订保险条款。但是，由于保险合同的保障性和附和性的特征，在保险实践中，一般不允许保险人擅自对已经成立的保险合同条款作出修订，因而其修订后的条款只能约束新签单的投保人和被保险人，对修订前的保险合同的投保人和被保险人并不具有约束力。

1. 保险合同内容的变更

保险合同内容的变更主要是由投保方引起的，具体包括以下几点：

①保险标的的数量、价值增减而引起的保险金额的增减。

②保险标的的种类、存放地点、占用性质、航程和航期等的变更引起风险程度的变化，从而导致保险费率的调整。

③保险期限的变更。

④人寿保险合同中被保险人职业、居住地点的变化等。

保险合同内容的变更，一种情况是投保人根据自己的实际需要提出变更合同内容；另一种情况是投保人必须进行的变更，如风险程度增加的变更。否则，投保人会因违背合同义务而承担法律后果。

2. 保险合同变更的程序与形式

无论是保险合同内容的变更还是主体变更，都要遵循法律、法规规定的程序，采取一定的形式完成。

（1）保险合同变更必须经过一定的程序才可完成。在原保险合同的基础上投保人及时提出变更保险合同事项的要求，保险人审核，并按规定增减保险费，最后签发书面单证，变更完成。

（2）保险合同变更必须采用书面形式，对原保单进行批注。对此一般要出具批单或者由投保人和保险人订立变更的书面协议，以注明保险单的变动事项。

三、保险合同的中止

保险合同中止是指在保险合同存续期间，由于某种原因的发生而使保险合同的效力暂时失效。在合同中止期间发生的保险事故，保险人不承担赔偿或给付保险金的责任。保险合同的中止，在人寿保险合同中最常见。人寿保险合同大多期限较长，由数年至数十年不等，故其保险费的交付大都是分期交纳。如果投保人在约定的保险费交付时间内没有按时交纳，且在宽限期内（一般为60天）仍未交纳，则保险合同中止。各国保险法均规定，被中止的保险合同可以在合同中止后的2年内申请复效。满足复效条件复效后的合同与原合同具有同样的效力，可以继续履行。当然，被中止的保险合同也可能因投保人不提出复效申请，或保险人不能接受已发生变化的保险标的（如被保险人在合同中止期间患有保险人不能按条件承保的疾病），或其他原因而被解除，不再有效。

四、保险合同的终止

保险合同的终止是指保险合同成立后，因法定的或约定的事由发生，使合同确定的当事人之间的权利、义务关系不再继续，法律效力完全消灭的事实。终止是保险合同发展的最终结果。

1. 自然终止

指因保险合同期限届满而终止。这是保险合同终止的最普遍、最基本的原因。凡保险合同订明的保险期限届满时，无论在保险期限内是否发生过保险事故以及是否得到过保险赔付，保险期限届满后，保险合同按时终止。保险合同期满后，需要继续获得保险保障的，要重新签订保险合同，即续保。但是，这里所指的续保并不意味着保险期限的延长或是原保险合同的继续，而是另一个新的保险合同的签订。

2. 因保险人完全履行赔偿或给付义务而终止

指保险人已经履行赔偿或给付全部保险金义务后，如无特别约定，保险合同即告终止，即使保险期限尚未届满，合同也告终止。

3. 因合同主体行使合同终止权而终止

指合同主体在合同履行期间，遇有某种特定情况，行使终止合同的权利而使合同终止，而无须征得对方的同意。《中华人民共和国保险法》第58条规定，保险标的发生部分损失的，自保险人赔偿之日起30日内，投保人可以解除合同；除合同另有约定外，保险人也可以解除合同，但应当提前15日通知投保人。合同解除的，保险人应当将保险标的未受损失部分的保险费，按照合同约定，扣除自保险责任开始之日起至合同解除之日止应收的部分后，退还投保人。这是因为财产保险中的保险标的发生部分损失后，保险标的本身的状态及面临的风险已经有所变化，允许双方当事人在法定期间内行使保险合同终止权。

4. 因保险标的全部灭失而终止

指由于非保险事故发生，造成保险标的灭失，保险标的实际已不存在，保险合同自然终止。如人身意外伤害保险中，被保险人生病而死亡，就属于这种情况。

5. 因解除而终止

指在保险合同有效期尚未届满前，合同一方当事人依照法律或约定解除原有的法律关系，提前终止保险合同效力的法律行为。保险合同的解除可以分为约定解除、协商解除、法定解除和裁决解除。

（1）约定解除

指合同当事人在订立保险合同时约定，在合同履行过程中，某种情形出现时，合同一方当事人可行使解除权，使合同的效力消灭。

（2）协商解除

指在保险合同履行过程中，某种在保险合同订立时未曾预料的情形出现，导致合同双方当事人无法履行各自的责任或合同履行的意义已丧失，于是通过友好协商，解除保险合同。

（3）法定解除

指在保险合同履行过程中，法律规定的解除情形出现时，合同一方当事人或者双方当事人都有权解除保险合同，终止合同效力。

（4）裁决解除

指产生解除保险合同纠纷，纠纷当事人根据合同约定或法律规定提请仲裁或向人民法院提起诉讼时，人民法院或仲裁机构裁决解除保险合同。

对于投保人来说，除《中华人民共和国保险法》另有规定或者保险合同另有约定外，保险合同成立后，投保人有权随时解除保险合同。但保险人不得解除保险合同，除非发现投保方有违法或违约行为。但是对于货物运输保险合同和运输工具航程保险合同，保险责任开始后，合同当事人都不得解除保险合同。

知识拓展

一、在哪些情形下保险人享有解除合同的权利

① 除保险法另有规定或者保险合同另有约定外，保险合同成立后，投保人可以解除保险合同，保险人不得解除保险合同。但货物运输保险合同和运输工具航程保险合同，保险责任开始后，合同当事人不得解除合同。

② 投保人故意隐瞒事实，不履行如实告知义务的，或者因过失未履行如实告知义务，足以影响保险人决定是否同意承保或者提高保险费率的，保险人有权解除合同。投保人故意不履行如实告知义务的，保险人对于保险合同解除前发生的保险事故，不承担赔偿或者给付保险金的责任，并不退还保险费。投保人因过失未履行如实告知义务，对保险事故的发生有严重影响的，保险人对于保险合同解除前发生的保险事故，不承担赔偿或者给付保险金的责任，但可以退还保险费。

③ 被保险人或受益人在未发生保险事故的情况下，谎称发生了保险事故，向保险人提出赔偿或给付保险金的请求的，保险人有权解除保险合同，并不退还保险费。

④ 投保人、被保险人或者受益人故意制造保险事故的，保险人有权解除保险合同，不承担赔偿或给付保险金的责任，除《保险法》第 65 条第 1 款另有规定外，也不退还

保险费。(第65条第1款：投保人、受益人故意造成被保险人死亡、伤残或者疾病的，保险人不承担给付保险金的责任，投保人已交足二年以上保险费的，保险人应当按照合同约定向其他享有权利的受益人退还保险单的现金价值。)

⑤保险事故发生后，投保人、被保险人或受益人以伪造、变造的有关证明、资料或者其他证据，编造虚假的事故原因或者夸大损失程度的，保险人对其虚报的部分不承担赔偿或者给付保险金的责任。(注意，没有保险合同的解除权)

⑥投保人、被保险人未按照约定履行其对保险标的安全应尽的责任的，保险人有权要求增加保险费或者解除合同。

⑦在合同有效期内，保险标的危险程度增加的，被保险人按照合同约定应当及时通知保险人，保险人有权要求增加保险费或者解除合同。

⑧投保人申报的被保险人年龄不真实，并且其真实年龄不符合合同约定的年龄限制的，保险人可以解除合同，并在扣除手续费后，向投保人退还保险费，但是自合同成立之日起逾二年的除外。

⑨自保险合同效力中止之日起二年内双方未达成协议的，保险人有权解除合同。

二、为何投保人指定或变更受益人必须经被保险人同意

为避免道德风险，防止投保人、受益人为了获得保险金而故意造成被保险人死亡、伤残或疾病，各国法律一般都规定，受益人由被保险人指定或变更，或经被保险人同意后由投保人指定或变更。我国的《保险法》第39条规定：人身保险的受益人由被保险人或投保人指定。投保人指定受益人时须经被保险人同意，投保人为与其有劳动关系的劳动者投保人身保险，不得指定被保险人及其近亲属以外的人为受益人。被保险人为无民事行为能力人或限制民事行为能力人的，由其监护人指定受益人。

《保险法》第41条规定：投保人变更受益人时须经被保险人同意。因此我们提醒投保人和被保险人，一旦发生变化需要变更受益人，应尽早到保险公司办理保单变更事宜，否则，一旦出现保险人对被保险人或受益人因保险事故造成的损失给予经济赔偿或给付保险金的行为，则应依据保单和现行法律法规处理。

三、为什么投保人寿保险后不要轻易退保

退保，是解除保险合同的形式之一，是保户享有的一项基本权利。一般情况下，保户不宜轻易退保，因为退保会带来很多不利影响。

①经济上蒙受损失（非故意的、非预期的、非计划的经济价值的灭失和人身的伤害）。通常分为直接损失和间接损失。按《保险法》规定，已交满两年以上保险费的，退保时退还保险单的现金价值，未交满两年保险费的，退保时扣除手续费后，退还所交剩余保险费。退保越早，保户得到的退保金越少，特别是在未交满两年保险费的情况下，退保金更少。

②再投保时交费标准往往会提高。一般来说，投保同一种险种，被保险人的年龄越大，交费标准越高。如果退保后重新投保，便会因年龄的增长而多交保险费。

③退保后，原有保障随之丧失，保户原本享有的保险权益因此失去，面对随时可能发生的风险，保户个人及家庭生活将重新回到不安定状态。

④重新投保时的保险权益可能受到某些限制。若因退保而重新考虑投保长期性人寿保险，其保险条款中约定的疾病身故、疾病致残或自杀的保险责任免除期将重新计算。若保户在责任免除期发生保险事故，保险公司不予赔偿。

⑤重新投保时可能会被拒保。某些人寿保险条款，以被保险人身体健康且不超过规定年龄为条件。保户退保后再投保，可能会因身体状况的变化或超过规定的年龄而被拒保，从而失去获得保险保障的权利。

【任务实施】

一、角色扮演

组织学生演练保险合同变更、中止、终止流程，使学生掌握保险业务员办理保全业务的基本内容。总结归纳保全业务办理流程规范。

二、案例分析

案例1：

胡某于2015年9月购买了一辆二手车，9月29日在车管所办完车辆过户手续，因临近国庆节，未及时办理保险过户手续。车辆在10月2日出险，胡某以为在保险责任有效期间内，因发生保险事故导致保险标的出现经济损失，于是向保险公司索赔。保险公司却认为：他的车辆保险还没过户，无法给予理赔。胡某对此不服，认为原车主买了保险，现车辆过户给自己了，保险公司应承担赔偿责任，因而向保险监管机构投诉。

分析参考：

《保险法》第49条明确规定：保险标的转让的，保险标的的受让人继承被保险人的权利和义务。保险标的转让的，被保险人或者受让人应当及时通知保险人，但货物运输保险合同和另有约定的合同除外。同时，保险合同约定：在保险合同有效期内，保险车辆转卖、转让、赠送他人、变更用途或增加危险程度，被保险人应当事先书面通知保险人，并申请办理批改。在本案中，当交通事故发生时，保险合同尚未变更，胡某并非保险合同的被保险人，与保险公司之间未建立保险合同关系，所以保险公司有权拒赔。

事实上，胡某的遭遇很有代表性。很多人在买卖二手车时，以为只要在车管所办理车籍过户即可，却忘记了同时还应通知保险公司，给车辆保险办理变更手续。在一般情况下，如果新户主没有去保险公司办理相应的手续，那么保险利益会随着汽车的转让而中止，只有经保险公司批改后合同才重新生效。因此，在进行二手车交易时，作为新车主，一定要在二手车买卖合同中约定好如何处理车辆保险过户，目前常见的车辆保险过户有两种方式：

第一种方式是申请退保，即把原来的车辆保险退掉，然后办理一份新的车辆保险。这种方要求原车主把原先的保单退掉，在车价中扣掉这一部分价值；但重新投保需要新的行驶证或车辆过户证明。

第二种方式是对原有保单要素做一些批改，关键是批改被保险人与车主。这就要求在车辆买卖合同中注明由原车主带上保单和车辆过户证明，到原保险公司营销网点办理，否则，造成的后果由原车主承担。一般而言，保险公司在收到书面申请后，即会予以办理批改手续，若保险公司未予以认可，则会通知原车主办理退保退费手续，新车主则可以在车价中扣掉这一部分价值后，另行选择其他保险公司投保。

案例2：

李某于2013年在某市某广场购买了两套房子，在办理房屋按揭贷款时，李某在银行指定的A保险公司购买了两份房屋按揭保险，保险期限均为10年。2015年年底，李某提前还清了其中一套房子的贷款，并办理了该套房子的退保手续，而另外一份保单因尚未还清贷款，还差两年多才到期。后来，李某感觉A保险公司费率偏高，听银行方面说这份保险可以不限定保险公司，于是将另外一套房子向B保险公司购买了保险，并向A公司提出退保。

A公司在审核李某退保申请后认为，客户以费率高为由提出退保，公司不能接受，并且表示，房贷险大量退保会造成公司经营上的压力，公司不能承受。李某对此不服，于是向保险监管机构投诉。

分析参考：

保险公司的做法违背了"保险自愿、退保自由"的原则。

我国《保险法》第11条规定：订立保险合同，应当协商一致，遵循公平原则确定各方的权利和义务。除法律、行政法规规定必须保险的外，保险合同自愿订立。

第15条规定：除本法另有规定或者保险合同另有约定外，保险合同成立后，投保人可以解除合同，保险人不得解除合同。

第50条规定：货物运输保险合同和运输工具航程保险合同，保险责任开始后，合同当事人不得解除合同。

从以上规定可以看出，除极特殊的法定情形（货物运输保险合同和运输工具航程保险合同中约定的保险责任开始后）和保险合同另有关于合同解除方面的约定外，《保险法》赋予财产保险保险人按保险合同的约定对所承保的财产及其有关利益因自然灾害或意外事故造成的损失承担赔偿的责任。投保人有退保自由的权利。

在本案中，保险合同中并无限制投保人退保的约定，保险公司仅以投保人提出的退保理由不能接受和房贷险大量退保会造成经营上的压力为由就拒绝投保人退保，这显然违反了《保险法》的规定。保险监管机构责令保险公司办理了退保，并依法进行了处理。

同步测试

一、名词解释

1. 保险合同复效条款
2. 保险合同终止

二、简答题

1. 简述保险合同在什么情况下需要变更？
2. 简述保险合同终止的几种情形？

三、单项选择题

1. 一般情况下，在保险合同有效期间，（　　　）可以变更保险合同。

A. 由保险人提出要求　　　　　　　　　B. 由投保人提出要求

C. 经被保险人和投保人协商同意　　　　D. 经投保人和保险人协商同意

2. 人身保险合同中投保人解除合同的，已交足两年以上保费，保险人接到通知后（　　　）退还保险单的现金价值。

A. 不超过30天　　　B. 不超过60天　　　C. 不超过半年　　　D. 3天

3. 以死亡为给付保险条件的人身保险合同，变更投保人，须经过（　　）同意。
　　A. 被保险人　　　　B. 保险人　　　　C. 受益人　　　　D. 投保人
4. 在人身保险合同中，投保人或被保险人或受益人故意制造保险事故的，保险人（　　）。
　　A. 有权解除合同，并不退还保险费
　　B. 有权解除合同，并不承担保险责任，除法律另有规定外，不退还保险费
　　C. 有权解除合同，并不承担保险责任，除法律另有规定外，退还保险费
　　D. 有权解除合同，退还部分保险费
5. 投保人解除合同的法律后果有：在法律上保险合同终止和（　　）。
　　A. 退还现金价值　　B. 经济上的赔偿　　C. 行政上的处罚　　D. 刑事责任

四、多项选择题
1. 保险合同终止的原因有（　　）终止。
　　A. 自然　　　　　　B. 约定解除　　　　C. 协商解除
　　D. 履行　　　　　　E. 裁决解除
2. 保险责任开始后，（　　）当事人不得解除合同。
　　A. 运输工具航程保险合同　　　　　B. 信用保险合同
　　C. 货物运输保险合同　　　　　　　D. 人身保险合同
3. 保险合同的变更主要是指（　　）。
　　A. 费率变更　　　　B. 主体变更　　　　C. 内容变更　　　　D. 风险变更
4. 按照合同订立的一般原则，保险合同的有效条件有（　　）。
　　A. 合同主体合格　　　　　　　　　B. 合同内容合法
　　C. 合同采用书面形式　　　　　　　D. 投保人已经缴费
　　E. 当事人意思表示真实

五、判断题
1. 受益人由投保人在投保时指定，并在保险期间内可随意变更。（　　）
2. 一个可变更的受益人意味着被保险人保留更换受益人的权利，而不用征得受益人的同意。（　　）

任务五　解释保险合同及处理争议

【任务描述】在本任务下，学生应掌握保险合同纠纷的解释原则和争议处理办法。

【任务分析】学生通过网络和到保险公司调研、客户访谈等方式总结归纳保险合同纠纷的焦点问题，在教师指导下探讨各种解释原则的出发点和意义。大略统计采用不同争议处理办法的概率和时间经济成本。

【相关知识】

一、保险合同条款的解释

1. 保险合同条款的解释原则

（1）文义解释原则

即按照保险合同条款通常的文字含义并结合上下文解释的原则。如果同一词语出现在不

同地方，前后解释应一致，专门术语应按本行业的通用含义解释。

（2）意图解释原则

指必须尊重双方当事人在订约时的真实意图进行解释的原则。这一原则一般只能适用于文义不清、条款用词不准确、混乱模糊的情形，解释时要根据保险合同的文字、订约时的背景、客观实际情况进行分析推定。

（3）有利于被保险人和受益人解释的原则

按照国际惯例，对于单方面起草的合同进行解释时，应遵循有利于非起草人的解释原则。由于保险合同条款大多是由保险人拟订的，当保险条款出现含糊不清的意思时，应从有利于被保险人和受益人的角度作解释。但这种解释应有一定的规则，不能随意滥用。此外，采用保险协议书形式订立保险合同时，由保险人与投保人共同拟订的保险条款，如果因含义不清而发生争议，并非保险人一方的过错，其不利的后果不能仅由保险人一方承担。如果一律作对于被保险人有利的解释，显然是不公平的。

（4）批注优于正文，后批优于先批的解释原则

保险合同是标准化文本，条款统一，但在具体实践中，合同双方当事人往往会就各种条件变化进一步磋商，对此大多采用批注、附加条款、加贴批单等形式对原合同条款进行修正。当修改与原合同条款相矛盾时，采用批注优于正文、后批优于先批、书写优于打印、加贴批注优于正文批注的解释原则。

（5）补充解释原则

指当保险合同条款约定内容有遗漏或不完整时，借助商业习惯、国际惯例、公平原则等对保险合同的内容进行务实、合理的补充解释，以便继续执行合同。

2. 保险合同争议的处理方式

（1）协商

协商是指合同双方在自愿、互谅、实事求是的基础上，对出现的争议直接沟通，友好磋商，消除纠纷，求大同存小异，对所争议问题达成一致意见，自行解决争议的办法。

协商解决争议不仅可以节约时间、节约费用，更重要的是可以在协商过程中增进彼此了解，强化双方互相信任，有利于圆满解决纠纷，并继续执行合同。

（2）仲裁

仲裁指由仲裁机构的仲裁员对当事人双方发生的争执、纠纷进行居中调解，并做出裁决。仲裁做出的裁决，由国家规定的合同管理机关制作仲裁决定书。申请仲裁必须以双方在自愿的基础上达成的仲裁协议为前提。仲裁协议可以是订立保险合同时列明的仲裁条款，也可以是在争议发生前或发生时或发生后达成的仲裁协议。

仲裁机构主要是指依法设立的仲裁委员会，它是独立于国家行政机关的民间团体，而且不实行级别管辖和地域管辖。仲裁委员会由争议双方当事人协议选定，不受级别管辖和地域管辖的限制。仲裁裁决具有法律效力，当事人必须执行。仲裁实行"一裁终局"的制度，即裁决书做出之日即发生法律效力，一方不履行仲裁裁决的，另一方当事人可以根据民事诉讼的有关规定向法院申请执行仲裁裁决。当事人就同一纠纷不得向同一仲裁委员会或其他仲裁委员会再次提出仲裁申请，也不得向法院提起诉讼，仲裁委员会和法院也不予受理，除非申请撤销原仲裁裁决。

（3）诉讼

诉讼是指保险合同当事人的任何一方按法律程序，通过法院对另一方当事人提出权益主

张,由人民法院依法定程序解决争议、进行裁决的一种方式。这是解决争议最激烈的方式。

在我国,保险合同纠纷案属于民事诉讼法范畴。与仲裁不同,法院在受理案件时,实行级别管辖和地域管辖、专属管辖和选择管辖相结合的方式。我国《中华人民共和国民事诉讼法》第26条规定:因保险合同纠纷提起的诉讼,由被告住所地或者保险标的物所在地人民法院管辖。最高人民法院《关于适用〈中华人民共和国民事诉讼法〉若干问题的意见》中规定:因保险合同纠纷提起的诉讼,如果保险标的物是运输工具或者运输中的货物,由被告住所地或者运输工具登记注册地、运输目的地、保险事故发生地的人民法院管辖。所以,保险合同双方当事人只能选择有权受理的法院起诉。

我国现行保险合同对纠纷诉讼案件与其他诉讼案一样,实行的是两审终审制,且当事人不服一审法院判决的,可以在法定的上诉期内向高一级人民法院上诉申请再审。第二审判决为最终判决。一经终审判决,立即发生法律效力,当事人必须执行;否则,法院有权强制执行。当事人对二审判决还不服的,只能通过申诉和抗诉程序。

> **知识拓展**
>
> **一、有利于被保险人和受益人解释原则的由来**
>
> 该原则最早是从1536年一个英国判例开始形成的。
>
> 在英国,有一承包海上保险的人叫理查德·马丁。他在公历1536年6月18日将他的保险业务扩大到人身保险,并为他的一位嗜酒的朋友威廉·吉朋承保人寿保险,保险金额2 000英镑,保险期限为12个月,保险费80英镑。被保险人吉朋于1537年5月29日死亡。受益人请求保险人依约给付保险金2 000英镑。但马丁声称吉朋所保的12个月,系以阴历每月28天计算的,不是指日历上的12个月,因而保险期限已于公历1537年5月20日届满,无须支付保险金。但受益人认为应按公历计算,保险事故发生于合同有限期限内,保险人应如数给付保险金。最后法院判决,应作有利于被保险人和受益人的解释,马丁有义务给付保险金。
>
> **二、保险合同条款的解释效力**
>
> 对于保险合同条款的解释,依据解释者身份的不同,可以分为有权解释和无权解释。
>
> **1. 有权解释**
>
> 指具有法律约束力的解释,其解释可以作为处理保险合同条款争议的依据。对保险条款有权解释的机关主要包括全国人大常委会及其工作机关、人民法院、仲裁机构和保险监督管理部门。有权解释可以分为立法解释、司法解释、行政解释和仲裁解释。
>
> (1) 立法解释
>
> 指国家最高权力机关的常设机关——全国人大常委会对《保险法》的解释。全国人大常委会是我国的最高权力机关,也是最高立法机关,因此,只有全国人大常委会对《中华人民共和国保险法》的解释才是最具有法律效力的解释,其他解释不能与此相冲突,否则无效。

（2）司法解释

指国家最高司法机关在适用法律的过程中对于具体应用法律问题所作的解释。国家最高司法机关是最高人民法院。对于保险合同条款中有关《保险法》的内容，在适用法律时，必须遵守司法解释。

（3）行政解释

指国家最高行政机关及其主管部门对自己根据《宪法》和法律所制定的行政法规及部门规章所作的解释。中国保险监督管理委员会是中国保险业的最高行政主管机关，其有权解释保险合同条款中有关规章类或视同规章部分，有权解释由中国保险监督管理委员会审批的保险条款。这些解释虽对法院的判决具有重要的影响，但不具有必须执行的强制力。

（4）仲裁解释

指保险合同争议的双方当事人达成协议，把争议提交仲裁机构仲裁后，仲裁机构对保险合同条款的解释。仲裁机构对保险合同条款的解释同样具有约束力。当一方当事人不执行时，另一方当事人可以申请人民法院强制执行。

2. 无权解释

指不具有法律约束力的解释。除有权解释外，其他单位和个人对保险条款的解释均为无权解释。保险合同争议的双方当事人均可对保险条款作出自己的理解和解释。对于这些解释，法院在判决时可以参考，但不具有法律上的约束力。一般社会团体、专家学者等均可对保险条款提出自己的理解和解释。对于这部分的解释，一般称为学理解释。学理解释同样只能作为仲裁、审判过程中的参考，不具有法律效力。

【任务实施】

一、分组讨论

由于对保险合同条款的理解不同，保险合同双方极易就合同条款产生争议。学生应分组查阅保险合同纠纷案例，归纳总结不同争议的处理办法及适用范围。学生分组收集保险合同纠纷案例，根据收集的多种纠纷案例，组织学生分组讨论、分析所涉及的知识，并进行情景模拟。熟悉保险合同业务处理的基本内容，提升学生处理纠纷的能力。

二、案例分析

2015 年 9 月，往返广深两地业务的张先生买了辆新车，方便自己出入两地。同年 11 月，张先生在广深高速路上追尾了另一辆车。交警判断，张先生负全责，赔偿对方 15 000 元。张先生自行赔付后，拿着保险单去保险公司要求赔付，却遭到了拒绝。保险公司的理由是，交通法规明确规定，驾龄未满 1 年的驾驶员不得开车上高速，张先生车技未熟即上高速，显然违反了这一规定。张先生认为，自己在车行购买该公司车险时，没有相关人员向他提示这一免责条款，甚至连保险公司业务员的面都没见着。因此，张先生向法院起诉了该保险公司。

分析参考：

由于保险合同多为格式条款，如果客户不仔细阅读，而有些保险代理人是根据保险人的委托，向保险人收取代理手续费，并在保险人授权的范围内代为办理保险业务的单位或者个人,故意宣传保险产品好的一面,将免责条款一笔带过,会误导保户,出险后易产生纠纷。《保险法》第 17 条规定:订立保险合同,采用保险人提供的格式条款的,保险人向投保人提供的投保单应当附格式条款,保险人应当向投保人说明合同的内容。对保险合同中免除保险人责任的条款,保险人在订立合同时应当在投保单、保险单或者其他保险凭证上做出足以引起投保人注意的提示,并对该条款的内容以书面或者口头形式向投保人做出明确说明;未作提示或者明确说明的,该条款不产生效力。可见,《保险法》要求保险人对合同应当履行全部说明义务,向投保人提供的投保单应当附格式条款,保险人对保险合同中免除其责任的条款应做出提示,尽可能地保护消费者的利益。

同步测试

一、名词解释

1. 意图解释原则
2. 仲裁

二、简答题

1. 简述保险合同争议处理办法。
2. 简述保险合同条款的解释效力。

三、单项选择题

1. (　　)是解决保险合同双方当事人争议的最好形式。

   A. 协商　　　　　　B. 解除　　　　　　C. 仲裁　　　　　　D. 诉讼

2. 根据《保险法》的规定,保险合同应以(　　)订立。

   A. 口头形式　　　　B. 书面形式　　　　C. 要约形式　　　　D. A 或 B 都可以

3. 解释保险合同条款最主要的方式是(　　)。

   A. 文义解释　　　　B. 学理解释　　　　C. 补充解释　　　　D. 意图解释

4. 对于保险合同条款发生争议,人民法院或仲裁机关应当作有利于(　　)解释。

   A. 保险人　　　　　B. 被保险人　　　　C. 投保人　　　　　D. 当事人

四、多项选择题

1. 解释保险合同应遵循的原则有(　　)。

   A. 文义解释原则

   B. 意图解释原则

   C. 有利于非起草人原则

   D. 有利于保险人解释的原则

   E. 尊重保险惯例解释原则

2. 当保险合同双方发生争议时,解决保险合同争议的方式主要有(　　)。

   A. 解约　　　　　　B. 协商　　　　　　C. 仲裁

   D. 诉讼　　　　　　E. 终止

项目五

保险基本原则

项目介绍

在经营保险业务的过程中应该遵循并正确使用一些基本原则，这对于进行保险实务的操作将起到非常重要的作用，所以，学生应了解与保险原则有关的专业术语的含义，理解最大诚信原则的内容、损失补偿原则的实现方式及量的认定、近因的认定，掌握保险利益的确定和保险利益原则的应用方法。

知识目标

1. 了解与保险原则有关的专业术语的含义；
2. 理解最大诚信原则的内容、损失补偿原则的实现方式及量的认定、近因的认定；
3. 掌握保险利益的确定和保险利益原则的应用方法。

技能目标

通过学习该项目，学生能够判断保险利益的所属关系，能够用各项保险基本原则判断风险与保险标的损失之间的因果关系，能够在保险人、被保险人之间分摊损失补偿额。

素质目标

通过学习该项目，学生应具有分析保险案例的能力，在实务中能自觉运用保险的各种基本原则，客观地判断保险责任归属。

任务一 运用最大诚信原则

【任务描述】在本任务下，学生应该熟悉最大诚信原则的含义，掌握最大诚信原则的主要内容。

【任务分析】在老师的指导下，学生认真学习最大诚信原则的理论知识，并通过保险实例了解最大诚信原则在保险实务中的应用，形成对该原则的理性认识，以完成本任务。

【相关知识】

一、最大诚信原则的含义

1. 诚信的概念

诚信是指诚实信用，合同双方当事人任何一方都应善意地、全面地履行合同规定的义务，当事人之间不得向对方隐瞒与合同有关的事实、不得欺骗对方。

最大诚信是指保险合同的当事人自愿地向对方充分而准确地告知有关保险的所有重要事实，不允许有任何虚假、欺诈、隐瞒或掩盖事实的行为。

2. 最大诚信原则的含义

最大诚信原则是指保险合同当事人订立合同及在合同有效期内，应依法向对方提供足以影响对方作出订约与履约决定的全部重要事实，同时绝对信守合同订立的约定与承诺。保险合同当事人一方违背最大诚信原则而给对方造成损害时，受害方可依法采取一定的措施以维护自己的合法权益。

在经营保险业务的过程中，规定最大诚信原则的原因是：保险经营中存在信息不对称的现象，容易致使掌握信息比较充分的当事人对对方做出欺骗、隐瞒等行为，损害对方的经济利益。

二、最大诚信原则的内容

最大诚信原则的内容主要通过保险合同双方的诚信义务来体现，具体包括如实告知义务、保证义务、弃权和禁止反言义务。

1. 如实告知义务

（1）告知的含义

如实告知义务又称据实说明义务、如实披露义务。告知是指投保人在订立保险合同时对保险人的询问所作的说明或者陈述，包括对事实的陈述、对将来事件或者行为的陈述以及对他人陈述的转述。

（2）如实告知的内容

告知的目的是使保险人能够准确地了解与保险标的危险状况有关的重要事实，使投保人和被保险人正确理解保险内容及其权利和义务。

①投保人应如实告知的重要事实通常包括下列四项：足以使被保险人危险增加的事实；为特殊动机而投保的，有关这种动机的事实；表明保险标的危险特殊性质的事实；显示投保人在某方面非正常的事实。

具体到每份保险合同，重要事实的范围又会依其保险种类的不同而各异。

②保险人应告知的内容：

主要是：保险合同条款的内容，尤其是免责条款。任何情况下保险人均有义务在订立保险合同前向投保人详细说明保险合同的各项条款，并针对投保人有关保险合同条款的提问做出直接真实的回答，就投保人有关保险合同的疑问进行正确的解释。保险人应通过无限告知、询问告知等形式向投保人告知相关内容。

（3）投保人或被保险人违反告知义务的主要情形

①由于疏忽而未告知，或者对重要事实误认为不重要而未告知。

②误告，指由于对重要事实认识的局限，包括不知道、了解不全面或不准确而导致误

告，但并非故意欺骗。

③隐瞒，即明知某些事实会影响保险人承保的决定或承保的条件而故意不告知。

④欺诈，即怀有不良的企图，捏造事实，故意作不实告知。

（4）违反如实告知的法律后果

我国《保险法》第16条规定：投保人故意隐瞒事实，不履行如实告知义务的，或者因过失未履行如实告知义务，足以影响保险人是否同意承保或者提高保险费率的，保险人有权解除保险合同。

2. 保证义务

（1）保证的含义

保证是指投保人或被保险人对在保险期限内的特定事项作为或不作为向保险人所做的担保或承诺。

（2）保证的类型

保证分为明示保证和默示保证。

①明示是以书面形式载明于保险合同中，以"被保险人义务"条款表达的一类保证事项。

②默示保证是指虽未以条款形式列明，但是按照行业或国际惯例、有关法规以及社会公认的准则，投保人或被保险人应该作为或不作为的事项。

（3）违反保证义务的法律后果

由于保险约定保证的事项均为重要事项，是订立保险合同的条件和基础，因此，各国立法对投保人或被保险人遵守保证事项的要求极为严格，凡是投保人或被保险人违反保证，不论其是否有过失，亦不论是否对保险人造成损害，保险人均有权解除合同，不予承担责任。

（4）保证义务与告知义务的区别

保证义务与告知义务的区别主要体现在侧重点、目的两个方面，具体如表5-1所示。

表5-1　保证义务与告知义务的区别

比较项目	侧重点	目的
保证义务	守信	使保险人能够正确估计其所承担的危险
告知义务	诚实	控制危险，减少危险事故的发生

3. 弃权与禁止反言

（1）弃权

弃权是指保险合同当事人放弃自己在合同中可以主张的某项权利；弃权可以分为明示弃权和默示弃权，其中明示弃权可以采用书面或者口头形式。

保险人弃权一般因为保险人单方面的言辞或行为而发生效力。构成保险人弃权必须具备两个条件：一是保险人必须知道投保人或被保险人有违反告知义务或保证条款的情形，因而享有合同解除权或抗辩权；二是保险人必须有弃权的意思表示，包括明示表示和默示表示。

其中默示弃权主要有四种情况：

①投保人未按期缴纳保险费，或违背其他约定的义务，保险人原本有权解除合同，但却在已知该种情形下仍然收受投保人逾期交付的保险费，则证明保险人有继续维持合同的意思表示，因此，其本应享有的合同解除权或抗辩权视为放弃；

②被保险人违反防灾减损义务，保险人可以解除保险合同，但在已知该事实的情况下并

没有解除保险合同，而是指示被保险人采取必要的防灾减损措施，该行为可视为保险人放弃合同解除权；

③投保人、被保险人或受益人在保险事故发生时，应于约定或法定的时间内通知保险人，但投保人、被保险人或受益人逾期通知而保险人仍接受，可视为保险人对逾期通知抗辩权的放弃；

④在保险合同有效期限内，保险标的危险增加，保险人有权解除合同或者请求增加保险费，当保险人请求增加保险费或者继续收取保险费时，则视为保险人放弃合同的解除权。

（2）禁止反言

禁止反言是指保险人放弃某项权利后，不得再向投保人或被保险人主张这种权利。禁止反言的基本功能是要防止欺诈行为，以维护公平、公正，促成双方当事人之间本应达到的结果；在保险合同中，只要订立合同时保险人放弃了某种权利，合同成立后便不能反悔，至于投保人是否了解事实真相，在所不问。禁止反言以欺诈或者致人误解的行为为基础，本质上属于侵权行为。

禁止反言的情形主要有以下几种：

①保险人明知订立的保险合同有违背条件、无效、失效或其他可解除的原因，仍然向投保人签发保险单，并收取保险费；

②保险代理人就投保申请书及保险单上的条款作错误的解释，使投保人或被保险人信以为真而进行投保；

③保险代理人代替投保人填写投保申请书时，为使投保申请内容易被保险人接受，故意将不实的事项填入投保申请书，或隐瞒某些事项，而投保人在保险单上签名时不知其虚伪；

④保险人或其代理人表示已按照被保险人的请求完成应当由保险人完成的某一行为，而事实上并未实施，如保险单的批注、同意等，致使投保人或被保险人相信业已完成。

知识拓展

一、重要事实

重要事实是指足以影响当事人判断风险大小、决定保险费率和确定是否接受风险转移的各种情况。凡是能够使保险当事人遭受比正常情况下更严重损失或处于不利地位的情况都可以认定为重要事实。

二、信息不对称

信息不对称指交易中的各人拥有的信息不同。在社会政治、经济等活动中，一些成员拥有其他成员无法拥有的信息，由此造成信息的不对称。

在市场经济活动中，各类人员对有关信息的了解是有差异的；掌握信息比较充分的人员，往往处于比较有利的地位，而信息贫乏的人员，则处于比较不利的地位。一般而言，卖家比买家拥有更多关于交易物品的信息，但反例也可能存在。前者例子可见于二手车的买卖，卖主对该卖出的车辆比买方了解。后者例子可见于医疗保险，买方通常拥有更多信息。

148 保险理论与实务

【任务实施】

一、分组讨论

2014 年 5 月，某公司 42 岁的业务主管王某因患胃癌（亲属因害怕其情绪波动，未将真实病情告诉本人）住院治疗，手术后出院，并正常参加工作。8 月 24 日，王某经同事推荐，与之一同到保险公司投保了人寿险。王某在填写投保单时并没有申报身患癌症的事实，也没有对最近是否住过院及做过手术进行如实说明。2015 年 7 月，王某病情加重，经医治无效死亡。王某的妻子以指定受益人的身份，到保险公司请求给付保险金。保险公司在审查提交有关的证明时，发现王某的死亡病史上，载明其曾患癌症并动过手术，于是拒绝给付保险金。王妻以丈夫不知自己患何种病并未违反告知义务为由抗辩，双方因此发生纠纷。讨论：王妻是否应该获得赔偿？

二、角色扮演

学生搜集《中华人民共和国保险法》、最高人民法院有关文件、法院相似判例。组成模拟法庭，由同学分别扮演保险人、投保人、受益人、律师、法官等，由一名同学主持实训。每个同学撰写一份案情分析报告，写明案情、法律依据、分析意见、分析结果。

三、案例分析

某汽车运输公司于 2012 年 1 月 12 日与某保险公司签订机动车辆保险合同，合同约定，运输公司投保东风牌自卸汽车 12 部，险种为车辆损失险和第三者责任险，保险期限为 2012 年 1 月 12 日至 2013 年 1 月 12 日。合同签订后，运输公司依约支付保险费。

2012 年 5 月 4 日，运输公司一台投保车辆在行驶过程中与他人的摩托车发生相撞，造成损失。事故发生后，运输公司向保险公司提出索赔，但保险公司依据交警部门出具的道路交通事故责任认定书，以事故车辆制动和灯光不合格为由提出拒赔。运输公司遂向法院起诉。

法院经审理查明，2012 年 5 月 4 日，运输公司之司机驾驶东风牌自卸汽车，与第三方发生交通事故。事故发生后，该肇事汽车被交警扣留。

2012 年 5 月 27 日，该车经市机动车检测线检测，结论为制动和灯光不合格。同年 6 月，市公安交通警察以道路交通事故责任认定书的形式认定，原告司机驾驶制动和灯光不合格的东风牌大货车，遇情况采取措施不当，驶入逆道造成事故，负事故主要责任。

原告在规定期限内未对该责任认定书提出异议，此认定书即发生法律效力。

而根据《机动车辆保险条款》第 25 条的规定，被保险人及其驾驶员应当做好保险车辆的维护、保养工作，并按规定检验合格。因此，法院认定运输公司未履行保险合同约定义务。根据《机动车辆保险条款》第 30 条的规定，在这种情况下，保险人可以拒赔。于是，法院判决驳回原告诉讼请求。

运输公司不服法院判决，认为自己已依约交付保费，却不能享受保险保障，很不公平，遂提起上诉。二审法院审理查证事实与一审法院认定事实相同，于是判决驳回原告上诉，维持原判。

请运用所学保险专业知识分析本案例。

同步测试

一、名词解释
1. 最大诚信原则
2. 告知
3. 保证
4. 弃权
5. 禁止反言

二、简答题
1. 保证义务与告知义务的主要区别是什么？
2. 投保人所应如实告知的重要事实通常包括哪些情形？
3. 构成保险人弃权必须具备的条件是什么？
4. 禁止反言的主要情形有哪些？

三、单项选择题
1. 被保险人或受益人在未发生保险事故的情况下，谎称发生了保险事故，向保险人提出索赔，保险人对此的正确处理方式是（　　）。
   A. 解除保险合同，退还其保险费
   B. 解除保险合同，不退还保险费
   C. 解除保险合同，退还部分保险费
   D. 解除保险合同，退还现金价值
2. 按照最大诚信原则，投保人或被保险人违反保证条款的后果是（　　）。
   A. 保险人一律解除保险合同，并不承担赔付保险金责任
   B. 只有故意违反者，保险人才可解除保险合同，并不承担赔付责任
   C. 若属于过失违反者，保险人不可以解除保险合同，但可以不承担赔付责任
   D. 即使是过失违反者，保险人仍可解除保险合同，并不承担赔付责任
3. 投保人对过去或现在某一特定事实的存在或不存在的保证是指（　　）。
   A. 承诺保证　　　B. 明示保证　　　C. 确认保证　　　D. 默示保证
4. 对于告知的形式，我国一般采取（　　）方式。
   A. 无限告知　　　B. 有限告知　　　C. 询问回答告知　　　D. 客观告知
5. 弃权与禁止反言的规定主要约束（　　）。
   A. 保险人　　　B. 投保人　　　C. 被保险人　　　D. 保险代理人
6. 要求对过去或投保当时的事实作出如实陈述的保证是（　　）
   A. 确认保证　　　B. 承诺保证　　　C. 明示保证　　　D. 默示保证
7. 对未来的事实作出的保证是（　　）。
   A. 确认保证　　　B. 承诺保证　　　C. 信用保证　　　D. 默示保证

四、多项选择题
1. 保险人的告知形式有（　　）。
   A. 无限告知
   B. 明确列明
   C. 明确说明
   D. 询问告知
   E. 默示告知
2. 根据保证事项是否已存在，保证可分为（　　）。
   A. 明示保证
   B. 默示保证

C. 确认保证   D. 承诺保证

E. 无限保证

3. 最大诚信原则的内容包括（　　　）。

A. 告知   B. 说明   C. 弃权

D. 反言   E. 保证

五、判断题

1. 确认保证是指某一事项现在如此，而不涉及将来的情况。（　　　）

2. 保险人要主动向投保人说明保险合同条款的内容，对于责任免除条款还要进行明确说明。（　　　）

任务二　运用保险利益原则

【任务描述】在本任务下，学生应该熟悉保险利益原则的含义、确立条件、意义，掌握保险利益原则在财产保险与人身保险中的应用。

【任务分析】在老师的指导下，学生认真学习保险利益原则的理论知识，并通过保险实例了解保险利益原则在保险实务中的应用，形成对该原则的理性认识，以完成本任务。

【相关知识】

一、保险利益的含义

保险利益，又称为可保利益，是指投保人或被保险人对保险标的所具有的法律上承认的经济利益，这种经济利益因保险标的的完好、健在而存在，因保险标的的损毁、伤害而受损。

保险利益体现的是投保人或被保险人与保险标的之间的经济利益关系。投保人对保险标的的利益表现在：当保险标的遭受损毁或损害时，投保人必然蒙受经济损失；当保险标的处于安全状态时，投保人便可保有一定的利益。

二、保险利益的确立条件

1. 必须是合法的利益

法律认可的利益是指得到法律认可并受到法律保护的利益。这种利益产生于法律法规本身，也可以产生于法律所承认的有效合同。

2. 必须是确定的利益

此条件又被描述为必须是客观存在的利益。该条件要求保险利益必须是客观上或事实上的利益，包括已经确定的现有利益或者能够确定的预期利益。现有利益是指客观上或事实上已经存在的利益，例如，投保人对于已购置并已得到所有权房屋所具有的利益是客观上已经存在的。预期利益是指当前在客观上尚不存在，但根据有关法律或有效合同的约定可以确定未来某时间内将会产生收益的事实，是基于现有利益于未来可能产生的收益。例如，预期的房屋租金收入等。预期利益只有在可以确定金额并能够在客观上实现时才能作为保险利益，仅凭主观预测、想象可能获得的利益不能成为保险利益。

3. 必须是经济上有价的利益

经济上有价的利益包含两个含义：一是保险利益必须是经济上的；二是说投保人或被保

险人对保险标的的利益价值能够用货币衡量。如果不是经济利益或者虽然是经济利益但不能用货币衡量，那么保险赔偿金或者保险金给付就无法实现。有的保险标的虽然难以估价，但可以约定一个金额来确定保险利益，即这种保险利益可以用货币来衡量。

三、保险利益原则的含义与意义

1. 含义

保险利益原则是保险的基本原则，是指在签订人身保险合同时，投保人对被保险人必须具有保险利益，订立保险合同时，投保人对被保险人不具有保险利益，合同无效；财产保险的被保险人在保险事故发生时，对保险标的应当具有保险利益，保险事故发生时，被保险人对保险标的不具有保险利益的，不得请求赔偿保险金；保险标的发生保险事故，投保人不得因保险而获得不属于保险利益限度内的额外利益。

2. 意义

坚持保险利益原则的意义在于：规定保险保障的最高限度，防止道德风险的发生，防止将保险变为赌博。

四、保险利益原则在各险种中的应用

1. 在财产损失保险中的应用

（1）确定保险利益的依据

1）财产所有权和经营管理权

财产所有人对其所拥有的财产具有保险利益，因为财产受损，其所有人会遭受经济损失。经营管理财产的人能够从财产经营管理中获得利益并承担相应的责任，所以财产经营管理者对其经营管理的财产具有保险利益。各种受托经营人、承包人和承租人属于经营管理财产的人，财产经营管理者对财产的合法预期利益如利润、租金等也有保险利益。

2）财产抵押权、质押权和留置权

财产抵押人对抵押财产所具有的保险利益应限于债权范围，而且当债务人清偿债务后，抵押权人对抵押物的保险利益也随着抵押权的消失而丧失。

质押权是指债务人或第三人将其动产移交债权人所有，作为债务的担保，在债务人不履行债务时，债权人有权依法以该动产折价或者拍卖、变卖该动产的价款而优先受偿的权力。接受质押财产的一方为质押人，质押权人对质押财产具有保险利益。

留置与抵押都是债务的担保方式。享有留置权的人是债权人，在债权受偿之前，债权人拥有对债务人作为清偿债务担保的财产的占有权，即留置权，当债务人不能依约偿还债务时，留置权人有权处置留置的财产，因此，留置权人对留置品也有保险利益。

3）财产保管权、承运权、承包权、承租权

财产的保管人、承运人、承包人和承租人对其负责保管、运输、承包或承租的财产，在负有经济责任的条件下具有保险利益。

（2）保险利益的实现

财产保险要求被保险人在保险事故发生时对保险标的应当具有保险利益。

（3）保险利益的变动

保险标的转让，保险标的的受让人继承被保险人的权利和义务，并且被保险人或受让人

应当及时通知保险人，但货物运输保险合同和另有约定的合同除外。

2. 在人身保险中的应用

（1）确定保险利益的依据

1）人身关系

投保人为自己投保时，由于作为保险标的的生命或身体是投保人自己的，其安全、健康与投保人自己的利益密切相关，因此，投保人对自己的生命、身体有保险利益。

2）亲属关系

家庭成员相互间有亲属血缘以及经济上的利害关系，投保人以其家庭成员的身体或者寿命为保险标的订立保险合同，应当具有保险利益。投保人的其他家庭成员、近亲属，主要有投保人的祖父母、外祖父母、孙子女以及外孙子女等直系血亲，以及投保人的亲兄弟姐妹，有抚养关系的继兄弟姐妹等旁系血亲。投保人对其他家庭成员、近亲属有保险利益，必须以他们之间存在抚养赡养或扶养关系为前提。

3）债权债务关系

债务人的生命和身体状况直接关系到债权人的债权能否实现，因此，债权人对债务人具有保险利益。反过来，债权人的生死安危不会使债务人遭受损失，因此，债务人对债权人无保险利益。

4）劳动关系

企业或雇主与其雇员之间具有经济利害关系，因此，企业或雇主对其雇员有保险利益，可以作为投保人为其雇员订立人身保险合同。

5）有其他利害关系

投保人对他人具有人身信赖或者法律上的积极利益或者权利，由于该人的死亡或者残废以致影响投保人的利益的，投保人对该人有保险利益，对投保人有其他利害关系的人，主要限于投保人的债务人、投保人的财产或者事务的管理人、投保人的雇员等。

（2）保险利益的时效

保险利益必须在保险合同订立时存在，但不要求给付时存在。

（3）保险利益的变动

按照以死亡为给付保险金条件的合同所签发的保险单，未经被保险人书面同意，不得转让或者质押。

【任务实施】

一、分组讨论

在老师的指导下，组织学生讨论有关保险利益原则的相关案例。

案例1：

2013年1月1日，王××将其所有的丰田轿车向保险公司投保车辆损失保险和第三者责任保险，保险期限一年，保险金额30万元。2013年4月9日，被保险人将该车卖给张光并移转占有。买卖合同约定：张光当日向王××支付20万元，待过户手续办理完毕时再补足余款。张光迟迟未办理过户手续，2013年4月23日，保险车辆与他车相撞，损失15万元。张光向保险公司提出索赔，保险公司以张光不是被保险人为由拒赔。王××遂以被保险人名义向法院起诉，要求保险公司承担赔偿责任。一审法院认定，车辆所有权未发生转移，王××对车辆具有保险利益，判决保险公司向王××承担赔偿责任。

案例 2：

2014 年年初，某洗衣机厂为防止其新研制的"龙卷风"牌洗衣机遭遇仿冒的风险，欲向保险公司投保 78 亿元"天价保险"，虽与多家保险公司协商，但美梦终未能成真。

案例 3：

甲运输公司向银行贷款 100 万元，银行要求其以公司所有的房屋提供抵押。为防不测，银行对所抵押之房屋投保财产保险一年。6 个月后，运输公司将贷款悉数偿还。保险期第 10 个月，该房屋发生火灾，银行依合同向保险公司提出索赔，保险公司能否拒赔？如果拒赔，其理由是什么？

二、案例分析

小张（男）和小王（女）大学时就是一对恋人，毕业后虽然在不同城市工作，但仍不改初衷，鸿雁传情。小王生日快到了，约好到小张那里相聚。小张想给她一个惊喜，就悄悄买了份保单，准备生日那天送给小王。谁知在小王赶往小张所在城市的路上，遭遇车祸身亡。小张悲痛之余想起了手里的保单，不料保险公司核查后却拒绝支付保险金。这是为什么呢？请运用所学知识进行合理分析说明。

同步测试

一、名词解释

1. 保险利益
2. 道德风险

二、简答题

1. 保险利益的确立条件有哪些？
2. 财产损失保险确定保险利益的依据是什么？
3. 人身保险确定保险利益的依据是什么？

三、单项选择题

1. 保险利益从本质上说是某种（　　）。
   A. 经济利益　　　B. 物质利益　　　C. 精神利益　　　D. 财产利益
2. 保险利益为确定的经济利益，即指（　　）。
   A. 现有利益　　　　　　　　　　B. 期待利益
   C. 现有利益和期待利益　　　　　D. 任何经济利益
3. 财产保险中对保险利益时效的一般规定是（　　）。
   A. 只要求在合同订立时存在保险利益
   B. 只要求在合同终止时存在保险利益
   C. 要求从合同订立到合同终止始终存在保险利益
   D. 无时效规定
4. 保险人审核投保人资格主要审核的是（　　）。
   A. 投保人对保险标的的保险利益　　B. 投保人的民事行为能力
   C. 投保人的民事权利能力　　　　　D. 投保人的交费能力
5. 在财产保险中，一般要求保险利益存在时间的是（　　）。

154 保险理论与实务

A. 损失发生时 B. 保险合同订立时

C. 保险合同期满时 D. 从保险合同订立到损失发生时

6. 按照我国《保险法》的规定，投保人对保险标的应当具有保险利益，如果投保人对保险标的不具有保险利益，则（　　）。

A. 保险合同中止 B. 保险合同终止

C. 保险合同无效 D. 保险合同解除

7. 体现保险合同双方当事人履行各自权利与义务关系的依据是（　　）。

A. 保险基金 B. 保险利益 C. 保险合同 D. 可保风险

8. 保险事故发生后，被保险人为防止或者减少保险标的的损失所支付的必要的合理的费用，由保险人承担，保险人所承担的费用数额在保险标的损失赔偿金额以外另行计算，最高不超过（　　）的数额。

A. 保险费 B. 保险金额 C. 赔偿金额 D. 保险利益

9. 下列选项中，符合保险利益构成要件的是（　　）。

A. 刑事责任

B. 根据有效的租赁合同所产生的租金收益

C. 政治利益

D. 违反法律规定或损害社会公共利益而产生的利益

四、多项选择题

1. 下列对保险利益原则的表述正确的是（　　）。

A. 一般财产保险的保险利益必须从合同订立到损失发生的全过程都存在

B. 海上货物运输保险中，投保人对保险标的没有保险利益也可投保

C. 海上货物运输保险的保险利益在发生保险事故时必须存在

D. 人身保险的保险利益必须在保险合同订立时存在

E. 在人身保险中并不要求在保险事故发生时具有保险利益

2. 在保险经营活动中，坚持保险利益原则的意义包括（　　）。

A. 保证保险人的偿付能力

B. 避免赌博行为的发生

C. 防止道德风险的产生

D. 便于衡量损失

E. 减少逆选择

3. 财产保险的保险利益体现为（　　）。

A. 财产所有人、经营管理人的保险利益

B. 抵押权人与质押权人的保险利益

C. 负有经济责任的财产保管人、承租人等的保险利益

D. 合同双方当事人的保险利益

E. 单位普通员工对单位共有财产的保险利益

4. 人身保险的保险利益体现为（　　）。

A. 本人对自己的生命和身体具有保险利益

B. 投保人对配偶、子女、父母的生命和身体具有保险利益

C. 投保人对与其有抚养、赡养或者扶养关系的家庭其他成员、近亲具有保险利益
D. 被保险人同意投保人为其订立保险合同的，视为投保人对被保险人具有保险利益
E. 远房亲戚的保险利益且被保险人未同意的

五、判断题

1. 人身保险与财产保险的保险利益确定依据相同。（   ）
2. 在人身保险中，保险利益是人的身体和生命。（   ）
3. 保险利益应为确定的经济利益，这种确定的经济利益的范围仅限于现有利益。（   ）

六、案例分析题

某外国公司承租中国公司一座楼房经营，为预防经营风险，该公司将此楼房在中国A保险公司投保500万元，并交付一年的保险金。9个月后，该公司结束租赁，将楼房退还给中国公司。在保险期的第10个月，该楼房发生了保险事故，损失300万元。该外国公司要求A保险公司主张赔偿。结合以上案例，保险公司该如何处理？

任务三　运用损失补偿原则

【任务描述】在本任务下，学生应该熟悉损失补偿原则的含义、意义、影响因素，掌握损失补偿原则的计算方法、派生原则等。

【任务分析】在老师的指导下，学生认真学习损失补偿原则的理论知识，并通过保险实例了解损失补偿原则在保险实务中的应用，形成对该原则的理性认识，以完成本任务。

【相关知识】

一、损失补偿原则的含义

损失补偿原则是指在财产保险和其他补偿性保险中，当保险事故发生并导致被保险人保险责任范围内的经济损失时，被保险人有权依照保险合同的约定获得全面、充分的补偿，保险人对被保险人的经济赔偿数额仅以被保险人的保险标的遭受的实际损失及有关费用为限，被保险人不能因损失而获得额外收益。

该原则的意义在于维护保险双方的正当权益，防止被保险人通过赔偿而得到额外利益。

二、影响保险赔偿的因素

1. 实际损失

保险赔偿应该以被保险人所遭受的实际损失为限。

2. 保险金额

当实际损失价值超过保险金额时，以保险金额为赔偿的最高限额。保险金额低于损失价值通常发生在投保人不足额投保或出现通货膨胀的情况下。

3. 保险利益

保险人的赔付对象只限于被保险人具有保险利益的标的，因为保险人的赔付以被保险人具有保险利益为条件，同时保险人的赔付金额也以被保险人对该财产所具有的保险利益为限。

4. 损失赔偿计算方法

（1）比例赔偿方式

在不定值的情况下，保险赔偿金额按照保险保障程度计算，即根据保险金额与损失当时保险财产的实际价值的比例计算赔偿金额。

其计算公式为：

$$保险赔偿额 = 保险财产实际损失额 × 保障程度$$
$$保障程度 = 保险金额/损失当时保险财产的实际价值$$

《保险法》规定：不定值保险的保险标的发生损失时，以保险事故发生时保险标的的实际价值为赔偿计算标准；保险金额不得超过保险价值。超过保险价值的，超过部分无效，保险人应当退还相应的保险费；保险金额低于保险价值的，除合同另有约定外，保险人按照保险金额与保险价值的比例承担赔偿保险金的价值。因此，保险保障程度不能超过1。在足额投保时，保障程度等于1，赔偿金额等于损失金额。在不足额投保时，保障程度小于1，被保险人得不到十足的补偿。在超额投保的情况下，保障程度为1，保险人按照足额投保处理。

（2）第一损失赔偿方式

采用此方式，当损失金额小于或等于保险金额时，保险人支付的赔偿金额等于损失金额；当损失金额大于保险金额时，赔偿金额等于保险金额。

这种赔偿方式是将实际上不可分的保险财产价值分为两部分：第一部分价值与保险金额价值相等，是足额即100%投保；第二部分价值是超过保险金额的部分，视为未投保。这种划分只是价值上的，而不是实物上的，所以任何一部分保险财产发生保险事故引起的损失，只要在保险金额以内，保险人都予以赔偿，并且按照实际损失赔付，第二部分损失则由被保险人自行负担。这种赔偿方式多用于家庭财产保险。由于保险人只对第一部分价值损失承担赔偿责任，所以被称为第一损失赔偿方式。

（3）限额责任赔偿方式

此方式是指保险人只承担事先约定的损失额以内的赔偿，对超过部分不承担赔偿责任。此方式多用于农业保险中的种植业与养殖业保险。

（4）免赔额（率）赔偿方式

该方式是指对免赔额（率）以内的损失，保险人不予负责，仅在损失超过免赔额（率）时才承担责任。分为绝对免赔和相对免赔。

绝对免赔是指保险人扣除免赔额（率）后对超过部分负赔偿责任；相对免赔是指当保险财产受损程度超过免赔额（率）时，保险人按全部损失赔偿，不作任何扣除。

5. 损失补偿原则的例外

（1）定值保险

所谓定值保险，是指保险合同双方当事人在订立保险合同时，约定保险标的的价值，并以此确定为保险金额，视为足额投保。

当保险事故发生时，保险人不论保险标的损失当时的市价如何，即不论保险标的的实际价值大于还是小于保险金额，均按损失程度十足赔付。其计算公式为：

$$保险赔款 = 保险金额 × 损失程度（\%）$$

在这种情况下，保险赔款可能超过实际损失，如市价跌落，则保险金额可能大于保险标的的实际价值。

（2）重置价值保险

所谓重置价值保险，是指以被保险人重置或重建保险标的所需费用或成本确定保险金额的保险。

为了满足被保险人对受损的财产进行重置或重建的需要，保险人允许投保人按超过保险标的实际价值的重置或重建价值投保，发生损失时，按重置费用或成本赔付。这样就可能出现保险赔款大于实际损失的情况，所以，重置价值保险也是损失补偿原则的特例。

（3）人身保险

人身保险合同不是补偿性合同，而是给付性合同，保险金额是根据被保险人的需要和支付保险费的能力来确定的，当保险事故或保险事件发生时，保险人按双方事先约定的金额给付。因此，损失补偿原则不适用于人身保险。

知识拓展

比例赔偿方式与第一损失赔偿方式的区别

张某将其房屋投保，合同中规定该保险合同的保险金额为20万元，经估值，保险价值为25万元。某日，张某的房屋因不慎用电起火，房屋部分烧毁，经认定，房屋价值损失20万元。问：按比例赔偿方式与第一损失赔偿方式分别计算，保险人需赔偿金额为多少？（具体赔偿方式应由保险合同当事人双方决定，当然，不同的赔偿方式所对应的保险费不同。）

按比例赔偿方式计算，保险人应赔：$20/25 \times 20 = 16$（万元）；

按第一损失赔偿方式计算，保险人应赔20万元。

三、损失补偿的派生原则

1. 代位求偿原则

（1）代位求偿原则的含义

代位意指取代他人的某种地位。保险中的代位，指保险人取代被保险人对第三者的追偿权或对标的的所有权。

代位追偿原则是指在财产保险中，保险标的发生保险事故造成推定全损，或者保险标的由于第三者责任导致保险损失，保险人按照合同的约定履行赔偿责任后，依法取得对保险标的的所有权或对保险标的的损失负有责任的第三者的追偿权。

坚持代位追偿原则，首先是为了防止被保险人由于保险事故的发生，从保险人和第三者责任方同时获得双重赔偿而额外获利，确保损失补偿原则的贯彻执行。其次是为了维护社会公共利益，保障公民、法人的合法权益不受侵害。

（2）代位求偿原则的主要内容

1）权利代位

权利代位即追偿权的代位，是指在财产保险中，保险标的由于第三者责任导致保险损失，保险人向被保险人支付保险赔款后，依法取得对第三者的索赔权。

①代位追偿权产生的条件：一是损害事故发生的原因、受损的标的，都属于保险责任范围；二是保险事故的发生是由第三者的责任造成的，肇事方依法应对被保险人承担民事损害赔偿责任，这样被保险人才有权向第三者请求赔偿，并在取得保险赔款后将向第三者请求赔偿权转移给保险人，由保险人代位追偿；三是保险人按合同的规定对被保险人履行赔偿义务之后，才有权取得代位追偿权。

②保险人在代位追偿中的权益范围，主要包括以下几点：

保险人在代位追偿中享有的权益以其对被保险人赔付的金额为限，如果保险人从第三者责任方追偿的金额大于其对被保险人的赔偿，则超出的部分应归被保险人所有。

当第三者造成的损失大于保险人支付的赔偿金额时，被保险人有权就未取得赔偿部分对第三者请求赔偿。我国《保险法》第60条第3款规定：保险人依照第1款行使代位请求赔偿的权利，不影响被保险人就未取得赔偿的部分向第三者请求赔偿的权利。

③保险人取得代位追偿权的方式一般有两种：一是法定方式，即权益的取得无须经过任何人的确认；二是约定方式，即权益的取得必须经过当事人的磋商、确认。我国《保险法》第45条的规定属于此种方式。

④代位追偿的对象为对保险事故的发生和保险标的的损失负有民事赔偿责任的第三者，它可以是法人，也可以是自然人。

⑤通常保险人就如下情况赔偿被保险人损失后，依法取得对第三者的代位追偿权：第三者对被保险人的侵权行为，导致保险标的遭受损失，依法应承担损害赔偿责任；第三者不履行合同规定的义务，造成保险标的的损失，根据合同的约定，第三者应对保险标的的损失承担赔偿责任；第三者不当得利行为，造成保险标的的损失，依法应承担赔偿责任；其他依据法律规定，第三者应承担的赔偿责任。如共同海损的受益人对共同海损负有分摊损失的责任。

2）物上代位

物上代位是指保险标的遭受保险责任范围内的损失，保险人按保险金额全数赔付后，依法取得该标的的所有权。

①物上代位通常产生于对保险标的作推定全损的处理。所谓推定全损，是指保险标的遭受保险事故尚未达到完全损毁或完全灭失的状态，但实际全损已不可避免；或者修复和施救费用将超过保险价值；或者失踪达一定时间，保险人按照全损处理的一种推定性的损失。

②保险人通过委付取得物上代位权。所谓委付，是指保险标的发生推定全损时，投保人或被保险人将保险标的的一切权益转移给保险人，而请求保险人按保险金额全数赔付的行为。委付是一种放弃物权的法律行为，在海上保险中经常采用。

③委付的成立必须具备一定的条件：委付必须由被保险人向保险人提出，委付应针对保险标的的全部，委付不得附有条件，委付必须经过保险人的同意。

④由于保险标的的保障程度不同，保险人在物上代位中所享有的权益也有所不同。我国《保险法》第44条的规定表明：在足额保险中，保险人按保险金额支付保险赔偿金后，即取得对保险标的的全部所有权。保险人在处理标的物时所获得的利益如果超过所支付的赔偿金额，超过部分归保险人所有；如有对第三者损害赔偿请求权，索赔金额超过其支付的保险赔偿金额，也同样归保险人所有。在不足额保险中，保险人只能按照保险金额与保险价值的比例取得受损标的的部分权利。由于保险标的的不可分性，所以保险人在依法取得受损保险

标的的部分权利后,通常将该部分权利作价折给被保险人,并在保险赔偿金中作相应的扣除。

3)代位追偿原则不适用于人身保险

代位追偿原则是损失补偿原则的派生原则,是对损失补偿原则的补充和完善,所以代位追偿原则与损失补偿原则同样只适用于各种财产保险,而不适用于人身保险。

人身保险的保险标的是无法估价的人的生命和身体机能,因而不存在由于第三者的赔偿而使被保险人或受益人获得额外利益的问题,所以,如果发生第三者侵权行为导致的人身伤害,被保险人可以获得多方面的赔偿而无须权益转让,保险人也无权代位追偿。

2. 损失分摊原则

(1) 损失分摊原则的含义

损失分摊原则是指在重复保险的情况下,当保险事故发生时,各保险人应采取适当的分摊方法分配赔偿责任,使被保险人既能得到充分的补偿,又不会超过其实际损失而获得额外的利益。

(2) 重复保险

所谓重复保险,是指投保人以同一保险标的,同一保险利益,同时向两个或两个以上的保险人投保同一危险,保险金额总和超过保险标的的价值。

重复保险必须具备的条件:一是同一保险标的及同一保险利益;二是同一保险期间;三是同一保险危险;四是与数个保险人订立数个保险合同,且保险金额总和超过保险标的的价值。

(3) 损失分摊方法

1) 比例责任分摊方式

比例责任分摊方式又称为保险金额比例分摊制(比例责任制),即各保险人按其所承保的保险金额与总保险金额的比例分摊保险赔偿责任。其计算公式为:

$$该保险人应分摊损失额 = \frac{该保险人的保险金额}{所有保险人的保险金额之和} \times 损失总额$$

2) 限额责任分摊方式

限额责任分摊方式是指在没有重复保险的情况下,各保险人依其承保的保险金额而应负的赔偿限额与各保险人应负赔偿限额总和的比例承担损失赔偿责任。

$$该保险人应承担的赔付额 = \frac{该保险人的赔偿限额}{所有保险人的赔偿限额总和} \times 损失总额$$

[例题] 某业主对价值60万元的房子同时向甲、乙两家保险公司投保一年期的火灾保险,甲公司保险金额为50万元,乙公司保险金额为30万元,此即为重复保险。

假定在此保险有效期内,房子发生火灾损失40万元,则甲、乙两家公司应如何分摊赔偿责任?

①采用比例责任分摊方式:

甲公司应分摊损失额=50/(50+30)×40=25(万元)

乙公司应分摊损失额=30/(50+30)×40=15(万元)

②采用限额责任分摊方式:

甲公司应分担的损失额=40/(40+30)×40=22.9(万元)

乙公司应分摊损失额=30/(40+30)×40=17.1(万元)

160 保险理论与实务

3）顺序责任制

顺序责任制是指由先出单的保险人首先负责赔偿，后出单的保险人只有在承保的标的损失超过前一保险人承保的保额时，才依次承担超出的部分。

顺序责任制有失公平，所以各国在保险实务中已不采用。

【任务实施】

一、分组讨论

老师组织学生分组讨论损失补偿原则各派生原则的联系和区别。

二、案例分析

案例1：

去年沈先生买了一辆车，向保险公司投了车损险。沈先生将车停在院子里，其儿子玩球时，不小心将车窗玻璃打坏，修车花掉3 000元。沈先生找保险公司理赔，公司的业务员说："车是你儿子打坏的，我们赔给你后，可以行使代位求偿权要求你儿子赔，又把赔了的钱要回来，这样一来，就扯平了，所以，你没有必要来理赔了。"回家后沈先生总觉得不舒坦，但感觉业务员说得好像又有理。请问保险公司这样做可以吗？

案例2：

张某2014年12月18向某保险公司投保了保险期限为1年的家庭财产保险，其保险金额为40万元，2015年2月28日张某家因意外发生火灾，火灾发生时，张某的家庭财产实际价值为50万元，问：

（1）财产损失10万元，保险人赔偿多少？为什么

（2）如果财产损失45万元，则保险人赔偿多少？为什么？

同步测试

一、名词解释

1. 损失补偿原则
2. 权利代位
3. 物上代位
4. 重复保险
5. 定值保险
6. 重置价值保险

二、简答题

1. 影响保险赔偿的因素有哪些？
2. 损失赔偿计算方法有哪些？
3. 代位追偿权产生的条件是什么？
4. 重复保险必须具备的条件是什么？

三、单项选择题

1. 在抵押贷款的财产保险时，银行以抵押权人的名义对抵押品房屋投保，如果银行贷款10万元，房屋价值13万元，保险金额12万元，则保险人赔偿金额为（   ）。

A. 10万元   B. 13万元   C. 12万元   D. 不予赔偿

2. 根据保险合同约定，保险人行使代位求偿权的起始时间是（　　）。
   A. 自支付保险赔款之日　　　　　　　B. 自支付保险赔款前第5日起
   C. 自投保人提出索赔之日起　　　　　D. 自支付保险赔款后第5日起
3. 某企业投保财产综合险时，确定某类固定资产保险金额为50万元，发生火灾造成全部损失。如果出险时该类固定资产的市价评估值为45万元，根据保险补偿原则，保险人计算赔偿金额的依据是（　　）。
   A. 投保时的投保金额　　　　　　　　B. 承保时的保险金额
   C. 出险时的市场价格　　　　　　　　D. 索赔时的索赔金额
4. 一台机器投保时按照市价确定保险金额为8万元，发生保险事故时的市价为5万元，假设保险标的全损，保险人按照损失补偿原则应赔偿（　　）。
   A. 3万元　　　　B. 3.125万元　　　　C. 4.785万元　　　　D. 5万元
5. 下面各项中属于损失补偿原则的派生原则的有（　　）。
   A. 近因原则　　　　　　　　　　　　B. 保险利益原则
   C. 最大诚信原则　　　　　　　　　　D. 分摊原则
6. 朱家投保家庭财产（房屋）保险，按市场价格确定保险金额为20万元，发生保险事故造成保险标的全损，出险时的市场价格为22万元。根据损失补偿原则，保险人应承担的赔偿金额是（　　）。
   A. 18万元　　　　B. 22万元　　　　C. 20万元　　　　D. 15万元
7. 下列选项中，不适用损失补偿原则的保险是（　　）。
   A. 责任保险　　　　B. 财产保险　　　　C. 人身保险　　　　D. 信用保险

四、多项选择题

1. 下列有关分摊原则的陈述正确的是（　　）。
   A. 由补偿原则派生出来的
   B. 可防止被保险人获得高于实际损失额的赔偿金
   C. 主要针对重复保险
   D. 在没有合同约定的情况下，应以顺序责任制进行分摊
   E. 是对财产保险和人身保险的赔偿和给付所实施的原则
2. 损失补偿原则的实施要点有（　　）。
   A. 以实际损失为限　　　　　　　　　B. 以保险金额为限
   C. 以保险标的净值为限　　　　　　　D. 以可保利益为限
   E. 以保险期限为限
3. 保险人的代位求偿权适用于（　　）。
   A. 任何保险　　　　B. 财产保险　　　　C. 人身保险　　　　D. 责任保险
   E. 信用保证保险
4. 重复保险在赔偿时通常采取各家保险公司分摊损失的办法，其分摊方式有（　　）。
   A. 比例责任　　　　B. 非比例责任　　　　C. 限额责任　　　　D. 顺序责任
   E. 第一损失赔偿责任
5. 损失补偿的方式主要有（　　）。
   A. 现金赔付　　　　B. 修理　　　　C. 更换　　　　D. 重置

6. 下列选项中，属于损失补偿原则的派生原则有（ 　　）。

A. 分摊原则　　　　　　B. 代位原则　　　　　　C. 委付　　　　　　D. 近因原则

五、判断题

1. 按照我国《保险法》的规定，重复保险合同采取的赔偿方式是顺序责任制。（ 　　）

2. 分摊原则适用于人身保险。（ 　　）

3. 如果被保险人的过错影响了保险人代位求偿权的行使，保险人可以拒绝给付保险赔款。（ 　　）

六、计算题

1. 投保人将保险价值为 150 万元的财产同时向甲、乙两家保险公司投保财产保险综合险，保险金额分别为 50 万元和 150 万元。若一次保险事故造成实际损失为 80 万元，则按照限额责任分摊方式，甲、乙两家保险公司应分别承担的赔款是多少？

2. 某企业将价值为 120 万元的财产同时在甲、乙两家保险公司投保财产保险综合险，甲公司保险金额 50 万元，乙公司保险金额 100 万元。期内发生火灾，损失 60 万元。

请用比例、限额、顺序三种责任分摊方法，分别计算甲、乙两家公司应分摊的赔款额。

任务四　运用近因原则

【任务描述】在本任务下，学生应该掌握近因原则的含义、应用。

【任务分析】在老师的指导下，学生认真学习近因原则的理论知识，并通过保险实例了解近因原则在保险实务中的应用，形成对该原则的理性认识，以完成本任务。

【相关知识】

一、近因和近因原则的含义

1. 近因

近因是指对损失最直接、最有效、具有支配力、起决定作用的原因，而不能理解为时间上、空间上最接近的原因。

当导致损失的原因有两个或两个以上，而且这些原因包括保险风险和非保险风险时，就要确定哪个原因是近因，以判断保险人是否应该承担保险赔偿责任。

2. 近因原则

近因原则是指以近因作为导致事件发生的原因，当近因是由所承保的风险所造成时，保险人负损失赔偿责任，当近因不是由承保的风险所造成时，保险人不给予赔付。

二、近因原则的应用

1. 单一原因

如果只有一个原因导致事故发生和造成损失，那么这个原因就是当然的近因。如果该近因属于承保风险，保险人就应对损失负赔偿责任；如果该近因属于除外风险，即不属于承保风险，保险人就不负赔偿责任。

2. 同时并存在的多种原因

如果损失的发生有同时并存的多种原因，这些原因对损害结果的形成都有实质性的直接影响，那么原则上这些原因都是近因。如果这些近因都属于保险责任范围，则保险人对这些近因所致损失必须承担赔偿责任。如果这些近因都属于除外责任，则保险人对其所致损失不负赔偿责任。如果这些近因中既有保险责任范围的风险，又有除外责任范围的风险，则要看损失结果能否按照各种原因进行分解：如果能分解，那么保险人只对保险责任范围的原因所致损失负赔偿责任；如果不能分解，那么保险人可以不负赔偿责任，也可以协商赔付。

3. 先后连续发生的多种原因

如果导致损失的多种原因先后依次连续发生，相邻的前一个原因与后一个原因之间具有前因后果关系，各原因之间的因果关系没有中断，则最先发生并造成一连串事故的原因为近因。如果该近因在保险责任范围内，那么不管由此近因导致的其他致损原因是否在保险责任范围内，保险人都应负赔偿责任。例如，敌机投弹引起火灾，造成保险财产的损失，虽然保险财产的损失是由火灾引起的，但火灾是敌机投弹的结果，所以，敌机投弹是保险财产损失的近因，而敌机投弹属于战争行为，不属于火灾保险的责任范围，因此保险人不予赔偿。

如果近因属于除外风险，则保险人对该近因造成的损失不负赔偿责任。

4. 先后间断发生的多种原因

在一连串连续发生的原因中，有一项新的独立的原因介入，使前面的原因与损失结果之间的关系中断，并且该新原因成为导致损失的最直接、最有效的原因，则该独立的新原因为近因。若此原因属于保险的责任范围，则保险人负责赔付；若不属于保险的责任范围，则保险人不予赔付。

【任务实施】

一、分组讨论

老师组织同学结合生活实际讨论下列两个现象，理解近因原则。

1. 某包装食品投保水渍险，在运输途中被海水浸湿外包装，致使食品受潮而发生霉变损失。

2. 某青年投保人身意外伤害保险，后遭遇车祸，经救治痊愈出院，但因车祸毁容导致丧失生活信心，自杀死亡。

二、案例分析

案例 1：

某城郊供电局在一家保险公司投保了供电责任险。2002 年 8 月 6 日早，天降暴雨，并伴有暴风，该供电局辖区内的一电线杆被刮倒。8 月 7 日晚途经此处的徐某触电，送医院抢救无效死亡。徐某家属要求供电局赔偿医疗费、丧葬费、抚养费等费用共计 5 万元。供电局认为事故是由于自然灾害暴风和暴雨引起的，自己没有过错，不应当承担责任。徐某家属遂将供电局告上法院。

法院审理后认为，供电局没有对线路及时抢修或采取其他有效措施，导致徐某触电身亡，应当承担侵权责任，判令供电局赔偿徐某医疗费、丧葬费等费用计人民币 3.5 万元。供电局依据法院判决向保险公司提出索赔。

保险公司认为：发生此次事故的原因是暴风雨，而根据《供电责任保险条款》的规定，暴雨等自然灾害属于责任免除的内容，保险公司不应当承担保险责任。供电局坚持法院判决的认定，认为其所管理的供电线路因自身工作过失导致了徐某的死亡，并且依法承担了民事

164　保险理论与实务

赔偿责任，因此保险公司应当承担保险责任。

保险公司是否应当承担赔偿责任？

案例2：

李某在游泳池内被从高处跳水的王某撞昏，溺死于水池底。由于李某生前投保了一份健康保险，保额5万元，而游泳馆也为每位游客保了一份意外伤害保险，保额2万元。事后，王某承担民事赔偿责任10万元。问：

（1）因没有指定受益人，李某的家人能领取多少保险金？说明理由。

（2）对王某的10万元赔款应如何处理？说明理由。

同步测试

一、名词解释

1. 近因

2. 近因原则

二、简答题

1. 近因原则的含义是什么？

2. 近因原则在实际应用时有哪些情形？

三、单项选择题

1. 某日下大雪，路面很滑，导致A、B两车相撞，致使某行人死亡，经交通警察查实，该事故是因A车驾驶员酒后驾车所致，则行人死亡的近因是（　　）。

A. 下雪　　　　　　　B. 路面滑　　　　　　C. 两车相撞　　　　　D. 酒后驾车

2. 保险近因原则中的近因是指（　　）。

A. 最直接、最有效、起决定作用的原因

B. 时间上最接近的原因

C. 空间上最接近的原因

D. 时间、空间上均最接近的原因

3. 某保险合同规定地震不属于保险责任，但火灾属于保险责任，如果地震引起火灾并导致企业财产损失，按近因原则，保险人的正确处理方式是（　　）。

A. 保险人不承担赔偿责任　　　　　　　B. 仅赔偿因地震引起的财产损失

C. 仅赔偿因火灾引起的财产损失　　　　D. 地震、火灾引起的损失均予赔偿

4. 在运用近因原则时，保险人认定近因的关键因素是（　　）。

A. 保险人与投保人的关系　　　　　　　B. 保险人与保险代理人的关系

C. 保险人与保险风险的关系　　　　　　D. 风险因素与损失之间的关系

5. 某次台风吹倒了一厂房外的电线杆，电线短路引起火花，火花引燃了厂房，导致厂房内财产损失。则此次财产损失的近因是（　　）。

A. 台风　　　　　　　B. 电线杆倾倒　　　　C. 电线短路　　　　　D. 火花

四、多项选择题

1. 关于近因原则的表述正确的是（　　）。

A. 近因是造成保险标的损失的最直接、最有效、起决定作用的原因。

B. 近因是空间上离损失最接近的原因

C. 近因是时间上离损失最接近的原因

D. 近因原则是在保险理赔过程中必须遵循的原则

E. 只有被保险人的损失是由近因造成的，保险人才给予赔偿

2. 保险的基本原则包括（　　）。

A. 保险利益原则　　　　　　　　B. 最大诚信原则

C. 损失补偿原则　　　　　　　　D. 近因原则

E. 大数法则

五、判断题

1. 近因是指时间上或空间上最接近损失的原因。（　　）

2. 根据近因原则，凡是近因引起的损失均属于保险赔偿范围。（　　）

3. 多种原因连续发生，且具有因果关系，那么最先发生并造成一连串事故的原因就是近因。（　　）

六、计算题

1. 2014 年 12 月 A 公司向 B 公司购买一批水果，共计 5 000 箱，价值 90 000 元。通过铁路运输，A 公司为此投保了货物运输综合险，C 保险公司出具了保险单，并将其中的 25% 分给另一保险公司 D。在到达目的地后，收货人发现一节车厢被撬开，货物丢失 100 箱，同时由于保温棉被掀开，另有 200 箱被冻坏，直接损失 7 000 元。此案中何为近因，应如何理赔？

2. 人身意外伤害保险的被保险人在保险有效期内去打猎，不慎摔成重伤，因伤重无法行走，只能卧倒在湿地上等待救护，结果由于着凉而感冒发烧，后又并发了肺炎，最终因肺炎而死。其家属到保险公司索赔，保险公司应如何处理？

3. 某单位为全体员工购买了人身意外伤害保险，保险金额都是 10 万元，意外伤害医疗费 5 万元。一次，单位组织员工外出活动，单位的大巴车与迎面而来的大货车相撞。由于员工甲所坐的驾驶副座就是与大货车相撞的部位，当场死亡。坐在前面的员工乙受到重伤，失去一条大腿，失血很多，送医院抢救，急救中因心肌梗死，于第二天死亡。该单位立即向保险公司报案，并提出索赔。保险公司调查发现，员工甲死亡时是 30 岁，身体一向很健康；员工乙 56 岁，患有多年心脏病。保险公司应如何赔偿？

项目六

保险公司业务经营

项目介绍

本项目主要是让学生在老师的指导下，充分认识保险公司业务经营的各个环节，掌握基本的保险操作流程，了解保险公司投资及再保险的业务选择，为今后的保险实务操作奠定基础。

知识目标

1. 保险展业的含义、流程；
2. 保险承保的含义、流程及核保；
3. 保险理赔的含义、基本原则及流程；
4. 保险客户服务的定义及主要内容；
5. 保险投资的含义、必要性、原则、资金来源及投资渠道的选择；
6. 再保险的含义、作用、分类及再保险合同。

技能目标

通过该项目的完成，掌握基本的保险操作技能，主要包括展业、保险单证填写、核保流程、理赔流程、客户服务等。

素质目标

具有保险意识，热爱保险事业，明确自己的岗位定位，做好保险行业的售前、售中和售后服务。

任务一　开展保险展业

【任务描述】在本任务下，学生应熟悉保险展业的概念，把握保险展业的主要环节及展业渠道的分类和选择，掌握基本的展业技巧。

【任务分析】在老师的指导下，学生通过具体实践掌握展业的基本流程及相关技巧，能够向周围的亲戚、朋友进行保险展业工作。

【相关知识】

一、保险展业的含义

1. 保险展业

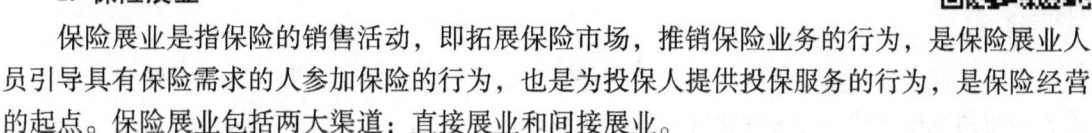

保险展业是指保险的销售活动，即拓展保险市场，推销保险业务的行为，是保险展业人员引导具有保险需求的人参加保险的行为，也是为投保人提供投保服务的行为，是保险经营的起点。保险展业包括两大渠道：直接展业和间接展业。

2. 保险展业的目的

保险展业的根本目的就是要增加保险标的，以分散风险、扩大保险基金。展业面越宽，承保面越大，获得风险保障的风险单位数越多，风险就越能在空间和时间上得以分散。展业所具有的重大意义是由保险服务本身的特点所决定的，主要表现在以下几个方面。

（1）通过展业唤起人们对保险的潜在需求

保险所销售的产品是保险契约，是一种无形商品，它所能提供的是对被保险人或受益人未来生产、生活的保障，即使购买了保险商品，也不能立即获得效用，这就使人们对保险的需求比较消极。因此，有必要通过保险展业一方面满足被保险人现实的需求，另一方面唤起人们的潜在需求，促使人们购买保险。

（2）通过展业对保险标的和风险进行选择

西方国家一般把保险公司的行为分为三类，即营销、投资和管理。其中为了完成营销任务所占用的人力和费用成本最高，因为在营销过程中可能出现逆选择。保险展业过程也是甄别风险、避免逆选择的过程。这一过程远比其他一般商品的销售更为重要。

（3）通过展业争夺市场份额，提高经济效益

保险企业之间的竞争主要是市场的争夺。只有通过积极有效的营销活动，才能建立起充足的保险基金和可靠的运营资金，保证整个经营活动的顺利进行。展业面越大，签订的保险合同越多，由保费形成的责任准备金就越多，保险经营的风险会随之降低，也为进一步降低保险价格、吸引更多的保户创造了条件。保险展业的顺利开展可为保险经营带来良性循环。

（4）通过展业提高人们的保险意识

随着改革的深入，社会经济结构发生了深刻的变化，社会在为人们提供更多机遇的同时，也使人们所面临的各种风险相应增加了。广泛而优质的保险展业工作不仅能为保险企业带来新客户，而且也可唤起全社会的风险意识，对树立整个保险业的良好形象起到重要作用。

3. 保险展业的渠道

保险展业的渠道包括直接展业和间接展业，其中间接展业包括保险代理人展业和保险经纪人展业。

（1）直接展业

直接展业是指保险公司依靠自己的业务人员去争取业务，是一种能够使保险公司和消费者彼此进行直接交易的展业渠道。这适合于规模大、分支机构健全的保险公司以及金额巨大的险种。在直接展业中，保险公司致力于直接与准保户建立联系，并利用一个或多个媒体，引导消费者或潜在购买者产生立即反应或适当反应，如咨询或购买保险产品等。

对许多保险公司来说，单靠直接展业是不足以争取到大量保险业务的，在销售费用上也

是不合算的。如果保险公司单靠直接展业，就必须配备大量展业人员并增设机构，大量工资和费用支出势必会提高成本，而且展业具有季节性特点，在淡季时，人员会显得过剩。因此，国内外的大型保险公司除了使用直接展业外，还广泛地建立代理网，利用保险代理人和保险经纪人展业。

（2）保险代理人展业

保险代理人展业是指保险代理人根据保险人的委托，向保险人收取代理手续费，并在保险人授权的范围内代为办理保险业务的单位或个人。

（3）保险经纪人展业

保险经纪人不同于保险代理人，保险经纪人是投保人的代理人，对保险市场和风险管理富有经验，能为投保人制定风险管理方案和物色适当的保险人，是保险展业的有效渠道。

二、保险展业的流程

保险展业的流程包括：准保户的开拓、与准保户接触、设计并介绍保险方案、消除疑问并促成签约等环节。

1. 准保户的开拓

准保户开拓就是识别、接触并选择准保户的过程。准保户开拓是保险展业环节中最重要的一个步骤。

（1）准保户的识别

MAN 法则认为作为顾客的人（Man）是由金钱（Money）、权力（Authority）和需要（Need）这三个要素构成的。

1）该潜在客户是否有购买资金 M（Money）

即是否有钱，是否具有消费此产品或服务的经济能力，也就是有没有购买力或筹措资金的能力。

2）该潜在客户是否有购买决策权 A（Authority）

即你所极力说服的对象是否有购买决定权，在成功的销售过程中，能否准确地了解真正的购买决策人是销售的关键。

3）该潜在客户是否有购买需要 N（Need）

一方面，需要是指存在于人们内心的对某种目标的渴求或欲望，它由内在的或外在的、精神的或物质的刺激所引发。另一方面，客户的需求具有层次性、复杂性、无限性、多样性和动态性等特点，它能够反复地激发每一次的购买决策，而且具有接受信息和重组客户需要结构并修正下一次购买决策的功能。

只有同时具备购买力（Money）、购买决策权（Authority）和购买需求（Need）这三个要素，才是合格的顾客。现代推销学中把对某特定对象是否具备上述三要素的研究称为顾客资格鉴定。顾客资格鉴定的目的在于发现真正的推销对象，避免浪费推销时间，提高整个推销工作效率。

（2）准保户开拓的途径

保险销售人员一般依据自己的个性和销售风格进行准保户的开拓。常用的途径有以下几种：

1）陌生拜访

这是一种无预约性的拜访，即寻找好拜访对象，直接上门拜访，这种方法是每一位保险业务员在相当一段时间内需要不断采用的主要推销技巧之一。它要求业务员要对本身的业务知识比较熟悉，最好能融会贯通；同时要求业务员本身的心理素质要好，能够用平常之心对待打击，宽以待人。

2）缘故介绍

这是利用已有的关系，如亲朋关系、工作关系、商务关系等从熟人那里进行推销，这是准保户开拓的一条捷径。运用此方法的优势就是易于接近准保户，能够相互信任，容易掌握有关信息，成功率较高。

3）转介绍

这是请求亲朋好友或现有客户为你做介绍，推荐他们的熟人做你的准保户。这种方法可以尽快大范围地开拓保险市场，迅速提高业绩，成功率比较大。这是一种让相识的人把保险业务员带到其不相识的人群中去，是一种无休止的连锁式准保户开拓方法。

4）电话销售

这是通过给事先选定的准保户打电话，了解他们感兴趣的产品，发现他们真正的需求，从而销售产品的方法。

5）目标市场销售

这是指在某一特定行业，或某个特定单位，或某片特定社区，或某处特定街市，以及具有共同属性的某些特定人群中展业。目标市场销售的优点是数量大、集中而且有共性，节省时间，客户有安全感，便于相互介绍，但是在开创初期较短的时间内，效果可能不太明显。

6）职团开拓

这是指选择一家少则数十人，多则数百人，而且人员相对稳定的企事业单位做展业基地，并定人定点定时进行服务和销售活动，进行职团开拓。职团开拓的优点是比较容易进行多方面、多层次的销售行为，有较强的参与力和购买力，能产生良好的连锁效应。需要注意的是，职团一旦选定，就必须花时间，派专人长期驻守，不能心猿意马。

除了上述几种主要的开拓准保户的方式以外，随着通信技术的发达，目前利用网络开拓准保户也是非常有效的方式之一。

2. 与准保户接触

在确定准保户之后，要提前对潜在顾客进行初步了解，主要包括潜在顾客的行业、经济实力、风险状况、保险意识等与展业直接或间接相关的因素。然后要做好与准客户接触前的各项准备工作。根据展业工作的需要，备齐必要的各种单证、条款、费率表、宣传资料和其他展业工具等。

(1) 电话约访

电话约访是与准保户进行的第一次接触，要让这样的"接触"给客户留下良好的印象。首先，要明确电话约访的目的不是推销保险，而是争取面谈的机会，因此，电话约访的目的要明确，直接表明身份，如果是经人介绍，一定要引入介绍人，这样容易得到准保户的认可。其次，语言要简洁，不要在电话中谈保险，运用二择一法则提出会面要求。

(2) 销售面谈

面谈是展业工作的关键环节，除了提供优质的保险产品和服务以外，展业人员的交谈方式和技巧，也是促成展业成果的重要因素。销售面谈的目的是与客户建立良好的信任关系，了解准保户的风险状况、经济状况，通过收集到的资料发现准保户的保险需求，从而设计出适合准保户的保险购买方案。

销售面谈的基本步骤包括寒暄、赞美，提及介绍人以及客户的兴趣爱好；表明来意，介绍自己的工作价值和公司的背景；说明为客户量身定制保险保障的观念；沟通风险的存在与影响，唤起客户的需求；约定下次拜访的时间等。

3. 设计并介绍保险方案

（1）保险方案的设计既要全面，又要突出重点

保险展业人员根据调查得到的信息，可以设计几种保险方案，并说明每一种可供选择的方案的成本和可以得到的保障，以适应准保户的保险需求。一般来说，设计保险方案时首先应该遵守的原则是"高额损失优先原则"，即某一风险事故发生的频率虽然不高，但造成的损失严重，就应该优先投保。一个完整的保险计划书至少应该包括：保险标的的情况、投保风险责任的范围、保险金额的大小、保险费率的高低、保险期限的长短，等等。

（2）保险方案说明是指对拟订的保险方案向准保户作出简明、易懂、准确的解释

一般而言，保险方案说明主要是对推荐的产品的介绍，包括以图表形式表示出来的图示以及书面的、口头的解释，或书面与口头兼而有之的解释。在向准保户表述保险方案时，应尽量使用通俗的语言和图表解释方案，避免使用专业性太强的术语和复杂的计算。对于有关重要的信息（如保险责任、未来收益、责任免除等）则要解释准确，以免产生纠纷。

4. 消除疑问并促成签约

（1）解答准保户的疑问

准保户对保险方案完全满意以至于毫无异议地购买保险几乎是不可能的，准保户的拒绝也是展业过程中的正常情况。如准保户提出反对意见，保险销售人员要分析准保户反对的原因，并有针对性地解答准保户的疑问。

（2）促成签约

促成签约是指保险销售从业人员在准保户对于投保建议书基本认同的情况下，促成准保户达成购买意向的过程。促成签约并不是一件很容易的事情，这需要保险销售从业人员掌握一些促成的方法与技巧。促成的原则有：掌握促成的时机、运用适当的促成方法、以万变应不变。促成的方法包括二择一法、决定小节法、暗示默许法、总结式成交法、激励成交法、五次成交法。

（3）指导准保户填写投保单

投保人购买保险，首先要提出投保申请，即填写投保单。为了体现投保人的真实投保意愿，维护客户的利益，避免理赔纠纷，如实、准确、完整地填写投保单是非常重要的，保险销售从业人员有责任和义务指导和帮助客户填写好投保单。

<u>知识拓展</u>

一、准保户调查与分析的内容

1. 分析准保户所面临的风险

不同的风险需要不同的保险计划。每个人的工作状况、健康状况不同，每个企业的生产情况不同，决定了其面临的风险也各不相同。保险销售从业人员要通过调查获取相关信息，分析准保户所面临的风险。

2. 分析准保户的经济状况

一个家庭或一个企业究竟能安排多少资金购买保险，取决于其资金的充裕程度。通过对准保户的财务问题及其财务目标建立的可行性分析，可以帮助准保户了解其财务需求和优先考虑的重点。

3. 确认准保户的保险需求

在对准保户面临的风险和经济状况进行分析后，需要进一步确认其保险需求。就准保户面临的风险而言，应让准保户最好采取购买保险的方式解决，而且有些风险只能通过购买保险才能有效处理。例如，机动车第三者责任风险就是必保风险，因为购买机动车交通事故责任强制保险是强制性的。而对于非必保风险，则可以由准保户自由选择决定是否采取购买保险的方式。例如，对于那些虽然会给家庭或者企业带来一定损失和负担但尚可承受的财产风险，则可根据家庭或企业自身的支付能力决定是否购买保险。

【任务实施】

在老师的指导下收集相关资料，做好准备后，进行保险展业模拟，以班上的某一位同学或者老师作为准保户，确定客户基本情况，分析客户保险需求，为其设计保单并向客户进行保单说明，运用营销话术促成签约。并指导客户填写投保申请书。

同步测试

一、简答题

1. 简述保险展业的目的是什么？
2. 简述什么样的客户是合格的准保户？

二、单项选择题

1. 保险展业环节中最重要的一个步骤是（　　）。
   A. 准保户开拓　　　　　　　　B. 与准保户接触
   C. 设计并介绍保险方案　　　　D. 消除疑问并促成签约
2. 专业化保险销售流程的最后一个环节是（　　）。
   A. 准保户开拓　　　　　　　　B. 与准保户接触
   C. 设计并介绍保险方案　　　　D. 消除疑问并促成签约
3. 保险展业的对象是（　　）。
   A. 准保户　　　B. 保险人　　　C. 受益人　　　D. 投保人
4. 设计保险方案时首先应该遵守的原则是（　　）。
   A. 客户满意度最大化原则　　　B. 高额损失优先原则
   C. 力求全面原则　　　　　　　D. 利润最大化原则
5. 在专业化保险展业流程中，展业人员针对拟订的保险方案向准保户作出简明、易懂、准确的解释的行为属于（　　）。
   A. 保险方案调研　　B. 保险方案设计　　C. 保险方案说明　　D. 保险方案确认
6. 保险销售从业人员在准保户对于投保建议书基本认同的情况下，促成准保户达成购买意向的过程称为（　　）。

A. 疑问解答　　　　　B. 促成签约　　　　C. 售后服务　　　　D. 需求确认

三、多项选择题

1. 保险展业的基本流程包括（　　　）。

A. 准保户开拓

B. 与准保户接触

C. 设计并介绍保险方案

D. 消除疑问并促成签约

2. 保险展业的渠道包括（　　　）。

A. 直接展业

B. 保险代理人展业

C. 保险经纪人展业

D. 保险公估人展业

任务二　开展保险承保

【任务描述】在本任务下，学生应理解保险承保的含义，掌握保险承保的基本流程。

【任务分析】学生在老师的指导下，理解保险承保的含义，通过一定途径收集核保信息资料并加以整理，对这些资料经过承保选择和承保控制之后，按照规定的业务范围和承保权限，作出承保决策。

【相关知识】

一、保险承保的含义

保险承保是保险人对愿意购买保险的单位或个人（即投保人）所提出的投保申请进行审核，做出是否同意接受和如何接受的过程。另外，承保仅是保险合同成立的标志，并不能决定合同是否生效，只有当约定的条件全部成立以后，合同才正式生效，保险人才开始承担合同中相应的保险责任。

可以说，保险业务的邀约、承诺、核查、订费等签订保险合同的全过程，都属于承保业务环节。实际上，进入承保环节，就进入了保险合同双方就保险条款进行实质性谈判的阶段。承保是保险经营的一个重要环节，承保质量的好坏直接关系到保险人经营的财务稳定性和经营效益的高低。

二、保险承保的流程

1. 核保

保险核保是指保险人对投保申请进行审核，决定是否接受承保这一风险，并在接受承保风险的情况下，确定保险费率的过程。在核保过程中，核保人员会按标的物的不同风险类别给予不同的费率，保证业务质量，保证保险经营的稳定性。核保是承保业务中的核心业务，而承保部分又是保险公司控制风险、提高保险资产质量最为关键的一个步骤。

（1）核保的目的

核保的目的在于辨别保险标的的危险程度，并据此对保险标的进行分类，按不同标准进行承保、制定保险费率，从而保证承保业务的质量。核保工作的好坏直接关系到保险合同能否顺利履行，关系到保险公司的承保盈亏和财务稳定。因此，严格规范核保工作是降低赔付率、增加保险公司盈利的关键，也是衡量保险公司经营管理水平高低的重要标志。

（2）保险核保信息的来源

主要有三个途径，即投保人填写的投保单、销售人员和投保人提供的情况、通过实际查勘获取的信息。

①投保单是核保的第一手资料，也是最原始的保险记录。保险人可以从投保单的填写事项中获得信息，以对风险进行选择。

②销售人员实际上是前线核保人员，在其销售过程中获取了大量的保险标的的情况，其在寻找准客户和进行销售活动的同时实际上就已经开始了核保过程，可以视为外勤核保。所以，必要时核保人员可以向销售人员直接了解情况。另外，对于投保单上未能反映的保险标的物和被保险人的情况，也可以进一步向投保人了解。

③除了审核投保单以及向销售人员和投保人直接了解情况外，保险人还要针对保险标的、被保险人面临的风险情况进行查勘，称为核保查勘。核保查勘可由保险人自己进行，也可委托专业机构和人员以适当的方式进行。

2. 承保决策

保险承保人员对通过一定途径收集的核保信息资料加以整理，并对这些资料经过承保选择和承保控制之后，按照规定的业务范围和承保权限，作出以下承保决策：

（1）正常承保

对于属于标准风险类别的保险标的，保险公司按标准费率予以承保。

（2）优惠承保

对于属于优质风险类别的保险标的，保险公司按低于标准费率的优惠费率予以承保。

（3）有条件地承保

对于低于正常承保标准但又不构成拒保条件的保险标的，保险公司通过增加限制性条件或加收附加保费的方式予以承保。

（4）拒保

如果投保人投保条件明显低于承保标准，保险人就会拒保。

3. 缮制单证

缮制单证即承保人作出承保决策后，对于同意承保的投保申请，由签单人员填写保险单或者保险凭证的过程。这是保险承保工作的重要环节，其质量好坏，直接关系到保险合同双方当事人的权利能否实现和义务能否顺利履行。因此，填写保单要做到单证相符、保险合同要素明确、数字准确、复核签章、手续齐备。

4. 收取保费

交付保险费是投保人的基本义务，向投保人及时足额收取保险费是保险承保中的一个重要环节。为了防止保险事故发生后的纠纷，在签订保险合同时要对保险费交纳的相关事项予以明确，包括保险费交纳的金额及交付时间以及未按时交费的责任。

知识拓展

由于寿险和非寿险的标的特征、业务性质不同，各自核保的要素也有所不同，具体如下：

一、财产保险核保要素

在财产保险核保过程中，需要对有些因素进行重点风险分析和评估，并实地查勘。其中，主要的核保要素如下：

1. 保险标的物所处的环境

保险标的物所处的环境不同，直接影响其出险概率的高低及损失程度。例如，对所投保的房屋，要检查其所处的环境是工业区、商业区还是居民区；附近有无易燃易爆的危险源；救火水源如何及与消防队的距离远近；房屋是否属于高层建筑，周围是否畅通，消防车能否靠近等。

2. 保险财产的占用性质

查明保险财产的占用性质，可以了解其可能存在的风险，同时要查明建筑物的主体结构及所使用的材料，以确定其危险等级。

3. 保险标的物的自身风险

投保标的物的主要风险隐患和关键防护部位及防护措施状况。认真检查投保标的物可能发生风险损失的风险因素，如：投保的财产是否属于易燃易爆品；对温度和湿度的灵敏度如何；机器设备是否超负荷运转；使用的电压是否稳定等。对投保财产的关键部位要重点检查，如：建筑物的承重墙体是否牢固；船舶、车辆的发动机的保养是否良好。严格检查投保财产的风险防范情况，如：有无防火设施、报警系统、排水排风设施；机器有无超载保护、降温保护措施；运输货物的包装是否符合标准；运载方式是否符合标准等。

4. 有无处于危险状态中的财产

正处于危险状态中的财产意味着该项财产必然或即将发生风险损失，这样的财产，保险人不予承保。这是因为保险承保的风险应具有损失发生的不确定性，如果把必然发生的风险予以承保，就会造成不合理的强行分摊，这就违背了保险的经营原则。

5. 检查各种安全管理制度的制定和实施情况

健全的安全管理制度是预防、降低风险发生的保证，可减少承保标的的损失，提高承保质量。因此，核保人员应核查投保方的各项安全管理制度，核查其是否有专人负责该制度的执行和管理。如果发现问题，应建议投保人及时解决，并复核其整改效果。倘若保险人多次建议投保方实施安全计划方案，但投保方任不执行，保险人可调高费率，增加特别条款，甚至拒保。

6. 检查被保险人以往的事故记录

这一核保要素主要包括被保险人发生事故的次数、时间、原因、损失及赔偿情况。一般从被保险人过去 3 ~ 5 年的事故记录中可以看出被保险人对保险财产的管理情况，通过分析以往发生损失的原因，找出风险所在，督促被保险人改善管理，采取有效措施，避免损失。

7. 调查被保险人的道德情况

特别是对于经营状况较差的企业，弄清是否存在道德风险。一般可以通过政府相关部门或金融机构了解客户的资信情况，必要时可以建立客户资信档案，以备承保时使用。

二、人寿保险核保要素

人身保险的核保要素一般分为影响死亡率的要素和非死亡率的要素。影响死亡率的要素有年龄、性别、职业、健康状况、体格、习惯、嗜好、居住环境、种族、家族病史等。非死亡因素包括保额、险种、交费方式、投保人收入状况、投保人与被保险人及受益人之间的关系。相比之下，在寿险核保中需要重点考虑的是影响死亡率的要素。

1. 年龄和性别

年龄是核保所要考虑的最重要的因素之一。因为年龄是影响死亡率的重要因素，且不同年龄阶段各种疾病的发病率也不相同，因此，保险金给付的频数和程度是有差异的。另外，女性的寿命要比男性的寿命长4～6岁，因此，性别也关系着保险人承担给付义务的不同。

2. 职业和习惯嗜好

被保险人的职业及所从事的活动直接影响疾病、意外伤害和丧失工作能力的发生概率。一些职业具有特殊风险，如高空作业工人、矿工及接触有毒物质的工作人员，这类工作可能严重损害被保险人的健康而导致大量医疗费用的支出。有些职业势必会增加死亡概率或意外伤害概率，如果被保险人有吸烟、酗酒等不良嗜好或从事赛车、跳伞、登山、冲浪等业余爱好，面对这类风险，保险人可以提高费率承保或列为除外责任。

3. 体格和身体情况

体格是遗传所致的先天性体质与后天各种因素的综合表现，包括身高、体重等。除了体格以外的身体情况也是核保的一个最重要的因素，如神经、消化、心血管、呼吸、泌尿、内分泌系统失常会引起较高的死亡概率。

4. 个人病史和家族病史

如果被保险人曾患有某种急性或者慢性疾病，往往会影响其寿命，所以，在核保中一般除了要求其提供自述的病史外，有时还需要医师或者医院出具的病情报告。家族病史主要是了解家庭成员中有无可能影响后代的遗传性或传染性疾病，如糖尿病、高血压、精神病、血液病、结核等。另外，还应该考虑被保险人本人出生和家庭居住地是否在流行病区，有无感染某些传染病的可能。

【任务实施】

在老师的指导下，对上一任务中客户所填写的投保申请书进行审核，根据所收集到的相关资料及业务权限作出承保决策。

同步测试

一、简答题

1. 简述什么是核保。
2. 简述核保对保险公司的经营有什么样的作用？

二、单项选择题

1. 保险核保信息的来源有多个，其中，核保的第一手资料主要来源于（ ）
   A. 销售人员　　　　B. 理赔人员　　　　C. 保费收据　　　　D. 投保单
2. 保险人对愿意购买保险的单位或个人所提出的投保申请进行审核，做出是否同意接受和如何接受的过程称为（ ）。

A. 保险核查   B. 保险审核   C. 保险承保   D. 保险核赔

3. 保险公司控制风险、提高保险资产质量最为关键的是（   ）。

A. 保单数量   B. 保险核保   C. 制单技术   D. 销售品种

4. 在核保过程中，对于属于优质风险类别的保险标的，保险公司按低于标准费率的优惠费率予以承保的承保决策属于（   ）。

A. 正常承保   B. 优惠承保   C. 条件承保   D. 折扣承保

5. 在保险经济活动中，投保人的基本义务是（   ）。

A. 交付保险费   B. 做好防灾防损工作

C. 保险事故发生后及时通知保险人   D. 与保险人协商理赔事宜

三、多项选择题

1. 保险公司做出的承保决策有（   ）。

A. 正常承保   B. 优惠承保   C. 条件承保   D. 拒保

2. 保险核保信息的来源主要有（   ）。

A. 投保人填写的投保单   B. 销售人员提供的情况

C. 通过实际查勘获取的信息   D. 投保人提供的情况

3. 下列属于保险业务经营环节中的承保业务环节的有（   ）。

A. 邀约   B. 承诺   C. 核查   D. 订费

四、判断题

1. 对于低于正常承保标准但又不构成拒保条件的保险标的，保险公司通过增加限制性条件或加收附加保费的方式予以承保，属于有条件承保。（   ）

2. 即使投保人的投保条件明显低于承保标准，保险人也无权拒绝投保人的投保要求。（   ）

任务三   进行保险理赔

【任务描述】 在本任务下，学生应熟悉保险理赔的含义，理解保险理赔的原则，掌握寿险业务和非寿险业务的理赔流程。

【任务分析】 学生在老师的指导下，深入保险市场，调查了解保险实务中的理赔流程。

【相关知识】

一、保险理赔的含义

1. 保险理赔的含义

保险理赔，是指在保险标的发生保险事故而使被保险人财产受到损失或人身生命受到损害时，或保单约定的其他保险事故出险而需要给付保险金时，保险公司根据合同规定，履行赔偿或给付责任的行为，是直接体现保险职能和履行保险责任的工作。

简单地说，保险理赔是保险人在保险标的发生风险事故后，对被保险人提出的索赔请求进行处理的行为。在保险经营中，保险理赔是保险补偿职能的具体体现。

2. 保险理赔的作用

保险理赔并不等于支付赔款，从法律的角度看，保险人无论是否支付赔款，保险理赔都是履行保险合同的过程，是法律行为。从经营角度看，保险理赔充分体现了保险的经济补偿职能及作用，是保险经营的重要环节。保险理赔也是对承保业务和风险管理质量的检验，通过理赔可以发现保险条款、保险费率的制定和防灾防损工作中存在的漏洞和问题，为提高承保业务质量、改善保险条件、完善风险管理提供依据；保险理赔还可以提高保险公司的信誉，扩大保险在社会上的影响，促进保险业务的发展。

二、保险理赔的基本原则

对被保险人来说，保险的目的是在保险事故发生时能够及时获得补偿，解除自己的后顾之忧。对保险人来说，理赔功能的切实发挥足以体现保险制度存在的价值。因此，作为保险经营过程中的关键环节，保险理赔必须坚持以下原则：

1. 重合同、守信用

保险合同所规定的权利和义务关系，受法律保护，因此，保险公司必须重合同、守信用，正确维护保户的权益。保险理赔是保险人对保险合同履行义务的具体体现，对保险人来说，在处理各种赔案时，应严格按照保险合同中条款的规定，受理赔案、审核责任、确定损失、及时赔付。既不能任意扩大保险责任范围乱赔，也不能缩小保险责任范围惜赔。这是在处理保险索赔事宜时，保险公司首先要遵循的原则。

2. 坚持实事求是

保险人在处理赔案的过程中，要实事求是地进行处理，根据具体情况，正确确定保险责任、给付标准、给付金额。虽然保险合同条款对赔偿责任作了原则性规定，但实际情况错综复杂，这就要求保险公司必须以实事求是的精神，运用保险条款的规定，并结合具体情况合情合理地处理赔案，既要有原则性，又要有一定的灵活性。尤其对通融赔付的案例，更应该从严掌握，对有利于保险业务的稳定和发展、有利于维护保险公司的信誉和提高市场竞争能力、有利于社会安定团结的案例才考虑通融赔付，而不是无原则地随意赔付。

3. 主动、迅速、准确、合理

这是保险理赔工作"八字方针"，要让保户感觉到保得放心，赔得心服，是理赔质量的重要标准，旨在提高保险服务水平，争取更多的保险业务。所谓主动、迅速，就是要求理赔人员在处理赔案时要积极主动，及时深入现场，主动了解受损情况，迅速赔偿损失。所谓准确、合理，就是要求理赔人员在审核赔案时要分清责任，合理定损，准确地核定赔款金额，做到不惜赔、不乱赔。

我国《保险法》第23条规定：保险人收到被保险人或者受益人的赔偿或者给付保险金的请求后，应当及时作出核定；情形复杂的，应当在30日内作出核定，但合同另有约定的除外。保险人应当将核定结果通知被保险人或者受益人；对属于保险责任的，在与被保险人或者受益人达成赔偿或者给付保险金的协议后10日内，履行赔偿或者给付保险金义务。保险合同对赔偿或者给付保险金的期限有约定的，保险人应当按照约定履行赔偿或者给付保险金义务。

三、保险理赔流程

要保证保险理赔工作的质量，除了以保险条款作为理赔准则外，还要按照保险理赔工作的程序认真负责地处理好赔案。保险理赔程序根据不同的险种和案情而定。

178 保险理论与实务

1. 寿险理赔流程

人寿保险理赔从时间方面来定义，是指从保险事故发生到保险人做赔款决定以及被保险人或者受益人领取相应保险金的整个过程。在整个人寿保险理赔过程中，可以分成七个步骤：接案、立案、初审、调查、核定、复核与审批、结案与归档七个环节。在每个环节都有不同的处理要求和规定，以保证理赔有序和高效地进行。

（1）接案

接案是指发生保险事故后，保险人接受客户的报案和索赔申请的过程。这个过程包括报案和索赔申请两个环节。

1）报案

报案是指保险事故发生后，投保人或被保险人、受益人通知保险人发生保险事故的行为。我国《保险法》第 21 条规定：投保人、被保险人或者受益人知道保险事故发生后，应当及时通知保险人。

①报案的方式。报案人可以采用多种方式将保险事故通知保险人，可以亲自到保险公司当面口头通知，也可以用电话、电报、传真、信函等方式通知公司，当然也可以填写保险公司事先印制的事故通知书。

②报案的内容。报案人应在保险条款规定的时间内，及时将有关的重要信息通知保险公司的接案人。报案时需要提供的信息包括：投保人的姓名、被保险人或受益人的姓名及身份证件号码、被保险人的保单号、险种名称、出险时间、地点、简要经过和结果、就诊医院、病案号、联系地址及电话等。

③接案的要求。接案人员对报案人提供的信息应做好报案登记，准确记录报案时间，引导和询问报案人，尽可能掌握必要的信息。

2）索赔申请

索赔是指保险事故发生后，被保险人或受益人依据保险合同向保险人请求赔偿损失或给付保险金的行为。客户报案只是履行将保险事故及时通知保险公司的一项义务，但并不等同于保险索赔。报案是投保人、被保险人或受益人的义务，索赔是保险事故发生后被保险人或受益人的权利。

①对索赔申请人资格的要求。索赔申请人是对保险金具有请求权的人，如被保险人、受益人。例如，人身保险事故保险金给付应由保险合同约定的事故受益人提出申请。没有指定受益人时，则由被保险人的法定继承人作为申请人提出申请；如果受益人或继承人是无民事行为能力人，则由其法定监护人提出申请。人身保险中被保险人在生存状态下的保险金给付申请，如伤残保险金、医疗保险金等，受益人均为被保险人本人，应由被保险人本人提出申请。如被保险人是无民事行为能力人，则由其法定监护人提出申请。

②索赔时效。保险事故发生后，被保险人或受益人必须在规定的时间内向保险人请求赔偿或给付保险金，这一期间称为索赔时效期间。我国《保险法》第 26 条规定：人寿保险的被保险人或者受益人向保险人请求给付保险金的诉讼时效期间为五年，自其知道或者应当知道保险事故发生之日起计算。

③索赔的举证责任。索赔的举证责任指索赔权利人向保险人索赔时应承担的提供证据的义务，证明保险事故已经发生，保险人应当承担赔偿或给付保险金的责任。我国《保险法》第 22 条规定：保险事故发生后，按照保险合同请求保险人赔偿或者给付保险金时，投保人、

被保险人或者受益人应当向保险人提供其所能提供的与确认保险事故的性质、原因、损失程度等有关的证明和资料。保险人按照合同的约定，认为有关的证明和资料不完整的，应当及时一次性通知投保人、被保险人或者受益人补充提供。

（2）立案

立案是指保险公司核赔部门受理客户索赔申请，进行登记和编号，使案件进入正式处理阶段的过程。

1）索赔资料的提交

申请人按一定的格式要求填写《索赔申请书》，并提交相应的证明和资料给保险公司；如果申请人不能亲自到保险公司办理，而是委托他人代为办理，受托人还应提交申请人签署的《理赔授权委托书》。

2）索赔资料受理

保险公司的受理人员在审核材料后，在一式两联的《理赔资料受理凭证》上注明已接收的证明和资料，注明受理时间并签名，一联留存公司，一联交申请人存执，以作为日后受理索赔申请的凭据。

3）立案条件

要进行立案处理的索赔申请必须符合如下条件：保险合同责任范围内的保险事故已经发生；保险事故在保险合同有效期内发生；在《中华人民共和国保险法》规定时效内提出索赔申请；提供的索赔资料齐备。

4）立案处理

对经审核符合立案条件的索赔申请进行立案登记，并生成赔案编号，记录立案时间、经办人等情况，然后将所有资料按一定顺序存放在案卷内，移交到下一工作环节。

（3）初审

初审是指核赔人员对索赔申请案件的性质、合同的有效性初步审查的过程。初审的要点包括以下几项：

1）审核出险时保险合同是否有效

根据保险合同、最近一次交费凭证或交费记录等材料，判断申请索赔的保险合同在出险时是否有效，特别注意出险日期前后，保险合同是否有复效或其他变动的处理。

2）审核出险事故的性质

审核出险事故是否在保险责任条款约定的事故范围之内，或者出险事故是否属于保险合同责任免除条款或是否符合约定的免责规定。

3）审核申请人所提供的证明材料是否完整、有效

根据客户的索赔申请和事故材料，判断出险事故索赔申请的类型，检查证明材料是否为相应事故类型所需的各种证明材料，检查证明材料的效力是否合法、真实、有效，材料是否完整，是否为相应的机关或者部门所出具。

4）审核出险事故是否需要理赔调查

根据索赔提供的证明材料及案件的性质、案情的状况等判断该案件是否需要进一步理赔调查，根据判断结果分别作出相应处理。对需要调查的案件，提出调查重点、调查要求，交调查人员进行调查，待调查人员提交调查报告后，再提出初审意见。对不需要调查的案件，提出初审意见后，将案件移交理算人员作理赔计算的处理。

（4）调查

核赔调查在核赔处理中占有重要的位置，对核赔处理结果有决定性的影响。调查就是对客观事实进行核实和查证的过程，核赔调查时需要注意的是：调查必须本着实事求是的原则；调查应力求迅速、准确、及时、全面；调查人员在查勘过程中禁止对理赔事项作出任何形式的承诺；调查应遵循回避原则；调查完毕应及时撰写调查报告，真实、客观地反映调查情况。

（5）核定

核定是对索赔案件作出给付、拒付、豁免处理和对给付保险金额进行计算的过程。理赔人员对案卷进行理算前，应审核案卷所附资料是否足以作出正确的给付、拒付处理。理赔人员根据保险合同以及类别的划分进行理赔计算，缮制《理赔计算书》和《理赔案件处理呈批表》。具体地说，核定的内容包括以下几项：

1）给付理赔计算

对于正常给付的索赔案件的处理，应根据保险合同的内容、险种、给付责任、保额和出险情况等计算出给付的保险金额。

2）拒付

对应拒付的案件，理赔人员作拒付确认，并记录拒付处理意见及原因。对于由此终止的保险合同，应在处理意见中注明，并按条款约定计算应退还保费或现金价值以及补扣款项及金额；对于继续有效的保险合同，应在处理意见中注明，将合同置为继续有效状态。

3）豁免保费计算

对于应豁免保费的案件，理赔人员应作豁免的确认，同时将合同置于豁免保费状态。

4）理赔计算的注意事项

理赔计算的结果直接涉及客户的经济利益，因此必须保证给付保险金额计算准确无误；同时理赔计算中涉及补扣款的项目，需一并计算。

（6）复核与审批

1）复核

复核是核赔业务处理中具有把关作用的一个关键环节。通过复核，能够发现业务处理过程中的疏忽和错误并及时予以纠正；同时，复核对核赔人员也具有监督和约束的作用，防止核赔人员个人因素对核赔结果的影响，保证核赔处理的客观性和公正性，也是核赔部门防范内部风险的一个重要环节。复核的内容及要点包括：出险人的确认、保险期间的确认、出险事故原因及性质的确认、保险责任的确认、证明材料完整性与有效性的确认；理赔计算准确性与完整性的确认。

2）审批

审批是根据案件的性质、给付金额、核赔权限以及审批制度对已复核的案件逐级呈报，由有相应审批权限的主管进行审批的环节。

（7）结案与归档

1）结案

①根据理赔案件呈批的结果，缮制《给（拒）付通知书》或《豁免保险通知书》，并寄送申请人。拒付案件应注明拒付原因及保险合同效力终止的原因。如有退费款项，应同时在通知书中予以反映，并注明金额及领款人，提示前来领款。给付案件应注明给付金额、受

益人姓名，提示受益人凭相关证件前来办理领款手续。领款人凭《给（拒）付通知书》和相关证件办理领款手续，保险公司应对领款人的身份进行确认，以保证保险金正确支付给合同规定的受益人。领款人可以通过现金、现金支票、银行转账或其他允许的方式领取应得款项，并由保险公司的财务部门按规定支付相应金额的款项。

②结案人员根据保险合同效力是否终止，修改保险合同的状态，并做结案标识。

2）归档

结案人员将已结案的理赔案件的所有材料按规定的顺序排放，并按业务档案管理的要求进行归档管理，以便将来查阅和使用。

2. 非寿险的理赔流程

非寿险理赔的程序主要包括接受损失通知、审核保险责任、进行损失调查、赔偿保险金、损余处理及代位求偿等步骤。

（1）接受损失通知

这是指保险事故发生后，被保险人或受益人应将事故发生的时间、地点、原因及其他有关情况，以最快的方式通知保险人，并提出索赔请求的环节。发出损失通知同样是非寿险被保险人必须履行的义务。

1）损失通知的时间要求

根据险种不同，发出损失通知书有时会有时间要求。例如，被保险人在保险财产遭受保险责任范围内的盗窃损失后，应当在 24 小时内通知保险人，否则，保险人有权不予赔偿。如果被保险人在法律规定或合同约定的索赔时效内未通知保险人，可视为其放弃索赔权利。我国《保险法》第 26 条规定：人寿保险以外的其他保险的被保险人或者受益人，向保险人请求赔偿或者给付保险金的诉讼时效期间为二年，自其知道或者应该知道保险事故发生之日起计算。

2）损失通知的方式

被保险人发出损失通知的方式可以是口头的，也可用函电等其他形式，但随后应及时补发正式书面通知，并提供各种必需的索赔单证。

3）保险人受理

接受损失通知书意味着保险人受理案件，保险人应立即将保险单与索赔内容详细核对，并及时向主管部门报告，安排现场查勘等事项，然后将受理案件登记编号，正式立案。

（2）审核保险责任

保险人收到损失通知书后，应立即审核该索赔案件是否属于保险人的责任，审核的内容包括以下几项：

①保险单是否仍有效力。

②损失是否由所承保的风险所引起。

③损失的财产是否为保险财产。保险合同所承保的财产并非被保险人的一切财产，即使是综合险种，也会有某些财产列为不予承保之列。

④损失是否发生在保单所载明的地点。保险人承保的损失通常有地点的限制。

⑤损失是否发生在保险单的有效期内。保险单上均载明了保险有效的起讫时间，损失必须在保险有效期内发生，保险人才能予以赔偿。

⑥请求赔偿的人是否有权提出索赔。要求赔偿的人一般都应是保险单载明的被保险人。因此，保险人在赔偿时，要查明被保险人的身份，以决定其有无领取保险金的资格。

⑦索赔是否有欺诈。保险索赔的欺诈行为往往较难察觉，保险人在理赔时应注意的问题有：索赔单证的真实与否；投保人是否有重复保险的行为；投保日期是否先于保险事故发生的日期等。

（3）进行损失调查

保险人审核保险责任后，应派人到出险现场实际查勘事故情况，以便分析损失原因，确定损失程度。

1）分析损失原因

在保险事故中，形成损失的原因通常是错综复杂的。分析损失原因的目的在于保障被保险人的利益，明确保险人的赔偿范围。

2）确定损失程度

保险人要根据被保险人提出的损失清单逐项加以查证，合理确定损失程度。

3）认定求偿权利

保险合同中规定的被保险人的义务是保险人承担赔偿责任的前提条件。如果被保险人违背了这些事项，保险人可以以此为由不予赔偿。例如，当保险标的的危险程度增加时，被保险人是否履行通知义务；保险事故发生后，被保险人是否采取了必要的、合理的抢救措施，以防止损失扩大等，这些问题都直接影响到被保险人的索赔权利。

（4）赔偿保险金

保险人对被保险人请求赔偿保险金的要求应按照保险合同的规定办理，如保险合同没有约定，就应按照有关法律的规定办理。若损失属于保险责任范围内，经调查属实并估算赔偿金额后，保险人应立即履行赔偿给付的责任。保险人可根据保险单类别、损失程度、标的价值、保险利益、保险金额、补偿原则等理算赔偿金额。财产保险合同赔偿的方式通常是货币补偿。不过，在财产保险中，保险人也可与被保险人约定其他方式，如恢复原状、修理、重置或以相同实物进行更换等方式。

（5）损余处理

在财产保险中，受损的财产会有一定的残值。如果保险人按全部损失赔偿，其残值应归保险人所有，或是从赔偿金额中扣除残值部分；如果按部分损失赔偿，保险人可将损余财产折价给被保险人，以充抵赔偿金额。

（6）代位求偿

如果保险事故是由第三者的过失或非法行为引起的，第三者对被保险人的损失须负赔偿责任。保险人可按保险合同的约定或法律的规定，先行赔付被保险人，然后被保险人应当将追偿权转让给保险人，并协助保险人向第三者责任方追偿。

【任务实施】

在老师的指导下，学生深入保险市场开展调查，收集相关资料，填写寿险和非寿险理赔申请书，讨论寿险和非寿险在理赔过程中有哪些区别。

同步测试

一、简答题

1. 简述保险理赔的基本流程。

2. 保险理赔必须遵循哪些原则？

二、单项选择题

1. 在非寿险理赔中，保险事故发生后，被保险人或受益人将事故发生的时间、地点、原因及其他有关情况，以最快的方式通知保险人，并提出索赔请求的环节通常被称为（　　）。
   A. 损失通知　　　　B. 索赔通知　　　　C. 损失告知　　　　D. 索赔告知

2. 保险人在保险标的发生保险事故后，对被保险人提出的索赔请求进行处理的行为称为（　　）。
   A. 保险处理　　　　B. 支付赔款　　　　C. 保险理赔　　　　D. 保险核保

3. 在处理保险索赔事宜时，保险公司首先要遵循的原则是（　　）。
   A. 客户利益最大化　　　　　　　　　B. 重合同、守信用
   C. 主动、迅速、准确、合理　　　　　D. 实事求是

4. 保险人收到被保险人或者受益人的赔偿或者给付保险金的请求后，应当及时作出核定；情形复杂的，应当在（　　）日内作出核定，但合同另有约定的除外。
   A. 10 天　　　　　B. 20 天　　　　　C. 30 天　　　　　D. 60 天

5. 在通常情况下，一个寿险索赔案件的处理一般要经过（　　）七个环节。
   A. 接案、初审、调查、立案、核定、复核与审批、结案与归档
   B. 接案、初审、立案、调查、核定、审批与复核、结案与归档
   C. 接案、立案、调查、初审、核定、审批与复核、结案与归档
   D. 接案、立案、初审、调查、核定、复核与审批、结案与归档

6. 我国《保险法》第 26 条规定：人寿保险的被保险人或者受益人向保险人请求给付保险金的诉讼时效期间为（　　）年，自其知道或者应当知道保险事故发生之日起计算。"
   A. 1 年　　　　　B. 2 年　　　　　C. 3 年　　　　　D. 5 年

三、多项选择题

1. 保险理赔作为保险经营过程中的关键环节，保险理赔必须坚持以下原则：（　　）。
   A. 客户利益最大化　　　　　　　　　B. 重合同、守信用
   C. 主动、迅速、准确、合理　　　　　D. 实事求是

2. 下列（　　）可以向保险人提出索赔申请。
   A. 被保险人　　　　B. 投保人　　　　C. 受益人　　　　D. 代理人

四、判断题

1. 《保险法》规定：保险人收到被保险人或者受益人的赔偿或者给付保险金的请求后，应当及时作出核定；情形复杂的，应当在 30 日内作出核定，但合同另有约定的除外。保险人应当将核定结果通知被保险人或者受益人；对属于保险责任的，在与被保险人或者受益人达成赔偿或者给付保险金的协议后 10 日内，履行赔偿或者给付保险金义务。保险合同对赔偿或者给付保险金的期限有约定的，保险人应当按照约定履行赔偿或者给付保险金义务。此规定体现的是客户满意度最大化原则。（　　）

2. 在进行损失调查时，如果发现被保险人没有履行通知义务，那么保险人可以以此为由不予赔偿。（　　）

3. 人寿保险以外的其他保险的被保险人或者受益人，向保险人请求赔偿或者给付保险

金的诉讼时效期间为五年，自其知道或者应该知道保险事故发生之日起计算。（　　）

4. 无论初审结果如何，都要进行核赔调查。（　　）

5. 如果保险人按全部损失赔偿，其残值应归保险人所有，或是从赔偿金额中扣除残值部分；如果按部分损失赔偿，保险人可将损余财产折价给被保险人，以充抵赔偿金额。（　　）

任务四　服务保险客户

【任务描述】在本任务下，学生应了解保险客户服务的含义，理解保险客户服务的主要内容。

【任务分析】在老师的指导下，学生深入保险市场进行调查研究，明确保险客户服务的具体要求，并理解在执业过程中应遵守的职业道德。

【相关知识】

一、保险客户服务的定义

1. 保险客户

保险客户是指保险公司产品的消费者，包括保单持有人、被保险人和受益人等。

2. 保险客户服务

保险客户服务是指保险人通过畅通有效的服务渠道，为客户提供产品信息、品质保证、合同义务履行、客户保全、纠纷处理等项目的服务以及基于客户的特殊需求和对客户的特别关注而提供的附加服务内容。保险客户服务不仅包括对现有客户的服务，也包括对潜在客户的服务。

二、保险客户服务的主要内容

保险客户服务以实现客户满意最大化、维系并培养忠诚保险客户、实现客户价值与保险公司价值的共同增长为目标。

保险客户服务包括保险产品的售前、售中和售后三个环节的服务，在每一个环节上又都包含着具体详细的内容。

售前服务是指保险人在销售保险产品之前为消费者提供各种有关保险行业、保险产品的信息、资讯，以及咨询、免费举办讲座、风险规划与管理等服务。售中服务是指在保险产品买卖过程中保险人为客户提供的各种服务。如在寿险客户服务中，包括协助投保人填写投保单、保险条款的准确解释、免费体检、保单包装与送达、为客户办理自动交费手续等。售后服务是指在客户签单后保险人为客户提供的一系列服务。在寿险客户服务中，售后服务的方式主要有提供免费查询热线、定期拜访、契约保全和保险赔付等。保险客户服务的主要内容有以下几项：

1. 提供咨询服务

顾客在购买保险之前需要了解有关的保险信息，保险人可以通过各种渠道将有关的保险信息传递给消费者，而且要求信息的传递准确、到位。在咨询服务中，保险销售人员充当着非常重要的角色，当顾客有购买保险的愿望时，一定要提醒顾客阅读保险条款，同时要对保险合同的条款、术语等向顾客进行明确的说明。尤其对责任免除、投保人、被保险人义务条款的含义、适用的情况及将会产生的法律后果，特别要进行明确的解释与说明。

2. 风险规划与管理服务

①帮助顾客识别风险，包括家庭风险的识别和企业风险的识别。

②在风险识别的基础上，帮助顾客选择风险防范措施，既要帮助他们做好家庭或企业的财务规划，又要帮助他们进行风险的防范。特别是对于保险标的金额较大或承保风险较为特殊的大中型标的，应向投保人提供保险建议书。保险建议书要为顾客提供超值的风险评估服务，并从顾客利益出发，设计专业化的风险防范与化解方案，方案要充分考虑市场因素和投保人可以接受的限度。

3. 接报案、查勘与定损服务

保险公司坚持"主动、迅速、准确、合理"的原则，严格按照岗位职责和业务操作流程的规定，做好接客户报案、派员查勘、定损等各项工作，全力协助客户尽快恢复正常的生产经营和生活秩序。在定损过程中，要坚持协商的原则，与客户进行充分的协商，尽量取得共识，达成一致意见。

4. 核赔服务

核赔人员要全力支持查勘定损人员的工作，在规定的时间内完成核赔。核赔岗位和人员要对核赔结果是否符合保险条款及国家法律法规的规定负责。核赔部门在与查勘定损部门意见有分歧时，应共同协商解决，赔款额度确定后，要及时通知客户；如发生争议，应告知客户解决争议的方法和途径。对拒赔的案件，经批复后要向客户合理解释拒赔的原因，并发出正式的书面通知，同时要告知客户维护自身权益的方法和途径。

5. 客户投诉处理服务

保险公司各级机构应高度重视客户的抱怨、投诉。通过对客户投诉的处理，应注意发现合同条款和配套服务上的不足，提出改进服务的方案和具体措施，并切实加以贯彻执行。

①建立简便的客户投诉处理程序，并确保让客户知道投诉渠道、投诉程序。

②加强培训，努力提高一线员工认真听取客户意见和与客户交流、化解客户不满的技巧，最大限度地减少客户投诉现象的发生。

③了解投诉客户的真实要求。对于上门投诉的客户，公司各级机构职能部门的负责人要亲自接待，能即时解决的，即时解决，不能即时解决的，应告知客户答复时限。对于通过信函、电话、网络等形式投诉的客户，承办部门要限期答复。

④建立客户投诉回复制度，使客户的投诉能及时、迅速地得到反馈。

⑤在赔款及其他问题上，如果客户和公司有分歧，应本着平等、协商的原则解决，尽量争取不走或少走诉讼程序。

⑥在诉讼或仲裁中，应遵循当事人地位平等原则，尊重客户，礼遇客户。

三、财产保险客户服务的特别内容

对承保标的的防灾防损是财产保险客户服务的重要内容。

1. 制定方案

防灾防损要以切实可行的防灾防损方案、周密翔实的实施计划和具备技术特长的专业人员为保障，并根据时间的推移和现实情况的变化定期或不定期地调整防灾防损对策。

2. 重点落实

（1）定期对保险标的的安全状况进行检查，及时向客户提出消除不安全因素和隐患的书面建议

切实做好火灾、爆炸等重点风险的防范工作，对灾害易发部位要进行重点监控；针对灾害隐患，要向企业提出切实可行的整改方案，并督促其贯彻落实。

（2）对重要客户和大中型保险标的，要根据实际需要开展专业化的风险评估活动

风险评估活动应遵循全程参与、共同配合、保守客户商业秘密和不影响客户正常生产、经营的原则，运用科学的理论和方法，组织专业化的评估小组，依照切实可行的评估方案和评估程序进行。

3. 特殊服务

财产保险公司可以主动或应客户要求提供一些特殊的服务。例如，收集中长期气象、灾害预报及实时的天气预报信息，协助客户做好灾害防御工作等。

四、人寿保险客户服务的特别内容

1. 寿险契约保全服务

"保全"一词在人寿保险实务上有广义和狭义两种。就广义而言，自人寿保险契约成立时起至终止时止，凡在保险期间内发生的一切事务都可称为保全。故广义的保全不仅包括保险费的收缴、契约内容的变更，更包括保险金、给付金、保单贷款、退保金、红利等各类给付事务。狭义的保全仅仅包括契约内容的各种变更、保单错误的更正以及保险金和退保金的给付。

保全服务是寿险公司业务量最大的服务，寿险公司一般都设有处理保全业务的职能部门。在遵循客户满意最大化原则的基础上，寿险契约保全的具体工作内容如下：

（1）合同内容变更

合同内容变更是对已成立合同的维护。保险合同生效后，为适应内部、外部环境的变化，客户和保险公司经过协商，在不改变保险合同效力和主要保险责任的前提下，可对合同的部分内容进行更正与修改，以最大限度地满足客户的保障需求。

（2）行使合同权益

寿险公司除提供基本的保险保障以外，为了帮助客户更加顺利地维持合同的效力，增加产品的吸引力，更好地为客户服务，一般还会提供涉及保单权益的信息供客户在必要时行使。常见的合同权益包括保单借款、现金价值（红利）利益、自动垫交保费、交清保险、展期保险和险别转换等。

（3）续期收费

续期收费服务包括续期保费收取过程中的续期交费通知、续期保费催交、续期保费划款、保费预交转实收、保费豁免、保费抵交和保险合同效力恢复等。对绝大多数客户而言，最关心的保全服务就是续期收费的服务。对寿险公司而言，续期收费是一项最基本的服务。对客户的续期交费提醒应该多种方式并用，既要有公司的信函通知，也要有客户服务人员的电话及上门联络。其中有两个问题对提高续期收费服务的质量尤为重要：一是确实掌握信函投递情况；二是经常主动地联络客户。

（4）保险关系转移

客户因住所变动或其他原因，可将保险合同转移到原签单公司以外的其他机构并继续享

受保险合同权益、履行合同义务。一些机构网络齐全、业务管理和电脑数据高度集中统一的寿险公司，已将保险关系转移的方便快捷作为一项竞争优势。即使是一些网点较少的新兴公司，随着信息和网络技术的不断发展，也通过委托第三方代为服务的方式来解决保险关系转移的问题。

（5）生存给付

在保险合同有效期内，被保险人生存至保险期满或约定领取年龄、约定领取时间，寿险公司根据合同约定向受益人给付满期保险金或年金。

2. "孤儿"保单服务

"孤儿"保单是指因为原营销人员离职而需要安排人员跟进服务的保单。"孤儿"保单服务具体包括保全服务、保单收展服务和全面收展服务三种。

（1）"孤儿"保单保全服务

寿险公司成立专门的"孤儿"保单保全部（组），集中办理"孤儿"保单续期收费和其他保全工作。"孤儿"保单采取按应收件数均衡分配方式，落实到每一个保全员。公司对保全员进行单独管理、单独考核。

（2）"孤儿"保单收展服务

寿险公司设专门的收展员或成立专门的收展部，并按行政区域安排"孤儿"保单的客户服务工作。

（3）全面收展服务

寿险公司内设专门的收展部门，并按行政区划安排"孤儿"保单及全部保单若干年的客户服务工作。

【任务实施】

将全班同学分为每组5~7人的小组，分组讨论下列问题，然后让每个组派一名代表向全班汇报讨论结果。

1. 保险客户服务的主要内容有哪些？
2. 人寿保险客户服务有哪些具体内容？
3. 财产保险客户服务有哪些具体内容？
4. 如何做好保险客户服务？

同步测试

一、简答题

1. 简述保险客户服务的主要内容。
2. 简述人寿保险客户服务的特别内容。
3. 简述财产保险客户服务的特别内容。

二、单项选择题

1. 在寿险客户服务中，协助投保人填写投保单、保险条款的准确解释等都属于（　　）。
   A. 有偿服务　　　　B. 售前服务　　　　C. 售中服务　　　　D. 售后服务
2. 在寿险客户服务中，定期拜访、契约保全、保险赔付等服务属于（　　）。
   A. 有偿服务　　　　B. 售前服务　　　　C. 售中服务　　　　D. 售后服务

3. 寿险契约保全工作应当遵守的原则是（　　）。

A. 客户利益最大化　　　　　　　　B. 重合同、守信用

C. 主动、迅速、准确、合理　　　　D. 实事求是

4. 在人寿保险公司中，因为原营销人员离职而需要安排人员跟进服务的保单称为（　　）。

A. "失效"保单　　B. "变更"保单　　C. "孤儿"保单　　D. "独立"保单

三、判断题

1. 在财产保险客户服务中，业务量最大的服务是保全服务。（　　）

2. 对绝大多数客户而言，最关心的保全服务就是生存给付服务。（　　）

3. 在寿险契约保全服务中，保险人提供的因客户住所变动或其他原因将保险合同转移到原签单公司以外的其他机构并继续享受保险合同权益、履行合同义务的服务，属于保险合同内容变更服务。（　　）

4. 对承保标的的防灾防损是财产保险客户服务的重要内容。（　　）

任务五　进行保险投资

【任务描述】在本任务下，学生应理解保险投资的含义，知道保险投资的必要性和原则，掌握保险投资资金的来源及投资渠道。

【任务分析】在老师的指导下，学生深入资本市场进行调查研究，分析、归纳保险投资的资金来源及渠道。

【相关知识】

2015 年中国保险业经营情况如表 6-1 所示。

表 6-1　2015 年中国保险业经营情况

万元

保险保费收入	242 825 194. 63
1. 财产险	799 496 87. 36
2. 人身险	162 875 507. 27
（1）寿险	132 415 207. 17
（2）健康险	24 104 715. 15
（3）人身意外伤害险	6 355 584. 95
人身保险公司保户投资款新增交费	76 465 639. 86
人身保险公司投连险独立账户新增交费	6 778 832. 75
养老保险公司企业年金缴费	8 742 036. 99
原保险赔付支出	86 741 397. 49
1. 财产险	41 941 665. 57
2. 人身险	44 799 731. 92

续表

（1）寿险	35 651 680.05
（2）健康险	7 629 656.85
（3）人身意外伤害险	1 518 395.01
业务及管理费	33 367 214.98
银行存款	243 496 744.97
投资	874 458 120.40
资产总额	1 235 977 649.28
养老保险公司企业年金受托管理资产	41 687 972.86
养老保险公司企业年金投资管理资产	35 255 111.75

资料来源：中国保监会。

一、保险投资概述

保险投资指保险企业在组织经济补偿的过程中，将积聚的各种保险资金加以运用，使资金保值、增值的活动。保险企业可运用的保险资金是由资本金、各项准备金和其他可积聚的资金组成的。运用暂时闲置的大量准备金是保险资金运动的重要一环。投资能增加收入、增强赔付能力，使保险资金进入良性循环。

二、保险投资的可能性

在保险经营过程中，一方面，由于保险责任范围内的自然灾害和意外事故的发生具有随机性，从某一时点看，保险费的收取不会立即用于保险金的赔偿与给付，两者之间存在着时间差；另一方面，保险责任范围内的自然灾害和意外事故造成的损失程度具有不同的预计性，因此，从某一时点看，收取保险费的总额不可能正好等于赔偿或给付数量的总额，两者之间存在时间差。所以，保险投资具有了可能性。

三、保险投资的必要性

保险投资对保险业的长期、健康、稳定发展，对保险公司经营管理和社会经济运行均有重大意义。保险资金存在运用的可能性和运用空间，对它合理利用有着很强的必要性。

1. 保险资金投资可以促进资本市场的健康发展

（1）保险资金投资增加了资本市场的资金来源

保险资金是发达资本市场的重要资金来源，相比于财险公司而言，寿险公司因为其经营业务的长期性和稳定性的特点，更是为资本市场提供了长期稳定的资金来源。例如，在资本市场最为发达的美国，保险公司是美国证券市场最重要的持有人。保险资金入市可以刺激并满足资本市场主体的投资需求，改善资本市场结构，提高资本的流动性，刺激资本市场主体的成熟和经济效益的提高，促进保险市场与资本市场的协调发展。

（2）保险资金投资的安全性要求拓展了资本市场的金融工具

保险资金运用要求符合安全性、盈利性、流动性等原则，其中盈利性是目标，安全性、流动性是基础，因为保险资金担负着随时补偿灾害损失和给付保险金的任务，因此保险公司必须采取适当措施应付风险，所以保险公司在保险资金的投资过程中对股票指数期货、期权等避险工具的需求非常强烈，而这些需求是稳定资本市场的重要因素。而且机构投资者占主体的市场是崇尚长期投资、战略投资的市场，因此，保险资金投资能够促进我国资本市场的健康发展。

2. 保险资金投资能够促进我国保险业的长期发展

（1）保险资金投资增强了保险公司的偿付能力

偿付能力充足是对保险公司的最基本要求。随着我国保险公司的增加，特别是外资保险公司的进入，使保险行业的竞争日益激烈；保费的降低，又使经营成本大幅度上升，使承保利润明显下降。我国当前的保险资金多为长期资金，特别是人寿保险资金，有的长达三四十年，在如此长的时间内，如果把这笔资金大部分存放于银行，通过银行利息保值、增值，就可能使保险业务入不敷出，如由于我国近十几年来利率持续下降，使很多公司的原有业务出现亏损，因此，如何很好地利用保险资金以增强企业的偿付能力，是保险公司面临的问题。保险资金入市，有利于保险公司拓展新业务，提高投资收益，增强保险公司的偿付能力。

（2）保险资金投资增强了保险公司的风险控制能力

保险资金是一种特种资金，专门用于应付自然灾害和意外事故可能对生产、生活造成的不利后果，因此保险公司的保费收入是对被保险人的负债，而不是保险公司的实际收益。由于保险责任是连续的、不确定的，随时可能承担各种保险业务的未到期责任，所以保险公司在资金运用时，要全面实行资产负债管理，将保险资产进行合理投资，使资产与负债相匹配，增强保险公司抵御风险的能力。此外，保险投资收益为公司降低保费提供了可能性，而保费的降低有助于提高保险的深度，激发市场的潜在需求，增加保费收入，改善保险业的经营环境，增强保险公司的竞争力，使保险行业进入一个良性发展的状态。

四、保险投资的原则

1. 一般性投资原则

随着资本主义经济发展、金融工具的多样化以及保险业竞争的加剧，保险投资面临的风险性、收益性也同时提高，投资方式的选择范围更加广阔。1948年英国精算师佩格勒（J. B. Pegler）修正贝利的观点，提出寿险投资的四大原则：获得最高预期收益原则、投资应尽量分散原则、投资结构多样化原则、投资应将经济效益和社会效益并重原则。

理论界一般认为保险投资有三大原则：安全性原则、收益性原则、流动性原则。

（1）安全性原则

安全性，意味着资金能如期收回，利润或利息能如数收回。保险企业可运用的资金，除资本金外，主要是各种保险准备金，它们是资产负债表上的负债项目，是保险信用的承担者。因此，保险投资应以安全为第一条件，否则，会影响到保险经济补偿职能的实现，影响参加保险的企业和个人的正常生活和运转，甚至影响到社会的稳定。因此，为保证资金运用的安全，保险公司在投资前必须加强对投资项目的可行性研究，必须选择安全性较高的项目，为减少风险，要分散投资。

但是安全性是从投资的总体而言的，并非要求每个投资项目都绝对安全，因为投资风险是客观存在的，风险越大，收益越高。所以只要确保保险投资资金的总体安全，在投资总额中，用一部分资金投入风险较大的项目，分散保险投资风险，也无损于保险投资的安全性要求。

(2) 收益性原则

保险投资的目的，是提高自身的经济效益，使投资收入成为保险企业收入的重要来源，增强赔付能力，降低费率和扩大业务。收益性就是保险投资收益的最小期望值应大于相应的投资费用总和。投资收益是现代保险企业弥补承保业务亏损、增加自身偿付能力和市场竞争力的重要手段。

但在投资中，收益与风险是同增的，收益率高，风险也大，这就要求保险公司从事保险投资时，在安全性和收益性之间选择最佳的组合，在总体上符合安全性的前提下，尽可能提高投资收益率。

(3) 流动性原则

保险资金用于赔偿给付，受偶然规律支配。因此，要求保险投资在不损失价值的前提下，能把资产立即变为现金，支付赔款或给付保险金。保险投资要设计多种方式，寻求多种渠道，按适当比例投资，从量的方面加以限制。要按不同险种特点，选择方向。如人寿保险一般是长期合同，保险金额给付也较固定，流动性要求可低一些。国外人寿保险资金投资的相当一部分是长期的不动产抵押贷款。财产险和责任险，一般是短期的，理赔迅速，赔付率变动大，应特别强调流动性原则。国外财产和责任保险资金投资的相当一部分是商业票据、短期债券等。

在我国，保险公司的资金运用必须稳健，遵循安全性原则，并保证资产的保值增值。

保险投资的安全性、收益性、流动性三者之间存在着矛盾。安全性是收益性的基础，流动性是安全性的保证，收益性是安全性和流动性的最终目标。从总体上讲，安全性和流动性通常是成正比的，流动性越强，风险越小，安全性越好，反之亦然。流动性、安全性与收益性成反比，流动性强、安全性好的资产往往收益低，而流动性差、安全性不好的资产盈利性却很高。

2. 特殊性投资原则

特殊性投资原则包括：对称性原则、替代性原则、分散性原则、转移性原则、平衡性原则。

(1) 对称性原则

对称性要求保险公司在业务经营中注意资金来源与资金运用的对称性，也就是说，保险投资时使投资资产在期限、收益率和风险度方面与保险资金来源要求相应匹配，以保证资金的流动性和收益性。

(2) 替代性原则

替代性首先要求保险公司在制定投资策略时根据自身资金来源、保单的性质和期限以及保险金的给付情况对投资目标定位；其次是充分利用各种投资形式在安全性、流动性和收益性方面的对立统一关系，寻求与保险公司业务相适应的资产结构形式；最后，在某一投资目标最大化的前提下，力求使其他目标能在既定的范围内朝最优的方向发展或者牺牲一个目标来换取另一个目标的最优化。

(3) 分散性原则

分散性要求保险投资策略多元化、投资结构多样化，以降低整个保险投资资产组合的风险程度。

为满足分散性要求，首先，保险公司在投资客体上要实现多样化，在《保险法》允许的范围内采取多项投资，尽量分散投资风险；其次，在投资的地域上尽可能分散，对股票和债券的投资风险在国际金融市场上分散；再次，投资资产规模尽可能分散，投资于同一部门、行业的资金规模不能过大；最后，适度控制保险投资的结构和比例，即对投资于某种形式资产的最高比例限制和对某一项资产投资的最高比例限制。

（4）转移性原则

转移性是指保险投资时保险公司可以通过转让、担保、再保险、套期保值等形式将投资的风险转移给他方而降低自身的风险。

（5）平衡性原则

平衡性要求保险公司投资的规模与资金来源规模大体平衡，并保证一定的流动性，既要防止在资金来源不足的情况下进行投机性的买空卖空交易，增加投资的风险性，又要避免累计大量资金不运作或少运作而承担过高的机会成本，无法满足将来保险金赔付的需要。

五、保险投资的资金来源

我国《保险管理暂行规定》明确指出：保险资金是指保险公司的资本金、保证金、营运金、各种准备金、公积金、公益金、未分配盈余、保险保障基金及国家规定的其他资金。

我国《保险公司管理规定》第 77 条规定：保险公司应当依法提取保证金。除清算时依法用于清偿债务外，保险公司不得擅自动用或处置保证金。第 78 条规定：保险公司应当依法提取保险保障基金。保险保障基金依据中国保监会有关规定集中管理，统筹使用。因此，从我国的保险法律法规来看，保险公司可以自由运用的资金主要有以下几项。

1. 权益资产

权益资产是指资本金、公积金、公益金和未分配利润等保险公司的自有资金。

（1）资本金

根据我国《保险法》第 69 条规定："设立保险公司，其注册资本的最低限额为人民币二亿元。国务院保险监督管理机构根据保险公司的业务范围、经营规模，可以调整其注册资本的最低限额，但不得低于本条第 1 款规定的限额。"保险公司的注册资本必须为实缴货币资本。在正常情况下，保险公司的资本金除了上缴部分保证金外，基本上处于闲置状态，这部分资金具有较强的稳定性和长期性，一般可以作为长期投资。

（2）公积金

公积金是保险公司按规定从历年的利润中提存的资金，它和保险公司的注册资本共同构成保险公司的偿付能力或者承保能力。我国《公司法》第 99 条规定：保险公司应当依法提取公积金。

2. 保险准备金

保险准备金是指保险人为保证其如约履行保险赔偿或给付义务，根据政府有关法律规定或业务特定需要，从保费收入或盈余中提取的与其所承担的保险责任相对应的一定数量的基金。为了保证保险公司的正常经营，保护被保险人的利益，各国一般都以保险立法的形式规定保险公司应提存保险准备金，以确保保险公司具备与其保险业务规模相应的偿付能力。它包含下面三个方面：

（1）未到期责任准备金

这是指在会计年度决算时，对未到期保险单提存的一种准备金制度。之所以规定这种资金准备，是因为保险业务年度与会计年度是不一致的。比如投保人于 2015 年 10 月 1 日缴付一年的保险费，其中的 3 个月属于 2015 年会计年度，余下的 9 个月属于下一个会计年度。这一保险单在下一会计年度的前九个月是继续有效的。因此，要在当年收入的保险费中提存相应的部分作为下一年度的保险费收入，作为对该保险单的赔付资金来源。

（2）未决赔款准备金

也称赔款准备金，是在会计年度决算以前发生保险事故但尚未决定赔付或应付而未付赔款，而从当年的保险费收入中提存的准备金。它是保险人在会计年度决算时，为该会计年度已发生保险事故应付而未付赔款所提存的一种资金准备。之所以提取未决赔款准备金，是因为赔案的发生、报案、结案之间存在着时间延迟，有时该延迟会长达几年。按照权责发生制和成本与收入配比的原则，保险公司必须预先估计各会计期间已发生赔案的情况，并提取未决赔款准备金。未决赔款准备金包括已发生已报案赔款准备金，已发生未报案赔款准备金和理赔费用准备金。

（3）再保险准备金

再保险准备金实际是保险公司为再保险业务准备的保证金，是分出公司为支付再保险接受人在再保险合同下应负责的赔款，从应付的再保险费中扣存的一项基金。

3. 保险保障基金

保险保障基金指保险机构为了有足够的能力应付可能发生的巨额赔款，从年终结余中专门提存的后备基金。保险保障基金与未到期责任准备金及未决赔款准备金不同。未到期责任准备金和未决赔款准备金是保险机构的负债，用于正常情况下的赔款，而保险保障基金则属于保险组织的资本，主要是应付巨大灾害事故的特大赔款，只有在当年业务收入和其他准备金不足以赔付时方能运用。

4. 其他资金

在保险公司经营的过程中，还存在其他用于投资的资金来源，如结算中形成的短期负债、应付税款、未分配利润、公益金、企业债券等，这些资金虽然数额不大，而且需要在短期内归还，但可以作为一种补充的资金来源。

六、保险投资渠道

依据保险投资的原则和各类保险基金的特点来选择合适的投资渠道和投资对象是保险投资的重要一环。可供保险公司选择的保险投资形式如下：

1. 银行存款

银行存款指存款人在保留所有权的条件下把资金或货币暂时转让或存储于银行或其他金融机构，或者把使用权暂时转让给银行或其他金融机构的资金或货币，是最基本、最重要的金融行为或活动，也是银行最重要的信贷资金来源。这种投资方式较好地满足了保险金的安全性和流动性要求，但它的收益性是非常低的。保险公司可将少部分保险基金用于银行存款，便于随时支付赔款。

2. 债券

债券是一种有价证券，是社会各类经济主体为筹措资金而向债券投资者出具的，并且承诺按一定利率定期支付利息和到期偿还本金的债权债务凭证。购买债券也是保险基金进行投资的一种方式，由于债券的种类较多，不同类型的债券其风险和收益也是不同的，这给保险基金的运用提供了多种选择。保险公司可以根据保险基金对于收益性和流动性的不同要求，将保险基金在不同的债券种类中进行搭配。

3. 股票

股票是股份有限公司在筹集资金时向出资人发行的股份凭证。代表着其持有者对股份公司的所有权。这种所有权是一种综合权利，如参加股东大会、投票表决、参与公司的重大决策，收取股息或分享红利等。股票投资具有高风险、高收益的特点，同时股票的流动性很好，因此它可以作为保险公司进行短期或长期投资的选择。但由于股票的系统风险很大程度上受到一国资本市场的成熟度的影响，因此，保险监督管理机构对于保险基金投资股票进入资本市场是十分慎重的。

4. 证券投资基金

证券投资基金是指通过发行基金证券集中投资者的资金，交由专家从事股票、债券等金融工具的投资，是投资者按投资分享其收益并承担风险的一种投资方式。保险公司购买证券投资基金实际上是一种委托投资行为，即保险公司通过购买专门的投资管理公司的基金完成投资行为，由投资基金管理公司专门负责资金的运营。

5. 贷款

保险基金用做贷款主要表现为两种形式：一般贷款和保单质押贷款。一般贷款是指保险公司作为非银行金融机构向单位或个人提供贷款。保险公司的这种贷款非常注意限制风险，一般为抵押贷款而不是信用贷款。保单质押贷款是指保险公司以具有现金价值的寿险保单作为质押向保单所有人提供的贷款。这种贷款的安全性很高，但收益性较低。贷款额一般不超过保单现金价值的一定比例。

6. 不动产投资

不动产投资是指保险资金用于购买土地、房屋等不动产。不动产投资的周期比较长，安全性较好，但是此项目的变现性较差，故只能限制在一定的比例之内。

7. 基础设施项目投资

其特点是投资大、收益长期稳定、管理简单，往往还能获得政府的支持并有良好的公众形象，能较好地满足保险基金使用周期长、回报要求稳定的特点。目前我国的保险基金允许采用信托方式间接投资于交通、通信、能源、市政、环境保护等国家级重点基础设施项目。具体做法是保险公司（作为委托人）将其保险资金委托给受托人，由受托人按委托人意愿以自己的名义设立投资计划，投资基础设施项目，为受益人利益或者特定目的进行管理或者处分。

8. 和金融机构的合作和往来

（1）短期拆借与融资业务

拆借是指通过融资中介进行的一种场内的、有组织的、竞价性的资金融通方式，这种规范的拆借业务风险小，流动性强，收益相对比银行存款利息高。

（2）委托资金运用

选择一些实力强、信誉好的非银行金融机构，如信托公司、投资基金公司等，与其建立长期合作关系，委托其运用资金。

9. 向为保险配套服务的企业投资

比如，为保险汽车提供修理服务的汽车修理厂；为保险事故赔偿服务的公证或查询公司等。

10. 金融衍生工具

金融衍生工具是随着金融市场发展而出现的新兴产品，主要包括期货、期权、互换等。

金融衍生工具的共同特点主要表现在以下几点：

①在品种设计上有杠杆作用或放大作用，俗称"四两拨千斤"；

②具有风险的对冲作用，抵消未来市场变化给资产或负债带来的风险。

因此，金融衍生工具投资又称为风险管理资产。期货或期权可用来抵消现有资产组合的风险，锁定将来保费收入和投资的当期收益率。通过互换将利息收入转化成需要的形态，可更好地实现资产和负债的匹配。所以，金融衍生工具的投资对提高寿险公司的整体抗风险能力和投资效果具有积极的意义。

【任务实施】

将全班同学分为每组5~7人的小组，小组成员分工合作，通过各种渠道进行调查，查阅相关资料；了解保险投资资金来源及投资渠道；收集、整理相关数据资料后，每一小组撰写一份《××××保险公司保险投资调查报告》。

同步测试

一、简答题

1. 简述保险投资的必要性。
2. 简述保险投资的基本原则。
3. 简述保险投资资金的来源有哪些？
4. 简述保险投资的渠道有哪些？

二、单项选择题

1. 保险企业在组织经济补偿过程中，将积聚的各种保险资金加以运用，使资金增值的活动被称为（   ）。

   A. 保险销售　　　B. 保险承保　　　C. 保险理赔　　　D. 保险投资

2. 下列原则中，（   ）是保险资金投资的目标。

   A. 安全性　　　B. 流动性　　　C. 收益性　　　D. 替代性

3. 在保险投资的一般性原则中，应以（   ）为第一条件。

   A. 安全性　　　B. 收益性　　　C. 流动性　　　D. 替代性

4. 在保险资金投资中要求保险投资策略多元化、投资结构多样化，以降低整个保险投资资产组合的风险程度，这体现的是（   ）原则。

   A. 替代性　　　B. 分散性　　　C. 平衡性　　　D. 转移性

5. （   ）是保险公司按规定从历年的利润中提存的，它和保险公司的注册资本共同构成保险公司的偿付能力或者承保能力。

   A. 资本金　　　B. 公积金　　　C. 公益金　　　D. 未分配利润

6. 保险人为保证其如约履行保险赔偿或给付义务，根据政府有关法律规定或业务特定需要，从保费收入或盈余中提取的与其所承担的保险责任相对应的一定数量的基金称为（   ）。

   A. 保险准备金　　　B. 公积金　　　C. 公益金　　　D. 保险保障基金

7. （   ）指保险机构为了有足够的能力应付可能发生的巨额赔款，从年终结余中专门提存的后备基金。

   A. 保险准备金　　　B. 公积金　　　C. 公益金　　　D. 保险保障基金

三、多项选择题

1. 下列属于保险投资必要性的有（　　　）。

A. 保险资金投资增加了资本市场的资金来源

B. 保险资金投资的安全性要求拓展了资本市场的金融工具

C. 保险资金投资增强了保险公司的偿付能力

D. 保险资金投资增强了保险公司的风险控制能力

2. 1948 年英国精算师佩格勒（J. B. Pegler）提出寿险投资的四大原则，包括（　　　）。

A. 获得最高预期收益原则　　　　　　　　　B. 投资应尽量分散原则

C. 投资结构多样化原则　　　　　　　　　　D. 投资应将经济效益和社会效益并重原则

3. 下列资产中属于权益资产的有是（　　　）。

A. 资本金　　　　　B. 公积金　　　　　C. 公益金　　　　　D. 未分配利润

4. 在保险投资渠道中银行存款体现了（　　　）原则的要求。

A. 安全性　　　　　B. 流动性　　　　　C. 收益性　　　　　D. 替代性

5. 基础设施项目投资的特点包括（　　　）。

A. 投资大、收益长期稳定、管理简单

B. 能获得政府的支持并有良好的公众形象

C. 能较好地满足保险基金使用周期长、回报要求稳定的特点

D. 能获得较高的投资回报率

四、判断题

1. 在会计年度决算以前发生保险事故，但尚未决定赔付或应付而未付赔款，从当年的保险费收入中提存的准备金称为未到期准备金。（　　　）

2. 未到期责任准备金和未决赔款准备金是保险机构的负债。（　　　）

3. 不动产投资的周期长，安全性好，变现性较强。（　　　）

任务六　实施再保险

【任务描述】在本任务下，学生应了解我国再保险市场的状况，熟悉再保险条款，掌握不同的再保险责任分摊方法。

【任务分析】在老师的指导下，学生通过各种途径到保险公司和再保险公司进行调查，查阅再保险条款和再保险合同，了解再保险流程。

【相关知识】

一、再保险的含义

再保险又叫再保或分保，是转移保险人承担的风险责任的行为或方式。转让业务的是原保险人，接受分保业务的是再保险人。这种风险转嫁方式是保险人对原始风险的纵向转嫁，即第二次风险转嫁。

在再保险交易中，分出业务的公司称为原保险人或分出公司，接受业务的公司称为再保险人，或再保险接受人，分保接受人或分入公司。再保险转嫁风险责任支付的保费叫作分保费或再保险费；由于分出公司在招揽业务的过程中支出了一定的费用，由分入公司支付给分

出公司的费用报酬称为分保佣金或分保手续费。

如果分保接受人又将其接受的业务再分给其他保险人，这种业务活动称为转分保或再再保险，双方分别称为转分保分出人和转分保接受人。

二、再保险与原保险的关系

再保险的基础是原保险，再保险的产生，正是基于原保险人经营中分散风险的需要。因此，原保险和再保险是相辅相成的，它们都是对风险的承担与分散。再保险是保险的进一步延续，也是保险业务的组成部分。

再保险与原保险的区别在于以下几点：

1. 主体不同

原保险合同的当事人是投保人和保险人，而再保险合同的当事人都是保险人，即原保险人和再保险人。尽管再保险合同中的分出人就是原保险合同中的保险人，但由于身份的变化，使其履行的权利和义务完全不同。在原保险合同中，他享有向投保人收取保险费的权利，承担向投保人支付赔款的义务；而在再保险合同中，原保险人由原来的卖方变为买方，故其权利和义务发生了根本的变化，如：缴纳分保费，收取分保手续费，摊回赔款，告知义务，防止损失扩大义务，全权处理保险事宜，账务、赔款等接受再保险人的检查。

2. 保险标的不同

原保险合同的保险标的是被保险人的财产、人身、信用及其有关利益和责任。原保险人直接承担由于自然灾害或者意外事故对保险标的造成的保险范围的损坏、损毁及其对第三者的人身伤亡或财产损失等法律责任；而再保险合同中的保险标的是原保险人所承担的责任或风险。再保险人并不直接对物质的损失给予赔偿，而是对原保险人承担的风险责任给予补偿，并以此构成再保险的客体。

3. 合同性质不同

原保险合同具有补偿性或给付性，前者表现在财产保险合同中，后者体现在人身保险合同中；而在再保险合同中，不论是财产、人身还是信用等险种，都是以补偿为原则，表现为分摊性。也就是说，再保险人根据再保险合同规定的限额和自己承担的比例，对原保险人所支付的赔款予以分摊、补偿。

4. 合同涉及主客体广度不同

原保险合同通常是一家保险公司与某一保户之间所订立（共同保险例外）的，而且大多数是就地投保，即多在本国或本地区范围内承保；而再保险合同所涉及的往往是巨大灾害，如地震、飓风、洪水等，或者是巨额风险，如人造卫星、核发电厂等巨额分保业务，一旦发生事故，保险公司多年辛勤经营所积累的保险基金就会顷刻间化为乌有。因此，多数精明的保险人都比较慎重，不敢贸然参加较高份额的再保险业务。再保险业务的通常做法是，保险公司承保业务后，经常把成千上万笔业务组织安排为一个再保险合同，本身自留适当部分，然后分给几个、几十个，甚至上百个国内外的再保险接受人。因此，再保险业务发生特大赔案时，往往会有世界许多国家的保险公司共同分摊其赔款。

5. 保险费支付不同

在原保险合同中，除了奖励性支付外，保险费支付都是单向付费的，即投保人向保险人支付保险费；而在再保险合同中，保险人须向再保险人支付分保费，再保险人须向原保险人支付分保佣金。

三、再保险的作用

再保险的产生，主要是基于保险人分散风险的需要。保险被誉为是"社会的稳定器"，再保险被誉为"保险经营的稳定器"，因此，再保险也是社会的稳定器。再保险的作用主要表现在以下几点：

1. 分散风险

保险是风险管理的一种方法，凭借该方法，风险损失的冲击力得以分散。再保险也符合这一目的，它是原保险人能够借以分散风险损失的方法。在保险实务中，有时某些不可抗力所造成的巨灾损失，保险公司不一定能全部承担得起。有了再保险，巨额损失可通过若干再保险人得到分摊，从而使被保险人的安全得到保障，也同时分散了保险公司的风险。

2. 扩大承保能力

扩大业务规模，承担尽可能多的风险单位，是保险企业经营保险业务必须坚持的基本原则之一。然而每一个保险人的业务发展是有限的，不可能无限制地承揽业务。因为保险公司的实际承保能力是受资本金和总准备金等自身财务状况限制的。我国《保险法》第103条规定：保险公司对每一危险单位，即对一次保险事故可能造成的最大损失范围所承担的责任，不得超过其实有资本金加公积金总和的百分之十；超过的部分应当办理再保险。

有了再保险，保险公司就可以突破限制，尽可能多地拓展业务。因为在计算保险费收入的时候可以扣除分出保费，只计算自留保费。因此保险人对大额业务也可以承保，然后通过分保将超过自身承受能力的部分转移出去。这样，一方面，保险人在不违反法律对业务资本量比例限制的前提下，就可以将保险责任控制在可以承受的范围之内；另一方面，利用分保增加了承保数额，保费收入增加，而管理费用并未按比例增加，从而降低了经营成本。

同时，保险人将业务分出，再保险人还会返还分保佣金，当分出业务良好时，又可得到盈余佣金。对保险人来说，有了分保，降低了成本，增加了保费及各项佣金，提高了经营利润，增大了保险人的承保能力。

3. 控制责任，稳定经营

保险业要实现稳健经营，要求承保的每一风险单位的风险责任比较均衡，不能差距过大。因为根据风险分散的原理，保险单位越多，保额越均衡，保险人的财务稳定性就越好；反之，保险人对各风险单位承担的经济责任越是大小不等，保险人的财务稳定性就越差。可能由于一次风险事故的发生，在一个风险单位内必须支付巨额的保险赔款就会使财务陷入困境，甚至导致保险人的破产。因此，保险人必须对每一风险单位承担的责任加以控制。

通过再保险，保险公司和再保险公司都可以根据自己的承保能力，科学地制定自留额和责任限额来控制自己的风险责任，包括对一个风险单位风险责任的控制、一次巨灾事故的累计风险责任的控制以及全年累积风险责任的控制。这样把超过自己承担能力的风险责任转移出去，既增多了风险单位的数目，又达到了保险金额均衡的目的，使预期平均损失与实际损失更加接近，从而保持了财务的稳定性。

4. 降低营业费用，增加运用资金

通过再保险，可以在分保费中扣存未满期保费准备金，还可以获得分保佣金收入。这样，保险人由于办理分保，摊回了一部分营业费用。同时，办理分保须提未满期保费准备金和未决赔款准备金，保险人可在一定时间内加以运用，从而增加了保险人资金运用总量。

5. 有利于拓展新业务

再保险具有控制责任的特性，可使保险人通过分保使自己的赔付率维持在某一水平之下，所以，准备拓展新业务的保险公司可以放下顾虑，积极运作，使很多新业务得以发展。

四、再保险合同

1. 再保险合同的含义

再保险合同，是指一个保险人（再保险分出人）分出一定的保费给另一个保险人（再保险接受人），再保险接受人对再保险分出人由原保险合同所引起的赔付成本及其他相关费用进行补偿的保险合同。是分出公司和分入公司确定双方权利义务关系的协议，又称分保合同。

2. 再保险合同的特征

（1）再保险合同是保险人与保险人之间签订的合同

一方为再保险分出人，另一方为再保险接受人。再保险分出人是根据再保险合同，有义务向再保险接受人支付一定保费，同时有权利就其由原保险合同所引起的赔付成本及其他相关费用从再保险接受人那里获得补偿的保险人；再保险接受人是根据再保险合同，有权利向再保险分出人收取一定保费，同时有义务对再保险分出人由原保险合同所引起的赔付成本及其他相关费用进行补偿的保险人。

（2）再保险合同是补偿性合同

不论原保险合同是寿险合同还是非寿险合同，再保险合同的标的都是再保险分出人所承担的保险责任。再保险合同不具有直接对原保险合同标的进行赔偿或给付的性质，而是以补偿再保险分出人对原保险合同所承担的保险责任为目的，即对于原保险合同标的发生保险事故所产生的损失，先由再保险分出人全额进行赔偿或给付，再将应由再保险接受人承担的部分摊回，由再保险接受人向再保险分出人进行补偿。

（3）再保险合同独立于原保险合同

这主要体现在再保险合同与原保险合同在法律上没有任何承继关系。一方面，再保险合同的再保险接受人与原保险合同的投保人和保险受益人之间不发生任何法律或业务关系，再保险合同的再保险接受人无权向原保险合同的投保人收取保费，原保险合同的保险受益人无权直接向再保险合同的再保险接受人提出索赔要求；另一方面，原保险合同的保险人（再保险合同的再保险分出人）也不得以再保险接受人不对其履行补偿义务为借口而拒绝、减少或延迟履行其对保险受益人的赔偿或给付义务。

3. 再保险合同的基本条款

（1）共同利益条款

共同利益条款是关于双方共同权利的规定，即原保险人与再保险人在保险费的获得、向第三者追偿、保险金赔付、保险仲裁或诉讼等方面对被保险人或受益人有着共同的利益。上述事宜，原保险人在维护双方共同利益的情况下，有权单独处理，由此而产生的原保险人为自己单独利益以外的一切费用由双方均摊。为维护再保险人的利益，共同利益条款一般还规定，再保险人不承担超过再保险合同规定的责任范围以外的赔款和费用，也不承担超过再保险合同规定的限额以上的赔款和费用。

（2）过失或疏忽条款

过失或疏忽条款是在保险期限内保险事故发生以及原保险人在执行再保险合同条款时，

由于原保险人的过失或疏忽而非故意造成的损失，再保险人仍应承担相应的赔偿责任。

（3）双方权利保障条款

双方权利保障条款是原保险人与再保险人应保证对方享有其权利，以使合法利益得到保护。原保险人应赋予对方查校账册，如保单、保费、报表、赔案卷宗等业务文件的权利；再保险人则赋予原保险人选择承保标的、制定费率和处理赔款的权利。

（4）其他条款

其他条款是保险合同一般应具有的共同条款，包括：缔约当事人的名称、地址；保险期限；再保险的险种和方式；保险费的计算和支付方式；保险责任的分担及除外责任；争议处理，包括仲裁或诉讼条款；赔款规定等。

知识拓展

再保险的产生与发展

再保险最早产生于欧洲海上贸易发展时期，从 1370 年 7 月在意大利热内亚签订第一份再保险合同到 1688 年劳合社建立，再保险仅限于海上保险。

17—18 世纪，由于商品经济和世界贸易的发展，特别是 1666 年的伦敦大火，使保险业产生了巨灾损失保障的需求，为国际再保险市场的发展创造了条件。

从 19 世纪中叶开始，在德国、瑞士、英国、美国、法国等国家相继成立了再保险公司，办理水险、航空险、火险、建筑工程险以及责任保险的再保险业务，形成了庞大的国际再保险市场。

第二次世界大战以后，发展中国家的民族保险业随着国家的独立而蓬勃发展，使国际再保险业进入了一个新的历史时期。

20 世纪末，世界各国的保险公司，作为一个独立的经济部门，无论规模大小，都要将其所承担的风险责任依据大数法则及保险经营财务稳定性的需要，在整个同业中分散风险，再保险已成为保险总体中不可缺少的组成部分。

五、再保险分类

1. 按照再保险业务的操作方式，可以分为临时再保险、合同再保险、预约再保险

（1）临时再保险

临时再保险是最早采用的再保险方式，是指在保险人有分保需要时，临时与再保险人协商，订立再保险合同，是逐笔成交的、具有可选择性的分保安排方式，它常用于单一风险的分保安排。对于保险公司，当承保的单一风险大于其自留的限额时，可以自由选择安排多少分保、向谁安排等；另外，保险公司必须将风险的整体情况和分保安排的条件如实告知再保险公司，一般保障条件与原保单一致。再保险公司则可以根据业务情况和自己的承保能力自由选择接受与否以及接受的份额。

其实，临时再保险业务与直接保险业务中的共保业务有相似之处，都是由几家公司分担同一风险的责任。不同之处在于契约关系：临时再保险业务的主体是分出公司与再保险接受公司，二者之间存在分保关系；而在共同保险业务中，不存在分保关系，也就没有再保险接受公司。除此以外，在临时再保险业务中，再保险接受人还要给分出人一定的分保手续费，以分担分出公司的管理成本。

临时再保险是再保险的最初形态，其优点在于再保险接受人可以清楚地了解业务情况，收取保费快捷，便于资金运用。但是临时分保手续较为烦琐，分出人必须逐笔将分保条件及时通知再保险人，而对方是否接受，事先难以判断，如果不能迅速安排分保，就要影响业务的承保，或已承保的业务保险人将承担更多的风险责任。

（2）合同再保险

合同再保险是由保险人与再保险人用签订合同的方式确立双方的再保险关系，在一定时期内对一宗或一类业务，根据合同中双方同意及规定的条件，再保险分出人有义务分出、再保险接受人亦有义务接受合同限定范围内的保险业务。简单地说，合同分保实际上是再保险人提供给保险人的、对其承保的某一险种的业务的一种保障。合同分保是一种缔约人之间有约束力的再保险。分保合同是长期有效的，除非缔约双方的任何一方根据合同注销条款的规定，在事前通知对方注销合同。

合同再保险的正式文件一般由分保条、合同文本以及附约组成。合同的内容和分保条的内容是相辅相成的。分保条是合同文本的基础和根据，合同是达成分保协议形成的正式法律契约。附约是合同签定后中途修改的批单，是对合同文本中有关条文的修正。

合同再保险的安排大体上与临时再保险相同。所不同的是，合同是按照业务年度安排分保的，而临时再保险则是逐笔安排的。合同再保险涉及的是一定时期内的一宗或一类业务，缔约人之间的再保险关系是有约束力的，因此协议过程要比临时再保险复杂得多。

由于合同再保险的长期性、连续性和自动性，对于约定分保的业务，原保险人无须逐笔办理再保险，从而简化了分保手续，提高了分保效率。同时，通过合同再保险，分保双方建立了长期稳定的业务关系。这样对原保险人而言，可以及时分散风险，从而增强了原保险人的承保能力；对再保险人而言，可以比较均衡地获得批量业务。因此，合同再保险是国际市场上普遍采用的主要分保方法。

（3）预约再保险

预约再保险也称临时固定再保险，是介于合同再保险和临时再保险之间的一种分保方式，是在临时再保险的基础上发展起来的一种再保险方式。它既具有临时再保险的性质，又具有合同再保险的形式。预约再保险往往用于对合同再保险的一种补充。

预约再保险的订约双方对于再保险业务范围虽然有预约规定，但保险人有选择的自由，不一定要将全部业务放入预约合同。但对于再保险接受人则具有合同性质，只要是合同规定范围内的业务，分出人决定放入预约合同，接受人就必须接受，在这一点上具有合同的强制性。

一个保险公司对一类特殊的业务办理临时分保次数增多时，为节省手续，往往考虑采用预约再保险。这有利于将某类超过自留或固定合同限额的业务自动列入预约再保险合同，不必安排临时分保。虽然预约再保险合同的接受人不能逐笔审查列入合同的业务，但却可以得到更多的业务，增加保费收入，求得业务平衡。一般分出公司要向分保接受人提供放入合同的业务报表。

2. 按照责任限额计算基础不同，可以分为比例再保险和非比例再保险

（1）比例再保险

比例再保险是以保险金额为基础，确定分出公司自留额和分入公司责任额的再保险方式。在比例再保险中，分出公司的自留额和分入公司的责任额都表示为保险金额的一定比例，该比例也是双方分配保险费和分摊赔款的依据。也就是说，分出公司和分入公司对于保费和赔款的分配，按照其分配保额的同一比例进行，这就充分显示了保险人和再保险人利益的一致性。因为比例再保险最能显示再保险当事人双方共命运的原则，因而其应用范围十分广泛。比例再保险方式具体分为成数再保险和溢额再保险两种。

1）成数再保险

成数再保险是比例再保险的基本方式，是指分出公司的自留额和分入公司的责任额都是按照双方约定的保险金额百分比确定的。按照比例再保险方式，不论分出公司承保的每一风险单位的保额大小，只要在合同规定的限额内，双方都按约定的固定比例来分担责任，且每一风险单位的保险费和发生的赔款，也按同一比例分配和分摊。

[例1] 假定在一成数再保险合同中规定原保险人自留保险金额的比例为40%，再保险人分入的保险金额为60%，每一风险单位的最高责任限额为2 000万元。现有三笔业务保险金额：分别为1 000万元、2 000万元和3 000万元。则这三笔保险业务的保险金额在原保险人与再保险人之间的分配如表6-2所示。

表6-2　三笔保险业务的保险金额在原保险人与再保险人之间的分配

万元

序号	保险金额	分出公司自留保险金额	分入公司自留保险金额	分出公司另行安排保险金额
1	1 000	400	600	0
2	2 000	800	1 200	0
3	3 000	800	1 200	1 000

总之，成数再保险的责任、保费和赔款的分配，表现为一定的百分比。在一定意义上讲，它就是按照双方约定的百分比进行责任和权利、义务的分配。

成数再保险的特点主要表现为：

合同双方利害一致。即对盈余或亏损，保险人和再保险人的利益是一致的。

手续简化，节省成本，但缺乏弹性。由于不论业务大小还是质量好坏，双方均按约定的比例分担，因而不能满足分出公司获得准确再保险保障的需求；不能均衡风险责任。按成数决定责任，原保险合同保险金额高低不齐的问题在成数分保后仍然存在。

成数再保险的这些特点决定了这种方式比较适合于小公司、新公司、新业务和某些特种业务以及那些保额和业务质量比较平均的业务，在国际再保险的交往中，成数再保险可用于分保交换。

2）溢额再保险

溢额再保险是分出公司按每个风险单位确定自留额，将超过自留额的保险金额即溢额部分分给分入公司。如果某一笔业务的保险金额在自留额之内，就不必办理再保险，这也正是溢额再保险与成数再保险的最大区别。在溢额再保险中，分出公司和分入公司也是按照各自的责任额在总承保额中所占的比例来分享保险费和分担赔付义务的。

风险单位、自留额、线数（即自留额的一定倍数）是溢额再保险的三个要素。风险单位的划分由分出公司来决定，属于固定因素，自留额和线数则为变动因素，自留额的大小决定原保险人承担责任的大小、线数的多少，关系再保险人承担的责任。

在溢额再保险中，原保险人的自留额和再保险人的责任额与总保险金额之间的比例关系随着承保金额的大小而变动，这与成数再保险的比例固定不变不同。

溢额再保险关系成立与否，主要看保险金额是否超过自留额，超过自留额的部分，就由溢额再保险吸收承受。但分入公司分入的保险金额，并非无限制，而是以自留额的一定倍数为限。这种自留额的一定倍数，称为线数，通常表达为几线。自留额与线数的乘积就是分入公司的最高分入限额，超过这个限额的部分，由分出公司自己负责或自行安排。

一般来说，分出公司根据承保的风险单位的损失率、承保业务量规模、保费收入的大小及公司准备金的多少等因素来确定自留额和安排溢额再保险合同的最高限额，但是，由于承保业务量的增加、业务的发展，有时需要设置不同层次的溢额，依次称为第一溢额、第二溢额、第三溢额等，当第一溢额的分保限额不能满足分出公司的业务需要时，可以组织第二溢额分保甚至第三溢额分保，作为第一溢额的补充。

[例2] 假定在一溢额再保险合同中规定原保险自留额为100万元，分入公司分入业务的最高限额为4线。现有三笔业务，保险金额分别为50万元、150万元和500万元。则这三笔保险业务的保险金额在原保险人与再保险人之间的分配如表6-3所示。

表6-3 三笔保险业务的保险金额在原保险人与再保险人之间的分配

万元

序号	保险金额	分出公司自留保险金额	分入公司自留保险金额	分出公司另行安排保险金额
1	50	50	0	0
2	150	100	50	0
3	800	100	400	300

溢额再保险是比例再保险中最早和最广泛应用的方式，它可以灵活确定自留额，确保业务的安全性和盈利性，比较适于业务质量优劣不齐、风险标的的保险金额不平衡的业务。

(2) 非比例再保险

非比例再保险又称超过损失再保险，它是以赔款或损失确定再保险双方当事人的责任的再保险方式。即以赔款为基础规定一个分出公司自己负担的赔款额度，对超过这一额度的赔款，由分入公司承担赔偿责任。

非比例再保险的种类主要有险位超赔再保险、事故超赔再保险和赔付率超赔再保险。

1) 险位超赔再保险

险位超赔再保险是以每一风险单位所发生的赔款为基础，确定分出公司自负责任的限额，即自赔额和分入公司责任额的再保险方式。

在险位超赔再保险中，若总赔款金额不超过分出公司的自负责任额，全部损失由分出公司赔付；若总赔款金额超过分出公司的自负责任额，超过部分由分入公司赔付。但分保责任限额根据分保合同规定，也是有一定限度的。

[例3] 有一个超过100万元以上的200万元的火险险位超赔合同，在一次事故中有四个风险单位受损，损失金额分别为200万元、300万元、500万元、1 000万元，如果每次事故对风险单位没有限制，则赔款的分配如表6-4所示。

表 6-4 赔款的分配

万元

风险单位	发生赔款	分出公司承担赔款	分入公司承担赔款	其他
1	200	100	100	
2	300	100	200	
3	500	100	200	200
4	1 000	100	200	700
合计	2 000	400	700	900

2）事故超赔再保险

事故超赔再保险是依一次巨灾事故中多数风险单位所发生赔款的总和为基础，来确定自负责任额和分保责任额的再保险方式。它是险位超赔再保险在空间上的扩展。在这种非比例再保险中，分入公司负责当任何一次事故累积的损失超过规定自负责任额以后的赔款。

［例4］ 假定在一事故超赔再保险合同中规定原保险自负责任额为 100 万元，分入公司的最高赔款责任限额为 400 万元。在一次灾害事故中有 3 个风险单位发生损失，损失金额分别为 50 万元、150 万元和 600 万元。按照合同规定的条件，分出公司和分入公司各自应承担的赔款如表 6-5 所示。

表 6-5 分出公司和分入公司各自应承担的赔款

万元

风险单位	赔款	分出公司自负赔款	分入公司分摊赔款	分出公司另行安排的赔款	赔款总额
1	50				
2	150				
3	600				
合计		100	400	300	800

3）赔付率超额再保险

赔付率超额再保险是以赔款与保费的比例来确定自负责任额和分保责任额的再保险方式。即在约定的一定时期（通常为一年）内，当分出公司的赔付率超过一定标准时，超过部分由分入公司负责某一赔付率或金额。

在赔付率超额再保险中，除了有赔付率的限制外，还限定一个赔付金额，并在二者中以低者为限。而且，分出公司的自负责任额和分入公司的分保责任额都是由双方协议的赔付率标准限制的。因此，正确地、恰当地规定这两个标准，是赔付率超额再保险的关键。

【任务实施】

一、分组调查并撰写调查报告

将全班同学分为每组 5~7 人的小组，小组成员分工合作，到各家保险公司和再保险公司进行调查；查阅再保险条款和再保险合同，了解再保险流程。每一小组撰写一份《××

《××再保险市场调查报告》。

二、案例分析

某一成数再保险合同,共有A、B、C 3个危险单位(风险单位),保险金额分别为500万元、800万元、1 000万元,确定每一危险单位的最高责任限额为800万元,自留额为40%,分出额为60%,即60%成数再保险合同。各个危险单位的保险费分别是5万元、8万元和10万元。A没有发生保险事故,B和C均发生保险事故,赔款额分别为300万元和500万元。问:如何分配保险责任。

分析参考:

分配保险责任如表6-6所示。

表6-6 分配保险责任

万元

序号	保险金额	保险费	赔款额	分出公司			分入公司			分出公司另行安排		
				保险金额	保险费	赔款额	保险金额	保险费	赔款额	保险金额	保险费	赔款额
A	500	5	0	200	2	0	300	3	0	0	0	0
B	800	8	300	320	3.2	120	480	4.8	180	0	0	0
C	1 000	10	500	320	3.2	120	480	4.8	180	200	2	200

同步测试

一、简答题

1. 简述再保险的种类。
2. 简述再保险与原保险的关系。
3. 简述再保险有什么作用?

二、单项选择题

1. 以保险金额为基础来确定分出公司自留额与分入公司责任额的再保险形式有( )。
   A. 成数再保险　　　　　　　　B. 事故超赔再保险
   C. 险位超赔再保险　　　　　　D. 赔付率超额再保险

2. 保险公司对每一危险单位(风险单位),即对一次保险事故可能造成的最大损失范围所承担的责任,不得超过其实有资本金加公积金总和的( )。
   A. 百分之十　　B. 百分之二十　　C. 百分之三十　　D. 百分之五

3. 为维护再保险人的利益,( )条款规定,再保险人不承担超过再保险合同规定的责任范围以外的赔款和费用,也不承担超过再保险合同规定的限额以上的赔款和费用。
   A. 共同利益　　B. 过失或疏忽　　C. 双方权利保障　　D. 其他

4. 原保险人与再保险人应保证对方享有其权利,以使合法利益得到保护,属于( )条款。
   A. 共同利益　　B. 过失或疏忽　　C. 双方权利保障　　D. 其他

三、多项选择题

1. 以下属于比例再保险的有( )。

A. 成数再保险   B. 溢额再保险

C. 事故超赔再保险   D. 险位超赔再保险

2. 以下属于非比例再保险的有（　　）。

A. 事故超赔再保险   B. 险位超赔再保险

C. 赔付率超额再保险   D. 成数再保险

3. 再保险合同的基本条款包括（　　）。

A. 共同利益条款   B. 过失或疏忽条款

C. 双方权利保障条款   D. 其他条款

项目七

财产保险

项目介绍

为了更好地理解和掌握财产保险业务内容,学生应该着重理解和掌握财产损失保险、责任保险、信用保证保险这三类财产保险的主要种类及其主要应用情形。

知识目标

1. 财产保险的含义、种类,财产保险的特征;
2. 财产损失保险的含义,企业财产保险、家庭财产保险、运输工具保险、货物运输保险、工程保险、农业保险的保险责任以及除外责任、保险标的范围;
3. 责任保险的含义、特征,公众责任保险、产品责任保险、雇主责任保险、职业责任保险的保险责任以及除外责任、赔偿处理;
4. 信用保险与保证保险的含义、种类。

技能目标

通过学习该项目,学生能够根据各类财产保险的特征分析各类财产适用的情形,能正确地向投保人介绍各类财产保险。

素质目标

掌握财产保险的知识,根据各类财产保险的重要特征合理分析保险实例,客观判断各类财产保险的责任归属、赔偿处理。

任务一 认识财产保险

【任务描述】在本任务下,学生应该熟悉财产保险的含义、特征及常见种类。

【任务分析】在老师的指导下,学生通过保险公司、保险业务员、相关资料了解财产保险的主要知识及发展现状。

【相关知识】

一、财产保险的含义

财产保险是保险学科的重要组成部分，是我国保险立法按保险业务范围划分的两大保险类别之一。财产保险是以财产及其相关利益和损害赔偿责任为保险标的，以自然灾害、意外事故为保险责任，以补偿被保险人的经济损失为基本目的的保险。简单地讲，财产保险是以财产及其有关利益为保险标的的保险。

对于财产保险的含义，可以从三方面理解：

第一，保险标的是以物质形态、非物质形态存在的财产及其相关利益；

第二，承保风险一般是灾害事故；

第三，当被保险人因保险事故遭受经济损失时，保险人负责赔偿。

二、财产保险的特征

1. 财产保险所要处理的风险是多种多样的

各种自然灾害、意外事故、法律责任以及信用行为均可作为财产保险承保的风险和保险责任。在财产保险中，由于保险标的作为保险对象的财产及其有关利益或者人的寿命和身体的复杂性和多样性，风险事故的发生也表现出不同的形态，既包括暴风、暴雨、泥石流、滑坡、洪水等自然灾害，也包括火灾、爆炸、碰撞、盗窃、违约等意外事故。风险事故所造成的损失，既包括直接的物质损失、赔偿责任，也包括间接的费用损失、利润损失等。

2. 财产保险是以财产及其有关的经济利益和损害赔偿责任为保险标的

按保险标的具体存在的形态，通常可将财产保险划分为有形财产、无形财产或有关利益。

有形财产是指厂房、机器设备、机动车辆、船舶、货物、家用电器等。

无形财产或有关利益指各种费用、产权、预期利润、信用、责任等。

狭义的财产保险的标的仅指有形财产中的一部分普通财产（如企业财产保险的保险标的、家庭财产保险的保险标的、机动车辆保险的保险标的等）。财产保险的保险标的必须是可以用货币衡量价值的财产或利益，而无法用货币衡量价值的财产或利益不能作为财产保险的保险标的，如空气、江河、国有土地等。

3. 保险利益的确定与人身保险差异显著

在财产保险中，财产损失保险是最基本的一类业务。就财产损失保险而言，与人身保险相比，其保险利益的特殊性体现在以下三个方面：

（1）就保险利益的产生而言

财产保险的保险利益产生于人与物之间的关系，即投保人与保险标的之间的关系；人身保险的保险利益产生于人与人之间的关系。

（2）就保险利益的量的限定而言

在财产保险中，保险利益有量的规定性，不仅要考虑投保人对标的有没有保险利益，还要考虑保险利益的额度大小。投保人对保险标的的保险利益仅限于保险标的的实际价值，因此保险金额须以财产的实际价值为限，保险金额超过财产的实际价值部分，将因投保人无保险利益而无效。人身保险的保险利益，除债权人与债务人之间的保险利益外，一般没有量的限定。

(3) 就保险利益的时效而言

在一般情况下，财产保险的保险利益要求在保险合同订立时到损失发生时的全过程中都存在。在财产保险中，保险利益不仅是订立保险合同的前提条件，而且也是维持保险合同效力、保险人支付赔款的条件。一旦投保人对保险标的丧失保险利益，即使发生保险事故，保险人也不负赔偿责任。人身保险的保险利益仅要求在保险合同订立之时存在即可，在发生保险事故时，投保人对保险标的（被保险人）丧失保险利益，并不影响保险合同的效力。

4. 保险金额确定的依据是保险价值

财产保险的保险金额确定一般参照保险标的的实际价值，或者根据投保人的实际需要参照最大可能损失、最大可预期损失确定其所购买的财产保险的保险金额。确定保险金额的依据即为保险价值。保险人和投保人在保险价值限度内，按照投保人对该保险标的存在的保险利益程度来确定保险金额，作为保险人承担赔偿责任的最高限额。由于各种财产都可依据客观存在的质量和数量来计算或估计其实际价值的大小，因此，在理论上，财产保险的保险金额的确定具有客观依据。

5. 大部分财产保险的保险期限较短

通常，普通财产保险的保险期限为1年或者1年以内，并且保险期限就是保险人实际承担保险责任的期限。不过也有一些特殊的情况，如在工程保险中，尽管在保单上也有一个列明的保险期限，但保险人实际承担保险责任的起止点往往要根据工程的具体情况确定，即受到承保风险的区间限制。一般根据工程的具体情况，保险责任的起止点可以向前追溯至运输期和制造期，向后延至试车期、保证期和潜在缺陷保证期。即工程保险的保险期限实际上包括了制造期、运输期、主工期、试车期、保证期和潜在缺陷保证期。在货物运输保险和船舶保险中，保险期限实际是一个空间范围。例如，我国海上运输货物保险的保险期限确定依据是"仓至仓条款"，即保险人对被保险货物所承担责任的空间范围是从货物运离保险单所载明起运港发货人的仓库时开始，一直到货物运抵保险单所载明的目的港收货人的仓库时为止；在远洋船舶航程保险中，保险期限以保单上载明的航程为准，即自起运港到目的港为保险责任的起讫期限。

6. 保险合同属于损失补偿合同

不同于人身保险合同，财产保险合同属于损失补偿合同，保险人只有在合同约定的保险事故发生并造成被保险人的财产损失时才承担经济补偿责任，而且补偿的额度以被保险人在经济利益上恢复到损失以前的状况为限，绝不允许被保险人获得额外利益。因此，在财产保险合同中，尽管可能出现超额保险、不足额保险，也可能出现重复保险的现象，但是保险人在赔付过程中都会按照损失补偿原则进行处理。例如，对重复保险进行损失分摊；对于不足额保险实行比例赔付；对由于第三者的行为导致被保险人遭受保险责任范围内的损失时，保险人先行赔偿，再依法行使代位求偿权。

三、财产保险的种类

财产保险有多种分类方法，按保险经营范围，可分为广义财产保险和狭义财产保险；按保险标的是否有形，可分为有形财产保险和无形财产保险；按保险保障范围，可分为财产损失保险、责任保险和信用保证保险。常见的是按保险保障范围分类，其分类体系如图7-1所示。

保险理论与实务

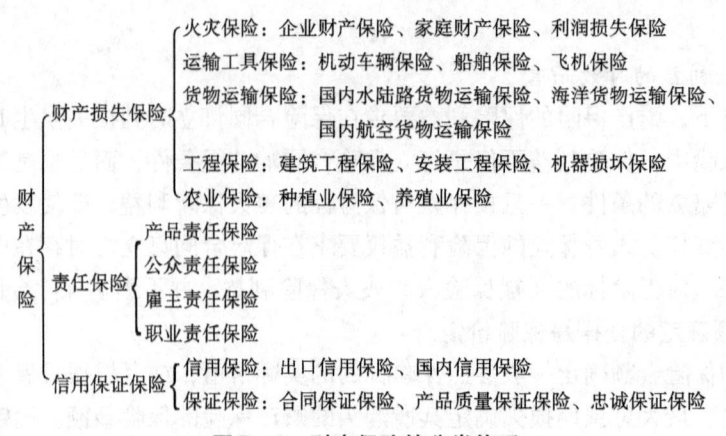

$$\text{财产保险} \begin{cases} \text{财产损失保险} \begin{cases} \text{火灾保险：企业财产保险、家庭财产保险、利润损失保险} \\ \text{运输工具保险：机动车辆保险、船舶保险、飞机保险} \\ \text{货物运输保险：国内水陆路货物运输保险、海洋货物运输保险、} \\ \qquad\qquad\qquad\quad\text{国内航空货物运输保险} \\ \text{工程保险：建筑工程保险、安装工程保险、机器损坏保险} \\ \text{农业保险：种植业保险、养殖业保险} \end{cases} \\[2mm] \text{责任保险} \begin{cases} \text{产品责任保险} \\ \text{公众责任保险} \\ \text{雇主责任保险} \\ \text{职业责任保险} \end{cases} \\[2mm] \text{信用保证保险} \begin{cases} \text{信用保险：出口信用保险、国内信用保险} \\ \text{保证保险：合同保证保险、产品质量保证保险、忠诚保证保险} \end{cases} \end{cases}$$

图 7 - 1　财产保险的分类体系

各类财产保险的具体内容，见后面相关任务。

知识拓展

一、免赔额

1. 免赔额的含义

免赔额，顾名思义，是免赔的额度。指由保险人和被保险人事先约定，损失额在规定数额之内，被保险人自行承担损失，保险人不负责赔偿的额度。因为免赔额能消除许多小额索赔，损失理赔费用就大为减少，从而可以降低保险公司的经营成本，同时降低被保险人要缴纳的保费。所以免赔额条款在财产、健康和汽车保险中得到广泛使用。

2. 免赔额的形式

免赔额是指保险人根据保险的条件作出赔付之前，被保险人先要自己承担的损失额度。免赔额有以下几种形式：

（1）绝对免赔额与相对免赔额

绝对免赔额是指在保险人作出赔付之前，被保险人要自担一定的损失金额。例如，若合同中规定绝对免赔额为 200 元，则损失在 200 元以下的，保险人不予理赔。若损失超过 200 元，保险人对超过的部分给予赔偿。一般来说，这种免赔额应用于每次损失。

相对免赔额，这是一种在海上运输保险中经常使用的免赔额，免赔额以两个百分比或一定金额表示。如果损失低于规定的比例或金额，保险人不承担赔偿责任，但当损失高于规定的比例或金额时，保险人将赔偿全部损失。海上运输保险之所以使用相对免赔额，是因为托运人能预料到由于恶劣天气、船舶持续航行和货物经常搬动至少会造成一些小额损失，还因为财产由承运人占用，其不具有夸大损失的动机。

（2）总计的免赔额和消失的免赔额

总计的免赔额，这是把保险期内所有属于保险责任范围的损失加计在一起，如果全部损失低于总计的免赔额，保险人不作任何赔付。一旦全部损失超过总计的免赔额，保险人对所有超额部分的损失予以赔付。健康保险中经常使用一种日历年度的总计免赔

> 额,把日历年度内所有合乎规定的医疗费用累计在一起,一旦累计额超过一定金额,保险人再根据合同支付医疗保险金。
>
> 消失的免赔额,指根据消失的免赔额起点,免赔额随损失增加而减少。这实际上是对小额损失不予赔付,对大额损失全部赔偿。例如,假定500元为消失的免赔额的起点,保险人对超过500元以上的索赔金额,以111%的比例进行赔偿;当损失达到一定额度时,免赔额全部消失。

【任务实施】

将全班同学分成每组5人左右的小组,每组通过收集整理中国财产保险的相关经营统计数据,了解当前中国财产保险发展的现状,进行讨论分析。每组同学撰写一份中国财产保险发展分析PPT,通过透视化图表对比分析多年历史数据,通过数据结合历史背景,了解中国财产保险发展的现状,分析中国财产保险发展的趋势。

同步测试

一、名词解释

1. 财产保险
2. 免赔额

二、简答题

1. 财产保险具有哪些特征?
2. 财产保险的理赔程序是什么?
3. 免赔额有哪几种形式?

任务二　认识财产损失保险

【任务描述】在本任务下,学生应该熟悉狭义的财产保险即财产损失保险中常见的财产保险种类及其应用范围、赔偿处理等相关知识。

【任务分析】在老师的指导下,学生搜集资料、了解各类财产损失保险的实际业务情况,然后再回到课堂进行系统的理论学习,以完成本任务。

【相关知识】

财产损失保险是以各种有形的物质财产、相关的利益以及其责任为保险标的的保险。其主要包括的业务种类有:企业财产保险、家庭财产保险、运输工具保险、货物运输保险、工程保险、农业保险等。

一、企业财产保险

企业财产保险是一切工商、建筑、交通运输、饮食服务行业、国家机关、社会团体等,对因火灾及保险单中列明的各种自然灾害和意外事故引起的保险标的的直接损失、从属或后果损失和与之相关联的费用损失提供经济补偿的财产保险。

1. 企业财产保险的保险标的范围

（1）可保财产

从保险利益的角度而言，可保财产包括：属于被保险人所有或与他人共有而由被保险人负责的财产，由被保险人经营管理或替他人保管的财产，其他具有法律上承认的或与被保险人具有经济利害关系的财产。

可保财产按企业财产项目类别看，包括房屋、建筑物及附属装修设备，机器及设备，工具、仪器及生产用具，交通运输工具及设备，管理用具及低值易耗品，原材料、半成品、在产品、产成品或库存商品、特种储备商品，建造中的房屋、建筑物和建筑材料，账外或已摊销的财产，代保管财产等。

（2）特约可保财产

特约可保财产（简称特保财产）是指经保险双方特别约定后，在保险单中载明的保险财产。此类特约保险财产大体可分为五类。

第一类是市场价格变化较大、保险金额难以确定的财产。一般包括金银、珠宝、钻石、玉器、首饰、古币、古玩、古书、古画、邮票、字画、艺术品、稀有金属等珍贵财物。

第二类是价值高、风险特殊的财产。一般包括堤堰、水闸、铁路、道路、涵洞、隧道、桥梁、码头等。

第三类是风险大、需要提高费率的财产。一般包括矿井、矿坑内的设备和物资。

第四类是便携式财产。包括便携式通信装置、便携式计算机设备、便携式照相摄像器材以及其他便携式装置、装备。

第五类是尚未交付使用或验收的工程。

（3）不可保财产

不可保财产是指保险人不予承保的财产。不保财产包括土地、矿藏、矿井、矿坑、森林、水产资源以及未经收割或收割后尚未入库的农作物；货币、票证、有价证券、文件、账册、图表、技术资料以及无法鉴定价值的财产；违章建筑、危险建筑、非法占用的财产；在运输过程中的物资等。

2. 企业财产保险的保险责任

企业财产保险的保险责任分为基本责任、除外责任和特约责任。

（1）基本责任

基本责任是指投保人要求保险人承担的赔偿责任。主要包括以下几方面的内容：

①自然灾害或意外事故：如火灾、爆炸、雷电、暴风、龙卷风、洪水、地陷、崖崩、突发性滑坡、雪灾、雹灾、冰凌、泥石流以及空中运行物体坠落等。

②被保险人的供电、供水、供气设备在遭受保险条款中列明的自然灾害或意外事故而造成的损失，以及由于这些设备损坏引起停电、停水、停气，以致直接造成的保险财产的损失，包括机器设备、在产品和贮藏物品的损坏或报废。

③在发生上述灾害和事故时，为了抢救财产或防止灾害蔓延，采取合理的、必要的措施而造成的保险财产的损失，以及为了减少被保险财产损失，采取施救、保护措施而支出的合理费用。

（2）除外责任

除外责任又叫责任免除，是指在合同中列明的保险人不予承担的保险赔偿与保险金给付

责任,它是对保险责任的限制。保险人在经营财产保险时,有如下几项除外不保风险:

①战争、军事行动或暴力行为、政治恐怖活动;

②核辐射或污染;

③被保险人的故意行为;

④被保险财产遭受保险条款所列明的自然灾害或意外事故引起的停工、停业的损失以及各种间接损失;

⑤被保险财产本身缺陷、保管不善导致的损失,被保险财产的变质、霉烂、受潮、虫咬、自然磨损以及损耗;堆放在露天或罩棚下的被保险财产以及罩棚,由于暴风、暴雨造成的损失及其他不属于保险责任范围内的损失和费用。

(3) 特约责任

特约责任又称附加责任,是指责任免除中不保的责任或另经双方协商同意后特别注明由保险人负责保险的危险。特约责任一般采用附贴特约条款承保。有的特约责任也以附加险形式承保。主要有矿下财产保险,露堆财产保险,特约盗窃保险,堤堰、水闸、涵洞特约保险等。

3. 企业财产保险的保险期限

企业财产保险的保险期限一般以 1 年为期,也有少于 1 年的短期保险期限,其中半年期的保险期限比较常用。保险期限从约定起保的当天零时起,到保险期限满日的 24 时止。在保险单到期以前,保险人应该通知投保人办理续保手续。

4. 企业财产保险的保险费率

(1) 厘定企业财产保险的保险费率考虑的因素

①建筑结构及建筑等级,房屋及其他建筑物的建筑结构不同,其强度、刚度、稳定性和耐久性有很大差异,其遭遇风险的频率和风险发生后的损毁程度也就不同。

②使用性质,例如是用于存放危险品还是一般物品。

③投保险种或承保风险的种类。

④地理位置,如在江河沿岸,遭洪水灾害的可能性较大,保险费率应高一些。

⑤其他因素,如周围环境、投保人和被保险人的安全管理水平、历史损失数据、市场竞争因素等。

(2) 企业财产保险费率的分类

1) 工业险费率

凡从事制造、修配、加工生产的工厂,均按工业险费率计收保险费。根据工业企业使用的原材料、主要产品生产过程中的工艺操作和处理的危险程度,把工业险费率分为六个级别,一级工业危险程度最小、费率最低;六级工业危险程度最大、费率最高。

一级工业险,适用于钢铁、机器制造、耐火材料、水泥、砖石制品等工业。

二级工业险,适用于一般机械零件制造、修配行业。如自行车五金零件制造厂。

三级工业险,适用于以一般物资为主要原料的棉纺品、食品、电讯、电器、仪表、日常生活用品等工业。

四级工业险,适用于以竹、木、皮毛或一般可燃物资为主要原料或一般危险品进行复合生产的工业,棉、棉麻、塑料及其制成品、化纤、医药制造等加工工业,以油脂为原料的工业和文具、纸制品工业。

五级工业险，适用于以一般危险品及部分特别危险品为主要原料进行复合生产、制氧、挥发性试剂以及塑料、染料制造等工业，大量使用竹、木、稻草主要原料的木器家具、工具、竹器、草编制品制造工业，油布、油纸制造工业。

六级工业险，适用于以特别危险品如磷、醚及其他爆炸品为主要原料进行复合生产的工业和染料工业。

2）仓储险费率

凡储存大宗物资的仓库、露堆、罩棚、油槽、储气柜、地窖、趸船等，都适用仓储险费率。根据仓储商品和物资的性质以及危险程度，仓储险费率可分为四个级别：一般物资、危险品、特别危险品和金属材料、粮食专储。

3）普通险费率

除工业险、仓储险以外的其他行业均适用普通险费率。普通险费率一般分为三个档次：

①社会团体、机关、事业单位为一个档次，费率最低；

②综合商业、饮食服务业、商贸、写字楼、展览馆、体育场所、交通运输业、牧场农场、林场、科研院所、住宅、邮政、电信、供电高压线路、输电设备为一个档次；

③石油化工商店、液化石油气供应站、日用杂品商店、废旧物资收购站、修理行、文化娱乐场所、加油站为一个档次，费率最高。

5. 企业财产保险的保险金额的确定

企业财产综合保险金额是根据被保险财产的性质确定的。

固定资产保险金额的确定方法主要有三种：按账面原值确定保险金额，按账面原值加成数确定保险金额、按重置重建价值确定保险金额。

流动资产保险金额的确定方法有两种：按最近账面余额确定保险金额和按最近 1 年账面平均余额确定保险金额。专项资产可以按照最近账面余额确定保险金额，也可以按计划数确定保险金额。代保管财产由于保管人对其负有经济安全责任的，可以投保。如有代保管账登记的财产，可以根据账面反映的价值确定保险金额；如账上不反映的财产，可由投保人估价投保。

6. 企业财产保险的赔偿

在企业财产保险的赔款处理过程中，保险人可以依循财产保险一般理赔程序和赔偿原则开展赔偿工作。同时注意下列事项：

（1）对固定资产分项计赔

每项固定资产仅适用于自身的赔偿限额，固定资产可以按照账面原值投保，也可以由被保险人与保险公司协商按账面原值加成数投保，也可以按重置重建价值投保；流动资产可以按最近 12 个月的平均账面余额投保，也可以按最近账面余额投保。

（2）注意扣除残值和免赔额

在企业财产保险的赔案中，往往存在着损余物资，保险人在赔款时应当作价抵充赔款，同时扣除免赔额，以维护保险人的合法权益。

二、家庭财产保险

家庭财产保险简称家财险，是以城乡居民的有形财产为保险标的的一种保险，是个人和家庭投保的最主要险种之一。

被保险人所有、使用或保管的、坐落于保险单列明的地址的房屋内的财产，可以约定范围向保险人投保家庭财产保险。家庭财产保险为居民或家庭遭受的财产损失提供及时的经济补偿，有利于居民生活安定，保障社会稳定。

1. 家庭财产保险的保险标的范围

（1）可保财产

凡是被保险人所有、使用或保管的，坐落于本保险单所载明地址内的下列家庭财产，在保险标的范围内，被保险人可自由选择投保：房屋及其室内附属设备、室内装潢、室内财产、家用电器和文体娱乐用品、衣物和床上用品、家具及其他生活用具。

（2）特约可保财产

特约可保财产主要包括：农村家庭存放在院内的非动力农机具、农用工具和已收获的农副产品，个体劳动者存放在室内的营业器具、工具、原材料和商品，代他人保管的财产或与他人共有的财产，须与保险人特别约定才能投保的财产。

（3）不保财产

下列家庭财产不在保险标的范围以内：金银、珠宝、首饰、古玩、货币、古书、字画等珍贵财物（价值太大或无固定价值），货币、储蓄存折、有价证券、票证、文件、账册、图表、技术资料等（不是实际物资），违章建筑、危险房屋以及其他处于危险状态的财产，摩托车、拖拉机或汽车等机动车辆，寻呼机、手机等无线通信设备和家禽家畜（其他财产保险范围），食品、烟酒、药品、化妆品，以及花、鸟、鱼、虫、树、盆景等（无法鉴定价值）。

2. 家庭财产保险的保险责任

由于下列原因造成保险标的的损失，保险人依照约定负责赔偿：火灾、爆炸、雷击、台风、龙卷风、暴风、暴雨、洪水、雪灾、雹灾、冰凌、泥石流、崖崩、突发性滑坡、地面突然下陷、飞行物体及其他空中运行物体坠落、外来不属于被保险人所有或使用的建筑物和其他固定物体的倒塌。

3. 家庭财产保险的保险期限

保险期限分别为一年、三年、五年。以保险单载明的起讫时间为准。

4. 家庭财产保险的保险费率

被保险人根据下列规定缴纳保险费：基本险费率、附加险费率按费率表规定执行，若是定额保险单，则以该保单规定的保险费为准。中途退保，按日平均费率计算应收保险费。

5. 家庭财产保险的保险金额

房屋及室内附属设备、室内装潢的保险金额由投保人根据购置或市场价自行确定，并在合同中载明。房屋及室内附属设备、室内装潢的保险价值为出险时的重置价值。

室内财产的保险金额由被保险人根据当时实际价值分项目自行确定，若是定额保单，则以该保单规定的金额为准。特约财产的保险金额由被保险人和保险人双方约定。

6. 家庭财产保险的赔偿

被保险人索赔时，应当向保险公司提供保险单、损失清单和其他必要的单证。

保险财产遭受保险责任范围内的损失时，保险公司按照出险当时保险财产的实际价值计算赔偿，但最高不超过保险单分项列明的保险金额。

保险财产遭受部分损失经保险公司赔偿后，保险合同继续有效，但其保险金额相应减少。减少金额由保险公司出具批单批注。

发生保险责任范围内的损失后，应由第三者赔偿的，被保险人可以向保险公司或第三者索赔。被保险人如向保险公司索赔，应自收到赔款之日起，向保险公司转移向第三者代位索赔的权利。在保险公司行使代位索赔权利时，被保险人应积极协助，并向保险公司提供必要的文件及有关情况。

保险事故发生时，如另有其他保险对同一保险财产承保同一责任，不论该保险是否由被保险人或他人投保，保险公司仅按比例负责赔偿。

被保险人的索赔期限，自其知道保险事故发生之日起，不得超过两年。

三、运输工具保险

运输工具保险专门承保各种机动运输工具，包括机动车辆、船舶、飞机、摩托车等各种以机器为动力的运载工具的一种财产保险。

运输工具保险的适用范围亦相当广泛，包括客运公司、货运公司、航空公司、航运公司以及拥有上述运输工具和摩托车、拖拉机等机动运输工具的家庭或个人，均可以投保运输工具保险类的不同险种，并通过相应的保险获得风险保障。

运输工具保险的险种主要有机动车辆保险、船舶保险、飞机保险。

1. 机动车辆保险

（1）机动车辆保险的含义

机动车辆保险是以汽车本身及相关利益为保险标的的一种不定值财产保险。

（2）机动车辆保险的特点

1）保险标的出险率高

机动车辆属于交通工具，常态就是不停地运动，所以很容易出现碰撞，造成人身财产损失。而且由于早期行政许可程序不够完善，许多驾驶人员不具备基本的操作技术。交通设施及管理也在逐步完善中，机动车辆出险率高。

2）业务多，投保率高。

正由于机动车辆出险率高，所以机动车辆持有者及交通管理部门都通过保险转嫁风险，所以机动车辆保险业务增多，投保率高。

3）险种复杂，专业性强，消费者易产生误解

机动车辆保险分为基本险和附加险，其中附加险不能独立投保。基本险包括第三者责任险（三责险）、车辆损失险（车损险）；附加险包括全车盗抢险（盗抢险）、车上责任险、无过失责任险、车载货物掉落责任险、玻璃单独破碎险、车辆停驶损失险、自燃损失险、新增设备损失险、不计免赔特约险。而其中许多险种不能通过简单的字面意思进行理解，并且部分保险公司工作人员在介绍保险时存在误导的情况，导致消费者不能较好地理解各个险种的条款，造成误解，产生纠纷。

4）不确定性

由于机动车辆在陆上行驶、流动性大、行程不固定，对保险人而言，无疑增加了危险事故与保险损失的不确定性和难以预测性。

5）扩大可保利益

比如，只要是经被保险人允许的合格驾驶人员使用已保险的机动车辆，如果发生保险合同中约定的保险事故，并造成第三者的财产损失或人身伤亡的，保险人均负赔偿责任。保险

人在承担这项责任时,条件只是要求:驾驶员是合格的驾驶员,其驾驶已保险的机动车辆且得到了被保险人的同意,而不要求其对机动车辆拥有所有权、占有权或管理权等。这实际上是对保险合同中可保利益的一种扩大,同时也是保险责任的放大。

6)无赔款优待

无赔款优待是机动车辆保险特有的制度,其核心是为了解决在风险不均匀分布的情况下,使保险费直接与实际损失相联系。为了鼓励被保险人及其驾驶人员严格遵守交通规则安全行车,各国的机动车辆保险业务中均采用无赔款优待制度。

7)维护公众利益

机动车辆第三者责任保险,作为一种与机动车辆密不可分的责任保险业务,在绝大多数国家均采用强制原则实施,从而是一种法定保险业务,各国之所以对这种业务特殊对待,其出发点都是为了维护公众利益,即确保在道路交通事故中受害的一方能够得到有效的经济补偿。

(3)机动车辆保险的种类

机动车辆保险一般包括交强险和商业险。

1)交强险

交强险(全称机动车交通事故责任强制保险)是中国首个由国家法律规定实行的强制保险制度。

《机动车交通事故责任强制保险条例》规定:交强险是由保险公司对被保险机动车发生道路交通事故造成受害人(不包括本车人员和被保险人)的人身伤亡、财产损失,在责任限额内予以赔偿的强制性责任保险。

2)商业险

商业险包括基本险和附加险两部分。

基本险分为车辆损失险和第三者责任保险、全车盗抢险(盗抢险)、车上人员责任险(司机责任险和乘客责任险)。

附加险包括玻璃单独破碎险、划痕险、自燃损失险、涉水行驶险、无过失责任险、车载货物掉落责任险、车辆停驶损失险、新增设备损失险、不计免赔特约险等。

(4)机动车辆损失保险

1)机动车辆损失保险的保险标的

机动车辆损失险的保险标的,是各种机动车辆的车身及其零部件、设备等。当保险车辆遭受保险责任范围的自然灾害或意外事故,造成保险车辆本身损失时,保险人应当依照保险合同的规定给予赔偿。

2)机动车辆损失保险的保险责任

机动车辆损失保险的保险责任,包括碰撞责任、倾覆责任与非碰撞责任。

①碰撞责任是指被保险车辆与外界物体的意外接触产生的责任,如车辆与车辆、车辆与建筑物、车辆与电线杆或树木、车辆与行人、车辆与动物等碰撞,均属于碰撞责任范围之列。

②倾覆责任指保险车辆由于自然灾害或意外事故,造成本车翻倒,车体触地,使其失去正常状态和行驶能力,不经施救不能恢复行驶。

③非碰撞责任,主要包括三类情形:一是保险单上列明的各种自然灾害,如洪水、暴

风、雷击、泥石流，地震等；二是保险单上列明的各种意外事故，如火灾、爆炸、空中运行物体的坠落等；三是其他意外事故，如倾覆、冰陷、载运被保险车辆的渡船发生意外等。

3）机动车辆损失保险的除外责任

机动车辆损失保险的除外责任包括风险免除（损失原因的免除）和损失免除（保险人不赔偿的损失）。

①风险免除主要包括：战争、军事冲突、恐怖活动、暴乱、扣押、罚没、政府征用；在营业性维修场所修理、养护期间；用保险车辆从事违法活动；驾驶人员饮酒、吸食或注射毒品、被药品麻醉后使用保险车辆；保险车辆肇事逃逸；驾驶人员无驾驶证或驾驶车辆与驾驶证准驾车型不相符；非被保险人直接允许的驾驶人员使用保险车辆；车辆不具备有效行驶证件。

②损失免除主要包括自然磨损、锈蚀、故障，市场价格变动造成的贬值等。

需要指出的是，机动车辆保险的保险责任范围由保险合同规定，且并不是一成不变的，如我国以往均将失窃列为基本责任，后来却将其列为附加责任，即被保险人若不加保，便不可能得到该项危险的保障。

（5）机动车辆第三者责任险

1）机动车辆第三者责任险的含义

机动车辆第三者责任险，是被保险人或其允许的合格驾驶人员在使用被保险车辆时、因发生意外事故而导致第三者的损害而索赔的一种保险。由于第三者责任保险的主要目的在于维护公众的安全与利益，因此，在实践中通常作为法定保险并强制实施。

2）机动车辆第三者责任险的保障对象

机动车辆第三者责任险的第三者是指因被保险机动车发生意外事故造成他人人身伤亡或者财产损失的人，但不包括被保险机动车本车上人员、投保人、被保险人和保险人。

3）机动车辆第三者责任保险的保险责任

机动车辆第三者责任保险的保险责任，就是被保险人或其允许的合格驾驶员在使用被保险车辆过程中发生意外事故，而致使第三者人身或财产受到直接损毁时被保险人依法应当支付的赔偿金额。

此保险的责任核定应当注意两点：

①直接损毁，实际上是指现场财产损失和人身伤害，各种间接损失不在保险人负责的范围；

②被保险人依法应当支付的赔偿金额，保险人依照保险合同的规定进行补偿。

二者并不相同，即被保险人的补偿金额并不一定等于保险人的赔偿金额，因为保险人的赔偿必须扣除除外不保的责任或除外不保的损失。例如，被保险人所有或代管的财产，私有车辆的被保险人及其家庭成员以及他们所有或代管的财产，本车的驾驶人员及本车上的一切人员和财产在交通事故中的损失，不在第三者责任保险负责赔偿之列；被保险人的故意行为，驾驶员酒后或无有效驾驶证开车等行为导致的第三者责任损失，保险人也不负责赔偿。

4）机动车辆第三者责任险的除外责任

下列原因导致的人身伤亡、财产损失和费用，保险人不负责赔偿：

①地震及其次生灾害、战争、军事冲突、恐怖活动、暴乱、污染（含放射性污染）、核反应、核辐射；

②被保险机动车在行驶过程中翻斗突然升起,或没有放下翻斗,或自卸系统(含机件)失灵;

③第三者、被保险人或其允许的驾驶人的故意行为、犯罪行为,第三者与被保险人或其他致害人恶意串通的行为;

④被保险机动车被转让、改装、加装或改变使用性质等,导致被保险机动车危险程度显著增加,且被保险人、受让人未及时通知保险人。

(6) 机动车交通事故责任强制保险

1) 机动车交通事故责任强制保险的含义

机动车交通事故责任强制保险,是指由保险公司对被保险机动车发生道路交通事故造成本车人员、被保险人以外的受害人的人身伤亡、财产损失,在责任限额内予以赔偿的强制性责任保险。

2) 机动车交通事故责任强制保险投保人范围

在中华人民共和国境内道路上行驶的机动车的所有人或者管理人,应当依照《中华人民共和国道路交通安全法》的规定投保机动车交通事故责任强制保险。

3) 机动车交通事故责任强制保险的责任限额

机动车交通事故责任强制保险的责任限额的确定主要参照三个方面的标准执行:

①满足交通事故受害人基本保障需要;

②与国民经济发展水平和消费者支付能力相适应;

③参照了国内其他行业和一些地区赔偿标准的有关规定。

4) 机动车交通事故责任强制保险的赔偿

①赔偿范围。相对于商业三者险20多条免责条款,交强险的免责条款为"受害人故意行为造成损失""被保险人自身财产损失""相关仲裁及诉讼费用"和事故造成的某些间接损失,保障范围要大许多。而且,无论事故中被保险车辆有没有责任,交强险在责任限额范围内都予以赔偿,并且没有免赔额和免赔率。

②赔偿程序。交强险申请理赔如涉及第三者伤亡或财产损失的道路交通事故,被保险人应先联系"120"急救电话(如有人身伤亡),拨打"110"交警电话,并拨打保险公司的客户服务电话报案,配合保险公司查勘现场,可以根据情况要求保险公司支付或垫付抢救费。

保险公司应自收到赔偿申请之日起1天内,书面告知需要提供的与赔偿有关的证明和资料;自收到证明和资料之日起5日内,对是否属于保险责任作出核定,并将结果通知被保险人。对不属于保险责任的,应当书面说明理由。对属于保险责任的,在与被保险人达成赔偿保险金的协议后10日内,赔付保险金。

③免责不赔范围。根据我国相关法律规定,下列情形保险公司在交强险的保险责任限额内不负赔偿责任:受害人的故意行为导致的交通事故人身损害、财产损失,例如自杀、自残行为、碰瓷,等等;《交通事故责任强制保险条例》第3款中规定的保险车辆本车人员、被保险人;因发生交通事故而导致的仲裁或诉讼费及与之相关的其他费用;间接损失,例如车辆因碰撞而价值减损。

2. 船舶保险

(1) 船舶保险的含义

船舶保险(Hull Insurance)是海上保险的一种,是以各种类型的船舶为保险标的,承保其在海上航行或者在港内停泊时，遭到的因自然灾害和意外事故所造成的全部或部分损失及可能引起的责任赔偿。船舶保险采用定期保险单或航程保险单。其特点是保险责任仅以水上为限。

（2）船舶保险的保险责任

1）全损险的保险责任

全损险的保险责任包括列明的导致被保险船舶全损的自然灾害、事故、前述灾害与事故引起的船舶倾覆和沉没、船舶失踪。《沿海内河船舶保险条款》规定，由于下列原因造成保险船舶发生的全损，保险人负责赔偿损失：八级以上（含八级）大风、洪水、地震、海啸、雷击、崖崩、滑坡、泥石流、冰凌，火灾、爆炸，碰撞、触碰，搁浅、触礁，由于上述灾害或事故引起的倾覆、沉没、船舶失踪。

2）一切险的保险责任

从字面上理解，一切险的保险责任应该包括各种原因造成的保险船舶的损失。但是，保险条款采用了列示的办法。例如，《沿海内河船舶保险条款》规定，一切险的责任范围包括三部分：

①由全损险中的原因所造成的保险船舶的全损或部分损失；

②由全损险中的原因所引起的碰撞、触碰责任；

③由全损险中的原因所引起的共同海损和救助及施救费用。

（3）船舶保险的除外责任

本保险不负责下列原因所致的损失、责任或费用：

①不适航，包括人员配备不当、装备或装载不妥，但以被保险人在船舶开航时，知道或应该知道此种不适航为限。

②船舶正常的维修、油漆，船体自然磨损、锈蚀、腐烂及其机器本身发生的故障，以及舵、螺旋桨、桅、锚、锚链、橹及子船的单独损失。

③浪损、搁浅。

④被保险人及其代表（包括船长）的故意行为或违法行为。

⑤清理航道、污染和防止或清除污染、水产养殖及设施、捕捞设施、水下设施、桥的损失和费用。

⑥因保险事故引起本船及第三者的间接损失和费用以及人员伤亡或由此引起的责任和费用。

⑦战争、军事行动、扣押、骚乱、罢工、哄抢和政府征用、没收。

⑧其他不属于保险责任范围内的损失。

（4）船舶保险的保险期限

除另有约定外，期限最长一年，起止时间以保险单上注明的日期为准。

3. 飞机保险

（1）飞机保险的含义

飞机保险是以飞机及其相关责任、利益为保险标的的一种运输保险。

（2）飞机保险的种类

飞机保险可以分为机身保险、飞机第三者责任保险、旅客法定责任保险、飞机承运货物责任保险、飞机产品责任保险、机场经营人责任保险、飞机战争劫持险、飞机旅客人身意外伤害保险、机组人员人身意外伤害保险、丧失使用保险、丧失执照保险、保费保险、运费保险等。其中，机身险包括飞机机身（零备件）一切险、飞机机身免赔额保险、飞机试飞保险。

(3) 飞机保险的保险责任

1) 主险的保险责任

①机身险的保险责任。飞机在飞行或滑行中以及在地面上，不论任何原因（不包括除外责任），造成飞机及其附件的意外损失或损坏，由保险公司负责赔偿。保险公司还负责因意外引起的飞机拆卸重装和运输的费用、清除残骸的费用。

②飞机第三者责任险的保险责任。由于飞机或从飞机上坠人、坠物造成第三者的人身伤亡或财物损失，依法应由被保险人负担的赔偿责任，由保险公司负责赔偿，但被保险人及其支付工资的机上和机场工作人员的人身伤亡或财务损失除外。

③旅客法定责任险的保险责任。由于旅客在乘坐或上下飞机时发生意外，造成旅客的人身伤亡或所携带和业经交运登记的行李、物件的损失，以及对旅客、行李或物件在运输过程中因延迟而造成的损失，根据法律或契约应由被保险人负担的赔偿责任，由保险公司负责赔偿。旅客责任险的保险责任一般从乘客验票后开始，到乘客离开机场之前提取了行李时为止。

2) 附加险的保险责任

①飞机战争、劫持险的保险责任。凡由于战争、敌对行为或武装冲突、拘留、扣押、没收、被保险飞机被劫持和被第三者破坏等原因造成的被保险飞机的损失、费用，以及引起的被保险人对第三者或旅客应负的法律责任或费用，由保险人负责赔偿。

②飞机承运货物责任险的保险责任。凡办好托运手续装载在被保险飞机上的货物，如在运输过程中发生损失，根据法律、合同规定应由承运人负责时，由保险人给予赔偿。

(4) 飞机保险的除外责任

1) 主险的除外责任

保险公司对下列损失、费用和责任，不予负责赔偿：飞机不符合适航条件而飞行；被保险人的故意行为；飞机任何部件的自然磨损、制造及机械缺陷（但因此而对飞机造成的损失和损坏，本保险人负责赔偿）；飞机战争险、劫持险条款规定的承保和除外责任。

2) 附加险的除外责任

飞机战争、劫持险的除外责任是：保险公司对被保险飞机遭到损失后的间接损失和费用，不予负责赔偿。

当发生由于敌对袭击的原子弹、氢弹或其他核武器爆炸时，附加保险责任即自动终止，保险公司不负责该项爆炸所引起的任何损失和费用。

(5) 飞机保险的保险金额、责任限额

1) 保险金额

机身险普遍采取定值保险方式，其保险金额等于保险价值。飞机机身险保险金额的确定有三种方式：

①按购买飞机时的实际价值或者按年度账面价值扣除折旧后的余额确定。

②按照同样类型、同样机龄飞机的市场重置价值确定。

③由保险公司与被保险人共同协商确定飞机价值。

2）责任限额

第三者责任险和旅客法定责任险的最高赔偿额，均以保险单上附表规定的最高赔偿额为限，责任限额按每次事故确定。

四、货物运输保险

1. 货物运输保险的含义

货物运输保险（对于运输货物保险）是以运输途中货物作为保险标的，以运行过程中可能发生的有关风险为保险责任的一种财产保险。

2. 货物运输保险的适用范围

在国际上，货物运输保险是随着国际贸易的发展而不断发展并很早就已经走向成熟的险种。因为无论是对内贸易，还是对外贸易，商品使用价值的转移均离不开运输。在运输过程中，货物遭受自然灾害或意外事故的损失总是难免的，而根据各国有关运输法律、法规的规定，承运人仅对因为自己的过错造成的货物损失负责，对于不可抗力造成的货物损失则不负责任，因此，对货物的所有者而言，无论其选择的是信誉多高的承运人，均有投保货物保险的必要。

基于运输货物保险保障的是运输过程中货物的安全，该险种仅适用于收货人和发货人。在国际上，货物运输保险是由收货人投保还是由发货人投保，通常由贸易合同明确规定，并往往包含在货物价格中。在中国，发货人与收货人均可投保。

3. 货物运输保险的种类

货物运输分为海上、内河、航空、陆上和多式联运等多种方式，据此，运输货物保险亦可以被划分为水路运输货物保险、陆上运输货物保险和航空运输货物保险及联运险等。在此，联运险是指运输货物需要经过两种或两种以上的主要运输工具联运，才能将其从起点地运送到目的地的保险。

根据运输货物保险的承保范围，它又可以分为国内运输货物保险和涉外运输货物保险。前者是货物运输在国内进行，后者则是货物运输超越了一国国境。

按照保险人承担责任的方式，运输货物保险还可以划分为基本保险、综合保险和附加险三类。

4. 货物运输保险的保险责任

一般而言，运输货物保险基本险的责任通常包括如下项目：

①因火灾、爆炸及相关自然灾害所导致的货物损失；

②因运输工具发生意外事故而导致的货物损失；

③在货物装卸过程中的意外损失；

④按照国家规定或一般惯例应当分摊的共同海损费用；

⑤合理的、必要的施救费用等。

运输货物保险综合险则不仅承保上述责任，而且承保盗窃、雨淋等原因造成的货物损失。

5. 货物运输保险的除外责任

无论是基本险还是综合险，保险人对下列原因导致的货物损失均不负责：

①战争或军事行动；

②被保险货物本身的缺陷或自然损耗；
③被保险人的故意行为或过失；
④核事件或核爆炸；
⑤其他不属于保险责任范围内的损失等。

6. 货物运输保险的保险金额

货物运输保险采用定值保险方式，即确定的保险金额是保险人承担赔偿责任的最后价值，从而避免了受市场价格变动的影响。国内货物运输保险的保险金额的确定依据包括起运地成本价、目的地成本价、目的地市场价等，由被保险人任选一种；涉外货物运输保险的保险金额的确定依据包括离岸价（Free on Board，FOB）、成本加运费价（Cost and Freight，CFR）、到岸价（Cost Insurance and Freight，CIF）等，由投保人根据贸易合同确定。

五、工程保险

1. 工程保险的含义

工程保险是指以各种工程项目为主要承保对象的一种财产保险。一般而言，传统的工程保险仅指建筑工程保险和安装工程保险，但进入20世纪后，各种科技工程发展迅速，亦成为工程保险市场日益重要的业务来源。

工程保险的意义在于：一方面，它有利于保护建筑或项目所有人的利益；另一方面，也是完善工程承包责任制并有效协调各方利益关系的必要手段。

2. 工程保险的特点

与传统的财产保险相比较，工程保险具有如下特征：
①承保风险责任广泛而集中。
②涉及较多的利益关系人。
③不同工程保险险种的内容相互交叉。
④工程保险承担的主要是技术风险。

3. 工程保险的种类

工程保险的主要险种包括：建筑工程保险、安装工程保险、科技工程保险。

（1）建筑工程保险

1）建筑工程保险的保险标的范围

建筑工程保险承保的是各类建筑工程，即适用于各种民用、工业用和公共事业用的建筑工程，如房屋、道路、桥梁、港口、机场、水坝、道路、娱乐场所、管道以及各种市政工程项目等，均可以投保建筑工程保险。

建筑工程保险的保险标的范围广泛，既有物质财产部分，也有第三者责任部分。

为方便确定保险金额，在建筑工程保险单明细表中列出的保险项目通常包括物质损失部分、第三者责任、特种风险赔偿。

2）建筑工程保险的被保险人范围

建筑工程保险的被保险人大致包括以下几个方面：
①工程所有人，即建筑工程的最后所有者；
②工程承包人，即负责建筑工程项目施工的单位，它又可以分为主承包人和分承包人；
③技术顾问，即由工程所有人聘请的建筑师、设计师、工程师和其他专业技术顾问等。

当存在多个被保险人时，一般由一方出面投保，并负责支付保险费，申报保险期间的风险变化情况，提出原始索赔等。

3）建筑工程保险的保险责任

建筑工程保险的保险责任可以分为物质部分的保险责任和第三者责任两大部分。其中物质部分的保险责任主要有保险单上列明的各种自然灾害和意外事故，如洪水、风暴、水灾、暴雨、地陷、冰雹、雷电、火灾、爆炸等多项，同时还承保盗窃、工人或技术人员过失等人为风险，并可以在基本保险责任项下附加特别保险条款，以利被保险人全面转嫁自己的风险。不过，对于错误设计引起的损失、费用或责任，换置、修理或矫正标的本身原材料缺陷或工艺不善所支付的费用，引起的机械或电器装置的损坏或建筑用机器、设备损坏，以及停工引起的损失等，保险人不负责任。被保险人所有或使用的车辆、船舶、飞机、摩托车等交通运输工具，亦需要另行投保相关运输工具保险。

4）建筑工程保险的保险期限

与一般财产保险不同的是，建筑工程保险采用的是工期保险单，即保险责任的起讫通常以建筑工程的开工到竣工为期。

5）建筑工程保险的赔付

保险人承担的赔偿责任根据受损项目分项处理，并适用于各项目的保险金额或赔偿限额。如保险损失为第三者引起，适用于权益转让原则，保险人可依法行使代位追偿权。

（2）安装工程保险

1）安装工程保险的适用范围

安装工程保险，是指以各种大型机器、设备的安装工程项目为保险标的的工程保险，保险人承保安装期间因自然灾害或意外事故造成的物质损失及有关法律赔偿责任。

安装工程保险的适用范围亦包括安装工程项目的所有人、承包人、分承包人、供货人、制造商等，即上述各方均可成为安装工程保险的投保人，但实际情形往往是一方投保，其他各方可以通过交叉责任条款获得相应的保险保障。

2）安装工程保险的特点

①以安装项目为主要承保对象。其中亦可包括附属建筑项目。

②安装工程的风险分布具有明显的阶段性。

③承保风险主要是人为风险，并显具技术色彩。

3）安装工程保险的保险标的范围

安装工程保险的可保标的，通常也包括物质损失、特种危险赔偿和第三者责任三个部分，其中物质损失部分即分为安装项目、土木建筑工程项目、场地清理费、承包人的机器设备、所有人或承包人在安装工地上的其他财产五项，各项标的均需明确保险金额；特种危险赔偿和第三者责任保险项目与建筑工程保险相似。

4）安装工程保险费率的确定

安装工程保险的费率主要有：

①安装项目费率。对土木建筑工程、所有人或承包人在工地上的其他财产及清理费为一个总的费率，整个工期实行一次性费率。

②试车费率。为一个单独费率，是一次性费率。

③保证期费率。实行整个保证期一次性费率。

④各种附加保障增收费率,实行整个工期一次性费率。
⑤安装、建筑用机器、装置及设备费率。为单独的年费率。
⑥第三者责任保险费率。实行整个工期一次性费率。

(3) 科技工程保险

1) 海洋石油开发保险

海洋石油开发保险面向的是现代海洋石油工业,它承保从勘探到建成、生产整个开发过程中的风险,海洋石油开发工程的所有人或承包人均可投保该险种。

该险种一般被划分为四个阶段:普查勘探阶段、钻探阶段、建设阶段、生产阶段。每一阶段均有若干具体的险种供投保人选择投保。每一阶段均以工期为保险责任起讫期。当前一阶段完成,并证明有石油或有开采价值时,后一阶段才得以延续,被保险人亦需要投保后一阶段保险。因此,海洋石油开发保险作为一项工程保险业务,是分阶段进行的。

其主要的险种有勘探作业工具保险、钻探设备保险、费用保险、责任保险、建筑安装工程保险。在承保、防损和理赔方面,均与其他工程保险业务具有相通性。

2) 卫星保险

卫星保险是以卫星为保险标的的科技工程保险,它属于航天工程保险范畴,包括发射前保险、发射保险和寿命保险,主要业务是卫星发射保险,即保险人承保卫星发射阶段的各种风险。卫星保险的投保与承保手续与其他工程保险并无区别。

3) 核电站保险

核电站保险以核电站及其责任风险为保险对象,是核能民用工业发展的必要风险保障措施,也是对其他各种保险均将核风险除外不保的一种补充。

核电站保险的险种主要有财产损毁保险、核电站安装工程保险、核责任保险和核原料运输保险等,其中财产损毁保险与核责任保险是主要业务。

在保险经营方面,保险人一般按照核电站的选址勘测、建设、生产等不同阶段提供相应的保险,从而在总体上仍然具有工期性。当核电站正常运转后,则可以采用定期保险单承保。

六、农业保险

1. 农业保险的含义

农业保险是农业生产者以支付小额保险费为代价把农业生产经营过程中由于灾害所造成的财产损失或人身伤害风险转嫁给保险公司的一种保险保障。

农业保险作为财产保险的有机组成部分,是为农业生产发展服务的一种风险工具。它承保的主要是种植业、养殖业,亦被称为两业保险。

2. 农业保险的特征

(1) 农业保险面广量大

农业生产在野外进行,生产场所非一般保险中的保险地址范围可比,其数量亦非一般财产保险中的保险标的那样有限,种植业保险往往是大面积成片投保、养殖业保险往往是大规模成批投保。面广量大的特点决定了保险人只有投入较多的力量,才能开办这类保险业务。

(2) 农业保险受自然风险和经济风险的双重制约

农业生产的最大特点是自然再生产与经济再生产相互交织在一起,农业保险也必然要受到自然风险与经济风险的双重制约。

（3）农业保险的风险结构具有特殊性

它面对的主要是各种气候灾害和生物灾害，尤其是水灾、冰雹、低温灾害、干热风、病虫害等，多数灾害只对农业生产构成严重威胁，从而与其他财产保险所面临的风险的结构具有较大的差异性。

（4）高风险与高赔付率并存

由于农业生产面临的风险大，损失率高，保险赔付率通常也很高，保险人要想通过农业保险赚取利润，较通过其他财产保险业务更困难。因此，农业保险被许多保险公司视为畏途，真正成功的农业保险模式较为罕见。

（5）农业保险需要政府的支持

国际经验与国内已有的实践表明，农业保险的发展离不开政府的支持，包括财政税收、贷款政策等方面的支持。如美国的联邦农作物保险公司实质上是由美国政府投资设立的一家政策性保险公司；日本的村民共济制度亦获得了日本政府直接的财税支持；中国的安信、安华、阳光等农业保险公司，自成立以来也同样获得中国财政的直接保费补贴。

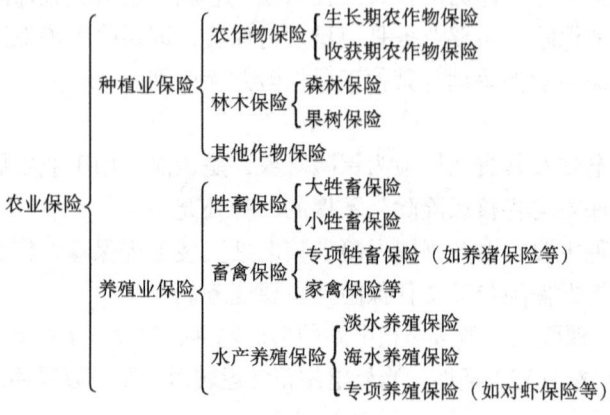

3. 农业保险的种类

农业保险的险种结构如图7-2所示。

图7-2　农业保险的险种结构

农业保险按农业种类不同，可分为种植业保险、养殖业保险；按危险性质不同，可分为自然灾害损失保险、病虫害损失保险、疾病死亡保险、意外事故损失保险；按保险责任范围不同，可分为基本责任险、综合责任险和一切险；按赔付办法不同，可分为种植业损失险和收获险。

4. 农业保险的保险金额

由于农业保险的保险标的具有自然再生产与经济再生产相结合、风险大、损失率高的特点。在保险金额的确定方面亦与其他财产保险存在着区别，总的要求是实行低保额制，以降低保险人的整体风险。在经营实践中，农业保险主要采取以下方式来确定保险金额：

（1）保成本

保险人按照各地同类标的投入的平均成本作为计算保险金额的依据，据此确定的保险金额就是保险人承担责任的最高赔偿限额。它适用于生长期作物保险、森林保险和水产养殖保险。

（2）保产量

保险人按照各地同类标的的产量确定保险金额，它适用于农作物保险、林木保险和水产养殖保险。

(3) 估价确定

即由保险人与被保险人双方协商确定投保标的的保险金额。如大牲畜保险，就可以根据投保牲畜的年龄、用途、价值等进行估价后，按照一定成数确定保险金额。此外，在农业保险中还有定额承保方式，或者根据投保标的不同生产阶段来确定保险金额。

5. 农业保险中需要注意的事项

农业保险的复杂性，决定了保险人在经营中需要注意下列事项：

(1) 审慎选择风险责任

保险人需要根据投保标的风险状况及公司的承保能力与风险控制能力，确定农业保险险种的承保责任，一般可采取单一责任保单，也可以采取混合责任保单。一切险保单只有在条件成熟的情况下才宜采用。通过责任的适度限制，来控制保险风险。

(2) 让被保险方分担相应的责任

农业保险所面临的巨大风险及其生产特性，以及面广量大、不易管理的特点，决定了保险人在承保时必须让被保险人同时分担相应的风险责任，即不能足额承保农业保险业务。以此达到增强被保险人安全管理的责任心的目的，并借此防止道德风险的发生。

(3) 适宜采取统保方式承保

统保是分散农业生产风险和稳定农业保险财务的基本要求。保险人在承保农业保险业务时，适宜采取统保方式承保，即投保人必须将同类标的全部向保险人投保。有的甚至可以要求多个被保险人同时投保某一险种。

(4) 明确地理位置

无论是种植业保险还是养殖业保险，在保险合同中均须明确载明其地理位置，这是杜绝理赔中的纠纷、准确判定责任的重要依据。

(5) 争取政府支持

从宏观出发，农业保险特别需要政府的支持，包括争取政府免税政策和财政支持，通过政府的引导来促使更多的农民投保等。

知识拓展

一、火灾保险

1. 火灾保险的含义

火灾保险，简称火险，是指以存放在固定场所并处于相对静止状态的财产物资为保险标的，由保险人承担保险财产遭受保险事故损失的经济赔偿责任的一种财产保险。

2. 火灾保险的特征

火灾保险是一种传统的保险业务，于其他保险业务相比，有如下独立的特征，无法用其他保险险种替代。

①保险标的存在于陆地，相对静止。

②保险标的存放地址不得随意变动，如变动，则影响保险合同效力。

③可保风险非常广泛，包括各种自然灾害和多种意外事故。存在多种附加险，如附加利润损失保险和附加盗窃保险等，覆盖了大部分可保风险。

3. 火灾保险责任

火灾保险承保的保险责任通常包括以下几项：

①火灾及相关危险；

②各种自然灾害；

③有关意外事故；

④施救费用。

4. 火灾保险除外责任

保险人在经营火灾保险时，亦有如下除外不保风险：

①战争、军事行动或暴力行为、政治恐怖活动；

②核污染；

③被保险人的故意行为；

④各种间接损失；

⑤因保险标的本身缺陷、保管不善而致的损失，以及变质、霉烂、受潮及自然磨损等。

5. 火灾保险的保险费率

火灾保险的保险费率，通常以每千元保额为计算单位，费率的表达形式为千分率。

在火灾保险的经营实践中，基于保险标的存放在固定处所，其费率的确定通常需要综合考虑如下因素：

①建筑结构及建筑等级；

②占用性质；

③承保风险的种类及多寡；

④地理位置；

⑤投保人的防灾设备及防灾措施。

火灾保险的保险费率的分类，首先分为团体火灾保险费率与家庭财产保险费率，它们均采取固定级差费率制度。同时，火灾保险的费率通常以一年期的费率为标准费率，对不足一年的业务，则制定专门的短期费率标准，短期费率标准一般按照一年期费率标准的一定百分比确定。

6. 火灾保险的保险金额

火灾保险的保险金额，通常根据投保标的分项确定。

团体火灾保险的保险金额划分为固定资产与流动资产两大类，其中固定资产还要进一步按照固定资产的分类进行分项，每项固定资产仅适用于该项固定资产的保险金额；流动资产则不再分项确定。

确定团体火灾保险的固定资产保险金额时，既可以按照账面原值确定，也可以按照重置价值确定，还可以依据公估行或评估机构评估后的价值确定；对于流动资产的保险金额，既可以按照最近账面12个月的平均余额确定，也可以由被保险人自行确定。

在家庭财产保险中，保险金额则需要分为房屋及其附属设施、家用电器、其他家庭用品等项确定，分项越细越好。家庭财产保险的保险金额，一般由投保人自己确定，且通常以千元为计算单位。

7. 火灾保险的赔偿处理

发生火灾保险赔案时，保险人需依循财产保险一般理赔程序和赔偿原则开展赔偿工作。同时注意下列事项：

①对固定资产分项计赔，每项固定资产仅适用于自身的赔偿限额；

②注意扣除残值和免赔额；

③对团体火灾保险，一般采用比例赔偿方式处理赔案；对家庭财产保险，一般采取第一危险赔偿方式处理赔案。但在某些业务中亦交互使用。

二、战争险

1. 战争险的含义

战争险，又称战乱险，包括战争险和内乱险，是指外国投资者在东道国的投资因当地发生战争等军事行动或内乱，而导致损失的风险。各种战争险，包括海运、陆运、空运和邮包战争险。都是承保战争或类似战争行为等引起保险货物的直接损失。

2. 战争险的责任范围

各种不同运输方式的战争险，由于运输工具有其本身的特点，在具体责任上有些差别，但就各种战争险的共同负责范围来说，基本上是一样的。即对直接由于战争、类似战争行为以及武装冲突所致的损失，如货物由于捕获、拘留、扣留、禁制和扣押等行为引起的损失都是负责的。海运战争险在这一条里，多了一个"海盗行为所致的损失"，其他战争险，没有这一条。

各种战争险对敌对行为中使用原子或热核制造的武器所导致的损失和费用，都是不负责的。因为这种原子、核武器的破坏性非常大，造成的损失也是难以估计的，保险公司无法承担。此外，海运战争险对于因执政者、当权者或其他武装集团的扣押、拘留引起的承保航程的丧失和损失是不负责任的。此外，各种战争险的保险期限的开始和终止。同运输险的起讫期限是不一样的。

3. 战争险的责任期限

战争险的负责期限仅限于水上危险或运输工具上的危险。不像运输险那样都负责仓至仓的责任。例如，海运战争险的负责期限，从货物装上海轮时开始，到卸离海轮时终止；或从该海轮到达目的港的当日午夜起算满15天为限；空运战争险从货物装上飞机时开始到卸离飞机时为止。各种战争险的保险期限所以有这样的规定，是避免危险过于集中，保险公司难以承担。如果战争险负责仓至仓，那么在某一地方发生战争，保险公司在该地的在途保险货物可能积累到一个很大的数额，保险公司承担的风险就大了。

4. 战争险的投保方式

战争险不能单独投保，它作为特殊附加险的一种，只能在投了基本险的前提下投保。它虽然不能独自投保，但对其他附加险而言又有很强的独立性。

三、水渍险

1. 水渍险的含义

水渍险，又称单独海损险，英文原意是指单独海损负责赔偿，是海洋运输货物保险的主要险别之一。

2. 水渍险的责任范围

水渍险的责任范围除了包括平安险的各项责任外，还负责被保险货物由于恶劣气候、雷电、海啸、地震、洪水等自然灾害所造成的部分损失。

具体来说，还分为是海水浸渍还是雨水浸渍。有的是不赔雨水浸渍的。就算有水浸渍，还要看那水是引起货物损害的直接原因还是间接原因。如是间接原因，保险公司不赔。

四、平安险

1. 平安险的含义

平安险这一名称在我国保险行业中沿用甚久，其英文原意是指单独海损不负责赔偿。根据国际保险界对单独海损的解释，它是指保险标的物在海上运输途中遭受保险范围内的风险直接造成的船舶或货物的灭失或损害。因此，平安险的原来保障范围是只赔全部损失。但在长期实践的过程中，对平安险的责任范围进行了补充和修订，当前平安险的责任范围已经超出只赔全损的限制。

2. 平安险的责任范围

概括起来看，这一险别的责任范围主要包括以下几项：

①在运输过程中，由于自然灾害和运输工具发生意外事故造成整批货物的实物的实际全损或推定全损。

②由于运输工具发生意外事故而造成的货物全部损失或部分损失。

③只要运输工具曾经发生搁浅、触礁、沉没、焚毁等意外事故。不论这意外事故是在发生之前还是在发生以后曾在海上遭遇恶劣气候、雷电、海啸等自然灾害所造成的被保险货物的部分损失或全部损失。

④在装卸转船过程中，被保险货物一件或数件落海所造成的全部损失或部分损失。

⑤运输工具遭自然灾害或意外事故，在避难港卸货引起被保险货物的全部损失或部分损失。

⑥运输工具遭受自然灾害或意外事故，需要在中途的港口或者在避难港口停靠，因而引起的卸货、装货、存仓以及运送货物所产生的特别费用。

⑦发生共同海损所引起的牺牲、公摊费和救助费用。

⑧发生了保险责任范围内的危险，被保险人对货物采取抢救、防止或减少损失的各种措施，因而产生的合理费用。但是保险公司承担费用的限额不能超过这批被救货物的保险金额。施救费用可以在赔款金额以外的一个保险金额限度内承担。

五、共同海损

1. 共同海损的含义

共同海损制度是指在同一海上航程中，当船舶、货物和其他财产遭遇共同危险时，为了共同安全，有意地、合理地采取措施所直接造成的特殊牺牲、支付的特殊费用，由各受益方按比例分摊的法律制度。只有那些确实属于共同海损的损失才由获益各方分摊，因此共同海损的成立应具备一定的条件，即海上危险必须是共同的、真实的；共同海损的措施必须是有意的、合理的、有效的；共同海损的损失必须是特殊的、异常的，并由共损措施直接造成。

共同海损是为了使船舶或船上货物避免共同危险，而有意地、合理地作出的特殊牺牲或支付的特殊费用。共同海损损失应由船、货（包括不同的货主）各方共同负担。所采取的共同海损措施称共同海损行为。这种行为，例如引海水入舱、将承运的货物抛入大海、自动搁浅，等等，在正常航行中都不得进行；但在船舶遇难时，为灭火而引海水入舱、为减轻船舶负荷而将全部或部分货物抛入大海或为进行船舶紧急修理而自动搁浅，等等，则均属合法。因共同海损行为处理共同海损损失、理算共同海损的费用，称共同海损理算。为处理共同海损费用所编制的报告称共同海损理算书。

2. 共同海损的要素

①船舶在航行中将受到危险或已遭遇海难，情况急迫，船长为维护船货安全而必须采取措施。

②海难与危险必须是真实的而不是推测的。

③共同海损行为一定是人为的、故意的。

④损失和开支必须是特殊的。例如船舶顶强风开船，机器因超过负荷受损，不属于共同海损；而若船已搁浅，为脱浅而使机器超过负荷受损，则属于共同海损。

⑤所采取的共同海损行为必须合理。

⑥为了共同的而不是船方或某一货主货物单独的安全。

⑦属于共同海损后果直接造成的损失。例如引海水灭火，凡有烧痕等的货物再被海水浸坏不算共同海损，原来完好而被海水浸坏的货物的损失应计入共同海损。

⑧共同海损行为原则上应由船长指挥，但在意外情况下，例如船长病重、被俘，由其他人甚至敌国船长指挥，符合上述7个条件，也算共同海损。

3. 共同海损的金额确定

共同海损的金额由船舶、货物与未收运费三方按比例分摊。

（1）船舶共同海损的金额的确定

①按照实际支付的修理费减去合理的以新换旧的扣减额计算；

②船舶尚未修理，按牺牲造成的合理贬值计算，但不得超过估计的修理费；

③船舶发生实际全损或者修理费用超过修复后的船舶价值的，共同海损牺牲金额按照该船在完好状态下的估计价值，减去不属于共同海损的估计的修理费和该船舶受损后的价值的余额计算。

（2）货物共同海损的金额的确定

①货物灭失的，按照货物在装船时的价值加保险费、加运费、减去由于牺牲无须支付的运费计算；

②货物损坏的，在损坏程度尚未达成协议前出售的，按照货物装船时的价值加保险费、运费，与出售货物净得的差额计算。

（3）运费共同海损的金额的确定

按照货物遭受牺牲造成的运费的损失金额，减去为取得这笔运费应支付但由于牺牲无须支付的营运费用计算。

232　保险理论与实务

【任务实施】

一、分组讨论

将全班同学分成每组 5 人左右的小组，每组收集整理中国工程保险、农业保险的相关经营统计数据，了解当前中国工程保险、农业保险发展的现状。每组同学撰写一份中国工程保险、农业保险发展分析 PPT，通过透视化图表对比分析多年的历史数据，通过数据结合历史背景，了解中国工程保险、农业保险发展的现状，分析工程保险、农业保险发展的趋势。

二、案例分析

案例 1：

某物流公司以 1 000 万元保额为自己仓库中的库存货物投保。因连降暴雨致仓库进水，部分货物被淹，损失总计约 300 万元。该物流公司原以为投保了 1 000 万元的保额，这 300 万元的损失应获得全部赔偿。怎料保险公司以按比例赔付为由，认为该公司出险时全部库存货物价值 1 500 万元，300 万元的损失占 20%，故仅赔付 1 000 万元的 20%，共计 200 万元；其余 100 万元损失由该公司自行承担。请问保险公司的这种做法是否合理？为什么？

案例 2：

郭某于 2012 年 1 月 30 日向当地甲保险公司办理了家庭财产保险并附加盗窃险，保险金额 5 000 元，保险期限 2012 年 1 月 31 日至 2013 年 1 月 30 日。后来，郭妻所在单位为全体员工投保了家财保险并附加盗窃险，郭某家的保险金额为 3 000 元，保险期限自 2012 年 3 月 18 日至 2013 年 3 月 17 日，但承保人为乙保险公司。2012 年 5 月 10 日，郭某家发生盗窃。郭某向公安部门报案，并通知了甲保险公司，经查勘确定，郭某家被盗损失达 20 000 元，其中现金存折计 7 000 元，金银首饰 3 000 元，字画 3 000 元，录像机、高级西装共 7 000 元。郭某向甲、乙两个保险公司索赔。请问本案例中的损失，保险公司应如何分摊赔偿？

案例 3：

2012 年 9 月，王某与刘某合伙经营汽车运输业务，王某出资 4 000 元，刘某出客车一辆，雇佣驾驶员李某为其开车。二人到保险公司为该客车投保了车辆损失险和第三者责任险，保险期限为一年。11 月 1 日，王某退出，由刘某独立经营。2012 年 11 月 30 日，因驾驶员李某身体不适，刘某委托有驾驶证的马某开车送旅客至某风景区。旅客下车后，马某倒车，不慎将旅客徐某撞伤，徐某被送至医院治疗，花费 2 400 元。之后刘某迅速向保险公司报案，并提出赔偿要求，但保险公司拒赔，双方遂引起纠纷。请问保险公司拒赔是否合理？为什么？

案例 4：

某年，有一进口商同国外买方达成一项交易，合同规定的价格条件为 CIF（到岸价），当时正值海湾战争期间，装有出口货物的轮船在公海上航行时，被一导弹误中沉没，由于在投保时没有加保战争险，保险公司不赔偿。请问买卖双方应由哪方负责？为什么？

案例 5：

国内某公司向银行申请开立信用证，以 CIF 条件向法国采购奶酪 3 吨，价值 3 万美元，提单已经收到，但货物到达目的港后却无货可提。经查，该轮在航行中因遇暴风雨袭击，奶酪被水浸泡，船方将其弃于海中。于是我方凭保险单向保险公司索赔，保险公司拒赔。请问：保险公司能否拒赔？我方应向何方索赔？

同步测试

一、名词解释
1. 企业财产保险
2. 家庭财产保险
3. 运输工具保险
4. 货物运输保险
5. 工程保险
6. 农业保险

二、简答题
1. 企业财产保险费率有哪些种类？
2. 机动车辆保险的特点是什么？
3. 货物运输保险的除外责任有哪些情形？
4. 与传统的财产保险相比较，工程保险具有哪些特征？
5. 农业保险的特征是什么？
6. 农业保险如何确定保险金额

三、单项选择题
1. 货物运输保险常采用的方式是（　　）。
   A. 超额保险　　　　B. 足额保险　　　　C. 定值保险　　　　D. 不定值保险
2. 财产保险综合险与基本险的主要区别在于对（　　）的规定不同。
   A. 保险期限　　　　B. 保险金额　　　　C. 保险标的　　　　D. 保险责任
3. 火灾保险的费率的分类，采用（　　）制度。
   A. 固定级差费率　　B. 浮动级差费率　　C. 固定标准费率　　D. 浮动标准费率
4. 财产保险基本险对（　　）风险造成的损失，保险人不负赔偿责任。
   A. 火灾　　　　　　B. 爆炸　　　　　　C. 暴雨　　　　　　D. 雷击
5. 以下不属于运输工具保险的是（　　）。
   A. 汽车保险　　　　B. 卫星保险　　　　C. 飞机保险　　　　D. 船舶保险
6. 建筑工程险的被保险人有（　　）。
   A. 工程所有人、承包人
   B. 工程所有人、分承包人
   C. 承包人、分承包人
   D. 业主、承包人、分承包人、技术顾问及其他关系方
7. 建筑工程险是承保以（　　）为主体的工程在整个建设期间由于保险责任范围内的风险造成保险工程项目的物质损失和列明的费用。
   A. 一切建筑　　　　B. 特殊建筑　　　　C. 土木建筑　　　　D. 临时建筑
8. 建筑工程险的主要保险项目是（　　）。
   A. 永久性工程及物料　　　　　　　　B. 临时性工程及物料
   C. 工程及物料　　　　　　　　　　　D. 永久性和临时性工程及物料
9. 财产损失保险的保险标的是（　　）。
   A. 财产及其现有利益　　　　　　　　B. 财产及其预期利益

C. 财产及其间接利益　　　　　　　　　　　D. 财产及其有关利益

10. 财产损失保险的保障功能表现为（　　）。

A. 保险给付　　　　B. 经济补偿　　　　C. 保险赔偿　　　　D. 经济摊付

11. 下列企业财产中，无须加贴保险特约条款或增加保险费的特约承保财产是（　　）。

A. 金银珠宝　　　　B. 铁路　　　　C. 土地　　　　D. 房屋

12. 财产保险基本险对（　　）风险造成的损失，保险人不负赔偿责任。

A. 火灾　　　　B. 爆炸　　　　C. 暴雨　　　　D. 雷击

13. 企业财产保险中，关于施救费用的赔偿计算，下述说法错误的是（　　）。

A. 应区分保险财产与未保险财产

B. 对所有施救过程中发生的费用都进行赔偿

C. 施救费用与保险财产的赔款应分别计算

D. 计算保险财产赔款不需要按比例分摊时，施救费用也不按比例分摊

14. 在企业财产保险中经特别约定可以承保的财产有（　　）等。

A. 珠宝、玉器、古玩　　　　　　　　　　B. 运输过程中的物资

C. 森林、矿藏、土地　　　　　　　　　　D. 票证、文件、技术资料

15. 若财产保险合同中约定有重置条款，则（　　）有权选择重置受损保险财产的赔偿方式。

A. 被保险人　　　　B. 投保人　　　　C. 保险人　　　　D. 受益人

16. 以下不属于企业财产保险承保对象的是（　　）。

A. 工商建筑业　　　　B. 国家机关　　　　C. 家庭手工业者　　　　D. 社会团体

17. 企业的（　　）不可以列入投保财产范围。

A. 被保险人与他人共有并由他人负责的财产

B. 被保险人自有的财产

C. 被保险人与他人共有并由自己负责的财产

D. 由被保险人代他人保管的财产

18. 不属于空中运行物体坠落的意外事故是（　　）。

A. 陨石坠落　　　　　　　　　　　　　　B. 建筑物本身的倒塌

C. 施工中人工开凿而致石块飞射　　　　　D. 吊车运行时发生的物体坠落

19. 企业财产保险中，因第三者对保险财产的损害而造成保险事故的，保险人自向被保险人赔偿保险金之日起，在（　　）范围内行使代位追偿权。

A. 保险金额　　　　B. 保险价值　　　　C. 赔偿金额　　　　D. 实际损失

20. 投保人以同一标的的同一保险利益同时向两家或两家以上的保险公司投保同一危险的保险是（　　）。

A. 共同保险　　　　B. 重复保险　　　　C. 再保险　　　　D. 超额保险

21. 王某将其房屋投保家庭财产保险综合险，保险金额为 1 万元，保险期内因火灾造成损失 6 000 元，投保时房屋的市场价为 1.5 万元，出险时房屋的市场价为 1.2 万元，保险人的赔偿金额应为（　　）。

A. 6 000 元　　　　B. 4 000 元　　　　C. 5 000 元　　　　D. 10 000 元

22. 王某将其家具投保家庭财产保险综合险，保险金额为 5 000 元，保险期内因火灾造

成损失 4 000 元，出险时该套家具的市价为 8 000 元，保险人的赔偿金额应为（　　）。

A. 4 000 元　　　　　B. 5 000 元　　　　　C. 2 500 元　　　　　D. 8 000 元

23. 投保家庭财产保险盗抢险的财产，在被盗（　　）内未能破案的，保险人负责赔偿。

A. 1 个月　　　　　B. 2 个月　　　　　C. 3 个月　　　　　D. 4 个月

24. 家庭财产保险对（　　）的损失采用比例分摊方式赔偿。

A. 房屋　　　　　　　　　　　　　B. 家用电器
C. 衣物与床上用品　　　　　　　　D. 家具

25. 家庭财产保险对室内财产采用（　　）赔偿方式。

A. 比例责任　　　B. 限额责任　　　C. 定额责任　　　D. 第一危险

26. 下列家庭财产中，保险人不接受投保的是（　　）。

A. 电冰箱、电视机　　　　　　　　B. 投保人的住房及其室内装修
C. 家具　　　　　　　　　　　　　D. 书籍、字画

27. 个人抵押贷款房屋保险在保险标的遭受全部损失后，下述说法正确的是（　　）。

A. 保险责任继续有效
B. 保险责任终止，保险人从下一保险年度开始计算退还未到期保费
C. 保险责任终止，保险人从本保险年度开始计算退还未到期保费
D. 保险责任终止，保险人不予退还未到期保费

四、多项选择题

1. 我国海上运输货物保险的基本险的险别包括（　　）。

A. 灾害损失保险　　　　　　　　　B. 平安险
C. 盗窃保险　　　　　　　　　　　D. 一切险
E. 水渍险

2. 火灾保险的费率厘定需要考虑的因素包括（　　）。

A. 建筑结构及建筑等级　　　　　　B. 占用性质
C. 承保风险的种类及多寡　　　　　D. 地理位置
E. 投保人的防灾设备及防灾措施

3. 以下属于财产损失保险的是（　　）。

A. 家庭财产保险　　　　　　　　　B. 运输工具保险
C. 工程保险　　　　　　　　　　　D. 农业保险
E. 责任保险

4. 安装工程保险的保险标的通常包括（　　）。

A. 物质损失　　　B. 特种危险赔偿　　　C. 第三者责任　　　D. 建筑工程项目

5. 农业保险确定保险金额的方式包括（　　）。

A. 保成本　　　　B. 估价确定　　　　　C. 重置价值　　　　D. 保产量

6. 以下属于狭义财产保险的是（　　）。

A. 企业财产保险　　B. 机动车辆保险　　　C. 责任保险　　　　D. 货物运输保险

7. 以下属于财产损失保险的是（　　）。

A. 家庭财产保险　　B. 运输工具保险　　　C. 工程保险　　　　D. 农业保险

8. 下列企业财产中，保险人不接受投保的是（　　）。

A. 土地、矿藏　　　　　　　　　　　B. 技术资料、电脑资料

C. 危险建筑　　　　　　　　　　　　D. 运输过程中的物质

9. 企业财产保险中，保险人承保金银、珠宝、古玩、艺术品的条件是（　　）。

A. 使用特约条款　　　　　　　　　　B. 增收保险费

C. 约定承保价值　　　　　　　　　　D. 查明标的物确实存在

10. 构成企业财产保险火灾事故的基本条件有（　　）。

A. 偶然、意外发生的燃烧　　　　　　B. 燃烧失去控制并有蔓延扩大趋势

C. 造成人员伤亡或巨大财产损失　　　D. 有燃烧现象

11. （　　）不能将其经营的财产投保家庭财产保险。

A. 夫妻店　　　　　　　　　　　　　B. 私人企业

C. 家庭手工业者　　　　　　　　　　D. 城乡个体工商户

12. 家庭财产保险综合险承保的保险责任有（　　）。

A. 火灾、爆炸　　　　　　　　　　　B. 雷击、冰雹

C. 空中运行物体坠落　　　　　　　　D. 武装冲突、罢工、暴动

13. 关于企业财产保险中的施救、保护、整理费用的处理原则，下列表述正确的有
（　　）。

A. 抢救出的保险财产搬运至最安全地点的临时存仓租金，保险人不负责赔偿

B. 被抢救出的保险财产临时堆存、摊晒的合理费用，保险人负责赔偿

C. 对因施救保险财产造成的施救工具的损坏的费用，被保险人自负

D. 对受损保险财产进行技术鉴定、检验、估价的费用，保险人可以负责赔偿

14. 影响企业财产保险保险费率的因素有（　　）。

A. 房屋的建筑等级和占用性质　　　　B. 保险标的的地理位置和周围环境

C. 投保人的安全管理水平　　　　　　D. 投保险种

15. 按房屋的占用性质，企业财产保险的保险费率可分为（　　）。

A. 商业类　　　　　B. 工业类　　　　　C. 普通类　　　　　D. 仓储类

16. 关于企业财产保险的赔偿处理，下列表述正确的有（　　）。

A. 保险人对建筑物部分损失的赔偿应是修复或重建建筑物的费用扣除改进费用及折旧

B. 确定对生产企业产品保险赔偿款的基础是损失发生前产品所包含的生产成本

C. 若被保险人被免予缴纳增值税，保险赔款应扣除增值税

D. 确定对商业企业保险赔偿款的基础是支付给供货商的商品批发价

17. 不能列入企业财产保险的可保财产的原因有（　　）。

A. 财产的风险不确定　　　　　　　　B. 无法或很难确定财产价值

C. 不属于一般性的生产资料或商品　　D. 与政府的法律法规相抵触

18. 某厂将其厂房投保财产保险综合险，保险金额为 10 万元，保险期内由于火灾发生
损失，保险人赔偿 4 万元，以下说法正确的有（　　）。

A. 保险人不愿续保时，可终止保险合同

B. 保险人应出具批单，注明剩余保险期间内有效保险金额减为 6 万元

C. 若厂家将厂房修复，则保险金额可以自动恢复为 10 万元

D. 保险人应退还已赔偿 4 万元剩余的保险费

19. 企业财产保险中，保险人选择以重置方式履行赔偿义务的情况有（　　）。

A. 保险双方难以就赔偿额达成一致，而重置方式所需费用又少于被保险人主张的赔偿额

B. 保险财产受损严重，重置赔偿较为快捷

C. 保险人怀疑保险标的受损的真正原因，但没有充分的证据证明被保险人存在故意行为

D. 保险人怀疑被保险人的索赔金额过大，但没有充分的证据证明被保险人存在欺诈行为

20. 王某夫妇所在单位同时各自为其员工统一购买了保险金额为 5 万元的家庭财产保险，王某家庭财产的保险价值为 8 万元，则以下说法正确的有（　　）。

A. 王某夫妇的两份保单都有效

B. 王某夫妇的两份保单至少有一份全部无效

C. 在王某家庭财产发生全损时，他可以获得 10 万元保险赔偿

D. 王某夫妇的两份保单保险金额超过 8 万元以上的部分无效

五、计算题

某被保险人向保险公司投保家庭财产保险，保险金额为 100 万元。在保险期间，被保险人家中失火，问：

（1）绝对免赔率为 5%，家庭财产损失 2 万元时，保险公司应赔多少？

（2）绝对免赔率为 5%，家庭财产损失 8 万元时，保险公司应赔多少？

（3）相对免赔率为 5%，家庭财产损失 8 万元时，保险公司应赔偿多少？

要求：分别计算保险公司应赔偿多少？并说明原因。

任务三　认识责任保险

【任务描述】在本任务下，学生应该熟悉责任保险的含义、特征及常见种类。

【任务分析】在老师的指导下，学生通过保险公司、保险业务员、相关资料了解责任保险的主要知识及发展现状，以完成本任务。

【相关知识】

一、责任保险的含义

责任保险是以保险客户的法律赔偿风险为承保对象的一类保险，即以被保险人对第三者依法应负的民事损害赔偿责任为保险标的的保险。

它属于广义财产保险范畴，适用于广义财产保险的一般经营理论，但又具有自己的独特内容和经营特点，是一类可以独成体系的保险业务。应以下面三个方面理解其内涵：

首先，责任保险与财产损失保险具有共同的性质，即都属于赔偿性保险。

其次，责任保险承保的风险是被保险人的法律风险。

最后，责任保险以被保险人在保险期内可能造成他人的利益损失为承保基础。

二、责任保险的特征

责任保险与财产损失保险相比，其共同点是均以大数法则为数理基础，经营原则一致，经营方式相近（除部分法定险种外），均是对被保险人经济利益损失进行补偿。但又有独特的特征。

1. 责任保险产生与发展的基础是健全与完善的法律制度

责任保险产生与发展的基础不仅是由于各种民事法律风险的客观存在和社会生产力达到了一定的阶段，而且是由于人类社会的进步带来了法律制度的不断完善，其中法制的健全与完善是责任保险产生与发展的最为直接的基础。

2. 责任保险补偿对象是第三者

尽管责任保险中承保人的赔款是支付给第三者，但这种赔款实质上承担的是被保险人对第三者的赔偿责任，是间接保障被保险人利益、直接保障受害第三者利益的一种替代保障机制。

3. 责任保险承保的标的是各种民事法律风险

责任保险承保的标的是各种民事法律风险，是没有实体的标的。保险人在承保责任保险时，通常对每一种责任保险业务要规定若干等级的赔偿限额，由被保险人自己选择，被保险人选定的赔偿限额便是保险人承担赔偿责任的最高限额，超过限额的经济赔偿责任只能由被保险人自行承担。

4. 责任保险的承保方式多样化

在独立承保方式下，保险人签发专门的责任保险单，它与特定的物没有保险意义上的直接联系，而是完全独立操作的保险业务。

在附加承保方式下，保险人签发责任保险单的前提是被保险人必须参加了一般的财产保险，即一般财产保险是主险，责任保险则是没有独立地位的附加险。

在组合承保方式下，责任保险的内容既不必签订单独的责任保险合同，也无须签发附加或特约条款，只需要参加该财产保险便使相应的责任风险得到了保险保障。

5. 责任保险赔偿处理复杂化

①责任保险的赔偿，均以被保险人对第三方的损害并依法应承担经济赔偿责任为前提条件，必然要涉及受害的第三者，而一般财产保险或人身保险赔偿只是保险双方的事情。

②责任保险赔偿的处理以法院的判决或执法部门的裁决为依据，从而需要更全面地运用法律制度。

③责任保险中因是保险人代替致害人承担对受害人的赔偿责任，被保险人对各种责任事故处理的态度往往关系到保险人的利益，从而使保险人具有参与处理责任事故的权利。

④责任保险赔款并非归被保险人所有，而是实质上支付给了受害方。

三、责任保险的承保范围

作为一类独成体系的保险业务，责任保险适用于一切可能造成他人财产损失与人身伤亡的各种单位、家庭或个人。具体而言，其适用范围包括以下几项：

①各种公众活动场所的所有者、经营管理者；

②各种产品的生产者、销售者、维修者；

③各种运输工具的所有者、经营管理者或驾驶员；
④各种需要雇佣员工的单位；
⑤各种提供职业技术服务的单位；
⑥城乡居民家庭或个人。

此外，在各种工程项目的建设过程中也存在着民事责任事故风险，建设工程的所有者、承包者等也对相关责任事故风险具有保险利益；各单位场所（即非公众活动场所）也存在着公众责任风险，如企业等单位也有投保公众责任保险的必要性。

四、责任保险的一般责任范围

责任保险的保险责任和民事损害赔偿责任这二者既有联系又有区别，是不能完全等同的。

一方面，责任保险承保的责任主要是被保险人的过失行为所致的责任事故风险，即被保险人的故意行为通常是绝对除外不保的风险责任，这一经营特点决定了责任保险承保的责任范围明显地小于民事损害赔偿责任的范围。

另一方面，在被保险人的要求下并经过保险人的同意，责任保险又可以承保超越民事损害赔偿责任范围的风险。这种无过错责任虽超出了一般民事损害赔偿责任的范围，但保险人通常将其纳入承保责任范围。

五、责任保险的种类

根据业务内容的不同，责任保险可以分为公众责任保险、产品责任保险、雇主责任保险、职业责任保险四类业务。

1. 公众责任保险

（1）公众责任保险的含义

公众责任，是指致害人在公众活动场所的过错行为致使他人的人身或财产遭受损害，依法应由致害人承担的对受害人的经济赔偿责任。

公众责任主要具有这两方面的特征：一是致害人所损害的对象不是事先特定的某个人；二是损害行为是对社会公众利益的损害。

公众责任保险又称为普通责任保险或综合责任保险，是以损害公众利益的民事赔偿责任为保险标的的责任保险。

（2）公众责任保险的保险责任

在保险期间内，被保险人在该保险单中列明的地点范围内从事生产、经营等活动时，因意外事故造成第三者人身伤亡或财产损失，依照中华人民共和国法律应由被保险人承担的经济赔偿责任，保险人按照本保险合同约定负责赔偿。保险事故发生后，被保险人因保险事故而被提起仲裁或者诉讼的，对应由被保险人支付的仲裁或诉讼费用以及事先经保险人书面同意支付的其他必要的、合理的费用，保险人按照保险合同约定也负责赔偿。

（3）公众责任保险的除外责任

下列原因造成的损失、费用和责任，保险人不负责赔偿：被保险人故意行为引起的损害事故；战争、内战、叛乱、暴动、骚乱、罢工或封闭工厂引起的任何损害事故；人力不可抗拒的原因引起的损害事故；核事故引起的损害事故；有缺陷的卫生装置及除一般食物中毒以外的任何中毒；由于震动、移动或减弱支撑引起的任何土地、财产或房屋的损坏责任；被保险人的雇员或正在为被保险人服务的任何人所受到的伤害或其财产损失，他们通常在其他保险单下获得保险；各种运输工具的第三者或公众责任事故，由专门的第三者责任保险或其他责任保险险种承保；公众责任保险单上列明的其他除外责任等。

（4）公众责任保险的责任期限

按照保险双方当事人约定的时间为始终点，多以期内发生为承保基础。

（5）公众责任保险的保险费

保险人在经营公众责任保险业务时，一般不像其他保险业务那样有固定的保险费率表，而是通常视每一被保险人的风险情况逐笔议订费率，以便确保保险人承担的风险责任与所收取的保险费相适应。

按照国际保险界的习惯做法，保险人对公众责任保险一般按每次事故的基本赔偿限额和免赔额分别厘定人身伤害和财产损失两项保险费率，如果基本赔偿限额和免赔额需要增减时，保险费率也应适当增减，但又非按比例增减。

（6）公众责任保险的赔偿处理

公众责任保险的赔偿限额的确定，通常采用规定每次事故赔偿限额的方式，既无分项限额，又无累计限额，仅规定每次公众责任事故的混合赔偿限额，它只能制约每次事故的赔偿责任，对整个保险期内的总的赔偿责任不起作用。

（7）公众责任保险的主要险种

1）综合公共责任保险

综合公共责任保险是一种综合性的责任保险业务，它承保被保险人在任何地点因非故意行为或活动所造成的他人人身伤害或财产损失依法应负的经济赔偿责任。

从国外类似业务的经营实践来看，保险人在该种保险中除一般公众责任外，还承担着包括合同责任、产品责任、业主及工程承包人的预防责任、完工责任及个人伤害责任等风险。

2）场所责任保险

场所责任保险承保固定场所因存在着结构上的缺陷或管理不善，或被保险人在被保险场所进行生产经营活动时因疏忽发生意外事故，造成他人人身伤害或财产损失且依法应由被保险人承担的经济赔偿责任。

场所责任保险的险种主要有宾馆责任保险、展览会责任保险、电梯责任保险、车库责任保险、机场责任保险以及各种公众活动场所的责任保险。

3）承包人责任保险

承包人责任保险专门承保承包人的损害赔偿责任，它主要适用于承包各种建筑工程、安装工程、修理工程施工任务的承包人，包括土木工程师、建筑工、公路及下水道承包人以及油漆工等。

在承包人责任保险中，保险人通常对承包人租用或自有的设备以及对委托人的赔偿、合同责任、对分承包人应承担的责任等负责，但对被保险人看管或控制的财产、施工的对象、退换或重置的工程材料或提供的货物及安装了的货物等不负责任。

4）承运人责任保险

承运人责任保险专门承保承担各种客、货运输任务的部门或个人在运输过程中可能发生的损害赔偿责任，主要包括旅客责任保险、货物运输责任保险等险种。

依照有关法律，承运人对委托给他的货物运输和旅客运送的安全负有严格责任，除非损害货物或旅客的原因是不可抗力、军事行动及客户自己的过失等，否则，承运人均须对被损害的货物或旅客负经济赔偿责任。

与一般公众责任保险不同的是，承运人责任保险保障的责任风险实际上是处于流动状态中的责任风险，但因运行途径是固定的，从而也可以视为固定场所的责任保险业务。

2. 产品责任保险

（1）产品责任保险的含义

产品责任，是指产品在使用过程中因其缺陷而造成用户、消费者或公众的人身伤亡或财产损失时，依法应当由产品供给方（包括制造者、销售者、修理者等）承担的民事损害赔偿责任。

产品责任保险，是指以产品制造者、销售者、维修者等的产品责任为承保风险的一种责任保险。

（2）产品责任保险的保险责任

保险人承保的产品责任风险，是承保产品造成的对消费者或用户及其他任何人的财产损失、人身伤亡所导致的经济赔偿责任，以及由此而导致的有关法律费用等。

不过，保险人承担的上述责任也有一些限制性的条件：产品必须是供他人使用，且事故发生地点位于制造、销售场所之外；自用、自制品均作为附加责任扩展承保。

（3）产品责任保险的除外责任

下列原因造成的损失、费用和责任，保险人不负责赔偿：根据合同或协议应由被保险人承担的其他人的责任；根据劳工法律制度或雇佣合同等应由被保险人承担的对其雇员及有关人员的损害赔偿责任；被保险人所有、照管或控制的财产的损失除外不保；产品仍在制造或销售场所，其所有权仍未转移至用户或消费者手中时的责任事故除外不保；被保险人故意违法生产、出售或分配的产品造成的损害事故；被保险产品本身的损失不保；不按照被保险产品说明去安装、使用或在非正常状态下使用时造成的损害事故等。

（4）产品责任保险的责任期限

产品责任保险的保险期限大多为一年。

（5）产品责任保险的保险费

1）产品责任保险费率的拟定主要参考的因素

①产品的特点和可能对人体或财产造成损害的风险大小；

②产品数量和产品的价格，它与保险费成正相关关系，与保险费率成负相关关系；

③承保的区域范围；

④产品制造者的技术水平和质量管理情况；

⑤赔偿限额的高低。

2）产品责任保险保险费的计算

在订立保险合同时，保险人按照保险期间内被保险人的预计销售额预收保险费。保险期满后，被保险人应将保险期间内的实际销售额书面通知保险人，作为计算实际保险费的依据。实际保险费若高于预收保险费，被保险人应补交其差额，反之，若预收保险费高于实际保险费，保险公司退还其差额，但实际保险费不得低于所规定的最低保险费。保险公司有权在保险期内的任何时候，要求被保险人提高一定期限内实际销售额的数据。保险公司还有权派人员检查被保险人的有关账册或记录并核实上述数据。

（6）产品责任保险的赔偿处理

在产品责任保险的理赔过程中，保险人的责任通常以产品在保险期限内发生事故为基础，而不论产品是否在保险期内生产或销售。

赔偿标准以保险双方在签订保险合同时确定的赔偿限额为最高额度，它既可以每次事故赔偿限额为标准，也可以累计的赔偿限额为标准，在此，生产、销售、分配的同批产品由于同样原因造成多人的人身伤害、疾病、死亡或多人的财产损失，均被视为一次事故造成的损失，并且适用于每次事故的赔偿限额。

3. 雇主责任保险

（1）雇主责任保险的含义

雇主责任保险，是以被保险人即雇主的雇员在受雇期间从事业务时因遭受意外导致伤、残、死亡或患有与职业有关的职业性疾病而依法或根据雇佣合同应由被保险人承担的经济赔偿责任为承保风险的一种责任保险。

保险人所承担的责任风险将被保险人（雇主）的故意行为列为除外责任，主要承保被保险人（雇主）的过失行为所致的损害赔偿，或者将无过失风险一起纳入保险责任范围。构成雇主责任的前提条件是雇主与雇员之间存在着直接的雇佣合同关系。

以下情况通常被视为雇主的过失或疏忽责任：

①雇主提供危险的工作地点、机器工具或工作程序；

②雇主提供的是不称职的管理人员；

③雇主本人直接的疏忽或过失行为，如对有害工种未提供相应的合格的劳动保护用品等即为过失。

凡属于这些情形且不存在故意意图的，均属于雇主的过失责任，由此而造成的雇员人身伤害，雇主应负经济赔偿责任。

（2）雇主责任保险的保险责任

雇主责任保险的保险责任，包括在责任事故中雇主对雇员依法应负的经济赔偿责任和有关法律费用等，导致这种赔偿的原因主要是各种意外的工伤事故和职业病。

（3）雇主责任保险的除外责任

下列原因导致的责任事故通常除外不保：战争、暴动、罢工、核风险等引起雇员的人身伤害；被保险人的故意行为或重大过失；被保险人对其承包人的雇员所负的经济赔偿责任；被保险人的合同项下的责任；被保险人的雇员因自己的故意行为导致的伤害；被保险人的雇员由于疾病、传染病、分娩、流产以及由此而施行的内、外科手术所致的伤害等。

（4）雇主责任保险的附加责任

在我国雇主责任保险业务中，经保险双方当事人约定后，可以扩展承保保险责任，例如附加上下班途中条款，附加第三者责任保险条款。

（5）雇主责任保险的责任期限

雇主责任保险的责任期限一般是一年，以保险双方当事人约定的时间为始终点，也有的合同以承保工程期为保险期间。

（6）雇主责任保险的保险费

雇主责任保险的保险费率根据被保险人的工资总额、工作地址、职业性质以及被保险人选定的赔偿限额来确定。

（7）雇主责任保险的赔偿处理

在处理雇主责任保险索赔时，保险人必须首先确立受害人与致害人之间是否存在雇佣关系。

根据国际上流行的做法，确定雇佣关系的标准包括：一是雇主具有选择受雇人的权力；二是由雇主支付工资或其他报酬；三是雇主掌握工作方法的控制权；四是雇主具有中止或解雇受雇人的权力。

雇主责任保险的赔偿限额，通常是以每一雇员若干个月的工资收入作为其发生雇主责任保险时的保险赔偿额度，每一雇员只适用于自己的赔偿额度。在一些国家的雇主责任保险界，保险人对雇员的死亡赔偿额度与永久完全残废赔偿额度是有区别的，后者往往比前者的标准要高。但对于部分残废或一般性伤害，则严格按照事先规定的赔偿额度表进行计算。其计算公式为：

$$赔偿金额 = 该雇员的赔偿限额 \times 适用的赔偿额度比例$$

如果保险责任事故是第三者造成的，保险人在赔偿时仍然适用权益转让原则，即在赔偿后可以代位追偿。

4. 职业责任保险

（1）职业责任保险的含义

职业责任保险，是以各种专业技术人员在从事职业技术工作时因疏忽或过失造成合同对方或他人的人身伤害或财产损失所导致的经济赔偿责任为承保风险的责任保险。

职业责任主要具有以下特点：

①它属于技术性较强的工作导致的责任事故；

②它不仅与人的因素有关，同时也与知识、技术水平及原材料等的欠缺有关；

③它限于技术工作者从事本职工作中出现的责任事故。

职业责任保险所承保的职业责任风险，是从事各种专业技术工作的单位或个人因工作上的失误导致的损害赔偿责任风险，它是职业责任保险存在和发展的基础。

（2）职业责任保险的主要险种

1）医疗职业责任保险

医疗职业责任保险也叫医生失职保险，它承保医务人员或其前任由于医疗责任事故而致病人死亡或伤残、病情加剧、痛苦增加等，受害者或其家属要求赔偿且依法应当由医疗方负责的经济赔偿责任。

医疗职业责任保险以医院为投保对象，普遍采用以索赔为基础的承保方式。

2）律师责任保险

律师责任保险承保被保险人或其前任作为一个律师在自己的能力范围内在职业服务中发生的一切疏忽行为、错误或遗漏过失行为所导致的法律赔偿责任，包括一切侮辱、诽谤，以及赔偿被保险人在工作中发生的或造成的对第三者的人身伤害或财产损失。

律师责任保险的承保基础可以以事故发生或索赔为依据确定，它通常采用主保单——法律过失责任保险和额外责任保险单——扩展限额相结合的承保办法。此外，还有免赔额的规定，其除外责任一般包括被保险人的不诚实、欺诈犯罪、居心不良等行为责任。

3）会计师责任保险

会计师责任保险承保因被保险人或其前任或被保险人对其负有法律责任的那些人，因违反会计业务上应尽的责任及义务，而造成他人遭受损失，依法应负的经济赔偿责任，但不包括身体伤害、死亡及实质财产的损毁。

4）建筑、工程技术人员责任保险

建筑、工程技术人员责任保险承保因建筑师、工程技术人员的过失而造成合同双方或他人的财产损失与人身伤害并由此导致经济赔偿责任的职业技术风险。建筑、安装以及其他工种技术人员、检验员、工程管理人员等均可以投保该险种。

5）旅行社责任保险

旅行社责任保险是指旅行社根据保险合同的约定向保险公司支付保险费，保险公司对旅行社在从事旅游业务经营活动中，致使旅游者人身、财产遭受损害应由旅行社承担的责任，承担赔偿保险金责任的行为。

当发生责任保险事故时，即旅行社造成对旅游者的损害时，由保险人依照《保险法》的规定或保险合同的约定承担旅行社的赔偿责任，直接向该旅游者赔偿保险金。可见，旅行社责任保险不仅可以保障旅行社不因承担损害赔偿责任所受到的利益减损，而且可以保障旅游者及时获得赔偿。

此外，还有美容师责任保险、保险经纪人和保险代理人责任保险、情报处理者责任保险等多种职业责任保险业务，它们在发达的保险市场上同样是受到欢迎的险种。

【任务实施】

在老师的带领下组织同学对责任保险的相关案例进行讨论。

案例1：

2007年3月1日，A旅行社按照旅游局的有关规定向北京的一家保险公司投保了旅行社责任保险，保险单规定，国内旅游和出入境旅游每人赔偿限额20万元；保险期限12个月。

2007年10月1日，游客李某参加了A旅行社组织的"桂林双飞六日游"，在游泳的过程中李某被风浪卷走。死者家属将A旅行社起诉到北京市朝阳区人民法院，经查：A旅行社委托的桂林地接社聘用的导游没有导游证，实属违规操作，A旅行社对李某的死亡负有责任，法院判决A旅行社支付李某家属30万元赔偿金。

A旅行社拿着判决书到保险公司要求索赔，被拒绝赔付。因此A旅行社将保险公司诉至法院，要求保险公司承担保险责任，赔付A旅行社支付的死亡赔偿金20万元，处理事故费用2万元，并承担两次诉讼的律师费及诉讼费。

请问，保险公司拒赔是否合理？为什么？

案例2：

生产升降机设备的A公司向保险公司投保产品责任险。期间，某粮库工作人员B在使用A公司生产的升降机维修粮库时，由于升降机侧翻，不幸从8米多高处摔下，致使颅骨骨折、脑部损伤，花费治疗费用10万余元。

A公司据此向保险公司索赔，保险公司接到报案后，即派人对现场进行了查勘，发现升降机的底部安全止推没有展开，并且事故现场地面有25度的坡度，属于明显的操作不当，应予拒赔。B向A公司索赔，A公司认为在保险公司同意赔偿之前，自己不会赔偿。因此，B向法院直接起诉保险公司，要求赔偿10万元。

请运用所学专业知识分析本案例。

案例 3：

雷某是个体运输户。2008 年 5 月 11 日，雷某雇佣甲和乙两司机驾驶一辆货车运送货物到义乌市。此前，雷某为该车投保了车辆损失险和车上责任险。

翌日清晨 4 时 35 分，甲驾驶货车行驶至宣广高速 70km + 900m 处时，因未与同车道前方谢某驾驶的一辆半挂货车保持适当距离而追尾撞上，造成自己所驾驶的货车损坏和车上司机乙、押货人徐某受伤。广德县公安局交警大队认定甲对此事故应负全部责任，谢某、乙、徐某无责任。

此后，乙和徐某提出起诉，经法院审理调解，雷某向二人分别赔偿了医疗费及相关费用 46 743.10 元和 29 455.50 元，合计 76 198.60 元。

雷某扣除保险公司上述事故保险理赔款 51 589.65 元，还遭受 24 608.95 元的经济损失，故于 2009 年 5 月提出起诉，主张追偿权利，要求甲偿付此款。

原告雷某诉称，被告甲违反《中华人民共和国道路交通安全法》第 43 条第 1 款规定，酿成交通事故，具有过失，根据我国法律及相关司法解释，应承担赔偿责任。故主张追偿权利，要求被告甲赔偿因其过失行为导致的实际损失 24 608.95 元。

被告甲辩称，我夜间驾车连续超过 4 个小时，产生过度劳累，以致发生交通事故，此赔偿责任应由雇主雷某全部承担。

请问，原告雷某的诉求是否合理？为什么？

同步测试

一、名词解释

1. 责任保险
2. 公众责任保险
3. 产品责任保险
4. 雇主责任保险
5. 职业责任保险

二、简答题

1. 责任保险具有哪些特征？
2. 公众责任主要具有哪些特征？
3. 什么情形通常被视为雇主的过失或疏忽责任？
4. 根据国际上流行的做法，确定雇佣关系标准的依据是什么？
5. 职业责任主要具有哪些特点？

三、单项选择题

1. 一般采用强制保险方式的是机动车辆保险中的（　　）。
   A. 车辆损失险　　　　　　　　B. 不计免赔特约险
   C. 全车盗抢险　　　　　　　　D. 第三者责任险

2. （　　）是责任保险产生与发展最为直接的基础。
   A. 民事法律风险的客观存在　　B. 生产力的提高
   C. 法制的健全与完善　　　　　D. 社会经济的发展

3. 采用与其他保险业务组合承保的责任保险是（　　）。

A. 产品责任保险   B. 汽车第三者责任保险

C. 船舶责任保险   D. 建筑工程第三者责任保险

4. (　　) 是雇主责任保险业务量最大的险种。

A. 场所责任保险   B. 综合公众责任保险

C. 承包人责任保险   D. 承运人责任保险

5. 责任保险的保险标的是 (　　)。

A. 物质财产   B. 民事损害赔偿责任

C. 经济利益   D. 人的身体

6. 对各种技术人员因工作上的疏忽或过失造成合同双方或其他人的人身伤害或财产损失，负责经济赔偿责任的保险是 (　　)。

A. 产品责任保险   B. 雇主责任保险

C. 职业责任保险   D. 公众责任保险

7. 雇主责任是指雇主对其雇员在受雇期间因发生意外或职业病而造成的 (　　) 依法应承担的经济赔偿责任。

A. 人身伤亡及财产损失   B. 财产损失

C. 人身伤亡   D. 人身伤亡或财产损失

8. 餐厅、宾馆等单位自制、自用的食品、饮料，一般应作为 (　　) 的附加责任扩展投保。

A. 产品责任保险   B. 公众责任保险

C. 产品保证保险   D. 职业责任保险

9. 医生失职保险是一种 (　　)。

A. 雇主责任保险   B. 产品责任保险

C. 职业责任保险   D. 公众责任保险

10. 雇主责任保险的附加医疗费保险是承保雇员在保单有效期内因 (　　) 所需的医疗费用。

A. 职业病   B. 意外事故

C. 疾病   D. 疾病及意外事故

四、多项选择题

1. 属于单独承保的责任保险有 (　　)。

A. 机动车辆第三者责任险   B. 公众责任保险

C. 产品责任保险   D. 船舶碰撞责任保险

2. 责任保险的费率厘定需要考虑的因素包括 (　　)。

A. 赔偿限额的高低

B. 地理环境

C. 法律制度对损害赔偿的规定

D. 被保险人的业务性质及其产生赔偿责任的可能性地理位置

3. 以下可以投保产品责任保险的有 (　　)。

A. 产品制造者   B. 产品修理者

C. 产品销售者   D. 产品消费者

4. 保险人承保的雇主责任包括（　　）。
   A. 雇主自身的故意行为　　　　　　　B. 雇主的过失行为
   C. 雇员的过失行为　　　　　　　　　D. 雇主的无过失行为
5. 下列属于责任保险的责任免除的是（　　）。
   A. 战争、罢工等引起的责任　　　　　B. 被保险人的故意行为
   C. 被保险人家属的人身伤亡　　　　　D. 被保险人控制的财产的损失
6. 影响责任保险费率厘定的因素有（　　）。
   A. 赔偿限额的高低　　　　　　　　　B. 被保险人的业务性质
   C. 承保区域大小　　　　　　　　　　D. 法律制度对损害赔偿的规定

五、判断题

1. 在责任保险中，以索赔为基础的承保方式实质上使保险期限延长了。（　　）
2. 产品责任保险承保的是产品不合格造成用户或消费者的财产损失或人身伤亡的责任风险。（　　）
3. 承运人责任保险是第三者责任保险的一种。（　　）
4. 法制的健全与完善是责任保险产生与发展最为直接的基础。（　　）
5. 责任保险与一般财产保险的共同点是均以大数法则为数理基础。（　　）

任务四　认识信用保险和保证保险

【任务描述】在本任务下，学生应该熟悉信用保险、保证保险的含义、特征及常见种类。

【任务分析】在老师的指导下，学生通过保险公司、保险业务员、相关资料了解信用保险、保证保险的主要知识及发展现状，以完成本任务。

【相关知识】

一、信用保险

1. 信用保险的含义

信用保险是指权利人向保险人投保债务人的信用风险的一种保险，是一项企业用于风险管理的保险产品。其主要功能是保障企业应收账款的安全。权利人是投保人、被保险人和受益人，保险人是保证人。其原理是把债务人的保证责任转移给保险人，当债务人不能履行其义务时，由保险人承担赔偿责任。

信用保险可以分为国内信用保险、出口信用保险、投资保险。

2. 国内信用保险

（1）国内信用保险的含义

国内信用保险主要是针对企业在商品交易过程中所产生的风险。在商品交换过程中，交易的一方以信用关系规定的将来以偿还的方式获得另一方财物或服务，但不能履行给付承诺而给对方造成损失的可能性随时存在。

（2）国内信用保险的种类

1）贷款信用保险

贷款信用保险是保险人对银行或其他金融机构与企业之间的借贷合同进行担保并承保其

信用风险的保险。在市场经济的条件下，贷款风险是客观存在的，究其原因既有企业经营管理不善或决策失误的因素，又有灾害和意外事故的冲击等。这些因素都可能造成贷款不能安全回流，对此必然要建立起相应的贷款信用保险制度来予以保证。

2）赊销信用保险

赊销信用保险是为国内商业贸易的延期付款或分期付款行为提供信用担保的一种信用保险。在这种业务中，投保人是制造商或供应商，保险人承保的是买方（即义务人）的信用风险，目的在于保证被保险人（即权利人）能按期收回赊销货款，保障商业贸易的顺利进行。

3）预付信用保险

预付信用保险是保险人为卖者交付货物提供信用担保的一种信用保险。在这种业务中，投保人（被保险人）是商品的买方，保险人所承保的是卖方的信用风险，这与赊销信用保险刚好相反。

3. 出口信用保险

（1）出口信用保险的含义

出口信用保险，也叫出口信贷保险，是指承保出口商在经营出口业务中因进口方的商业信用风险或进口国的政治风险而遭受损失的一种保险。

出口信用保险是国家为了推动本国的出口贸易，保障出口企业的收汇安全而制定的一项由国家财政提供保险准备金的非盈利性的政策性保险业务。出口信用保险承担的风险特别巨大，且难以使用统计方法测算损失概率，一般商业性保险公司不愿意经营这种保险，所以大多数是靠政府支持来经营的。

（2）出口信用保险的承保对象

出口信用保险承保的对象是出口企业的应收账款，承保的风险主要是人为原因造成的商业信用风险和政治风险。商业信用风险主要包括：买方因破产而无力支付债务、买方拖欠货款、买方因自身原因而拒绝收货及付款等。

（3）出口信用保险的承保风险

政治风险主要包括因买方所在国禁止或限制汇兑、实施进口管制、撤销进口许可证、发生战争、暴乱等卖方、买方均无法控制的情况，导致买方无法支付货款。而以上这些风险，是无法预计、难以计算发生概率的，因此也是商业保险无法承受的。

国际贸易中商业性保险承保的对象一般是出口商品，承保的风险主要是因自然原因在运输、装卸过程中造成的对商品数量、质量的损害。有的商业保险也承保人为原因造成的风险，但也仅限于对商品本身的损害。而这些风险可以计算发生概率，根据概率制定保费以确保盈利。

（4）出口信用保险的种类

1）短期出口信用保险

短期出口信用保险承保放账期在180天以内的收汇风险，根据实际情况，短期险还可扩展承保放账期在180天以上、360天以内的出口，以及银行或其他金融机构开具的信用证项下的出口。

短期出口信用保险主要适用于以下情况：一是一般情况下保障信用期限在一年以内的出口收汇风险；二是适用于出口企业从事以信用证（L/C）、付款交单（D/P）、承兑交单

（D/A）、赊销（O/A）为主的业务；三是贸易方式是自国内出口或转口的贸易。

短期出口信用保险的承保风险：一是商业风险——买方破产或无力偿付债务，买方拖欠货款，买方拒绝接收货物，开证行破产、停业或被接管；单证相符、单单相符时开证行拖欠或在远期信用项下拒绝承兑；二是政治风险——买方或开证行所在国家、地区禁止或限制买方或开证行向被保险人支付货款或信用证款项，禁止买方购买的货物进口或撤销已颁布发给买方的进口许可证，发生战争、内战或者暴动导致买方无法履行合同或开证行不能履行信用证项下的付款义务，买方支付货款须经过的第三国颁布延期付款令。

2）中长期出口信用保险

中长期出口信用保险可分为买方信贷保险、卖方信用保险和海外投资保险三大类。

中长期险承保放账期在一年以上、一般不超过 10 年的收汇风险，主要用于高科技、高附加值的大型机电产品和成套设备等资本性货物的出口，以及海外投资，如以 BOT、BOO 或合资等形式在境外兴办企业等。

中长期出口信用保险旨在鼓励我国出口企业积极参与国际竞争，支持银行等金融机构为出口贸易提供信贷融资；中长期出口信用保险通过承担保单列明的商业风险和政治风险，使被保险人得以有效规避以下风险：不能收回延期付款的风险；不能收回贷款本金利息的风险。

4. 投资保险

（1）投资保险的含义

投资保险又称政治风险保险，承保投资者的投资和已赚取的收益因承保的政治风险而遭受的损失。

投资保险的投保人和被保险人是海外投资者。

开展投资保险的主要目的是鼓励资本输出。作为一种新型的保险业务，投资保险于20世纪60年代在欧美国家出现以来，现已成为海外投资者进行投资活动的前提条件。

（2）投资保险的保险责任

投资保险的保险责任主要包括以下三种：

1）征用风险

又称国有化风险，是投资者在国外的投资资产被东道国政府有关部门征用或没收的风险。

2）汇兑风险

即外汇风险，是投资者因东道国的突发事变而导致其在投资国与投资国有关的款项无法兑换货币转移的风险。我国投资保险承保的这一风险是："由于政府有关部门汇兑限制，使被保险人不能按投资契约规定将应属被保险人所有并可汇出的汇款汇出"的风险。

3）战争风险

又称战争、革命、暴乱风险，包括战争、类似战争行为、叛乱、罢工及暴动所造成的投资者有形财产的直接损失的风险。

（3）投资保险的除外责任

我国《投资保险条款》规定：对下列风险造成的损失，保险人不予赔偿：由于原子弹、氢弹等核武器造成的损失；被保险人投资项目受损后造成被保险人的一切损失，即间接损失；被保险人及其代表违背或不履行投资合同或故意违法行为导致政府有关部门征用或没收造成的损失；被保险人没有按照政府有关部门所规定的汇款期限汇出汇款所造成的损失；投资合同范围之外的任何其他财产的征用、没收所造成的损失。

（4）投资保险的责任期限

投资保险的保险期间分为短期和长期两种。短期为一年；长期保险期限为 3 ~ 15 年，投保 3 年以后，被保险人有权要求注销保单，但如未到 3 年提前注销保单，被保险人须交足 3 年的保险费。保单到期后可以续保，但条件仍需要双方另行商议。

（5）投资保险的赔偿处理

1）赔偿期限的规定

我国的投资保险是这样规定的：战争、类似战争行为、叛乱、罢工及暴动造成投资项目的损失，在提出财产损失证明后或被保险人投资项目终止 6 个月后赔偿。政府有关部门的征用或没收引起的投资损失，在征用、没收发生满 6 个月后赔偿。政府部门汇兑限制造成的投资损失，自被保险人提出申请 3 个月后赔偿。

2）有关赔偿金额的规定

在赔偿金额方面有如下规定：当被保险人在保单所列投资合同项下的投资发生保险责任范围内的损失时，保险人根据损失金额按投资金额与保险金额的比例赔付，保险金额最高占投资总金额的90%。由于投资额的承保比例一般为投资金额的90%，因而被保险人所受损失若将来追回，也应由被保险人和保险人按各自承担损失的比例分摊。

二、保证保险

1. 保证保险的含义

保证保险是指在约定的保险事故发生时，被保险人需在约定的条件和程序成熟时方能获得赔偿的一种保险方式，其主体包括投保人、被保险人和保险人。

2. 保证保险与信用保险的区别

保证保险虽具担保性质，但对狭义的保证保险和信用保险而言，担保的对象却不同，两者是有区别的。凡被保证人根据权利人的要求，要求保险人承担自己（被保证人）信用的保险，属狭义的保证保险；凡权利人要求保险人担保对方（被保证人）信用的保险，属信用保险，权利人也就是被保险人。

3. 保证保险的主要险种

（1）合同保证保险

合同保证保险是专门承保经济合同中因一方不履行经济合同所负的经济责任。

合同保证保险实质上起着金融直辖市的作用，首先，它涉及保证人、被保证人、权利人三方，而不像一般保险合同那样只有两方；其次，合同保证保险的保险费是一种服务费，而不是用于支付赔款的责任准备。

从法律意义上讲，保证人只有在被保证人无力支付时才有义务支付赔款，而保证人只对权利人有赔偿义务。在承保合同保证保险时，保证人既要考虑违约的风险，同时还要考虑汇率风险、政治风险，并要考虑到各国政治制度、法律制度、风俗习惯的判别。

在确定风险程度时，被保证人的财务状况是一个决定性因素。在承保前，保证人往往要对被保证人的财务状况、资信度进行调查。调查的主要内容包括：有关被保证人基本情况的记录，包括被保证人的历史、在社会上的影响等；最近财务年度的财务账册及有关材料；合同业务的进展状况；反担保人的财务状况；与银行的往来信函；企业的组织、经营状况，信贷情况，财务审计及记账方法，附属企业的情况。

（2）忠实保证保险

忠实保证保险通常承保雇主因其雇员的不诚实行为而遭受的损失。涉外忠实保证保险一般承保在中国境内的外资企业或合资企业因其雇员的不诚实行为而遭受的经济损失，也可承保中国劳务出口中，因劳务人员的不诚实行为给当地企业主造成的损失。

忠实保证保险与合同保证保险的区别在于：

①忠实保证涉及的是雇主与雇员之间的关系，而合同保证并不涉及这种关系；

②忠实保证的承保危险是雇员的不诚实或欺诈，而合同保证承保的危险主要是被保证人的违约行为；

③忠实保证可由被保证人购买，也可由权利人购买，而合同保证保险必须由被保证人购买。

【任务实施】

将全班同学分成每组5人左右的小组，每组通过收集整理中国信用保险、保证保险的相关经营统计数据，了解当前中国信用保险、保证保险发展的现状，进行讨论分析。每组同学撰写一份中国信用保险、保证保险发展的分析报告。

同步测试

一、名词解释

1. 信用保险
2. 保证保险

二、简答题

1. 国内信用保险主要有哪些种类？
2. 简述出口信用保险的主要内容。
3. 投资保险的保险责任主要包括哪些种类？
4. 信用保险与保证保险的主要区别有哪些？

三、单项选择题

1. 信用保险是指保险人根据权利人的要求，担保（　　）的信用。
   A. 保险人　　　　B. 债权人　　　　C. 债务人　　　　D. 投保人
2. 出口信用保险合同是为（　　）提供收汇风险保障的保险合同。
   A. 出口方　　　　B. 付款方　　　　C. 出口方开户银行　　　　D. 进口方
3. 保证业务与信用保险的标的是一致的，都是（　　）
   A. 保证风险　　　　B. 信用风险　　　　C. 责任风险　　　　D. 自然风险
4. 出口信用保险承保的风险除商业风险外，还有（　　）
   A. 自然风险　　　　B. 市场风险　　　　C. 政治风险　　　　D. 跌价风险
5. 短期出口信用保险通常承保信用期在（　　）之内的短期信用贸易的收汇风险。
   A. 90天　　　　B. 180天　　　　C. 270天　　　　D. 一年
6. 投资保险仅仅承保（　　）。
   A. 商业风险　　　　B. 政治风险　　　　C. 市场风险　　　　D. 道德风险

7. 投资保险的保险金额占投资金额的比例最高是（   ）。

A. 80%　　　　　　B. 85%　　　　　　C. 90%　　　　　　D. 100%

四、判断题

1. 信用保险与保证保险在本质上是同一险种。（   ）

2. 保证保险承保的是被保证人自己的信用。（   ）

项目八

人身保险

项目介绍

本项目主要是让学生在具备了风险管理与保险法律法规等专业知识的基础上，了解人身保险，较全面地掌握人身保险的基本原理、产品特点和主要条款等，深化人身保险专业知识，掌握人身保险的理论体系与实务操作，从而进一步培养学生的专业方向技能，为完成后期项目奠定基础。

知识目标

1. 人身保险的定义、主要特征与分类；
2. 人寿保险的定义、主要特征与分类；
3. 人寿保险合同的主要条款；
4. 意外伤害的含义，人身意外伤害保险的含义、种类及具体内容；
5. 健康保险的含义、特征与分类。

技能目标

通过该项目的学习，使学生具备从事人身保险业务工作所必需的基本知识和基本技能；帮助学生提高分析问题和解决问题的能力，为从事人身保险工作打下基础。

素质目标

通过该项目的学习，使学生树立正确的从业思想和理念，加强其职业道德意识和团队精神，培养和提高学生的辩证思维能力。

任务一 认识人身保险

【任务描述】在本任务下，学生应掌握人身保险的概念与特征，了解人身保险的作用和类别，理解人身保险合同的特殊条款。

【任务分析】在老师的指导下，学生在学习后能够对市场上主要的人身保险险种做出分析，包括险种特点、适用人群、险种利益分析等，掌握人身保险主要险种的类型、特点、适用人群等知识点。

【相关知识】

一、人身保险的含义

人身保险是以人的寿命和身体为保险标的的一种保险。投保人和保险人订立保险合同，确立各自的权利和义务，保险人根据投保人的要求，通过签订合同，向被保险人收取一定的保险费，当被保险人遭受不幸事故、疾病、衰老以及丧失工作或劳动能力、伤残、死亡或保险合同期满时，保险人承担给付保险金的义务。

二、人身保险的特征

1. 承保人身风险的特殊性

在人身保险中，风险事故是与人的寿命和身体有关的生、老、病、死、残。

2. 保险标的的特殊性

人身保险的保险标的是人的寿命或身体。与其他保险的标的相比，具有自身特殊性。

首先，就保险价值而言，人身保险的保险标的没有客观的价值标准，因为无论是人的生命还是身体，是很难用货币衡量其价值的，人的生命是无价的。

其次，就保险事故发生概率的高低而言，人身保险的保险标的有标准体和非标准体之区。标准体是指死亡危险程度属于正常范围的被保险人群体的总称，其实际死亡率与预定死亡率大致相符。非标准体指死亡危险程度高，即死亡率高于标准死亡的被保险人的总称。

3. 保险利益的特殊性

就保险利益的产生而言，人身保险的保险利益产生于人与人，即投保人与被保险人、受益人之间的关系。

就保险利益的量的限定而言，在人身保险中，投保人对被保险人所拥有的保险利益不能用货币来衡量，因而人身保险的保险利益也就没有量的规定性，即保险利益一般是无限的。在投保时只考虑投保人对被保险人有无保险利益即可。

就保险利益的时效而言，在人身保险中，保险利益只是订立保险合同的前提条件，并不是维持保险合同效力、保险人给付保险金的条件。只要投保人在投保时对被保险人具有保险利益，此后即使投保人与被保险人的关系发生了变化，投保人对被保险人已丧失了保险利益，也不影响保险合同的效力。若发生了保险事故，保险人仍然给付保险金。

4. 保险金额确定的特殊性

由于人的生命是无价的，因此人身保险的保险金额的确定就无法以人的生命价值作为客观依据。在实务中，人身保险的保险金额是由投保人和保险人双方约定后确定的。此约定金额既不能过高，也不宜过低，一般从两个方面考虑：一是被保险人对人身保险需要的程度；二是投保人交纳保费的能力。

5. 保险合同性质的特殊性

人身保险合同是定额给付性合同。当人身保险的被保险人发生保险合同约定范围内的保险事故时，保险人只能按照保险合同规定的保险金额支付保险金，不能有所增减。因此，大多数人身保险不适用补偿原则，也不存在比例分摊和代位追偿的问题。同时，在人身保险中一般也没有重复投保、超额投保和不足额投保问题。

6. 保险合同的储蓄性

人身保险在为被保险人面临的风险提供保障的同时，兼有储蓄性的特点。由于人身保费率采用的不是自然费率,而是均衡费率,这样,投保人早期交纳的保费高于其当年的死亡成本,对于多余的部分,是按预定利率进行积累。一般而言,人身保险的纯保费分为危险保费和储蓄保费两部分。某些险种的储蓄性极强,如终身死亡保险和两全保险。

7. 保险期限的特殊性

人身保险合同特别是人寿保险合同往往是长期合同,保险期限短则数年,长则数十年甚至一个人的一生。保险期限的长期性使人身保险的经营极易受到外界因素,如利率、通货膨胀及保险公司对未来预测的偏差等因素的影响。

三、人身保险的分类

1. 按照实施方式分类,分为自愿保险和强制保险

(1) 自愿保险

这是指投保人与保险人在公平自愿的基础上,通过签订保险合同而形成的保险关系。

(2) 强制保险

这是指根据法律法规自动生效,无论投保人是否愿意投保,都依法成立的保险关系。

2. 按照保险保障范围分类,分为人寿保险、人身意外伤害保险和健康保险

(1) 人寿保险

人寿保险简称寿险,是以被保险人的寿命为保险标的,以人的生存或死亡为给付险金条件的人身保险。

(2) 人身意外伤害保险

这是指保险人对被保险人因意外伤害事故以致死亡或残疾,按照合同约定给付全部或部分保险金的一种人身保险。

(3) 健康保险

这是指被保险人在患疾病时发生医疗费用支出,或因疾病所致残疾或死亡时,或因疾病、伤害不能工作而减少收入时,由保险人负责给付保险金的一种保险。

3. 按照投保方式分类,分为个人保险和团体保险

(1) 个人保险

这是指一张保单只为一个人或一个家庭提供保障的人身保险。

(2) 团体保险

这是指一张保单为某一单位的所有员工或其中绝大多数员工提供保障的人身保险。

4. 按照是否分红分类,分为分红保险和不分红保险

(1) 分红保险

这是指被保险人可以每期以红利的形式分享保险人的利润分配的保险。

(2) 不分红保险

这是指被保险人不分享保险人的利润分配的保险。

5. 按保险期间分类,分为长期保险、一年期保险和短期保险

(1) 长期保险

这是保险期限超过 1 年的人身保险。

(2) 一年期保险

以人身意外伤害保险居多,健康保险也可以是 1 年期保险。

256 保险理论与实务

（3）短期保险

这是保险期间在 1 年以下的人身保险。

人寿保险中大多数业务为长期业务，如终身保险、两年保险、年金保险等，其保险期间长达十几年、几十年，甚至终身，同时，这类保险储蓄性也较强；而人身保险中的意外伤害保险和健康保险及人寿保险中的定期保险大多为短期业务，其保险期间为 1 年或几个月，同时，这类业务储蓄性较低，保单的现金价值较小。

【任务实施】

根据班级实际人数将学生分为 4～5 人的小组，每组成员各自进行人身保险的市场调查，对市场上主要的人身保险险种做出分析，包括险种特点、适用人群、险种利益分析等，掌握人身保险主要险种的类型、特点、适用人群等知识点，形成书面报告，可让每个小组派遣一名成员在课堂上作调查结果汇报。

同步测试

一、名词解释

1. 人身保险

2. 自愿保险

3. 强制保险

二、简答题

1. 人身保险的主要特征是什么？

2. 人身保险的主要类型有哪些？

三、单项选择题

1. 人身保险是以（　　）为保险标的，在被保险人在保险期限内发生保险事故或生存至保险期满时给付保险金的保险业务。

A. 生存或身体　　　　B. 生存或死亡　　　　C. 生命或身体　　　　D. 健康或疾病

2. 长期人身保险的保险期限是（　　）。

A. 一年期以上　　　　B. 5 年期以上　　　　C. 10 年期以上　　　　D. 15 年期以上

3. 人身保险合同属于（　　）合同。

A. 补偿性保险　　　　B. 定额保险　　　　C. 定值保险　　　　D. 不定值保险

4. 以下（　　）人可以成为人身保险合同的投保人。

A. 自然人　　　　B. 法人　　　　C. 未成年人　　　　D. A 和 B 都是

四、多项选择题

1. 人身保险合同（　　）。

A. 是普通民事合同　　　　　　　　　　B. 属于实践合同

C. 大多是定额给付性合同　　　　　　　D. 是补偿性合同

E. 都是为订约人利益而订立的合同

2. 关于受益人的表述正确的是（　　）。

A. 受益人可以是任何人

B. 投保人、被保险人都可以成为受益人

C. 只有在人身保险中才会有受益人
D. 受益人与被保险人之间可无保险利益
E. 自然人、法人、其他合法经济组织都可作为受益人

五、判断题

1. 财产保险的可保利益要求在订约时存在，人身保险的可保利益要求在给付保险金时存在。（   ）

2. 由于人的生命是无价的，因此，人身保险的保额没有最高限额。（   ）

任务二　认识人寿保险

【任务描述】在本任务下，学生应能初步分析人生各阶段的风险和保险需求，掌握人寿保险的定义、特点、分类及意义，掌握人寿保险合同的主要条款。

【任务分析】在老师的指导下，学生在日常实践中模拟销售，对所收集的保险公司的产品进行简洁的说明，为客户解释寿险产品的价格构成。并通过模拟的方式进一步认识和巩固老师所讲授的知识。

【导入知识】

2015 年，一篇题为《遗产税将于 2016 年正式开征》的帖子在一些微信公众号及网站上传播，称遗产税将于 2016 年正式开征，深圳公布预开征试点政策。深圳地税局曾于 2015 年 7 月 17 日就相关不实传言予以澄清，并发表声明，此为虚假信息，请广大网友切勿轻信和传谣。

尽管已经辟谣，但大家都不能否认，遗产税已经离大家越来越近了，特别是对于一些中产阶级家庭来说，无疑是面临财产的较大损失。那么有什么办法可以合理规避遗产税呢？其实，作为风险保障和理财的一种方式，保险一直都是避开遗产税的一条途径。

【相关知识】

一、人寿保险的含义与特征

1. 人寿保险的含义

人寿保险简称寿险，是以被保险人的生命为保险标的，以人的生存、死亡为给付保险金条件的一种人身保险，当被保险人在保险期内死亡或达到保险合同约定的年龄或期限时，保险人履行给付死亡保险金或期满生存保险金责任。

人寿保险和人身意外伤害保险、健康保险一起构成了人身保险的三大基本险别。无论在我国还是国外，人寿保险都是人身保险中最基本、最主要的种类，其业务量占据了人身保险业务的绝大部分。

2. 人寿保险的特征

人寿保险除了具有人身保险的一般特征之外，还具有以下四个主要特征：

（1）风险的特殊性

风险的特殊性表现在两个方面：一是风险的稳定性，是指人寿保险的纯保费是根据被保险人在一定时期内死亡或生存的概率（生命周期表）计算的，具有相当大的稳定性；二是风险的变动性，在人寿保险业务中，被保险人在不同年龄段的死亡概率和生存概率是不同

的，死亡率随年龄增长而呈现出非常规律的变化。人寿保险保费的计算基础是预定死亡率、预定利率和预定费率。

（2）长期险种的储蓄型

一般而言，储蓄具有两大特征，即个人返还性和收益性。所谓个人返还性，是指存款人经过一定时期以后可以领回存款本金。所谓收益性，是指对存款额要计算利息，存款人不仅可以领回存款本金，还能得到一定数额的利息。

1）个人返还性

人寿保险的个人返还性主要体现在生存人寿保险和两全保险，投保人缴纳保险费后，保险人必然要给付保险金。而在财产保险中，如果不发生保险事故，保险人就不支付赔款，并且也不退还保险费。当然，在人寿保险中，如果被保险人投保定期死亡保险之后，生存到保险期满，保险人既不给付保险金，也不退还保险费。如今，人寿保险往往把各种保险责任相结合，使保险金给付成为一种必然事件，只是给付的时间和金额不同而已。例如，终身死亡保险、两全保险、附加缴费期死亡保险、年金保险，等等。投保人寿保险总能领取保险金，类似于参加储蓄，总能领回存款本息。

由于人寿保险具有储蓄性，所以又称为储蓄性保险或返还性保险。但是，人寿保险毕竟与储蓄性质不同。在储蓄中，不存在损失和利益分摊，存款人领取的存款本息是确定的。而人寿保险则存在损失和利益分摊问题，被保险人领取保险金的时间和金额是不确定的。

2）对保险费计算利息

投保人每年缴纳的纯保费可以分为两部分：一部分用于当年发生的死亡给付，另一部分存储起来，用于以后年度发生的死亡给付或满期生存给付。从参加人寿保险的众多被保险人来看，他们得到的全部保险金给付总额大于他们历年缴纳的全部保险费总额，其差额就是保险费所生利息。

（3）保险的长期性

人寿保险的保险期间一般较长，5年期以下的人寿保险险种较少，一般都长达十几年甚至几十年。其原因在于：如果保险期限定为一年，每年合同期满后再续保，随着被保险人年龄逐渐增大，死亡的概率也不断增大，因而死亡保险、两全保险的保费也要逐年增加。当被保险人年老时，由于劳动能力减弱而减少劳动收入，对于被保险人来说，往往无力负担逐渐增高的保费。为了解决这一问题，人寿保险的期限一般都比较长，而且采用均衡保险费。

（4）保费计算的均衡性

按照费率计算的一般原理，人寿保险的费率是逐年递增的，按照各年龄段的死亡率计算而得到的逐年递增的保费叫自然保费。而为了避免自然保费可能带来的保费不均衡和逆向选择，则实行均衡保费制。均衡保费是指投保人在保险年度的每一年所缴保费相等。

二、人寿保险的主要类型

1. 普通型人寿保险

按照保险责任，普通型人寿保险分为死亡保险、生存保险和两全保险。

（1）死亡保险

这是指以被保险人在保险期间内死亡为给付保险金条件的保险。

1）定期死亡保险

又称为定期寿险，是以在合同约定期限内被保险人发生死亡事故，由保险人一次性给付保险金的一种人寿保险。

①定期死亡保险的特点主要包括以下几点：

A. 保险期限一定。其保险期限可以为 5 年、10 年、15 年或 20 年、25 年不等。有的以达到特定年龄（如 65 岁、70 岁）为保险期满，也有应保户要求而提供的短于一年的定期保险。因此，如果被保险人 16 岁投保，其保险期限可以有多种选择，最长可达到 54 年。

B. 保险费不退还。如果保险期满，被保险人仍生存，保险人不承担给付责任，同时不退还投保人已缴纳的保险费和现金价值。因为生存者在保险期内所交的保险费及保险费所产生的投资收入已作为死亡保险金的一部分，由保险公司支付给了死亡者的受益人。

C. 定期寿险的名义保险费一般比较低廉；在相同的保险金额、相同的投保条件下，其保险费低于任何一种人寿保险。此乃定期人寿险的最大优点。这是因为死亡保险提供的完全是危险保障，一年定期保险的纯保费就是根据被保险人死亡概率计算而来的危险保险费，没有储蓄的性质。

D. 定期保险的低价和高保障，使得被保险人的逆选择增加，也容易诱发道德风险。

E. 投保人的逆选择倾向与保险人的风险选择并存。投保定期保险可以较少的支出获取较大的保障，所以极容易产生逆选择，表现为人们在感到或已经存在着身体不适感或有某种极度危险存在时，往往会投保较大金额的定期保险；而在自我感觉身体健康、状态良好的时候，往往退保或不再续保。

②定期死亡险的类型主要包括以下几种：

A. 固定保额定期寿险。

又叫平准式定期寿险，是指保险金额在整个保险期间保持不变，即不随保险期间的经过年数而改变的保险。如中国人寿的《祥和定期》《祥运定期》，新华人寿的《定期寿险 A》《定期寿险 B》等。

B. 保额递减定期寿险。

这是指死亡给付金额随着时间推移而逐年递减。这种保单主要出售给家庭的主要经济来源者。包括抵押贷款偿还保险、信用人寿保险、家庭收入保险等。

C. 保额递增定期寿险。

该险种提供了一个用于抵御通货膨胀的工具。有两种递增方式：固定金额递增和基本保额的一定百分比递增。

例如太平洋寿险的《太平盛世·长安定期寿险 B》。

30 岁男性，选择保险期间至 60 岁，缴费期 30 年，保额 10 万元。年缴保费 1 040 元，每月只需 86.7 元，或趸交保费 17 950 元。

保障：

a. 疾病身故或全残：180 天内给付 1 040 元，180 天后至保险期满前因疾病身故或全残，给付当年度保险金额。首年为 10 万元，以后每年递增 5 000 元保额，最高可获 24.5 万元保障。

b. 意外身故全残：保险期间因意外身故或全残，给付当年度保险金额。首年为 10 万元，以后每年递增 5 000 元保额，最高可获 24.5 万元保障。

$$当年度保险金额 = 10 万 \times [1 + 0.05 \times (保单年度数 - 1)]$$

2）终身死亡保险

又称为终身寿险，是以被保险人在投保以后无论何时死亡，保险人均依合同给付保险金的一种保险。

终身死亡保险的特点主要包括以下几点：

①提供终身保障，给付具有必然性。没有确定保险期限，自保险合同生效之日起，至被保险人死亡为止，无论被保险人何时死亡，保险人均须按照合同约定给付死亡保险金。

②年均衡保险费率较低，适合中等收入者购买。几乎所有的终身寿险都基于生命表所假设的100岁为人的生命极限，因此，保险费的计算也按照最高年龄100岁确定，即终身寿险相当于保险期限截至被保险人100周岁的定期寿险。当被保险人生存至100岁时，从保险人的角度看，相当于定期寿险到期，但被保险人被视为死亡，保险人给付全部保险金。

③保险费中含有储蓄成分，保单具有现金价值，若保单所有人中途退保，可获得一定数额的退保金。

④保单的灵活性。可转换为减额缴清保单、以现金价值作为趸缴保费变换为定期寿险保单，或退休时变换为年金保单，或可附加定期寿险。

（2）生存保险

这是以被保险人在保险期满或达到某一年龄仍然生存为给付条件，并一次性给付保险金的保险。

生存保险的特点主要包括以下几点：

①如果保险期间内被保险人死亡，视为未发生保险事故，保险人不负保险责任，也不退回已缴纳的保费。

②投保生存保险的主要目的是在一定时间之后被保险人可以领取一笔保险金，以满足生活等方面的需要。

③生存保险是为保障被保险人今后的生活或工作有一笔基金，以满足未来消费开支，类似于一种储蓄。

（3）两全保险

这是指无论被保险人在保险期内死亡还是保险期满时生存，都能获得保险人的保险金给付的保险。

两全保险的死亡保险金和生存保险金可以不同，当被保险人在保险期间内死亡时，保险人按合同约定将死亡保险金支付给受益人，保险合同终止；若被保险人生存至保险期间届满，保险人将生存保险金支付给被保险人。任何一张两全保险单中都载明一个到期日，如果被保险人至到期日仍然生存，保险人应将保险单约定的保险金额支付给被保险人。两全保险的期满日既可以是特定的年龄，也可以是某一约定时期的结束日。这种类型对于那些既想在保险期间内获得保障，又想在年老退休后取得可观收入、颐养天年的人具有较强的吸引力。

两全保险的特点主要包括以下几点：

①被保险人无论是生是死，都可以得到保险人的给付。是生存保险和死亡保险的结合。

②两全保险的每张保单的保险金额给付是必然的。故而，保险费率较高；

③具有储蓄性。

另外，还存在一些寿险的附加险，如保证可保性附加特约、免缴保险费特约、丧失工作能力收入补偿附加特约、意外死亡附加特约、配偶及子女保险附加特约、生活费用调整附加特约等。

2. 特种人寿保险

特种人寿保险主要指那些从普通寿险发展而来，在寿险保单条款的某一方面或某几方面做出特殊规定而形成的新险种。主要包括年金保险、简易人寿保险、团体人寿保险等。

(1) 年金保险

这是指在被保险人生存期间，保险人按照合同的金额、方式，在约定的期限内，有规则地、定期地向被保险人给付保险金的保险。

年金保险具有生存保险的特点。只要被保险人生存，被保险人通过年金保险，都能在一定时期内定期领取到一笔保险金。其类别主要有以下几种：

1) 个人年金

以一个被保险人生存作为给付保险金条件的年金保险。

2) 联合年金

以两个或两个以上的被保险人均生存作为给付保险金条件的年金保险。

3) 联合及生存年金

以两个或两个以上的被保险人中至少有一人生存作为给付保险金条件的年金保险。给付的保险金按一定比例逐步减少。

4) 最后生存者年金

以两个或两个以上的被保险人中至少有一人生存作为给付保险金条件的年金保险。并且给付的保险金不变。

(2) 简易人寿保险

这是指以劳工或工薪阶层为对象的月交、半月交或周交，无体检的低额保险，通常由保险人按时收取保费。一般采取等待期或消减期制度，即被保险人加入保险后，必须经过一定时间之后保单才能生效。如果被保险人在一定时间内死亡，保险人不负给付责任，或者减少给付金额。

(3) 团体人寿保险

这是指以团体方式投保的定期或终身死亡保险，它是团体人身保险的一种重要类型。主要包括团体定期寿险和团体终身寿险两大类。

1) 团体定期寿险

目的是提供早期死亡保险，对保障退休员工生活用处不大。

2) 团体终身寿险

这是近年发展起来的一种保险，目的在于保障退休职工的生活，因产生较晚，所以份额不高。

3. 创新型人寿保险

创新型人寿保险是指包含保险保障功能并至少在一个投资账户中拥有一定资产价值的一种保险。主要包括变额人寿保险、万能人寿保险和变额万能人寿保险。

(1) 变额人寿保险

变额人寿保险是一种终身保险，其保险金额随其保费分立账户中投资业绩的不同而变化。变额寿险在各国的称谓有所不同。英国称为单位基金连结产品，加拿大称为权益连结产品，美国称为变额人寿保险，新加坡称为投资连结保险。我国也称为投资连结保险。如中国平安保险公司销售的"平安世纪理财投资连结保险"，但需注意的是，该保险产品为定期险。

变额寿险可以是非分红的，也可以是分红的。对于分红的变额寿险，分红的金额决定于该险种的费差益和死差益；而利差益扣除投资管理费用后，用于增加保单的现金价值。保费的缴纳方式为规则的均衡保费，若没有按时缴纳保费，保单就会失效；但也可以选择红利抵充保费，或利用红利变更保单为减额缴清保险等红利领取方式使保单继续有效。由于未能及时缴纳保费导致保单失效，同样可以按复效条款进行复效。

（2）万能人寿保险

万能人寿保险是一种缴费灵活、保险金额可调整的寿险。其最大特点就是灵活性强。该保单的出现是为了满足消费者希望保险费支出较低、缴纳方式灵活的需求。

传统寿险在保险公司与客户签订保险合同之始，就已经明确规定了保险期满时或保险事故发生时保险公司应支付保险金数额的大小。其资产运用比较保守，以安全性为主，且资产收益也是以银行存款利息为中心。在传统寿险保单下，即使投资收益比预定利率低，保险公司也要履行支付的义务，资产运用的风险完全由保险公司承担。

万能寿险的资金运用是以有价证券为中心的，收益并不固定，一般来说，都比较高，但也有可能很低，满期保险金与发生保险事故时支付的保险金都是没有确定保证的，这是投资理财类险种风险性的体现。因此，保户必须承担资金收益的风险。

（3）变额万能人寿保险

变额万能人寿保险是一种终身寿险，其将万能寿险的缴费灵活性和变额寿险的投资弹性相结合。该险种具有很强的投资功能，因此各国对其经营和管理都有较高的的要求。

三、人寿保险合同的常用条款

1. 不可抗辩条款

不可抗辩条款又称不可争议条款。所谓不可抗辩，就是说当保险人放弃了可以主张的权利，以后不可以再主张。该条款规定，保单生效一定时期（通常为 2 年）后，就成为不可争议的文件，保险人不能以投保人在投保时违反诚实信用原则，没有履行告知义务等为由，否定保单的有效性。保险人的可抗辩期一般为 2 年，保险人只能在 2 年内以投保人误告、漏告、隐瞒等为由解除合同或拒付保险金。该条款旨在保护被保险人和受益人的正当权益，同时约束保险人滥用诚实信用原则。

2. 年龄误告条款

年龄误告条款通常规定了投保人在投保时误报被保险人年龄情况下的处理方法。一般分为两种情况：

（1）年龄不实影响合同效力的情况

被保险人的真实年龄不符合合同约定的年龄限制的，保险合同为无效合同，保险人可解除保险合同，但向投保人退还保费。

（2）年龄不实影响保费及保险金额的情况

投保人申报的被保险人年龄不真实，致使投保人支付的保费少于应付保费或多于应付保费，保险金额根据真实年龄进行调整。调整的原因在于年龄是寿险估计风险与计算保险费率的主要因素。调整的方法是：误报年龄导致实缴保费少于应缴保费的，投保人可以补缴过去少缴保费的本利，或按已缴的保费核减保险金额；误报年龄导致实缴的保费大于应缴保费的，无息退还多收的保费。

3. 宽限期条款

宽限期条款是分期缴费的寿险合同中关于在宽限期内保险合同不因投保人延迟缴费而失

效的规定。其基本内容通常是对到期没缴费的投保人给予一定的宽限期,投保人只要在宽限期内缴纳保费,保单继续有效。在宽限期内,保险合同有效,如发生保险事故,保险人仍给付保险金,但要从保险金中扣回所欠的保费及利息。《保险法》规定的宽限期为60天,自应缴纳保费之日起计算。宽限期条款是考虑到人身保单的长期性,在一个比较长的时间内,可能会出现一些因素影响投保人如期缴费,例如,经济条件的变化、投保人的疏忽等。宽限期的规定可在一定程度上使被保险人得到方便,避免保单失效,从而失去保障,也避免了保单失效给保险人造成业务损失。

4. 保费自动垫缴条款

保费自动垫缴条款规定,投保人未能在宽限期内缴付保费,而此时保单已具有现金价值,同时该现金价值足够缴付所欠缴的保费时,除非投保人有反对声明,保险人应自动垫缴其所欠的保费,使保单继续有效。如果第一次垫缴后,再次发现保费仍未在规定的期间缴付,垫缴须继续进行,直到累计的垫缴款本息达到保单上的现金价值的数额为止。此后投保人如果再不缴费,则保单失效。在垫缴期间,如果发生保险事故,保险人应从保险金内扣除保费的本息后再给付。

保险人自动垫缴保费实际上是保险人对投保人的贷款,其目的是避免非故意的保单失效。为了防止投保人过度使用该规定,有些保险公司会限制其使用次数。

5. 复效条款

复效条款规定,保险合同单纯因投保人不按期缴纳保费而失效后,投保人保有一定时间申请复效权。复效是对原合同效力的恢复,并不改变原合同的各项权利和义务。可申请复效的期间一般为2年,投保人在此期间内有权申请合同复效。

复效的条件是:通常必须在规定的复效期限内填写复效申请书,提出复效申请;必须提供可保证明书,以说明被保险人的身体健康状况没有发生实质性的变化;付清欠缴的保费及利息;付清保单贷款的本金及利息。

复效可分为体检复效和简易复效两种。

(1) 体检复效

这是针对失效时间较长的保单,在申请复效时,被保险人需要提供体检证明与可保证明,保险人据此考虑是否同意复效。

(2) 简易复效

这是针对失效时间较短的保单,在申请复效时,保险人只要求被保险人填写健康声明书,说明身体健康,在保险失效以后没有发生实质性的变化即可。由于大多数保单的失效是非故意的,所以保险人对更短时间内(如宽限期满后31天内)提出复效申请的被保险人采取宽容的态度,无须被保险人提出可保性证明。

复效和重新投保不同,复效是恢复原订保险合同的效力,原合同的权利义务保留不变;重新投保是指一切都重新开始。

6. 不丧失价值任选条款

寿险保单除短期的定期险外,投保人缴满一定期间(一般为2年)的保费后,如果合同期满前解约或终止,保单所具有的现金价值并不丧失,投保人或被保险人有权选择有利于自己的方式来处理保单所具有的现金价值。为了方便投保人或被保险人了解保单现金价值的数额与计算方法,保险公司往往在保单上附上现金价值表。

7. 保单贷款条款

保单贷款条款规定，投保人缴付保费满若干年后，如有临时性的经济上的需要，可以将保单作为抵押向保险人申请贷款，一般来说，贷款金额不超过保单的现金价值。被保险人应在保险人发出还款通知后的 31 天内还清款项，否则保单失效。当被保险人或者受益人领取保险金时，如果保单上的贷款本息尚未还清，应在保险金内扣除贷款本息。

8. 保单转让条款

只要不侵犯受益人的权利，人寿保单可以转让。如果转让是出于不道德或非法的考虑，则法院将做出否认的裁决；如果投保人指定的是不可变更的受益人，未经受益人同意，保单不能转让。通常保单的转让分为绝对转让和抵押转让两类。

（1）绝对转让

这是把保单的所有权完全转让给一个新的所有人。绝对转让必须在被保险人生存时进行。在绝对转让的情况下，如果被保险人死亡，全部保险金将给付受让人。

（2）抵押转让

这是将一份具有现金价值的保单作为被保险人的信用担保或贷款的抵押品，即受让人仅享受保单的部分权利。在抵押转让的情况下，如果被保险人死亡，受让人收到的是已转让权益的那一部分保险金，其余的仍归受益人所有。

保单转让后，投保人或保单的持有人应书面通知保险人。

9. 自杀条款

自杀条款规定，如果被保险人在保单生效或复效的 2 年内自杀，不论精神正常与否，保险公司不给付保险金，只需将所缴的保费退还给受益人。它属于免责条款。2 年后自杀，保险公司可以按照合同规定给付保险金。

10. 战争条款

战争条款规定，在保险合同的有效期间内，如果被保险人因战争和军事行动而死亡或残废，保险人不承担给付保险金的责任。

11. 意外死亡条款

意外死亡条款规定，被保险人在保单的有效期内因完全外来的、剧烈的意外事故发生后于若干日内（一般为 90 天）死亡，其受益人可得到几倍的保险金。给付的保险金一般为保险金额的 2～3 倍。该条款之所以规定一个 90 天的时限，是因为如果在发生意外伤害很长的一段时间后死亡，则死亡原因中难免包含疾病的因素。所以在发生事故之后超过 90 天的死亡，就不算意外死亡，不给付意外死亡保险金。

12. 受益人条款

受益人条款是在人身保险合同中关于受益人的指定、资格、顺序、变更及受益人的权利等内容的具体规定。受益人是人身保险合同中十分重要的关系人，很多国家的人身保险合同中都有受益人条款。

人身保险中的受益人通常分为指定受益人和未指定受益人两类。

指定受益人按其请求权的顺序分为原始受益人与后继受益人。许多国家在受益人条款中都规定，如果受益人在被保险人之前死亡，这个受益人的权利将转回给被保险人，被保险人可以再指定另外的受益人。这个再指定受益人就是后继受益人。当被保险人没有遗嘱指定受益人时，则被保险人的法定继承人就成为受益人，这时保险金就变成被保险人的遗产。

13. 红利任选条款

红利任选条款规定，被保险人如果投保分红保险，便可享受保险公司的红利分配权利，且对此权利有不同的选择方式。分红保单的红利来源主要是三差收益，即利差益、死差益和费差益。

利差益是实际利率大于预定利率的差额；死差益是实际死亡率小于预定死亡率而产生的收益；费差益是实际费用率小于预订费用率的差额。但从性质上讲，红利来源于被保险人多缴的保费，因为与不分红保单相比，分红保单采取更保守的精算方式，即采取更高的预定死亡率、更低的预定利率和更高的预订费用率。

14. 保险金给付的任选条款

寿险的最基本目的是在被保险人死亡或达到约定的年龄时，提供给受益人一笔可靠的收入。为了达到这个目的，保单条款通常列有保险金给付的选择方式，供投保人自由选择。最为普遍使用的保险金给付方式有以下五种：

（1）一次支付现金方式

这种方式有两种缺陷：

①在被保险人或受益人共同死亡的情况下，或受益人在被保险人之后不久死亡的情况下，不能起到充分保障作用；

②不能使受益人领取的保险金免除其债权人索债。

（2）利息收入方式

该方式是受益人将保险金作为本金留存在保险公司，由其以预定的保证利率定期支付给受益人。受益人死亡后可由他的继承人领取保险金的全部本息。

（3）定期收入方式

该方式是将保险金保留在保险公司，由受益人选择一个特定期间领完本金及利息。在约定的年限内，保险公司以年金方式按期给付。

（4）定额收入方式

该方式是根据受益人的生活开支需要，确定每次领取多少金额。领款人按期领取这个金额，直到保险金的本金全部领完。该方式的特点在于给付金额的固定性。

（5）终身年金方式

该方式是受益人用领取的保险金投保一份终身年金保险。以后受益人按期领取年金，直到死亡。该方式与前四种方式存在一个不同点，就是它与死亡率有关。

15. 共同灾难条款

共同灾难条款规定，只要第一受益人与被保险人同死于一次事故中，如果不能证明谁先死，则推定第一受益人先死。该条款的产生使问题得以简化，避免了许多无谓的纠纷。

四、人寿保险费率的厘定

1. 影响人寿保险费率的因素分析

（1）利率因素

寿险业务大多是长期性的。寿险公司预定的利率是否能实现，要看其未来投资收益，因此，利率的预定必须十分慎重。精算人员在确定预定利率之前要与投资部门进行协商，要考虑本公司及其他公司过去的投资收益情况。

预定利率对于保险公司制定费率十分重要，特别是对于传统寿险，因为它们在保单有效期内是固定不变的。寿险公司在预定利率时往往是十分谨慎的，但过于保守的态度也会损害被保险人的利益或丧失市场竞争力。

（2）死亡率因素

寿险公司的经验死亡率是制定寿险费率十分重要的因素之一。各家寿险公司之间的经验死亡率差别是很大的。

各寿险公司的科学做法应是将国民生命表与各公司的经验数据相结合，找出最适合本公司的死亡率数据。

（3）费用率因素

保险公司均制定预订费用率。费用率一般随公司的不同而不同。大的公司比小的公司有较低的费用。寿险公司的费用一般包括以下几项：

1）合同初始费

包括签发保单费用和承保费用等。

2）代理人酬金

包括代理人佣金、奖金、竞赛费用、奖励、培训费和养老金计划支出等。

3）保单维持费用

包括缴费费用、会计费用、佣金的管理费用、客户服务费用、保单维持的记录费用和保费收入税等。

4）保单终止费

包括退保费用、无现金价值失效费用、死亡给付费用和到期费用等。

（4）失效率因素

一般而言，影响保单失效率的因素包括以下几项：

1）保单年度

保单失效率随保单年度的增加而降低。

2）被保险人投保时年龄

十几岁至二十几岁的人口保单失效率较高，而30岁以上的被保险人保单失效率较低。

3）保险金额

大额保单的失效率通常较低。

4）保费交付频率

每年缴费一次与每月预先从工资中扣除保费的保单失效率较低，而每月直接缴费的保单的退保率较高。

5）性别

当其他情况相同时，女性的保单失效率要比男性的低。

（5）平均保额因素

平均保额一般是以千元保额为单位的，一般表示为几个单位千元保额，如5单位保额、10单位保额等。通过平均保额可以计算保单费用、每张保单开支、单位保费费用和每次保单终止费用等。保单的特点及保单的最小单位也会影响平均保额的大小，通常可根据被保险人的年龄、性别及保单的特点对平均保额进行调整。

尽管影响人寿保险费率的因素有以上五个主要方面，但人们在解释人寿保险费率厘定原理时，为了简化分析过程，往往只考虑死亡率因素、利率因素和费用率因素。这三个因素就是我们常说的计算人寿保险费率的三要素。

2. 人寿保险费的构成

保险费的收取应考虑保险人的各项支付（保险金的给付和各项业务费用），保险费的收取是建立在保费收支平衡原则基础上的。从人寿保险费的构成看，投保人交付的人寿保险合同费用是由纯保险费、安全加成费和附加保险费三部分组成的。人寿保险中，称这一保险费为毛保险费，或是保险费。其公式如下：

$$毛保费 = (1 + 安全加成系数) \times 纯保费 + 附加保费$$

如上所述，保险人的"收"源于投保人所交保险费，"支"主要用于保险金的给付和各项业务费用，因此，收支平衡原则可用下列公式表示：

保险费的现值 = 保险金额现值 + 各项业务费用的现值

= 纯保险费现值 + 安全加成 + 附加保费现值

其中：

（1）纯保险费现值 + 安全加成 = 保险金额现值

纯保费，是基于保费与保额对等关系的考虑而计算收取的，是投保人为获取保险保障而支付给保险人的对价；同时也是保险人建立保险基金及赔偿责任准备金的主要来源，是保险人履行保险赔偿的基础。

（2）安全加成

安全加成是指与纯保险费挂钩的，用于补偿生存给付与保险面额可能的偏差。

（3）附加保费现值 = 各项业务费用现值

各项业务费用，是指由投保人承担的寿险经营业务的费用。通过附加保费的缴付，用于实际业务费用耗费的补偿。

需指出的是，在保费的构成中，纯保险费与附加保险费的厘定不仅取决于保险的期限、保险金额、被保险人年龄和业务费用等多种因素，还需考虑到银行利息等因素，因此，人寿保险费中的各组成部分的计算厘定都需是"精算"。

3. 生命表

（1）生命表的概念及发展

生命表是根据以往一定时期内各种年龄死亡统计资料编制的一种统计表。生命表中最重要的内容就是每个年龄的死亡率。

生命表通常分为国民生命表和经验生命表。国民生命表是根据全体国民或者特定地区的人口死亡统计数据编制的，资料主要来源于人口普查的统计资料。经验生命表是根据人寿保险或社会保险以往的死亡记录分析编制的。

生命表的建立可追溯到1661年，1661年，英国就有了历史上最早的死亡概率统计表。到1693年，世界上第一张生命表产生，是英国天文学家哈莱制定的"哈莱死亡表"，它奠定了近代人寿保险费计算的基础，到1700年，英国又建立了"均衡保费法"，使投保人每年缴费为同一金额。

生命表是怎么来的？对于单个人来说，出生后何时死亡是不可知的，但对于一个国家、一个地区，在一定的时间、一定的社会经济条件下，人的生、老、死是有规律可循的。人们可根据大数法则的原理，运用统计方法和概率论，编制出生命规律的生命表，它是同批人从出生后，陆续死亡的生命过程的统计表。

在我国 1929—1931 年，金陵大学的肖富德编制了中国的第一张生命表，称为"农民生命表"。1982 年，第 2 次全国人口普查得到了完整的生命表资料，直到 1995 年年末，才制定出中国人寿保险业第一张经验生命表（定价生命表）。

2005 年 12 月 22 日，中国保监会发布了《中国人寿保险业经验生命表（2000—2003）》，如表 2 - 8 - 1 和表 2 - 8 - 2 所示，以下简称新生命表。并规定：保险公司自行决定定价用生命表，就是说，可以用新表，也可以采用其他表，如原生命表；计算保单现金价值时采用定价生命表；保险公司进行法定准备金评估，必须采用新生命表，新生命表使用政策于 2006 年 1 月 1 日起生效。新生命表包含非养老金业务男女表和养老金业务男女表共两套四张表，简称"CL（2000—2003）"。在新的非养老金业务表中，男性和女性的平均寿命都比原生命表有所提高。

至 2014 年，第 3 版生命表修订工作正式启动，新生命表的修订，还将在一定程度上提高准确度、实现精细化，这些工作对保险公司有十分现实的指导意义。比如，国内保险产品中，两全保险占比过大，而两全保险的投保人群多为年轻人，如果仅用一张生命表笼统显示，有可能使保险公司低估死亡率上升的风险。再如，通过对数据按地区、保额、核保尺度等标准进行细分，新版生命表将能更细致地描述出不同地区、不同保额、不同核保尺度下被保险人的生存死亡情况，有利于保险公司区别定价、有针对性地推出细分产品。

（2）生命表的内容

在生命表中，首先要选择初始年龄且假定该年龄生存的一个合适的人数，这个数称为基数。一般选择 0 岁为初始年龄，并规定此年龄的人数通常取整数，如 10 万人、100 万人、1 000 万人等。一般的生命表中都包含以下内容如表 8 - 1 和 8 - 2 所示。

表 8 - 1　中国人寿保险业经验生命表（2000—2003）（非养老金业务男表 CL1）

年龄 x/岁	死亡率 q_x/%	生存人数 l_x/万人	死亡人数 d_x/万人	平均余命 & e_x
0	0.000 722	1 000 000	722	76.7
1	0.000 603	999 278	603	75.8
2	0.000 499	998 675	498	74.8
3	0.000 416	998 177	415	73.9
4	0.000 358	997 762	357	72.9
5	0.000 323	997 405	322	71.9
6	0.000 309	997 082	308	70.9
7	0.000 308	996 774	307	70.0
8	0.000 311	996 467	310	69.0
9	0.000 312	996 157	311	68.0
10	0.000 312	995 847	311	67.0
11	0.000 312	995 536	311	66.0
12	0.000 313	995 225	312	65.1
13	0.000 320	994 914	318	64.1

续表

年龄 x/岁	死亡率 q_x/%	生存人数 l_x/万人	死亡人数 d_x/万人	平均余命 & e_x
14	0.000 336	994 595	334	63.1
15	0.000 364	994 261	362	62.1
16	0.000 404	993 899	402	61.1
17	0.000 455	993 498	452	60.2
18	0.000 513	993 046	509	59.2
19	0.000 572	992 536	568	58.2
20	0.000 621	991 969	616	57.3
21	0.000 661	991 353	655	56.3
22	0.000 692	990 697	686	55.3
23	0.000 716	990 012	709	54.4
24	0.000 738	989 303	730	53.4
25	0.000 759	988 573	750	52.4
26	0.000 779	987 823	770	51.5
27	0.000 795	987 053	785	50.5
28	0.000 815	986 268	804	49.6
29	0.000 842	985 464	830	48.6
30	0.000 881	984 635	867	47.6
…	…	…	…	…

表8-2 中国人寿保险业经验生命表（2000—2003）非养老金业务女表CL2

年龄 x/岁	死亡率 q_x/%	生存人数 l_x/万人	死亡人数 d_x/万人	平均余命 & e_x
0	0.000 661	1 000 000	661	80.9
1	0.000 536	999 339	536	79.9
2	0.000 424	998 803	423	79.0
3	0.000 333	998 380	332	78.0
4	0.000 267	998 047	266	77.0
5	0.000 224	997 781	224	76.1
6	0.000 201	997 557	201	75.1
7	0.000 189	997 357	189	74.1
8	0.000 181	997 168	180	73.1
9	0.000 175	996 988	174	72.1

270　保险理论与实务

续表

年龄 x/岁	死亡率 q_x/%	生存人数 l_x/万人	死亡人数 d_x/万人	平均余命 $\& e_x$
10	0.000 169	996 813	168	71. 1
11	0.000 165	996 645	164	70. 2
12	0.000 165	996 481	164	69. 2
13	0.000 169	996 316	168	68. 2
14	0.000 179	996 148	178	67. 2
15	0.000 192	995 969	191	66. 2
16	0.000 208	995 778	207	65. 2
17	0.000 226	995 571	225	64. 2
18	0.000 245	995 346	244	63. 2
19	0.000 264	995 102	263	62. 3
20	0.000 283	994 840	282	61. 3
21	0.000 300	994 558	298	60. 3
22	0.000 315	994 260	313	59. 3
23	0.000 328	993 946	326	58. 3
24	0.000 338	993 620	336	57. 3
25	0.000 347	993 285	345	56. 4
26	0.000 355	992 940	352	55. 4
27	0.000 362	992 587	359	54. 4
28	0.000 372	992 228	369	53. 4
29	0.000 386	991 859	383	52. 4
30	0.000 406	991 476	403	51. 5
…	…	…	…	…

①x：表示年龄。

②l_x：生存人数，是指从初始年龄至满 x 岁尚生存的人数。例和 l_{30} 表示在初始年龄定义的基数中有 l_{30} 人活到 30 岁。

③d_x：死亡人数，是指 x 岁的人在一年内死亡的人数，即指 x 岁的生存数 l_x 人中，经过一年死去的人数。已知在 $x+1$ 岁时生存数为 l_{x+1}，于是有 $d_x = l_x - l_{x+1}$。

④q_x：死亡率，表示 x 岁的人在一年内死亡的概率。显然，$q_x = \dfrac{d_x}{l_x} = \dfrac{l_x - l_{x+1}}{l_x}$。

　　生命表在纯保险费计算中的作用就是据此计算保险公司支付的保险金如何在生存者或死亡者中以纯保费的形式进行分配。

4. 基本利息的计算

（1）单利的计算

单利是指每度量期均只对本金计息，而对本金产生的利息不再计息。

若以 P 表示本金，i 表示利率，n 表示计息期数，I 表示利息，S 表示本利和，则单利的计算公式为：

$$I = P \cdot i \cdot n$$
$$S = P + I = P(1 + i \cdot n)$$

（2）复利的计算

复利是单利的对称，是指将按本金计算出来的利息额再加入本金，一并计算出来的利息。复利的计算公式为：

$$S = P(1+i)^n$$
$$I = S - P = P[(1+i)^n - 1]$$

（3）终值与现值的计算

由于利息因素的影响，一笔资金在不同时期的价值是不同的。一笔资金在一定利率下存放一定时期后所得的本利和称为终值。在复利假设下，终值可表示为：终值 = 本金（1 + 利率）^{n}，

即：

$$S = P(1+i)^n$$

现值与终值是相反的概念。现值可表述为：在一定利率条件下，将来某一时刻要得到一笔固定金额资金，现在应存放的金额称为现值。现值相当于本金。因为，终值 = 本金 ×（1 + 利率）n，所以，

本金 = 终值/（1 + 利率）^{n}

现值 = $P = \dfrac{S}{(1+i)^n} = Sv^n$

式中，v 称为贴现因子，$v = \dfrac{1}{1+i}$ 表示 1 年后的 1 元钱在年初时刻的现值，v^n 表示 n 年后的 1 元钱在年初时刻的现值。

5. 人寿保险费计算的实质

人寿保险费计算的实质就是计算未来某一段时间保险人给付的保险金总额按预定利率（复利）逆算到某一缴费期时的现值，然后再将这一现值按该缴费期的被保险人分摊计算。因此，在计算时，要考虑被保险人的生存率或死亡率，或者是生存人数、死亡人数。

根据收支平衡原则，保险人承保的某类寿险业务今后将要给付的保险金，在投保时点的价值总和，应当等于投保人在投保时缴纳的纯保费之和。

人寿保费的计算非常精确，又非常烦琐，实际计算尤为复杂。但寿险实务工作者在实际中创立了各种换算符号和换算表，大大简化了纯费率和各种计算的程序，特别是电子计算机的应用，使寿险精算日臻完善。当今，寿险精算已成为现代应用数学的一个分支。

【任务实施】

根据实际人数将全班学生分为每组 4~5 人的小组，在老师的指导下，每组学生在实践中模拟销售，对所收集的保险公司的产品进行简洁的说明，为客户解释寿险产品的价格构成。并通过模拟的方式进一步认识和巩固老师所讲授的知识。

同步测试

一、名词解释

1. 人寿保险

2. 死亡保险

3. 生存保险

4. 生死两全保险

5. 复效条款

6. 宽限期条款

7. 共同灾难条款

二、简答题

1. 简述不可抗辩条款。

2. 年龄误告条款的具体内容是什么？

三、单项选择题

1. 在下列险种中，（   ）不属于人寿保险。

A. 死亡保险   B. 生存保险

C. 两全保险   D. 意外伤害保险

2. 人身保险中若投保人在宽限期结束后仍未交纳应付保险费的，保险合同效力（   ）。

A. 终止   B. 中止   C. 仍然有效   D. 降低

3. 年金保险是（   ）。

A. 死亡保险   B. 终身寿险   C. 生存保险   D. 两全保险

4. 人寿保险往往采用（   ）计算保费。

A. 自然费率   B. 递增费率   C. 均衡费率   D. 纯费率

5. 下列（   ）中通常没有现金价值，不具备储蓄因素。

A. 定期生存保险   B. 定期死亡保险

C. 终身死亡保险   D. 两全寿险

6. 李某于 2005 年 11 月在某保险公司投保简易人身保险 30 年期 10 份，约定保险费每月 10 日分期交付。2007 年 7 月 10 日，李某因下岗无力按期交付保险费，8 月 10 日仍未交付。9 月 5 日外出时遇车祸身亡。保险人应选择的处理方式是（   ）。

A. 因超过宽限期限而拒绝给付

B. 因未按时交付保险费而解除合同

C. 虽未交足 2 年保险费，但应在扣除手续费后退还保险费

D. 因合同成立不足 2 年，所以退还保险单的现金价值

7. 我国《保险法》规定，如果被保险人在参加保险两年内自杀，保险公司（   ）。

A. 不给付保险金   B. 通融给付

C. 只给付一部分   D. 征求有关部门意见

8. 人寿保险的被保险人或受益人对保险人请求给付保险金的权利自其知道保险事故发生之日起（   ）。

A. 2 年   B. 3 年   C. 4 年   D. 5 年

9. 在保险金额相同的情况下，（   ）的年均衡保费最高。

A. 终身寿险   B. 生存保险   C. 两全保险   D. 定期保险

10. 以下（   ）面临的投保人的逆选择最大。

A. 终身寿险   B. 万能寿险   C. 定期寿险   D. 年金保险

四、案例分析

案例 1：

刘辉于 2007 年 12 月 5 日为其岳父李富国投保 10 年期简易人身保险 15 份，受益人是李某 6 岁的外孙刘华（刘辉之子），保险费由刘辉每月从工资中扣除。2008 年 9 月 21 日，刘辉与被保险人的女儿李芳离婚。

刘华由李芳抚养。离婚后，刘辉仍然按期交纳这笔保险费。2009 年 2 月，李富国病故，刘辉向保险公司申领保险金。与此同时，李芳也提出了申请，并摆出了下列理由：被保险人是她父亲，指定受益人又是她的儿子，并由她抚养。刘辉自与她离婚后，与她们家没有任何联系，这笔保险金应由她作为监护人领取。保险公司认为此合同由于投保人后来对被保险人已无可保利益，合同无效。请问：该合同是否依旧有效？保险公司是否应该赔款？如果赔款，应该赔给谁？

案例 2：

王×30 岁时，投保终身寿险，保额为 5 000 元。投保时年龄误报为 32 岁。五年后发生了保险事故，请问保险人应如何处理？（30 岁每年应缴保费 31.89 元，32 岁每年应缴保费 35.59 元）

案例 3：

2008 年 6 月 8 日，刘某为丈夫李某在某保险公司投保了终身寿险，保险金额 5 万元。2009 年 10 月 28 日，李某因帕金森氏综合征死亡，刘某携带保险单、被保险人死亡证明等相关材料向保险公司提出索赔申请，要求给付身故保险金 5 万元。

保险公司对李某的死亡原因进行了调查。发现被保险人李某早在 1994 年 7 月至投保日前曾 5 次因帕金森氏综合征和脑动脉硬化症等多种疾病住院治疗，但在投保时却未告知其身体病况，在投保单关于"最近健康状况及过去 10 年内是否患有下列疾病"的询问栏内全部填"否"，没有如实告知被保险人李某投保前患病住院的事实。

保险公司以投保人故意未履行告知义务为由，做出了解除保险合同、不承担给付保险金责任的决定。刘某不服，诉至法院。

刘某诉称，在保险营销员甲登门承揽义务时，其已经向该营销员如实告知了被保险人以前患过脑动脉硬化症的情况，但保险营销员甲称"没事，不影响承保"，并积极帮刘某填好投保单后，交由刘某签字。对这种只能用对号在相应的方格内填写的格式合同，外行人就是认真核实，也未必能看出对错。如果有错，那只能是保险营销员甲的错，而不应是投保人的错。由于营销员的行为是代理行为，后果理应由保险公司承担。而投保人已经履行了告知义务并如约交纳了保险费，在承保期间发生事故，保险公司应该赔偿。同时，按照《保险法》第 31 条的规定：对于保险合同的条款，保险人与投保人、被保险人或者受益人有争议时，人民法院或者仲裁机关应当作有利于被保险人和受益人的解释。

保险公司辩称，投保人在投保单上隐瞒了被保险人的病情，没有履行如实告知义务。该项保险合同必须以书面的形式告知，否则要对告知不实承担法律责任。刘某现年 35 岁，系某公司职员，是一个具有完全民事行为能力的人。她在看了营销员为她代填的投保单后，亲自签名，这一行为就是投保人对投保单上告知事项的肯定。由此而引发的一切后果，毫无疑问应由投保人自己承担，而不管其告知的内容是否由自己亲自填写。投保人的行为属于故意不履行告知义务，按照《保险法》的规定：投保人故意隐瞒事实，不履行如实告知义务的，保险人有权解除保险合同；保险人对于保险合同解除前发生的保险事故，不承担赔偿或者给付保险金的责任，并不退还保险费。请分析本案中保险公司的处理是否合理？

案例 4：

王某为自己投保了一份终身寿险保单，合同成立并生效的时间为 2008 年 3 月 1 日。因王某未按期交纳续期保费，此保险合同的效力遂于 2009 年 5 月 2 日中止。2010 年 5 月 1 日，王某补交了其所拖欠的保险费及利息。经保险双方协商达成协议，此合同效力恢复。

2010 年 10 月 10 日，王某自杀身亡，其受益人向保险公司提出给付保险金的请求。而保险公司则认为"复效日"应为合同效力的起算日，于是便以合同效力不足两年为理由予以拒赔。请分析本案中保险公司的处理是否合理？

任务三　认识人身意外伤害保险

【任务描述】 在本任务下，学生应掌握人身意外伤害险的构成、特点等，把握可保风险分析，了解常见的意外伤害保险产品：个人意外险、旅游意外险等。

【任务分析】 在老师的指导下，学生在学习过程中调查了解市场上人身意外伤害险的主要类型，通过与实践案例相结合的方式进一步认识和巩固老师所讲授的知识。

【相关知识】

2015 年 5 月 14 日，中国人寿保险股份有限公司湖北黄冈分公司及时兑现了一起被保险人因交通事故意外身故的案件，将 3.6 万元的意外身故保险理赔款汇入被保险人明女士家属指定的账户。

据悉，被保险人明女士系黄冈麻城市中馆驿镇喻家岗村村民，现年 39 岁。2015 年 3 月 26 日中午，明女士骑摩托车在路边停靠过程中遇一重型货车相撞并遭碾压，经抢救无效死亡，身旁随行的朋友受重伤。货车司机弃车逃逸，后于 3 月 31 日投案自首。经查，被保险人明女士于 2014 年 4 月 21 日在中国人寿为自己投保了一份《国寿吉祥卡（B 款）》，一次性缴纳保险费 100 元，其个人最高意外伤害保险金额 3.6 万元。5 月 12 日，接到被保险人家属的理赔申请后，黄冈国寿理赔调查人员迅速开展了全方位多侧面的调查核实，积极协助明女士家属收集理赔材料，并通过查看交警大队出具的道路交通事故认定书，认为被保险人因意外造成死亡属其所参保险种的保险责任范围，于是仅用了两个工作日就给被保险人家属兑现了足额理赔款 3.6 万元。

一、意外伤害的含义

意外伤害是指外来的、突发的、非本意的、非疾病的使身体受到伤害的客观事件。意外伤害包括意外和伤害两层含义。

所谓意外，是就被保险人的主观状态而言的，指被保险人事先没有预见到伤害的发生或伤害的发生违背被保险人的主观意愿，其特征是非本意、外来的、突发的。

所谓伤害，是指被保险人的身体遭受外来事故的侵害，使人体完整性遭到破坏或器官组织生理机能遭受损害的客观事实。伤害由致害物、侵害对象、侵害事实三个要素组成。

二、人身意外伤害保险的定义

人身意外伤害保险简称意外伤害保险或意外险,是指被保险人在保险有效期内,因遭受意外伤害而导致死亡或残疾时,保险人按照合同给付保险金的保险。意外伤害保险的含义至少包含三层意思:

①必须有客观的意外事故发生,且事故原因是意外的、偶然的、不可预见的。
②被保险人必须有因客观事故造成死亡或残疾的结果。
③意外事故的发生和被保险人遭受人身伤亡的结果之间存在着内在的、必然的联系,即意外事故的发生是被保险人遭受伤害的原因,而被保险人遭受伤害是意外事故的后果。

三、人身意外伤害保险的种类

1. 按实施方式分类

按实施方式可将人身意外伤害保险划分为自愿意外伤害保险和强制意外伤害保险。

(1) 自愿意外伤害保险

自愿意外伤害保险是投保人和保险人在自愿基础上通过平等协商订立保险合同的人身意外伤害保险。投保人可以选择是否投保以及向哪家保险公司投保,保险人也可以选择是否承保。只有双方取得一致时才订立保险合同,确立双方的权利和义务。

(2) 强制意外伤害保险

强制意外伤害保险(又称"法定意外伤害保险")是政府通过颁布法律、行政法规、地方性法规强制施行的人身意外伤害保险。凡属法律、行政法规、地方性法规规定的强制施行范围内的人必须投保,没有选择的余地。有的强制意外伤害保险还规定必须向某家保险公司投保,在这种情况下,该保险公司也必须承保,没有选择的余地。

2. 按保险风险分类

按保险风险分类,可将人身意外伤害保险分为普通意外伤害保险和特定意外伤害保险。

(1) 普通意外伤害保险

普通意外伤害保险所承保的危险是在保险期限内发生的各种意外伤害(不可保意外伤害除外,特约保意外伤害视有无特别约定)。目前,保险公司开办的团体人身意外伤害保险、学生团体平安保险等,均属普通意外伤害保险。

(2) 特定意外伤害保险

特定意外伤害保险是以特定时间、特定地点或特定原因发生的意外伤害为保险风险的人身意外伤害保险。如保险风险仅限定于在矿井下发生的意外伤害、在建筑工地发生的意外伤害、在驾驶机动车辆中发生的意外伤害、煤气罐爆炸发生的意外伤害等的特定意外伤害保险。

3. 按保险期限分类

按保险期限分类,可将个人意外伤害保险分为1年期意外伤害保险、极短期意外伤害保险和多年期意外伤害保险。把人身意外伤害保险进行这种分类的意义在于,不同的保险期限,计算未到期责任准备金的方法不同。

(1) 1年期意外伤害保险

1年期意外伤害保险是指保险期限为1年的人身意外伤害保险业务。在人身意外伤害保险中,1年期意外伤害保险占大部分。保险公司目前开办的个人人身意外伤害保险、附加意外伤害保险等均属1年期意外伤害保险。

（2）极短期意外伤害保险

极短期意外伤害保险是指保险期限不足1年，只有几天、几小时甚至更短时间的意外伤害保险。我国目前开办的公路旅客意外伤害保险、旅游保险、索道游客意外伤害保险、游泳池人身意外伤害保险、大型电动玩具游客意外伤害保险等，均属极短期意外伤害保险。

（3）多年期意外伤害保险

多年期意外伤害保险是指保险期限超过1年的意外伤害保险。

4. 按险种结构分类

按险种结构分类，可将人身意外伤害保险分为单纯意外伤害保险和附加意外伤害保险。

（1）单纯意外伤害保险

单纯意外伤害保险是指一张保险单所承保的保险责任仅限于意外伤害的人身意外伤害保险。保险公司目前开办的个人人身意外伤害保险、公路旅客意外伤害保险、驾驶员意外伤害保险等，均属单纯意外伤害保险。

（2）附加意外伤害保险

附加意外伤害保险包括两种情况：一种是其他保险附加意外伤害保险；另一种是意外伤害保险附加其他保险责任。

四、不可保意外伤害和特约保意外伤害

1. 不可保意外伤害

不可保意外伤害，也可理解为意外伤害保险的除外责任，即从保险原理上讲，保险人不应该承保的意外伤害。如果承保，则违反法律的规定或违反社会公共利益。不可保意外伤害一般包括以下几种：

（1）被保险人在犯罪活动中所受的意外伤害

意外伤害保险不承保被保险人在犯罪活动中受到的意外伤害的原因有以下两点：

①保险只能为合法的行为提供经济保障，只有这样，保险合同才是合法的，才具有法律效力。一切犯罪行为都是违法行为，所以，对被保险人在犯罪活动中所受的意外伤害不予承保。

②犯罪活动具有社会危害性，如果承保被保险人在犯罪活动中所受的意外伤害，即使该意外伤害不是由犯罪行为直接造成的，也违反社会公共利益。

（2）被保险人在寻衅殴斗中所受的意外伤害

寻衅殴斗是指被保险人故意制造事端挑起的殴斗。寻衅殴斗不一定构成犯罪，但具有社会危害性，属于违法行为，因而不能承保，其道理与不承保被保险人在犯罪活动中所受意外伤害相同。

（3）被保险人在酒醉、吸食（或注射）毒品（如海洛因、鸦片、大麻、吗啡等麻醉剂、兴奋剂、致幻剂）后发生的意外伤害

酒醉或吸食毒品对被保险人身体的损害，是被保险人的故意行为所致，当然不属意外伤害。

（4）由于被保险人的自杀行为造成的伤害属于不可保风险

对于不可保意外伤害，在意外伤害保险条款中应明确列为除外责任。

2. 特约保意外伤害

特约保意外伤害，即从保险原理上讲可以承保，但保险人考虑到保险责任不易区分或限于承保能力，只有经过投保人与保险人特别约定，有时还要另外加收保险费后才予承保的意外伤害。特约保意外伤害包括以下几项：

（1）战争使被保险人遭受的意外伤害

由于战争使被保险人遭受意外伤害的风险过大，保险公司一般没有能力承保。战争是否爆发、何时爆发、会造成多大范围的人身伤害，往往难以预计，保险公司一般难以拟定保险费率。所以，对于战争使被保险人遭受的意外伤害，保险公司一般不予承保，只有经过特别约定并另外加收保险费以后才能承保。

（2）被保险人在从事登山、跳伞、滑雪、江河漂流、赛车、拳击、摔跤等剧烈的体育活动或比赛中遭受的意外伤害

被保险人从事上述活动或比赛时，会使其遭受意外伤害的概率大大增加，因而保险公司一般不予承保，只有经过特别约定并另外加收保险费以后才能承保。

（3）核辐射造成的意外伤害

核辐射造成人身意外伤害的后果，往往在短期内不能确定，而且如果发生大的核爆炸时，往往造成较大范围内的人身伤害。从技术上考虑和从承保能力上考虑，保险公司一般不承保核辐射造成的意外伤害。

（4）医疗事故造成的意外伤害

如医生误诊、药剂师发错药品、检查时造成的损伤、手术切错部位等）。意外伤害保险的保险费率是根据大多数被保险人的情况制定的，而大多数被保险人身体是健康的，只有少数患有疾病的被保险人才存在医疗事故遭受意外伤害的危险。为了使保险费的负担公平合理，所以保险公司一般不承保医疗事故造成的意外伤害。

对于上述特约保意外伤害，在保险条款中一般列为除外责任，经投保人与保险人特别的约定承保后，由保险人在保险单上签注特别约定或出具批单，对该项除外责任予以剔除。

五、人身意外伤害保险的主要内容

1. 人身意外伤害保险的保险责任

人身意外伤害保险的保险责任是被保险人因意外伤害所致的死亡和残疾。死亡保险的保险责任是被保险人因疾病或意外伤害所致的死亡，而意外伤害所致的残疾保险人不负责。两全保险的保险责任是被保险人因疾病或意外伤害所致的死亡以及被保险人保险期满时继续生存。

人身意外伤害保险的保险责任由三个必要条件构成。

（1）被保险人遭受了意外伤害

被保险人在保险期限内遭受意外伤害是构成意外伤害保险的保险责任的首要条件。这一首要条件包括两方面的要求：

①被保险人遭受意外伤害必须是客观发生的事实，而不是臆想的或推测的。

②被保险人遭受意外伤害的客观事实必须发生在保险期限之内。如果被保险人在保险期限开始以前曾遭受意外伤害，而在保险期限内死亡或残疾，不构成保险责任。

（2）被保险人死亡或残疾

被保险人在责任期限内死亡或残疾是构成意外伤害保险的保险责任的必要条件之一。这

一必要条件包括以下两方面的要求：

1）被保险人死亡或残疾

死亡即机体生命活动和新陈代谢的终止。

在法律上发生效力的死亡包括两种情况：一是生理死亡，即已被证实的死亡；二是宣告死亡，即按照法律程序推定的死亡。《中华人民共和国民法通则》第23条规定："公民有下列情形之一的，利害关系人可以向人民法院申请宣告他死亡：（一）下落不明满4年的；（二）因意外事故下落不明，从事故发生之日起满2年的。"

残疾也包括两种情况：一是人体组织的永久性残缺（或称"缺损"），如肢体断离等；二是人体器官正常机能的永久丧失，如丧失视觉、听觉、嗅觉、语言机能、运动障碍等。

2）被保险人的死亡或残疾发生在责任期限之内

责任期限是人身意外伤害保险和健康保险特有的概念。如果被保险人在保险期限内遭受意外伤害，在责任期限内生理死亡，则显然已构成保险责任。对于被保险人在保险期限内因意外事故下落不明，自事故发生之日起满2年，法院宣告被保险人死亡后责任期限已经超过的情况，可以在人身意外伤害保险条款中订明失踪条款或在保险单上签注关于失踪的特别约定，规定被保险人确因意外伤害事故下落不明超过一定期限（如3个月、6个月等）时，视同被保险人死亡，保险人给付死亡保险金；如果被保险人以后生还，受领保险金的人应把保险金返还给保险人。

责任期限对于意外伤害造成的残疾实际上是确定残疾程度的期限。如果被保险人在保险期限内遭受意外伤害，治疗结束后被确定为残疾时责任期限尚未结束，当然可以根据确定的残疾程度给付残疾保险金。但是，如果被保险人在保险期限内遭受意外伤害，责任期限结束时治疗仍未结束，尚不能确定最终是否造成残疾以及造成何种程度的残疾时，应该推定在责任期限结束的这一时点上，被保险人的组织残缺或器官正常机能的丧失是否为永久性的，即以这一时点的情况确定残疾程度，并按照这一残疾程度给付残疾保险金。即使以后被保险人经过治疗痊愈或残疾程度减轻，保险人也不能追回全部或部分残疾保险金。同理，如果以后被保险人残疾程度加重或死亡，保险人也不追加给付保险金。

（3）意外伤害是死亡或残疾的直接原因或近因

在人身意外伤害保险中，被保险人在保险期限内遭受了意外伤害，并且在责任期限内死亡或残疾，并不意味着必然构成保险责任。只有当意外伤害与死亡、残疾之间存在因果关系，即意外伤害是死亡或残疾的直接原因或近因时，才构成保险责任。意外伤害与死亡、残疾之间的因果关系包括以下三种情况：

1）意外伤害是死亡或残疾的直接原因

当意外伤害是被保险人死亡、残疾的直接原因时，构成保险责任，保险人应该按照保险金额给付死亡保险金或按照保险金额和残疾程度两个因素确定给付残疾保险金。

2）意外伤害是死亡或残疾的近因

当意外伤害是直接引起被保险人死亡、残疾事件或一连串事件的最初原因时，构成保险责任，保险人应该按照保险金额给付死亡保险金或按照保险金额和残疾程度两个因素确定给付残疾保险金。

3）意外伤害是死亡或残疾的诱因

当意外伤害使被保险人原有的疾病发作，从而加重后果，造成被保险人死亡或残疾时，意外伤害就是被保险人死亡、残疾的诱因，构成保险责任。然而，保险人不是按照保险金额和被保险人的最终后果给付保险金，而是比照身体健康遭受这种意外伤害会造成何种后果给付保险金。

构成人身意外伤害保险的保险责任的三个必要条件必须同时具备，缺一不可。

2. 人身意外伤害保险的给付方式

当人身意外伤害保险责任构成时，保险人按保险合同中约定的保险金额给付死亡保险金或残疾保险金。

在人身意外伤害保险合同中，死亡保险金的数额是保险合同中规定的，当被保险人死亡时如数支付。残疾保险金的数额由保险金额和残疾程度两个因素确定。残疾程度一般以百分率表示，残疾保险金数额的计算公式是：

$$残疾保险金 = 保险金额 \times 残疾程度百分率$$

在意外伤害保险合同中，应列举残疾程度百分率，列举得越详尽，给付残疾保险金时，保险人和被保险人就越不易发生争执。但是，列举不可能完备穷尽，残疾程度百分率列举得无论如何详尽，也不可能包括所有的情况。对于残疾程度百分比率中未列举的情况，只能由当事人之间按照公平合理的原则，参照列举的残疾程度百分率协商确定。协商不一致时可提请有关机关仲裁或由人民法院审判。

意外伤害保险的保险金额不仅是确定死亡保险金、残疾保险金数额的依据，而且是保险人给付保险金的最高限额，即保险人给付每一被保险人的死亡保险金和残疾保险金，累计以不超过该被保险人的保险金额为限。当一次意外伤害造成被保险人身体若干部位残疾时，保险人按保险金额与被保险人身体各部位残疾程度百分率之和的乘积计算残疾保险金；如果各部位残疾程度百分率之和超过100%，则按保险金额给付残疾保险金。被保险人在保险期限内多次遭受意外伤害时，保险人对每次意外伤害造成的残疾或死亡均按保险合同中的规定给付保险金，但给付的保险金以累计不超过保险金额为限。

【任务实施】

在老师的指导下进行相关意外伤害保险的案例分析讨论。

2010年8月，李某的儿子即将赴英国留学，李某打算为儿子买一份在国外留学期间疾病和意外伤害的保险。通过熟人——某保险公司员工龚某的介绍，李某为儿子投保了该保险公司的两种保险。李某称自己属于工薪阶层，当时想一次性投保5年，用5年的利息为孩子保个平安，5年到期保险金还可以领回来。出于对龚某的信任，李某未仔细阅读保险合同和条款就在投保单上签了字，并和龚某一起到银行用积攒起来的4万元存款交了保险费。

2011年8月，当该保险公司电话提醒李某交纳续期保险时，李某感到非常奇怪，后与龚某联系才知道自己购买的是终身险，并且交费年限是5年，总共需交20多万元保险费。李某对此表示不满，认为当时购买保险完全是出于对营销员的信任而没有仔细阅读合同内容，无法承受每年交纳近4万元保险费的经济压力，因而李某要求退保，并投诉至保险监管机构。

查实，李某为其儿子投保了该保险公司的长泰安康险30份，保险费交纳方式为年交，交费期为5年，年交保险费20 940元。同时，李某还投保万全终身重大疾病险10份，保险交费方式为年交，交费期为5年，年交保险费18 940元，两项保险费合计39 880元。龚某称在购买保险前向李某详细介绍了条款内容并告知其是终身险，当初选择的是 20 年交费，李某认为时间太长，要求改为 5 年交费。

分析参考：

在本案中，李某真正的保险需求是为出国的儿子一次性购买较短期限的保险，但是出于对熟人和朋友的信任，对保险需求和交费事项产生了误解，未考虑成熟就决定投保，因而引起投诉和争议。所以投保人在购买保险时，要注意自己的保险要求、保险费的交付方式及期限的相关知识。

1. 保险需求

每个人和每个家庭都面临着许多财产和人身方面的风险，谁也不能保证一生一帆风顺，永远风平浪静，而风险一旦发生，就会带来经济上的损失和一些额外费用。风险的存在是一个人产生购买保险愿望的前提，因此，确定个人和家庭的保险需求是购买保险的第一步。保险需求和其他消费需求一样，对于消费者而言，是消费者通过购买保险所要达到的目的、实现的愿望等。在人身保险中，不同年龄阶段有不同的保险需求。结合人们的保险需求，保险公司开发出了多种多样的保险产品。目前市场上的保险产品较为丰富，有定期险、终身险、意外险、重大疾病险、健康险以及投资性质的分红险等，消费者可根据自己的年龄和经济等实际情况进行选择和比较。

以下是对保险需求的分析，可以此作为消费者购买保险的参考。

（1）单身期（即从参加工作至结婚的时期）

这一时期年纪轻，无家庭负担，可以考虑意外风险保障和必要的医疗保障，以减少因意外或疾病导致的直接或间接的经济损失。

（2）家庭形成期（即从结婚到新生儿诞生时期）

这一时期，可以选择交费少的定期保险、意外保险、健康保险等，欲考虑投资，可购买投资型保险产品，既能规避风险，又能使资金增值。

（3）家庭成长期（即从小孩出生到小孩参加工作以前）

这一时期主要面临小孩接受教育的经济压力，通过保险可以为子女提供经济保证，使子女能在任何情况下都能接受良好的教育，偏重于教育基金以及父母自身的保障。

（4）家庭成熟期（即从子女参加工作到家长退休为止）

这一时期在保险需求上对养老、健康、重大疾病的要求较大，同时应为将来的老年生活做好安排，存储一笔养老资金。

（5）退休期（即退休以后）

这一时期对保险的需求较小，可在 65 岁之前通过合理规划检视自己已经拥有的人寿保险，进行适当的调整。

在本案中，李某处于家庭成长期，如为其儿子购买一些返还性的短期或定期保险，加上意外险和健康险，应该基本上能达到其购买保险的初衷。

2. 保险费的交付方式及期限

保险费的交付方式分为一次性交付和分期交付。一般来说，终身健康险、终身寿险等长期性质的人身保险较适合分期交付；而对于短期健康险、意外险等适合一次性支付。当然，保险费的交纳方式以及期限的选择与投保人与保险人订立保险合同，并按照保险合同负有支付保险费义务的人的负担能力密切相关，若投保人经济能力、交费能力较强，可选择一次性交付或较短时间的交费期限；若投保人经济状况不佳，则可选择较长时间的分期交付。

> **同步测试**

一、名词解释

1. 人身意外伤害保险
2. 不可保意外伤害
3. 特约保意外伤害

二、简答题

1. 意外伤害保险的保险责任是如何构成的？
2. 构成意外伤害事件的三要素是什么？三者的关系如何？
3. 意外伤害保险的给付项目有哪些？请分别叙述。

三、单项选择题

1. 某人投保意外伤害险，保险金额为1 000元。在保险期限过半时，已发生三次意外伤害事故。前二次分别给付残废保险金为400元和500元，第三次被保险人死亡。保险人应给付（ ）。

    A. 100元，合同终止　　　　　　　　B. 1 000元，合同终止
    C. 不给付。　　　　　　　　　　　　D. 100元

2. 意外伤害保险中所称伤害，是指（ ）伤害。

    A. 生理上　　　B. 精神上　　　C. 心理上　　　D. 权利上

3. 意外伤害保险中，被保险人因车祸事故在进行治疗时又因医疗事故造成残废，（ ）。

    A. 保险人应负责　　　　　　　　　　B. 保险人不负责
    C. 需特约保意外伤害　　　　　　　　D. 需特约保普通意外伤害

4. 某人投保意外伤害险和定期死亡保险，保额分别为5 000元和3 000元。两份保单均于2008年6月30日期满。6月28日该被保险人遇车祸，送往医院抢救，于7月11日死亡，对此，保险人应（ ）。

    A. 给付3 000元保险金　　　　　　　B. 给付8 000元保险金
    C. 给付5 000元保险金　　　　　　　D. 不给付

5. 被保险人在夏天长时间晒日光浴而中暑，这种伤害属（ ）。

    A. 化学伤害　　　B. 器械伤害　　　C. 生物伤害　　　D. 自然伤害

6. 当寿险公司计算的预定死亡率与实际死亡率发生偏差时，就会产生盈余或亏损，称之为（ ）。

    A. 利差损（益）　　B. 费差损（益）　　C. 死差损（益）　　D. 利差损

四、多项选择题

1. 团体人身意外伤害保险条款保险合同由（ ）等组成。

    A. 保险条款　　　B. 投保单　　　C. 保险单
    D. 保险凭证　　　E. 批单

2. 按《继承法》第10条规定，第一顺序继承人是（ ）。

    A. 配偶　　　　　B. 子女　　　　C. 父母

D. 兄弟姐妹　　　　　　　E. 祖父母　　　　　　　F. 外祖父母

3. 团体人身意外伤害保险主险的保险责任有（　　　）。

A. 死亡　　　　　　　　　　　　　　B. 伤残

C. 烧烫伤　　　　　　　　　　　　　D. 附加意外医疗

E. 附加住院补贴

4. 意外伤害的条件是（　　　）。

A. 外来的　　　　　B. 突发的　　　　　C. 非本意的　　　　　D. 非疾病的

5. 通常死亡的类型有多种，属于意外险保险责任的有（　　　）。

A. 意外死亡　　　　B. 宣告死亡　　　　C. 自杀死亡　　　　D. 疾病死亡

6. 人身意外险的除外责任包括以下（　　　）。

A. 猝死　　　　　　　B. 疾病　　　　　　C. 药物过敏

D. 食物中毒　　　　　E. 高原反应　　　　F. 中暑

五、判断题

1. 意外伤害事故必须是突然发生的事故，因此，因大气污染造成的人体伤害不属于意外伤害。（　　　）

2. 意外伤害险的保险责任是被保险人因意外伤害所致的死亡和残废，不负责疾病所致的死亡和残废。（　　　）

3. 某被保险人在乘车中因颠簸使心肌梗死发作而死亡，因此，意外伤害是死亡的近因。（　　　）

4. 被保险人的脚被铁钉扎破后患破伤风而死，因此被保险人死亡的近因是疾病，即破伤风。（　　　）

5. 在被保险人突然死亡，原因不明而又未对尸体进行解剖判定死因时，可以推定被保险人死于意外伤害。（　　　）

6. 由于被保险人的疏忽大意导致意外事故的发生，保险人不负责。（　　　）

7. 在意外伤害保险中，保险期限是确定残废程度的期限。（　　　）

六、案例分析

案例 1：

被保险人赵某 1988 年单位为其投保了一年期的"团体人身意外伤害保险"，保险金额 5 000 元。1988 年 12 月 3 日，赵某下楼时不慎摔倒，致使右上臂肌肉破裂。后由于伤口感染，导致右肩关节结核扩散至颅内及肾，送医院治疗两个月无效死亡。事后保险人经过调查发现，被保险人 A 有结核病史，且动过手术，体内存有结核杆菌。受益人认为，被保险人是因意外摔伤，伤口感染后，才导致病源扩散，直至死亡。其死亡后果与摔伤有因果关系，是意外死亡，保险人应承担责任。而保险人认为被保险人的死亡是其体内存留的结核杆菌感染伤口，扩散至颅及肾而死的，是病死，疾病死亡不属于"意外保险"的保险范围，所以保险人不承担保险责任，双方各执己见，产生争议，诉诸法院。

你认为保险人是否应该赔偿

案例 2：

2013 年 5 月，投保人王某向保险公司为自己投保了人身意外伤害保险，保险金额 10 000 元。在受益人的项目内，王某填写的受益人为"法定"。2014 年 5 月，其妻张某因家庭纠纷将王某杀害，王某的父母向保险公司提起索赔。你认为保险人是否应该赔偿王某的父母？

案例 3：

李某在游泳池内被从高处跳水的王某撞昏，溺死于水池底。由于李某生前投保了一份健康保险，保额 5 万元，而游泳馆也为每位游客保了一份意外伤害保险，保额 2 万元。事后，王某承担民事损害赔偿责任 10 万元。问：

（1）因未指定受益人，李某的家人能领取多少保险金？

（2）对王某的 10 万元赔款应如何处理？说明理由。

任务四　认识健康保险

【任务描述】在本任务下，学生应掌握健康保险的含义、特点及分类，能够正确组合医疗保险和重大疾病保险险种，能够对重大疾病保险产品进行分析。

【任务分析】在老师的指导下，学生在课外对健康保险的情况展开调查分析，通过与实践案例相结合的方式进一步认识和巩固老师所讲授的知识。

【相关知识】

肿瘤中心 2015 年报发布，不到 10 秒就有一个人得癌症。全国肿瘤登记中心发布 2015 年年报，年报显示目前我国每年新发癌症病例约为 312 万例，平均每天确诊 8 550 人，每分钟就有 6 人被诊断为癌症，平均 10 秒钟就有一人确诊。每年因癌症死亡病例达 270 万例。其中，结直肠癌、男性前列腺癌、女性乳腺癌、甲状腺癌、宫颈癌发病率仍呈上升趋势；食管癌、胃癌、肝癌发病率下降，但肺癌发病率和死亡率变化不大，仍居我国发病率死亡率首位。男性前列腺癌发病率明显上升，年报显示，肺癌约占男性癌症发病率的四分之一，居首位；而位居女性癌症发病率第一位的是乳腺癌。

环境污染、不合理的饮食习惯、生活压力大等因素使得重大疾病年轻化，处在高强度工作压力下的都市白领们的健康状况着实令人担忧。特别是癌症低龄化的趋势日益明显，似乎已经不是什么新鲜话题了。而值得关注的是，31～60 岁已成为重疾高发年龄段，其中心肌梗死、恶性肿瘤、脑中风的发病率逐年上升，发病人群出现年轻化趋势。保险专家也曾指出，这类重疾高发群体的经济状况一般还不够稳定，一旦大病来袭，社保无能为力，高额的医疗费用很容易击垮现有的生活堡垒。

"辛辛苦苦三十年，一病回到解放前"。这是很多人对大病重病突袭一个家庭的形象描述。现有制度下在很多地区，一旦患了大病，会给一个普通家庭经济状况带来灾难性的压力。人的一生罹患重大疾病的机会高达 72.18%，患癌概率为 22%，目前重大疾病的平均治疗花费一般都在 20 万元以上。针对这一情况，我们可以采取怎样的应对方法呢？

一、健康保险的概念

健康保险又称疾病保险，是以人的生命和身体作为保险标的，当被保险人在保险有效期间因病不能从事工作，以及因病造成死亡或残疾时，由保险人负责给付医疗费用或保险金的保险。

二、健康保险的特征

1. 保险期限

健康保险的期限与人寿保险比较，除重大疾病保险外，绝大多数为一年期的短期合同。主要原因：一是医疗服务成本呈递增趋势；二是疾病发生率每年变动较大，保险人很难计算出一个长期适用的保险费率，而人寿保险的合同期限多为长期合同，在整个缴费期间可以采用均衡的保险费率。

2. 精算技术

健康保险与其他人身保险，特别是人寿保险相比较，在产品的定价基础和准备金计算方面有较大的不同。人寿保险在制定费率时是依据人的生死概率、费用率、利息率来计算的，而健康保险计算费率是依据发病率、伤残率和疾病（伤残）持续时间等因素，并以保险金额损失率为基础，同时结合药品价格和医疗费用水平对费率进行调整。年末到期责任准备金一般按当年保费收入的一定比例提存。此外，健康保险合同中规定的等待期、免责期、免赔额、共保比例和给付方式、给付限额也会影响最终的费率。

3. 健康保险的给付

健康保险的给付依据保险合同中承保责任的不同，而分为补偿性给付和定额给付。费用型健康保险，即对被保险人因伤病所致的医疗花费或收入损失提供保险保障，属于补偿性给付，类似于财产保险。定额给付型健康保险，则与人寿和意外伤害保险在发生事故时依据保险合同事先约定的保险金额予以给付相同。

因为健康保险的特性，一些国家把健康保险和意外伤害保险列为第三领域，允许财产保险公司承保，我国也遵从国际惯例，放开短期健康保险和意外伤害保险的经营限制，财产保险公司也可以提供短期健康保险和意外伤害保险。

4. 经营风险的特殊性

健康保险经营的是伤病发生的风险，与人寿和意外伤害保险相比较，易发生逆选择和道德风险。因为，一方面健康保险各环节中的技术问题其结论往往不是唯一的。例如，被保险人的疾病可选择的合理的诊疗方法有多种，但其花费是不同的，有的相差甚远。另一方面，健康保险的构成环节较多，包括被保险人门诊、住院治疗、医生开药方出具有关证明和被保险人持单索赔，其中任一环节都可能发生道德风险。例如，小病大治，冒名顶替他人就诊，带病投保等。因此，为降低逆选择和道德风险，健康保险的核保要严格得多，对理赔工作的要求也高得多，同时也要求精算人员在进行风险评估及做好计算保费时，不仅依据统计资料，还要获得医学知识方面的支持。此外，在医疗服务的数量和价格的决定方面保险人难以控制，也是健康保险的风险之一。

5. 成本分摊

在健康保险中，保险人对所承担的医疗保险金的给付责任往往带有很多限制或制约性条款，以此来分摊成本和降低经营风险。例如，住院医疗费用，采取分级累进制的报销方法；用药必须属于医保中心颁布的药品目录中的药品，并分等级按比例报销；医用材料与器械使用以国产标准价格报销等。

6. 合同条款的特殊性

健康保险除带有死亡给付责任的终身医疗保险之外，都是为被保险人提供医疗费用和残疾收入损失补偿，基本以被保险人的存在为条件，受益人与被保险人为同一人，所以无须指定受益人。健康保险条款中，除适用一般寿险的不可抗辩条款、宽限期条款、不丧失价值条款等外，还采用一些特有条款，如体检条款、免赔额条款、等待期条款、既存状况条款、转换条款、协调给付条款等。此外，健康保险合同中有较多的医学方面的术语和名词定义，有关保险责任部分的条款也显得比较复杂。

7. 健康保险的除外责任

健康保险的除外责任主要有两方面：一是因为战争和军事行动造成的损失程度较高，且难以预测。在制定正常的健康保险费率时，不可能将战争和军事行动的伤害因素和医疗费用因素计算在内，故将其作为除外责任。另一方面，健康保险只承担偶然发生事故的风险，对故意自杀或企图自杀造成的疾病、死亡、残疾，不属健康保险的责任。

三、健康保险的种类

1. 医疗保险

（1）医疗保险的定义

医疗保险是指是指以保险合同约定的医疗行为的发生为给付保险金条件，为被保险人接受诊疗期间的医疗费用支出提供保障的保险，它是健康保险的主要内容之一。医疗费用是病人为了治病而产生的各种费用，它不仅包括医生的医疗费和手术费用，还包括住院、护理、医院设备等的费用。医疗保险就是医疗费用保险的简称。

医疗保险的范围很广，医疗费用则一般依照其医疗服务的特性来区分，主要包含医生的门诊费用、药费、住院费用、护理费用、医院杂费、手术费用、各种检查费用等。各种不同的健康保险保单所保障的费用一般是其中的一项或若干项的组合。

（2）医疗保险的主要类型

1）普通医疗保险

普通医疗保险主要承保被保险人治疗疾病的一般性医疗费用，主要包括门诊费用、医药费用、检查费用等。这种保险的保费成本较低，比较适用于一般社会公众。由于医药费用和检查费用的支出控制有一定的难度，这种保单一般也具有免赔额和比例给付规定，保险人支付免赔额以上部分的一定百分比（比如80%），保险费用则每年更新一次。每次疾病所发生的费用累计超过保险金额时，保险人不再负保险责任。

2）住院保险

由于住院所发生的费用是相当可观的，故将住院的费用作为一项单独的保险。住院保险的费用项目主要是每天住院房间的费用、住院期间医生治疗费用、利用医院设备的费用、手术费用、医药费等。住院时间长短将直接影响其费用的高低，因此，这种保险的保险金额应根据病人平均住院费用情况而定。为了控制不必要的长时间住院，这种保单一般规定保险人只负责所有费用的一定百分比（例如90%）。

3）手术保险

手术保险提供因病人需做必要的手术而产生的费用。这种保单一般是负担所有手术费用。

4）综合医疗保险

综合医疗保险是保险人为被保险人提供的一种全面的医疗费用保险，其费用范围包括医疗、住院、手术等的一切费用。这种保单的保险费较高，一般确定一个较低的免赔额和适当的分担比例（如85%）。

2. 疾病保险

（1）疾病保险的定义

疾病保险是以被保险人患合同约定的疾病为承保风险的一种健康保险。某些特殊的疾病往往给病人带来的是高额的费用支出，例如癌症、心脏疾病等。这些疾病一经确诊，必然会产生大额的医疗费用支出。因此，通常要求这种保单的保险金额比较大，以足够支付其产生的各种费用。疾病保险的给付方式一般是在确诊为特种疾病后，立即一次性支付保险金额。疾病保险目前主要有重大疾病保险和特种疾病保险。

（2）疾病保险的基本特点

①个人可以选择投保疾病保险。作为一种独立的险种，它不必附加于其他某个险种之上。

②疾病保险条款一般都规定了一个观察期，被保险人在观察期内因疾病而支出的医疗费用及收入损失，保险人概不负责，观察期结束后保险单才正式生效。

③为被保险人提供切实的疾病保障，且保障程度较高。

④保险期限较长。疾病保险一般都能使被保险人"一次投保，终身受益"。保费交付方式灵活多样，且通常设有宽限期条款。

⑤保险费可以分期交付，也可以一次交清。

（3）重大疾病保险

重大疾病保险保障的疾病一般有心肌梗死、冠状动脉绕道手术、癌症、脑中风、尿毒症、严重烧伤、急性重型肝炎、瘫痪和重要器官移植手术、主动脉手术等。

1）按保险期间划分

可以将重大疾病保险分为定期重大疾病保险和终身重大疾病保险两类。

①定期重大疾病保险。定期重大疾病保险为被保险人在固定的期间内提供保障。固定期间可以按年数确定（如10年），也可以按被保险人年龄确定（如保障至70岁）。

②终身重大疾病保险。终身重大疾病保险为被保险人提供终身的保障。"终身保障"的形式有两种：一种是为被保险人终身提供重大疾病保障，直至被保险人身故；另一种是指一个"极限"年龄（如100周岁）。当被保险人健康生存至这个年龄时，保险人给付与重大疾病保险金额相等的保险金，保险合同终止。终身重大疾病保险产品一般都含有身故保险责任，费率相对比较高。

2）按保险金的给付形态划分

重大疾病保险有提前给付型、附加给付型、独立主险型、按比例给付型、回购式选择型五种。

3. 收入保障保险

（1）收入保障保险的定义

收入保障保险是指以因保险合同约定的疾病或者意外伤害导致工作能力丧失为给付保险金条件，为被保险人在一定时期内收入减少或者中断提供保障的保险。当被保险人由于疾病或意外伤害导致残疾，丧失劳动能力不能工作以致失去收入或减少收入，保险人在一定期限内分期给付保险金。其主要目的是为被保险人因丧失工作能力导致收入的丧失或减少提供经济上的保障，但不承担被保险人因疾病或意外伤害所产生的医疗费用。

（2）收入保障保险的特点

收入保障保险一般分为两种：一种是补偿因伤害而致残疾的收入损失；另一种是补偿因疾病造成残疾而致的收入损失。在实践中，因疾病而致残疾比因伤害而致残疾更为多见一些。收入保障保险的特点主要体现在以下几个方面：

1）给付方式

收入保障保险一般是按月或按周进行补偿，主要根据被保险人的选择而定，每月或每周可提供金额相一致的收入补偿。

2）给付期限

给付期限可以是短期，也可以是长期。短期补偿是为了补偿被保险人在身体恢复前不能工作的收入损失；长期补偿是为了补偿被保险人全部残疾而不能恢复工作的收入损失。一般而言，失能保险期间，不论是生病致残、还是受伤致残均相同，从13周、26周、52周，到2年、5年或给付至65岁。如全残始于55岁、60岁或65岁，可提供终身给付。多数失能为短期失能，即失能者恢复期在12个月内。若恢复期超过12个月，恢复工作能力的概率也锐减，尤其是年老者，对此更宜于选择较长的保险给付期间。

3）免责期间

免责期间是指在残疾失能开始后无保险金可领取的一段时间，即残疾后的前一段时间。免责期间类似于医疗费用保险中的免责期或自负额，在此期间保险人不给付任何补偿。免责期的设定目的在于排除一些不连续的疾病或受伤，因其所致丧失劳动能力可能只有几天，或者在短时间内，被保险人还可以维持一定生活。同时，设置免责期还可以通过取消对短期残疾的给付而减少保险成本。各保险公司的免责期不同，如30天、2个月、3个月、6个月和1年等，越长的免责期，保费愈便宜。此外，免责期间允许中断，如被保险人在短暂恢复后（一般限定为6个月以内）再度失能，可将两段失能期间合并计算免责期。

【任务实施】

针对引导案例中所述的问题，请思考以下问题：

1. 针对我国癌症发病率提高且趋势年轻化的情况，对于普通家庭来说，可以采用怎样的应对措施？

2. 这样做的好处是什么？

分析参考：

1. 重疾的治疗费用一般从十万到几十万甚至百万，让常人望而生畏。据专家统计，如果一个重疾只需要10万元现金，中国有85%的家庭拿不出，14%的家庭拿出会影响其他财务计划，能拿出的只占到1%。其实一旦发生重疾，涉及的远不仅仅是治疗费用，还有后期的康复护理、安心养病的费用，还有因丧失工作能力后的收入损失，当然还有给家人造成的巨大的财务损失和精神损失等。可以说，绝大部分家庭中只要有一人发生重疾，整个家庭都会陷入绝境！

可以购买重大疾病保险。重疾保障应提前筹划，以保证患病能得到及时有效的治疗，从而大大减轻因大病带来的经济负担，降低生活成本。通过购买重大疾病保险转嫁风险是消费者明智的选择。对于购买重大疾病保险的消费者来说，越早购买、越年轻，投保时保费负担越低，也能够越早地享受保障。

大病保险迟早要买，年纪越轻，保费越便宜。因为年轻人的风险比较小，所以相对而言，保险费比年长的人要便宜很多。比如同样投保分18年缴费，保额为10万美元重大疾病保险，25岁的男性每年的保费是2 800美元左右，而33岁的男性保费就要3 339美元左右，如到45岁时再投保，更高达4 610美元左右。保的内容完全一样，只因为投保年龄不一样，保费就差很多了。（以美元为单位）

年轻人的身体大都比较健康，一定保险金额下不需要体检，即使体检也很容易通过核保。而年纪大一些后，就要求必须要体检。而且万一身体有一些问题，很可能会被拒保，或被要求加费。所以说买保险要争取的不是价格，而是在和风险的到来抢时间。

2. 商业重疾险的4大好处：

（1）只要医院确诊，就可以一次性得到一笔巨额医疗理赔款；

（2）这笔理赔款由保险公司支付，不必花自己的钱；

（3）理赔款里包括术后的身体恢复所需要的营养费，甚至补偿工资收入的损失……大大减轻了家庭的经济负担；

（4）很多疗效显著的药物社保不能报销的，而商业大病保险可以负担。

同步测试

一、名词解释

1. 健康保险

2. 医疗保险

3. 重大疾病保险

4. 收入保障保险

二、简答

1. 健康保险的种类有哪些？

2. 医疗保险的主要类型有哪些？

3. 疾病保险的基本特点是什么？

4. 收入保障保险的特征是什么？

三、单项选择

1. 对被保险人所患的特种疾病提供专门保障的健康保险称为（　　）。

A. 综合医疗保险　　　　　　　　　　B. 普通医疗保险

C. 住院医疗保险　　　　　　　　　　D. 特种疾病保险

2. 王女士购买了一份医疗费用保单，该保单年度免赔额为400元，并包含一个20%（被保险人承担）的比例分摊条款和5万元的保单限额条款（约定保险公司的实际支付金额上限为5万元）。假设王女士在某年度发生保险责任范围内的医疗费用为6万元，如果不考虑其他因素，那么王女士需要承担的医疗费用为（　　）。

A. 12 320元　　　　B. 11 920元　　　　C. 10 000元　　　　D. 11 600元

3. 张三伤残前的工资收入为每月3 000元，遭受部分残疾后，不得不从事更简单的工作，月收入下降了一半，保单规定全残给付比例为70%，并假设没有其他伤残收入来源。那么，张三的部分伤残收入保险金为（　　）。

A. 700 元　　　　　　B. 1 050 元　　　　　C. 1 500 元　　　　　D. 2 100 元

4. 健康保险的种类中既有给付性的，又有补偿性的。下列健康保险中，属于给付性的险种是（　　）。

　　A. 住院费用补偿医疗保险　　　　　　B. 综合大额医疗费用保险
　　C. 特种疾病保险　　　　　　　　　　D. 补偿大额医疗费用保险

5. 李太太购买了一份个人医疗保险，保险期限从 2007 年 10 月 1 日至 2008 年 9 月 30 日，责任期限为 90 日。保险人在下列情形中只承担部分医疗费用的是（每月按 30 天算）。（　　）

　　A. 李太太 2008 年 4 月 1 日患病住院接受治疗，并于 2008 年 6 月 1 日治愈出院；
　　B. 李太太 2008 年 9 月 1 日患病住院接受治疗，并于 2008 年 11 月 1 日治愈出院；
　　C. 李太太 2008 年 8 月 25 日患病住院接受治疗，并于 2008 年 11 月 15 日治愈出院；
　　D. 李太太 2007 年 12 月 1 日患病住院接受治疗，并于 2008 年 4 月 1 日治愈出院；

6. 医疗保险中，通常可能会由于具体情况而不予补偿保障的项目是（　　）。

　　A. 膳食费　　　　　B. 手术费　　　　　C. 药费　　　　　D. 医疗费

7. 在医疗保险的费用分摊条款中，有一个针对一些金额较低的医疗费用支出做出不赔规定的条款，这个条款称为（　　）。

　　A. 免赔额条款　　　　　　　　　　　　B. 控制成本条款
　　C. 小额不计条款　　　　　　　　　　　D. 合理拒付条款

8. 在健康险保单中，在其他条件不变的情况下，保费高低与保单免责期（等待期）长短之间的关系是（　　）。

　　A. 正比关系　　　　B. 反向关系　　　　C. 无关系　　　　D. 正向关系

9. 在保险实务中，对收入损失保险的被保险人都要规定（　　）。

　　A. 免责期　　　　　B. 宽限期　　　　　C. 体检期　　　　D. 加费额

10. 刘女士买了一份医疗保险，该保单年度免赔额为 1 000 元，并包含一个 20%（被保险人承担）的比例分摊条款和 5 000 元的止损条款。假设刘女士在 2008 年发生保险责任范围内的医疗费用为 10 000 元，那么刘女士应承担的医疗费用是（　　）元。

　　A. 1800　　　　　　B. 2400　　　　　　C. 2800　　　　　　D. 3200

四、判断

1. 健康保险中收入损失保险只允许个人投保，不允许团体投保。（　　）
2. 特种疾病保险可以个人单独投保，也可以团体投保。（　　）
3. 健康保险中医疗险只负责因疾病造成的医疗费用。（　　）
4. 残废收入损失险中，全部残废给付金额一般应等于被保险人残废前的收入。（　　）
5. 医疗费用保险承保被保险人治病而发生的多种费用，包括医疗费、手术费、假肢费和整容费。（　　）
6. 健康保险所承保的疾病应当是由于人体内在原因所致，因病菌传染不属疾病范围。（　　）

五、案例分析题

案例 1：

周小姐念大学时，母亲给她买了份 A 公司的寿险附加住院医疗保险，其中医疗险每次最高限额 2 000 元，根据实际损失赔付。前两年，B 公司的代理人建议周小姐选择了另一份住院医疗保险，保障额度为 5 000 元，同样根据实际损失赔付。最近，周小姐生病住院，一共花费 1 800 元，在 A 公司处得到了顺利理赔，但 B 公司却以"重复保险"为由，拒绝理赔。周小姐不明白为什么买了两份住院医疗保险，却只能得到一份赔付呢

案例 2：

2007 年 2 月，王某向保险监管机构投诉，称其是某银行的金卡客户，后某保险公司营销员张某向其推荐该保险公司的医疗保险，王某称已经在其他保险公司购买了一份医疗保险，没必要再重复购买，但张某称该保险公司的医疗保险能够重复报销。在张某的多次劝说下，于是王某在该保险公司购买了一份医疗保险。后王某查看保险合同，其中并未有关于医疗费用能重复报销的规定，于是打电话给张某。张某告诉他，这是公司的优惠政策，只有该银行的金卡客户才能享受重复报销这一优惠。后王某通过多方打听，才得知医疗费用并不能重复报销，于是进行投诉，要求处理该保险公司及营销员张某的误导行为。请运用所学知识对本案例进行分析。

模块三

保险职业道德

项目九

保险职业道德

项目介绍

本项目主要是让学生在老师的指导下，了解保险职业道德的基础理论知识，掌握保险从业人员的职业道德规范及要求。

知识目标

1. 理解职业道德的含义；
2. 了解职业道德的特征；
3. 了解职业道德的分类；
4. 了解保险职业道德的内涵；
5. 了解保险职业道德的特征。

技能目标

通过该项目的完成，掌握保险从业人员基本职业道德基本规范，实施职业道德管理。

素质目标

具有较强的保险职业道德，热爱保险事业，客观地、负责地实施保险营销。

任务一 了解保险职业道德

【任务描述】在本任务下，学生应熟悉职业道德的含义及保险职业道德的概念、特征。

【任务分析】在老师的指导下，学生了解保险职业道德的内容，对保险职业道德的重要性形成初步认识，然后再回到课堂进行系统的理论学习，以完成本任务。

【相关知识】

一、职业道德概述

1. 道德

在马克思主义诞生以前，不同的思想家已经从各个角度对道德的各个方面进行了探讨和研究，如在西方，"道德"一词来源于拉丁语 Morales，指风俗和习惯，后经引申，含有规则、规范、行为品质和善恶评价等含义。在中国，"道"原指道路，后引申为事物发展变化的规律或规则，"德"是人们对"道"的认识和把握。把"道德"二字连用，始见于春秋战国时期的《管子》《庄子》《荀子》等书中。如荀子曾经指出："故学至乎礼而止矣，夫是之谓道德之极。"意思是说，一个人学习了礼，并按照它的要求去做，就具备了最高的道德，但是这还不能科学地解释任何一个时期的道德的真正含义。这些认识似乎都不能反映现当代人类社会道德的特点。基于对人类社会生产和社会生活的积极探索和总结，马克思主义从广大无产阶级的立场和利益出发，第一次真正科学地阐述了道德的意义。

所谓道德，就是人类在社会生产生活中以善恶评价为标准，依靠自身所信奉的内心信念、社会舆论以及社会传统习惯所维系的用以调整人与人、个人与社会以及个人与自然之间的关系的所有行为规范的总和。

道德所包含的内容贯穿在社会生活的各个方面，如社会公德、婚姻家庭道德、职业道德等。它通过运用善与恶、美与丑、高尚与低俗等不同的评价标准，形成一定的社会评价习惯和传统，用来指导社会中所有人的行为。通过道德的确立，使得一定的善恶标准和行为准则在全社会得以承认，以此约束社会中个体之间的相互关系和个人行为，同时又用来调节复杂的社会关系，配合法律一起对社会生活的正常秩序起到一定的保障作用。

2. 职业

职业，简单地说，就是人们为了满足社会生产、生活需要，所从事的承担特定社会责任，具有某种专门业务活动的、相对稳定的工作。

《中华人民共和国职业大典》中列出职业 8 大类、66 中类、413 小类和 1 838 细类。

对于从业人员来说，职业具有三个方面的含义：

①职业是人们谋生的手段和方式；

②通过职业劳动使自己的体力、智力和技能水平不断得到发展和完善；

③通过自己的职业劳动，履行对社会和他人的责任。

3. 职业道德

（1）职业道德的内涵

职业道德是道德的特殊形式，是一定社会的道德原则和道德规范在各种职业活动中的体现和延伸，是人们在所从事的职业活动中应该遵循的行为规范的总和。由于职业分工的不同，人们占据了不同的职业地位和利益，因而承担了不同的业务与职责，并且因为职业在社会生活中的重要性，间接地承担了相应的社会责任。

我国《公民道德建设实施纲要》指出："职业道德是所有从业人员在职业活动中应该遵循的行为守则，涵盖了从业人员与服务对象、职业与职工、职业与职业之间的关系。"因此职业道德是从事一定职业的人们在职业活动中应该遵循的、依靠社会舆论、传统习惯和内心信念来维持的行为规范的总和。它调节从业人员与服务对象、从业人员之间、从业人员与职业之间的关系。职业道德构成要素包括：职业理想、职业态度、职业义务、职业纪律、职业良心、职业荣誉、职业作风。

（2）职业道德的特征

1）职业道德具有鲜明的职业特点

在内容方面，职业道德总是要鲜明地表达职业义务和职业责任以及职业行为上的道德准则。职业道德主要是对本行业从业人员在职业活动中的行为所作的规范，它不是一般地反映阶级道德和社会道德的要求，而是在特定的职业实践基础上形成的，着重反映本职业、本行业特殊的利益和要求。因而，它常常表现为某一职业特有的道德传统和道德习惯，表现为从事某一职业的人们的道德心理和道德品质。某种行业的职业道德对这个行业以外的人往往不适用。

2）职业道德具有明显的时代性特点

不同历史时期，有不同的道德标准。一定社会的职业道德，总是由一定社会的经济关系、经济体制决定，并反过来为之服务的。在我国高度集中的计划经济体制下，人们的职业道德烙有传统的印记，重义轻利等为各行各业所遵循和推崇。市场经济的功利性、竞争性、平等性、交换性、整体性和有序性要求人们开拓进取、求实创新，诚实守信、公平交易、主动协同、敬业乐群。因此，在市场经济体制下，职业道德建设的主要内容应适应市场经济运行的要求。

3）职业道德是一种实践化的道德

凡道德均有实践性特点，但职业道德的实践性特点显得特别鲜明、彻底和典型。

①职业道德是职业实践活动的产物。从事一定职业的人们在其特定的工作或劳动中逐渐形成比较稳定的道德观念、行为规范和习俗，用以调节职业集团内部人们之间的关系以及职业集团与社会各方面的关系。职业道德不仅产生于职业实践活动中，而且随着社会分工和生产内部劳动分工的发展迅速发展，并且明显增强了它在社会生活中的调节作用。

②从职业道德的应用角度来考虑，只有付诸实践，职业道德才能体现其价值和作用，才具有生命力。没有置身于职业实践中去，无论有多么美好的愿望和多么惊人的接受能力，对于职业道德的规范和内容都无从做起。实际上，职业道德的实践性主要表现在，它与其所从事的职业本身的内容是密不可分的，离开具体的职业，就没有职业道德可言。

4）职业道德的表现形式呈现具体化和多样化的特点

各种职业对从业人员的道德要求，总是从本职业的活动和交往的内容及方式出发，适应于本职业活动的客观环境和具体条件。因此，它往往不是原则性的规定，而是很具体的规定。在表达上，往往采取诸如制度、章程、守则、公约、承诺、须知、誓词、保证乃至标语口号等简洁明快的形式，使职业道德具体化。这样，比较容易使从业人员接受和践行，比较容易使从业人员形成本职业所要求的道德习惯。

4. 社会主义核心职业道德

社会主义核心职业道德确立了以为人民服务为核心，以集体主义为原则，以爱祖国、爱人民、爱劳动、爱科学、爱社会主义为基本要求，以爱岗敬业、诚实守信、办事公道、服务群众、奉献社会为主要规范和主要内容，以社会主义荣辱观为基本行为准则。

胡锦涛 2006 年 3 月 4 日下午在政协民盟民进联组会上发表关于树立社会主义荣辱观讲话，提出"八个为荣、八个为耻"，以热爱祖国为荣、以危害祖国为耻，以服务人民为荣、以背离人民为耻，以崇尚科学为荣、以愚昧无知为耻，以辛勤劳动为荣、以好逸恶劳为耻，以团结互助为荣、以损人利己为耻，以诚实守信为荣、以见利忘义为耻，以遵纪守法为荣、以违法乱纪为耻，以艰苦奋斗为荣、以骄奢淫逸为耻。

二、保险职业道德的内涵

1. 保险职业道德的内涵

保险职业道德，是指在长期的保险职业活动中逐渐形成的并适应保险职业活动的需要，从事保险行业的工作者在其职业活动中应当遵循的行为规范和行为准则。是社会对保险从业人员的基本价值定位，是保险从业人员在职业活动中，作为一名专业人士应当遵守的职业操守和专业素质，强调了职业理想对职业现实的规约作用。保险职业道德的内涵有三个层次：

第一个层次是保险从业人员在处理职业活动各种利益冲突时应当遵循的基本理念和规范体系。

第二个层次是保险业内部不同领域的特殊道德要求。

第三个层次包括为保证保险职业道德能有效实现而制定的实施、评价、监督等机制。

2. 保险职业道德的特征

保险职业道德是一种角色性道德。从某种意义上说，人等同于他所承担的全部角色。而角色就是人在社会中的位置，也指占据某一位置的个体及行为模式。角色和地位、身份都有密切的关系，身份是人们在识别某种社会角色时使用的称呼。因此，保险职业道德也可以说是一种身份性道德。人们在现实生活中，由于不同的社会关系会产生不同的社会身份，从而也就具有了不同的角色。不同的角色由于占据不同的社会位置，所以具有不同的权利和义务。每个人承担的不同角色的总和叫作角色丛，角色丛体现了人们丰富的社会活动和复杂的社会关系。在保险职业中，从业人员也担负着不同的角色，对于上司来说，他是下级；而对于下级来说，他又是上级；代理、经纪、公估、监管等不同的部门所代表的利益，享受的权利、承担的义务也有很大差别，有的时候这些角色要求甚至是对立的。在角色的认同和践履中，角色主体不仅要意识到"我是谁"，还要意识到"自己与他人的关系"，因为角色就是联结着个人与他人、个人与社会的关系。

3. 保险职业道德的功能

（1）调节功能

道德从个人对待社会整体利益和他人利益态度的角度来调节人们的各种社会关系。保险职业道德可调节保险人、投保人、被保险人、受益人之间的关系。

（2）认识功能

通过善恶观念来能动地反映社会现实，特别是反映社会经济基础的客观要求，从而使人们认识保险职业道德的必然性和各种利益关系，了解个人在保险行业中的地位和应负的责任。

（3）教育和激励功能

使保险从业人员特别是中介人员，在业务开展过程中去思考：我如何去做好，特别是个人利益与顾客利益、公司利益、社会利益有矛盾时，如何去把握，如何去选择。

【任务实施】

在老师的指导下，组织同学讨论相关案例。

保险公司原经理伪造保单收取保费占为己有，保险公司是否负有责任？福建省福州市中级人民法院日前对一起保险代理合同纠纷案件作出终审判决：保险公司应向客户承担赔偿责任。

2005年7月，许女士经业务员林某介绍，向福州一家保险公司投保两份2003版国寿永泰团体年金保险（分红型），保险期限为一年，保险费为2万元。签订合同后，许女士依照约定将保险费交给保险公司经理陈某，陈某向许女士出具盖有公司财务专用章的收款收据，并于同年8月交付两张保单。

2006 年 4 月，许女士发现收到的两张保单是伪造的。此外，中国人寿保险公司并未授权福州的这家保险公司出售国寿永泰团体年金保险（分红型）产品。同年 6 月，陈某因合同诈骗罪、伪造国家机关印章罪被法院判处有期徒刑 6 年，法院判决追缴陈某非法所得，退还给受害者，其中应退还给许女士 2 万元。

由于陈某已将大部分赃款挥霍，许女士无法从陈某处得到应得的赔偿款。2007 年 1 月，许女士向法院提起诉讼，要求保险公司承担赔偿责任。

福州市中级人民法院经审理认为，保险公司负责人陈某以公司名义向许女士推销保险产品，收取保险费，开具有财务专用章的收款收据，应认定许女士与保险公司形成事实上的合同关系。根据我国《民法通则》及最高人民法院《关于在审理经济纠纷案件中涉及经济犯罪嫌疑若干问题的规定》相关规定，企业法人对它的法定代表人和其他工作人员的经营活动，承担民事责任；企业直接负责的主管人员和其他直接责任人员，以该企业的名义对外签订经济合同，将取得的财物部分或全部占为己有构成犯罪的，除依法追究行为人的刑事责任外，该企业对行为人因签订、履行该经济合同造成的后果，依法应当承担民事责任。

法院最后判决：解除许女士与保险公司的保险合同，追缴赃款不足部分，由保险公司向许女士承担赔偿责任。

请同学们结合此案例，去查阅保险职业道德的相关法律、法规、规章及规范性文件，进一步掌握保险职业代理人职业道德的内容。

同步测试

一、名词解释

1. 职业
2. 道德
3. 职业道德
4. 保险职业道德

二、简答题

1. 简要回答职业道德的特征。
2. 简要回答保险职业道德的特征。
3. 简要回答保险职业道德的功能。

三、单项选择题

1. （   ）是所有从业人员在职业活动中应该遵循的行为守则，涵盖了从业人员与服务对象、职业与职工、职业与职业之间的关系。

   A. 职业道德　　　B. 职业规范　　　C. 职业守则　　　D. 职业礼仪

2. 下列不属于职业道德的特征的是（   ）。

   A. 鲜明的职业特点　　　　　　　B. 具有理论化的特点
   C. 明显的职业特点　　　　　　　D. 表现形式多样化

3. （   ）的功利性、竞争性、平等性、交换性、整体性和有序性要求人们开拓进取、求实创新、诚实守信、公平交易、主动协同、敬业乐群。

   A. 市场经济体制　　　　　　　　B. 我国高度集中的计划经济
   C. 中国特色的市场经济　　　　　D. 封建社会的经济

4. 从事一定职业的人们在其特定的工作或劳动中逐渐形成比较稳定的道德观念、行为规范和习俗，用以调节职业集团内部人们之间的关系以及职业集团与社会各方面的关系。这说明职业道德具有（　　）。

　　A. 时代性　　　　　　　　　　　B. 实践化
　　C. 职业性　　　　　　　　　　　D. 具体化和多样化

5. 职业道德形成的基础是（　　）。

　　A. 特定的阶级道德　　　　　　　B. 特定的职业实践
　　C. 一般的社会公德　　　　　　　D. 普遍的道德准则

任务二　了解保险代理人的职业道德

【任务描述】在本任务下，学生应熟悉保险代理人的职业道德内容。

【任务分析】在老师的指导下，学生了解保险代理人的职业道德内容，对保险代理人的职业道德的重要性形成初步认识，然后再回到课堂进行系统的理论学习，以完成本任务。

一、保险代理人的职业道德

近年来，在保险代理市场迅速发展的同时，也存在着部分保险代理从业人员职业道德缺失、执业行为不规范的现象。这些现象的存在，不利于保险业的诚信建设，不利于保险服务水平的提高，不利于保险业的长期健康发展。作为保险业诚信建设的重要组成部分，中国保监会在充分吸收业内外意见的基础上，制定并发布了《保险代理从业人员职业道德指引》（以下简称《指引》）。《指引》既广泛借鉴了保险市场发达国家的先进经验，又充分体现了我国保险业的实际情况，是我国保险代理从业人员最基本的行为规范，也是指导保险代理从业人员职业道德建设的纲领性文件。

《指引）对保险代理从业人员应当遵循的职业道德作出了原则性规定。其主体部分由 7 个道德原则和 21 个要点构成。这 7 个道德原则是：守法遵规、诚实信用、专业胜任、客户至上、勤勉尽责、公平竞争、保守秘密。这 7 个道德原则可视为《指引》的骨架；每个原则下的若干要点则可视为《指引》的具体内容。7 个道德原则之间不是孤立的，而是一个相互联系的有机整体。其中，守法遵规、专业胜任是基础，诚实信用是核心，客户至上、勤勉尽责、公平竞争、保守秘密这几条原则可视为诚实信用原则在不同方面的发展。

1. 守法遵规

对于任何一个行业的从业人员来说，守法遵规都是最基本的职业道德。这里的守法遵规，既不是"迫于约束"，也不是"瞑于刑罚"，而是一种"自觉"和"自律"。市场经济是规则经济、法治经济，在从事保险代理业务的过程中，如果不具备较高的规则意识和法律素质，就难以妥善处理各种经济关系和法律关系。作为保险代理从业人员，在执业活动中应从以下几个方面体现守法遵规。

（1）以《中华人民共和国保险法》为行为准绳，遵守有关法律和行政法规，遵守社会公德

首先，《中华人民共和国保险法》是我国保险业的基本法。《中华人民共和国保险法》对保险代理从业人员的基本行为规范作出了规定。保险代理从业人员是保险从业人员中一个

群体,《中华人民共和国保险法》对保险从业人员的约束也必然构成对保险代理从业人员的约束;其次,《中华人民共和国民法通则》和《中华人民共和国反不正当竞争法》等与保险代理相关的法律法规,保险代理从业人员也必须遵守。最后,遵守社会公德。社会公德是指适用于社会公共领域中的道德规范或者道德要求,其突出的特点是具有社会公共性质,是社会各个阶层、集团都应当遵循的共同道德要求。

(2) 遵守保险监管部门的相关规章和规范性文件,服从保险监管部门的监督与管理

我国的保险监管部门是指中国保险监督管理委员会及其派出机构。中国保监会根据国务院授权履行行政管理职能,依法统一监管中国保险市场。《中华人民共和国保险法》规定:国务院保险监督管理机构依照本法负责对保险业实施监督管理。其中提到的保险监督管理机构是指中国保险监督管理委员会。作为保险业的监管部门,中国保监会自1998年成立以来,制定了大量的规章和规范性文件,其中一些是与保险代理从业人员有关的,如《保险代理机构管理规定》《关于进一步落实保险营销员持证上岗制度的通知》等。

(3) 遵守保险行业自律组织的规则

保险行业自律组织包括中国保险行业协会、地方性的保险行业协会(同业协会)等。它是保险公司、保险中介机构或保险从业人员自己的社团组织,具有非官方性。其宗旨主要是:为会员提供服务,维护行业利益,促进行业发展。

保险行业自律组织对会员的自律体现在两个方面:

①通过组织会员签订自律公约,约束不正当竞争行为,监督会员依法合规经营,从而维护公平竞争的市场环境。

②依据有关法律法规和保险业发展情况,组织制定行业标准,如质量标准、技术规范、服务标准和行规行约,制定从业人员道德和行为准则,并督促会员共同遵守。

从规范对象来看,保险行业自律组织制定的自律规则可分为两类:一是规范机构会员行为的规则;二是规范从业人员行为的规则。后者对保险代理从业人员的行为起着直接的约束作用;而前者能通过规范机构会员的行为部分地起到间接规范从业人员行为的作用。

(4) 遵守所属机构的管理规定

所属机构按照内部单位的需要,制定出在本机构内部适用的准则即管理规定,规范其员工的行为,统一其行动的方向。保险代理机构的管理规定可以表现为员工守则、考勤制度、业务管理规定、财务制度等。

上述四个方面是层层递进的关系,保险监管部门的规章和规范性文件要以《中华人民共和国保险法》和其他法律、行政法规为依据;保险行业自律组织的规则要贯彻落实《中华人民共和国保险法》、保险监管部门的规范性文件;而从业人员所属机构则要依据《中华人民共和国保险法》、保险监管部门的规章和规范性文件以及自律组织的规则来制定、修改自己的管理规定。

2. 诚实信用

诚实信用是保险代理从业人员职业道德的灵魂。保险代理从业人员的中介作用使其成为联系保险人与投保人或被保险人的纽带,因而,保险代理人应对保险人和投保人或被保险人同时做到诚实信用。保险代理从业人员要以维护和增进保险代理、保险业的信用和声誉为重,以卓著的信用和良好的道德形象,赢得客户和保险人及社会的信任。

(1) 诚实信用应贯穿于保险代理人执业活动的各个方面和各个环节

无论是准客户的开拓,还是老客户的维持;无论是对投保人风险的分析与评估,还是为

被保险人设计投保方案；无论是方案的推介阶段，还是保单的签发与递送环节，保险代理人都应做到诚实信用。

①"永远真诚"应成为保险代理从业人员的行为准则。保险营销离不开感情的联络，但更需要情感的投入。保险代理人要以真诚的服务赢得客户的信赖。

②"一诺千金"是社会信誉的浓缩，保险业是遵守承诺的典型行业，保险单即是承诺书，保险责任系于一张保单上，所以保险经营的特殊性使得"其诺重千金"。因此，作为保险消费者的近距离接触者，保险代理人首先要"谨诺"，以保证保险人"践诺"。

③信任是处理各种关系的润滑剂。保险营销就是建立在客户与营销人员的相互信任基础上的。保险代理人员应以建立双方的友好关系为起点开展合作，以诚信之心赢得客户的信任。

（2）在执业活动中主动出示法定执业证件并将本人或所属机构与保险公司的关系如实告知客户

保险代理从业人员包括直接与保险公司签订代理合同从事代理业务的保险代理营销员，以及专业或兼业保险代理机构中从事代理业务的人员。他们在执业活动中应当首先向客户声明所属机构的名称、性质和业务范围，并主动出示《保险代理从业人员展业证书》或《保险代理从业人员执业证书》，而且还要明确告知与所属机构的关系。比如，保险营销员要讲明与保险公司之间的代理关系，而代理机构从业人员只需明确所属专业或兼业代理机构与保险公司之间的关系即可。这样既符合保险代理从业人员的行为规范，又可以取得客户的信任。

（3）客观、全面地向客户介绍有关保险产品与服务的信息，不误导客户；如实告知所属机构与投保有关的客户信息

此条规定也是代理从业人员如实告知义务的主要内容。实务中这种如实告知义务可以分为两个方面：

①代理从业人员对客户的如实告知义务，这也是如实告知义务的主要方面。由于保险产品的无形性和保险合同条款的专业性、复杂性，投保人一般希望从保险代理人那里获取更专业、更准确的信息，以作出科学的投保决策，所以，保险代理人应"客观、全面地向客户介绍有关保险产品与服务的信息"。

②代理从业人员对所属机构的如实告知义务。由于保险经营的特殊性，投保人比保险人更清楚自身以及被保险人的实际情况，代理从业人员深入了解这些情况并把会影响保险人作出重大决定的信息如实告知所属机构，将有利于保险人更好经营。

倘若保险代理从业人员不诚信，将直接损害客户的利益，最终也将损害保险人的信誉及长远利益。

（4）向客户推荐的保险产品应符合客户的需求，不强迫或诱导客户购买保险产品

当客户拟购买的保险产品不适合客户需要时，应主动提示并给予适当的建议。

①在开发客户的时候，应该以客户的实际情况及需求为导向，推荐适当的产品。不能因为代理销售产品的手续费高低等原因而有选择地向客户推荐，更不能强卖骗卖。

②由于保险产品的复杂性和技术性，有些客户会因为不够了解而选择不符合自身情况的产品，这个时候，代理从业人员应从维护客户利益的角度出发，主动提醒客户并给予适当的建议，以更好地体现保险的价值。

3. 专业胜任

一些特殊职业,要求其从业人员具备特殊的职业素质。作为一名保险代理从业人员,是否具备保险代理的特殊职业素质,能否胜任保险代理的专业性要求,主要是考察其保险公估代理的专业技能。具体要求如下:

(1) 执业前取得法定资格并具备足够的专业知识与能力

鉴于保险产品的特殊性,各国法律一般规定,保险代理从业人员应具备法律规定的条件,经过考核或政府主管部门的批准方能取得保险代理从业资格。我国对于保险代理从业人员同样也实行资格认证制度。其首先应当通过中国保监会统一组织的保险代理从业人员资格考试,并向保险监管部门申请领取《保险代理从业人员资格证书》;然后取得有关单位根据《保险代理从业人员资格证书》核发的《保险代理从业人员展业证书》或者《保险代理从业人员执业证书》之后,才能进行执业。

保险及其产品的特殊性,要求保险代理从业人员首先要有扎实的基础知识,如基础文化知识、政策法规基础知识等;其次要有精熟透彻的保险专业知识、保险法律知识、保险专门知识等;第三,要有广博的与保险相关的专业知识,如投资理财、风险管理、医疗知识等。但是,仅有丰富的知识还不够,还要能够把专业知识运用于保险代理的实践中去,指导和提升自己的实践活动,增强解决实际问题的能力。这些能力包括:风险识别与分析和评估的基本技能、理财方案的策划与设计能力、把握市场的能力、客户关系管理的能力、公关交际能力、开拓创新能力等。

(2) 在执业活动中加强业务学习,不断提高业务技能。

科学研究表明,在现代社会,一个员工的知识,只有10%是靠正规学校教育给予的,而其余90%则是靠工作实践获得的。

保险代理从业人员要善于从实践中不断获取新的知识,在执业活动中不断加强业务学习,以不断提高业务技能。"纸上得来终觉浅,绝知此事要躬行。"保险代理从业人员通过业务实践,有意识地检验自己的知识水平和知识结构,对自己的工作作出合乎实际的估价,发扬优点,修正错误;同时,通过实践直接学习,从实践中汲取丰富的知识营养,完善自己的知识结构。

(3) 参加保险监管部门、保险行业自律组织和所属机构组织的考试和持续教育,使自身能够不断适应保险市场的发展

知识经济的快速多变性决定了保险代理从业人员必须坚持终身学习,才能与时俱进。保险代理从业人员在执业之前取得的《保险代理从业人员资格证书》仅仅是一个基本资格。许多国家在基本资格的基础上又设定了分级分类的资格考试,每一级资格的取得,就是对保险代理从业人员更高专业技能的认可。我国这一体系目前正在酝酿建设中,保险代理从业人员可以通过参加这类考试而不断提高业务素质和技能。另外,保险代理从业人员还要善于通过接受教育不断更新知识,不断提高业务素质和技能。因此,在做好本职工作的前提下,保险代理从业人员还应争取受教育的机会,通过学历教育、岗位培训等途径,接受再教育,掌握最新的文化基础知识和保险业动态,使自己能够适应不断发展与变化的保险业需要。

4. 客户至上

保险业有句名言:"保险是卖出去的。"通常保险都是处于买方市场,服务意识对于保险营销至关重要。通过服务,可以增加保险的附加值,建立良好的企业形象,达到客户与公

司利益的双赢。客户至上这一道德规范，是保险代理从业人员正确处理与客户之间关系的基本准则。

（1）为客户提供热情、周到和优质的专业服务

保险业是服务性行业，客户购买保单也就意味着购买了保险服务。从18世纪第一张保险单售出开始，保险公司就开始为客户提供服务。

1）要保持热情的服务态度

坚持"三声服务"，即顾客进门有迎声，顾客问话有应声，顾客出门有送声；平等对待每一位客户，做到生人熟人一样热情，大小客户一样欢迎，忙时闲时一样耐心。

2）服务要周到

保险代理人在保险营销过程中，提供的是一种顾问式服务，即站在客户的角度换位思考客户的保险需求，多问"如果我是客户，我会怎样"。要善于发现问题，更要善于解决问题。

3）服务要优质

优质的客户服务并不是通过服务给人印象如何深刻、如何个性化来测定的，而是通过服务满足客户期望的高低来测量的；优质的服务质量也不是由公司来想象的，而是由客户来认可的。只要客户不认可，就不是优质的服务。研究并发现客户的需求，缩小甚至消除服务缺口。在保险代理活动中，从业人员要"想保户所想，急保户所急，谋保户所需"，从而达到提供优质服务的目的。

（2）不影响客户的正常生活和工作，言谈举止文明礼貌，时刻维护职业形象

在社会上，人们对代理从业人员不分时间、地点的推销行为意见很大，认为这种行为干扰了其正常的生活。作为与客户打交道的代表，保险代理从业人员的举止言行不仅代表保险公司，而且代表整个保险行业的形象。所以，应以高度负责的精神来塑造和维护保险业的形象。这就要求保险代理人"言谈举止文明礼貌，时刻维护职业形象"；禁用服务忌语，语言要亲切自然，不得冷漠；在客户面前应避免不礼貌的行为，积极主动回应客户的抱怨。

（3）在执业活动中主动避免利益冲突

在利益冲突不能避免时，应向客户或所属机构作出说明，确保客户和所属机构的利益不受损害。

5. 勤勉尽责

（1）秉持勤勉的工作态度，努力避免执业活动中的失误

保险代理从业人员应立足于本职岗位，积极尽职，秉承勤奋认真的工作态度，把职业理想与平凡的日常工作结合起来创造优异绩效。当每个个体均能以苦干、实干和创造性劳动态度做到干一行、爱一行、钻一行、专一行，并勇于开拓创新时，整个职业团体就会迸发出无穷无尽的物质力量，创造出一流的业绩。

（2）忠诚服务，不侵害所属机构利益；切实履行对所属机构的责任和义务，接受所属机构的管理

保险代理从业人员应忠诚服务于所属的代理机构。

①忠诚服务要求保险代理从业人员忠实于所属机构的经营理念。经营理念不仅是一个公司昭示于社会公众的一个标志，而且也是全体员工的行为准则。只有忠实于公司的经营理念，员工的行为才有指南，不至于偏离方向。

②忠诚服务于所属机构。要求保险代理从业人员尽到自己的责任和义务。责任感是以道德感为基础的，是一种对自己应负责任的义不容辞的情感。当人承担了应尽的责任时，就会体验到满意、喜悦、自豪的情感。

③忠诚服务要求保险代理从业人员接受所属机构的管理。

（3）不挪用、侵占保费，不擅自超越代理合同的代理权限或所属机构授权

代理从业人员代收保费以及代付赔款是一种经常的现象，是属于代理权限内容的。但在实际的操作中，也会出现个别代理从业人员挪用、侵占、截留、滞留保费或者赔款的行为。保险代理从业人员的代理权限均源自所属机构的授权。他们只有严格遵守授权的义务，却无擅自更改的权力。也就是说，保险代理从业人员必须严格地按照代理合同或所属机构的授权进行执业，准确地根据所代理的业务条款进行宣传和解释，并根据所规定的实务手续进行操作。在遇到某些特殊情况需要超越代理权限的，要经过所属机构的许可。

6. 公平竞争

竞争是商品生产和交换的一般规律，在保险市场上也存在着激烈的竞争。保险竞争的主要内容包括服务质量的竞争、业务的竞争、价格的竞争，等等。由于保险业经营的特殊性，要求保险业的同业竞争以促进保险业的稳健发展、保护被保险人利益为目标，反对各种不正当竞争。竞争作用的正常发挥，需要一种公平交易的秩序，需要形成公平的竞争环境。只有公平竞争，才能使价值规律充分发挥作用。保险代理从业人员公平竞争的职业道德的具体要求如下：

（1）尊重竞争对手，不诋毁、贬低或负面评价其他保险公司、其他保险中介机构及其从业人员

保险代理从业人员应当在我国法律允许的范围内，在相同的条件下开展保险代理业务的竞争。正当的竞争应该是竞相向客户提供物美价廉的产品和优质的服务。那些诋毁、贬低或负面评价同行的行为，是一种损人利己的不道德行为，是一种不正当竞争行为，将会造成保险市场秩序的混乱，影响我国保险业的健康发展。

（2）依靠专业技能和服务质量展开竞争

竞争手段要正当、合规、合法，不借助行政力量或其他非正当手段开展业务，不向客户给予或承诺给予保险合同以外的经济利益。

依《中华人民共和国反不正当竞争法》的规定：不正当竞争行为是指损害其他经营者的利益，扰乱社会经济秩序的行为。保险代理实践中的各种不正当竞争行为不仅危及保险代理秩序，损害各方当事人的合法权益，有损保险业界的形象，甚至可能导致保险业的盲目竞争，直接危及保险公司的生存能力。

（3）加强同业人员间的交流与合作，实现优势互补、共同进步

保险代理从业人员是一个特殊的群体，群体内部团结和谐，凝聚力就强，同业之间就可以优势互补，就会产生一种整体协同效应，这种效应远远大于其部分之和。但是，如果个体间相互损耗，力量也就相互抵消，反而产生负效应。因此，保险代理从业人员在从事保险代理业务时，要加强同业人员间的交流与合作，保持融洽和谐的合作关系。

7. 保守秘密

保守秘密是保险代理从业人员的一项义务。《指引》只是指出了这项义务的两个指向：一是对客户；二是对所属机构。《保险代理从业人员执业行为守则》对此有更详细的规定。

【任务实施】

将全班同学分为每组5~7人的小组，每组设计一份有关保险人员的职业调查问卷，依据保险人员职业调查问卷，展开市场调查，并撰写保险人员职业调查分析报告。

同步测试

一、名词解释

1. 保险代理人

2. 保险代理人职业道德

二、简答题

1. 简述保险代理人职业道德内容。

2. 保险从业人员应该怎样竞争？

三、单项选择题

1. 从本质上看，保险代理从业人员的（　　）是保险代理从业人员在履行其职业责任、从事保险代理过程中逐步形成的、普遍遵守的道德原则和行为规范，是社会对从事保险代理工作的人的一种特殊道德要求，是社会道德在保险代理职业生活中的具体体现。

A. 展业须知　　　　　　B. 代理行规　　　　　　C. 职业道德　　　　　　D. 职业规范

2. 在市场经济条件下，职业道德建设的主要内容应适应（　　）的要求。

A. 重义忘利　　　　　　　　　　　　B. 追逐利润

C. 计划经济运行　　　　　　　　　　D. 市场经济运行

3. 各种职业对从业人员的道德要求，总是从本职业的活动和交往的内容及方式出发，适应于本职业活动的客观环境和具体条件。因此职业道德的表现形式呈现出（　　）。

A. 职业化和具体化　　　　　　　　　B. 具体化和条件化

C. 具体化和多样化特点　　　　　　　D. 客观化和多样化

4. 保险代理从业人员职业道德缺失、执业行为不规范的现象的存在，不可能造成的影响是（　　）。

A. 不利于保险业的诚信建设，　　　　B. 不利于保险服务水平的提高，

C. 不利于保险业的长期健康发展。　　D. 增加某些保险公司的经营利润

5. 保险代理从业人员应当遵循的职业道德主要有7条，包括：守法遵规、诚实信用、专业胜任、客户至上、勤勉尽责、公平竞争、保守秘密，其中核心的一条是（　　）。

A. 守法遵规　　　　　B. 诚实信用　　　　　C. 专业胜任　　　　　D. 客户至上

同步测试参考答案

模块一 保险基础知识

项目一 风险与风险管理

任务一 认识风险

一、名词解释（略）

二、简答题（略）

三、单项选择题

1. C 2. A 3. B 4. C 5. D 6. B 7. A 8. D 9. A 10. D

四、多项选择题

1. ABC 2. ACD 3. AB 4. ABC

任务二 管理风险

一、名词解释（略）

二、简答题（略）

三、单项选择题

1. C 2. B 3. A 4. A 5. C 6. B 7. D 8. D 9. B 10. A

四、判断题

1. × 2. × 3. ×

项目二 保险

任务一 认识保险

一、名词解释（略）

二、简答题（略）

三、单项选择题

1. C 2. A 3. B 4. A 5. D 6. D 7. C

四、多项选择题

1. ABCDE 2. ABCDE 3. ABCD 4. ADE

五、判断题

1. √ 2. √ 3. √

任务二 区分不同的保险

一、名词解释（略）

二、简答题（略）

三、单项选择题

1. C 2. A 3. A 4. C 5. B 6. C 7. B 8. D 9. A

四、多项选择题

1. ABDE　2. ABCDE　3. ABCE

五、判断题

1. ×　2. ×　3. ×　4. √　5. √　6. ×　7. ×

任务三　认识保险的职能

一、名词解释（略）

二、简答题（略）

三、单项选择题

1. D　2. A　3. B　4. D　5. A

四、多项选择题

1. ABC　2. AB　3. ABCD

五、判断题

1. √　2. √　3. ×

任务四　了解保险的产生与发展

一、名词解释（略）

二、简答题（略）

三、单项选择题

1. B　2. D　3. A　4. D　5. A　6. B　7. A　8. A　9. B　10. C

四、多项选择题

1. CDE　2. ABC

五、判断题

1. √　2. √　3. √　4. ×　5. ×

项目三　保险市场与保险监管

任务一　认识保险市场

一、名词解释（略）

二、简答题（略）

三、单项选择题

1. B　2. C　3. A　4. B　5. B

四、多项选择题

1. ABC　2. ABCD　3. ABCD

五、判断题

1. √　2. ×　3. ×　4. √

任务二　分析保险市场的需求与供给

一、名词解释（略）

二、简答题（略）

三、单项选择题

1. B　2. A　3. A　4. A

四、多项选择题

1. ABD　2. ABC　3. AB

五、判断题
1. × 2. × 3. √

任务三 了解保险中介
一、名词解释（略）
二、简答题（略）
三、单项选择题
1. A 2. C 3. C 4. A
四、多项选择题
1. ABCD 2. ABCD 3. ABC 4. ABC
五、判断题
1. × 2. × 3. √ 4. √

任务四 认识保险监管
一、名词解释（略）
二、简答题（略）
三、单项选择题
1. C 2. B 3. B 4. B 5. C
四、多项选择题
1. ABCD 2. ABD 3. ACD 4. ABC
五、判断题
1. √ 2. × 3. × 4. √

任务五 监管保险市场
一、简答题（略）
二、单项选择题
1. B 2. B 3. B 4. A 5. C 6. A 7. D 8. C
三、多项选择题
1. ABCD 2. AB 3. ABCD 4. ABCD 5. AB 6. ABC
四、判断题：
1. × 2. × 3. × 4. √ 5. √ 6. √

模块二　保险实务

项目四　保险合同

任务一　认识保险合同
一、名词解释（略）
二、简答题（略）
三、单项选择题
1. C 2. C 3. A 4. C
四、多项选择题
1. CD 2. CD 3. AB

五、判断题

1. √ 2. × 3. √ 4. √ 5. × 6. ×

任务二　分析保险合同要素

一、名词解释（略）

二、简答题（略）

三、单项选择题

1. B 2. A 3. B 4. D 5. A 6. D 7. D 8. B

四、多项选择题

1. ABCE 2. ACD 3. ABC 4. ABCD 5. ABDE 6. AE

五、判断题

1. √ 2. × 3. × 4. × 5. × 6. √

任务三　订立与履行保险合同

一、名词解释（略）

二、简答题（略）

三、单项选择题

1. C 2. D 3. C 4. C 5. C

四、多项选择题

1. ABCD 2. ABCDE 3. AB 4. ADE 5. CD

任务四　变更、中止及终止保险合同

一、名词解释（略）

二、简答题（略）

三、单项选择题

1. D 2. A 3. A 4. B 5. A

四、多项选择题

1. ABCDE 2. AC 3. BC 4. ABCDE

五、判断题

1. × 2. √

任务五　解释保险合同及处理争议

一、名词解释（略）

二、简答题（略）

三、单项选择题

1. A 2. B 3. A 4. B

四、多项选择题

1. ABCE 2. BCD

项目五　保险基本原则

任务一　运用最大诚信原则

一、名词解释（略）

二、简答题（略）

三、单项选择题

1. B 2. D 3. C 4. C 5. A 6. A 7. B

四、多项选择题

1. AD 2. CD 3. ABCE

五、判断题

1. √ 2. √

任务二 运用保险利益原则

一、名词解释（略）

二、简答题（略）

三、单项选择题

1. A 2. C 3. C 4. A 5. D 6. C 7. C 8. B 9. B

四、多项选择题

1. ACD 2. AC 3. ABCD 4. BCD

五、判断题

1. × 2. √ 3. √

六、案例分析题

保险公司理赔300万元。

任务三 运用损失补偿原则

一、名词解释（略）

二、简答题（略）

三、单项选择题

1. A 2. A 3. C 4. D 5. D 6. C 7. C

四、多项选择题

1. ABC 2. AB 3. BDE 4. ACD 5. ABCD 6. AB

五、判断题

1. × 2. × 3. √

六、计算题

1. 发生损失，保险公司共计赔偿80万元。按照重复保险分摊理赔，甲公司赔偿金额为20万（80×50/200）；乙公司赔偿60万。

2. 损失金额为60万，所以保险公司理赔金额为60万。

（1）比例责任分摊法：

甲公司承担赔款60×50/150＝20（万）；

乙公司承担赔款60×100/150＝40（万）。

（2）限额责任分摊法：

在没有重复保险的情况下，甲公司应赔偿50万元，乙公司应赔偿60万元。

所以，现在甲公司应承担：60×50/110＝27.27（万）；

乙公司应承担：60×60/110＝32.73（万）。

（3）顺序责任分摊法：甲公司50万元，乙公司10万元。

任务四 运用近因原则

一、名词解释（略）

二、简答题（略）

三、单项选择题

1. C 2. A 3. C 4. D 5. A

四、多项选择题

1. ADE 2. ABCD

五、判断题

1. × 2. × 3. √

六、计算题

1. 货物丢失的近因是车厢被撬，直接损失的 7 000 元近因是保温棉被掀开。C 和 D 保险公司都是就运输方面进行保险理赔，所以应该理赔那丢失的 100 箱损失，价值 90000/5000 × 100 = 1 800（元）。按照重复保险分摊来赔偿，C 公司理赔 1 800 × 0.75 = 1 350（元）；D 公司理赔 1 800 × 0.25 = 450（元）。

2. 保险公司可以不予理赔。因为死者的死亡近因是肺炎，而投保内容是意外伤害，所以保险公司可以不赔偿。

3. 保险公司应赔偿员工甲 10 万元，员工甲身体健康，造成死亡的近因是车祸；赔偿员工乙意外伤害医疗费用约 5 万元，因为乙的死亡近因是心肌梗死，不属于人身意外险死亡的赔偿条件。

项目六　保险公司业务经营

任务一　保险展业

一、简答题（略）

二、单项选择题

1. A 2. D 3. A 4. B 5. C 6. B

三、多项选择题

1. ABCD 2. ABC

任务二　保险承保

一、简答题（略）

二、单项选择题

1. D 2. C 3. B 4. B 5. A

三、多项选择题

1. ABCD 2. ABCD 3. ABCD

四、判断题

1. √ 2. ×

任务三　保险理赔

一、简答题（略）

二、单项选择题

1. A 2. C 3. B 4. C 5. D 6. D

三、多项选择题

1. BCD 2. AC

四、判断题

1. ×　2. √　3. ×　4. ×　5. √

任务四　保险客户服务

一、简答题（略）

二、单项选择题

1. C　2. D　3. A　4. C

三、判断题

1. ×　2. ×　3. ×　4. √

任务五　保险投资

一、简答题（略）

二、单项选择题

1. D　2. C　3. A　4. B　5. B　6. A　7. D

三、多项选择题

1. ABCD　2. ABCD　3. ABCD　4. AB　5. ABC

四、判断题

1. ×　2. √　3. ×

任务六　再保险

一、简答题（略）

二、单项选择题

1. A　2. A　3. A　4. C

三、多项选择题

1. AB　2. ABC　3. ABCD

项目七　财产保险

任务一　认识财产保险

一、名词解释（略）

二、简答题（略）

任务二　认识财产损失保险

一、名词解释（略）

二、简答题（略）

三、单项选择题

1. C　2. D　3. A　4. C　5. B　6. D　7. C　8. D　9. D　10. B
11. A　12. C　13. B　14. A　15. C　16. C　17. A　18. B　19. C　20. B
21. C　22. A　23. C　24. A　25. D　26. D　27. B

四、多项选择题

1. BDE　2. ABCDE　3. ABD　4. ABC　5. ABD　6. ABD　7. ABCD
8. ABCD　9. CD　10. ABD　11. BD　12. ABC　13. BD　14. ABCD
15. BCD　16. ABD　17. BCD　18. AB　19. ACD　20. AD

五、计算题

（1）因为采用了绝对免赔率，当保险事故损失小于免赔额，即 $100 \times 5\% = 5$（万元）

时，保险人不负责赔偿，所以，在家庭财产损失 2 万元时，不赔偿。

（2）因为采用了绝对免赔率，当保险事故损失大于免赔额，即 8 万元时，保险人承担的赔偿责任等于实际损失减去免赔额后剩余的差额，所以，保险公司只赔 3 万元。

（3）因为采用了相对免赔率，当保险事故损失大于免赔额，即 8 万元时，保险公司负责赔偿。所以当家庭财产损失 8 万元时，保险公司赔偿 8 万元。

任务三　认识责任保险

一、名词解释（略）

二、简答题（略）

三、单项选择题

1. D　2. C　3. C　4. A　5. B　6. C　7. C　8. B　9. C　10. C

四、多项选择题

1. BC　2. ACD　3. ABC　4. BD　5. ABCD　6. ABCD

五、判断题

1. ×　2. ×　3. ×　4. √　5. √

任务四　认识信用保险和保证保险

一、名词解释（略）

二、简答题（略）

三、单项选择题

1. C　2. A　3. B　4. C　5. B　6. B　7. C

四、判断题

1. ×　2. ×

项目八　人身保险

任务一　认识人身保险

一、名词解释（略）

二、简答题（略）

三、单项选择题

1. C　2. A　3. B　4. D

四、多项选择题

1. ABC　2. BCDE

五、判断题

1. ×　2. ×

任务二　认识人寿保险

一、名词解释（略）

二、简答题（略）

三、单项选择题

1. D　2. B　3. C　4. C　5. B　6. A　7. A　8. D　9. C　10. C

四、案例分析题

1.（1）这份保险合同有效。理由如下：刘辉具有投保人的资格，可以作为该合同的当事人。《保险法》第 12 条规定：投保人对保险标的应当具有保险利益。保险利益是指投保人对保险标的具有的法律上承认的利益。从本案来看，刘辉在投保时与其岳父的关系，属于法律上规定的有赡养关系的家庭成员，即对其岳父是有保险利益的。虽然，刘辉后来离了婚，与其前妻之父不再有赡养关系，但刘辉征得被保险人李富国同意，可以继续作为投保人为其投保。因此，这份保险合同在离婚后继续有效。

（2）刘辉完全履行了保险合同规定的义务。刘辉签定了合同，按照合同的要求，按期交纳保费，尽管保险期间婚姻关系发生了变化，导致了亲属关系的改变，但其义务的履行从未间断，直至被保险人病故。刘辉既然履行了义务，保险公司也应该履行自己的义务，即给付保险金。

（3）这笔保险金应给刘华。刘华是被指定为这笔保险金的唯一受益人，只有他才享有保险金请求权。虽然刘华是保险金的合法所有人，但是因其未满10周岁，属民法中规定的无民事行为能力人，这笔保险金应由其监护人保管。

2. 年龄误告条款规定：如果被保险人在投保时误报年龄，保险合同并不因此而失效，但保险人可以根据被保险人的真实年龄对保险合同予以调整。

调整1：退还多交保险费：$(35.59 - 31.89) \times 5 = 18.5$（元）

调整2：调整保险金额：实际给付的保险金＝保额×实际缴纳保费/应该缴纳的保费
$5\,000 \times 35.59/31.89 = 5\,580$（元）

3. （1）本案中，虽然投保单是保险公司营销员代为填写的，但该投保单中的内容经过投保人亲笔签名确认，投保人作为一个具有完全民事行为能力的人，应该对投保单内容的真实性负责，并承担相应的法律责任。投保人在投保单的告知栏里否认被保险人投保前曾经患病，而事实上被保险人李某投保前就曾5次因帕金森氏综合征和脑动脉硬化症等多种疾病住院治疗，因此投保人违反如实告知义务是毫无疑问的。

（2）《保险法》规定，如果保险人采用书面形式询问的，投保人也必须以书面告知形式履行告知义务，否则就是无效的。本案中，保险公司是以投保单的书面形式对投保人和被保险人的有关情况进行讯问的，投保人履行告知义务也应以书面为准。所以，刘某诉称其已经口头告知营销员被保险人曾经患病，并不能证明其履行了如实告知义务，因而无法得到法院的认可。

（3）假设按照投保人刘某的观点，是营销员甲的失职，保险公司需要对营销员的行为承担责任，对投保人做出赔付。那实践中可能无法杜绝这种现象：投保人和营销员合谋，或者营销员为了追求业绩，故意引诱投保人或被保险人不如实告知，甚至投保人或被保险人告知而营销员不予重视。

（4）保险营销员甲在投保人口头告知其以往"病史"的情况下，没有足够重视，替投保人填写投保单的行为亦不规范，应当承担一定的责任，本案中，保险人不能以"故意不如实告知"为由，拒绝退还投保人所缴纳的保费。

［本案启示］

（1）投保人在投保时，一定要仔细阅读投保单，如实告知，这样才能真正发挥保险的保障功能。

（2）为了避免不必要的纠纷，建议在投保单及其他告知问卷上明确提示客户，一切告知均以书面为准，其他形式的告知均属无效。

4. 复效条款是指人寿保险合同因投保人不按期缴纳保险费失效后，自失效日起的一定时期内（一般是两年），投保人可以向保险人申请复效，经保险人审查同意后，补缴失效期间的保险费及利息，保险合同即行恢复效力。

自杀条款则指在保险合同生效后的一定时期内（一般是一年或三年），被保险人的自杀属于除外责任，保险人不给付保险金，仅退还所缴保险费；而保险合同生效满一定时期后被保险人自杀死亡，保险人要承担保险责任，按照约定的保险金额给付保险金。本案中王某在1999年5月补缴了拖欠的保险费及利息，合同复效。而且王某自杀身亡，涉及自杀条款的问题。

我国《保险法》规定：以死亡为给付保险金条件的保险合同，自成立之日起满两年后，如果被保险人自杀，保险人可以按照合同给付保险金。另外，《保险法》第59条规定：合同效力中止之日起两年内，经保险人与投保人协商并达成协议，在投保人补交保险费后，合同效力恢复（即复效）。那么，复效合同的自杀条款效力究竟是从合同成立日算起，还是从复效日算起呢？对此，《保险法》并未作出明确规定。但《保险法》第31条规定：对于保险合同的条款，保险人与投保人、被保险人或者受益人有争议时，人民法院或者仲裁机关应当作有利于被保险人和受益人的解释。既然《保险法》和合同均未对复效保单的自杀条款起算日作出规定，就应该认为复效合同的自杀条款效力从合同成立日算起，以切实维护被保险人和受益人的合法权益。

合同效力的"中止"不同于"终止"，"中止"仅仅是合同效力的暂时中断而非永久性失去效力。当投保人与保险人达成协议并补交了保费及利息后，合同效力恢复。根据《合同法》的相关原理，所有原条款包括自杀条款在内，在没有特别约定的情况下，其效力应该回溯到原始状态（即合同成立之日），因此将自杀条款的效力起算日延后，是不合理和显失公平的。

综上，保险公司应以合同的成立日而非复效日为合同效力的起算日，因此应该负赔偿责任。

任务三　认识人身意外伤害保险

一、名词解释（略）

二、简答题（略）

三、单项选择题

1. A　2. A　3. A　4. C　5. D　6. C

四、多项选择题

1. ABCDE　2. ABC　3. ABC　4. ABCD　5. AB　6. ABCDEF

五、判断题

1. √　2. √　3. ×　4. ×　5. ×　6. ×　7. ×

六、案例分析题

1. 被保险人死亡后果与意外摔伤并无直接必然的因果联系，是病死，是其体内存留的结核杆菌感染伤口，扩散至颅及肾而死亡的。疾病死亡不属于"意外保险"的保险范围，所以保险人不承担保险责任。

2. 因为意外伤害是指外来的、突发的、非本意的、非疾病的使身体受到伤害的客观事件。在本案中，对被保险人来说，完全是一种外来的、突然的、不能预料的客观事件，符合意外伤害的定义和特征，属于保险公司承担保险责任的范围。同时，《保险法》规定：投保人、受益人故意造成被保险人死亡、伤残或者疾病的。保险人不承担给付保险金的责任。投保人已交足2年以上保险费的，保险人应当按照合同约定向其他享有权利的受益人退还保险单的现金价值。受益人故意造成被保险人死亡或者伤残的，或者故意杀害被保险人未遂的，丧失受益权。因此，保险公司是否承担保险责任，需要确定其妻张某是否为受益人。在《保险法》中受益人均是指定的，不存在法定受益人的概念，因此，应认定被保险人把受益人填写为"法定"是无效的，等同于未指定。所以，其妻张某不是受益人，保险公司应承担保险责任。但保险金应作为被保险人的遗产，由被保险人的继承人申领。

3.（1）李某死亡的近因属于意外伤害，属于意外伤害保险的保险责任，因此李某的家人只能领到2万元的保险金。

（2）对王某的10万元赔款，应全部归李某的家人所有，因为人身保险不适用于补偿原则。

任务四　认识健康保险

一、名词解释（略）

二、简答题（略）

三、单项选择题

1. D　2. D　3. B　4. C　5. D　6. A　7. A　8. B　9. A　10. A

四、多项选择题

1. ABCD　2. ABD　3. ACD　4. ABC

五、判断题

1. ×　2. √　3. √　4. ×　5. ×　6. ×

六、案例分析题

1. 医疗费用类保险的目的是弥补伤害，如果想要靠多份保险而获得多倍保险赔付，超过实际损失金额是不可能的。在实际理赔中，通常会先扣除社会保险的金额，对余下部分进行理赔。为避免重复理赔，受益人在申请时必须提供收据正本，而非复印件。周小姐在B公司无法理赔，就是因为无法出具证明文件。

其实，周小姐如果想要提高保险金额，可以选择补贴型的住院医疗保险，以每日50元或100元进行补贴。这样就不会产生不当利益，也没有重复投保。

2. 本案是因医疗费用能否重复报销所引起的争议和纠纷。作为保险消费者，在投保前应明白保险合同约定的权利及义务，医疗保险的原理和相关法律规定也应有所了解，以保障自己的合法权益。

（1）医疗费用不能重复报销。

医疗保险是健康保险中的一种，是以保险合同约定的医疗费用支出提供保障的保险。医疗保险按照保险金的给付性质分为费用补偿型医疗保险和定额给付型医疗保险。

根据中国保监会《健康保险管理办法》第4条规定，费用补偿型医疗保险的给付金额不得超过被保险人实际发生的医疗费用金额。根据该规定，费用补偿型医疗保险应遵循补偿原则，不论被保险人投保了几份医疗保险，医疗费用只能报销一次，这样可以防止道德风险的发生，防止被保险人因保险而获取不当利益。因此，若多投保了费用补偿型医疗保险，医疗费用并不能重复报销。例如，某人既投保了社会保险，又投保了保险公司的医疗保险，因住院实际发生医疗费用为3 800元，如社会保险已经报销或承担了3 420元，则保险公司仅就其未报销的部分 380 元按照合同的约定承担责任，而对其已经报销的部分 3 420 元，不承担责任，如果保险公司再次重复报销，其就会因保险而获取不当利益，这违背了保险的原理。

在定额给付型医疗保险中，是按照合同约定的数额给付保险金的，因而与实际发生的医疗费用没有关系，被保险人只要证明已经发生了合同约定的医疗行为，不论医疗费用的数额是多少，保险公司都会按照合同约定的数额给付保险金，因此，在定额给付医疗保险中，并不存在医疗费用能否重复报销的问题。在保险实务中，常见的定额给付型医疗保险为住院津贴或补助等。

（2）费用补偿型医疗保险不要重复购买。

由于费用补偿型医疗保险应遵循损失补偿原则，给付金额不得超过被保险人实际发生的医疗费用，因而作为消费者，在购买医疗保险时，首先应区分医疗保险的性质。若是费用补偿型医疗保险，已经投保了社会保险或享有公费医疗以及已经投保了其他保险公司的费用补偿型医疗保险的，没有必要再去投保费用补偿型医疗保险，重复投保，只会花冤枉钱，建议可以考虑投保定额给付型医疗保险，如针对住院或手术津贴、补助等设立的险种。

为了保护被保险人的利益，《健康保险管理办法》第 29 条规定，保险公司销售费用补偿型医疗保险，应当向投保人询问被保险人是否拥有公费医疗、社会医疗保险和其他费用补偿型医疗保险的情况。保险公司不得诱导被保险人重复购买保障功能相同或者类似的费用补偿型医疗保险产品。保险公司违反此规定的，应承担相应的法律责任。因此，若本案中王某投诉情况属实，张某承诺"医疗费用能重复报销"的行为应构成误导，该保险公司及张某应承担法律责任。

模块三　保险职业道德

项目九　保险职业道德

任务一　了解保险职业道德

一、名词解释（略）

二、简答题（略）

三、单项选择题

1. A　2. B　3. A　4. C　5. B

任务二　了解保险代理人的职业道德

一、名词解释（略）

二、简答题（略）

三、单项选择题

1. C　2. D　3. C　4. D　5. A

参 考 文 献

[1] 何惠珍. 保险基础 [M]. 北京：科学出版社，2010.
[2] 刘连生. 保险原理与实务 [M]. 北京：中国人民大学出版社，2008.
[3] 王明梅. 保险理论与实务 [M]. 厦门：厦门大学出版社，2008.
[4] 邢运凯. 保险职业道德修养 [M]. 北京：中国金融出版，2008.
[5] 何惠珍. 保险理论与实务 [M]. 北京：高等教育出版社，2009.
[6] 付荣辉. 保险原理与实务 [M]. 北京：清华大学出版社，2010.
[7] 林秀清. 保险理论与实务 [M]. 北京：北京理工大学出版社，2010.
[8] 徐昆. 保险理论与实务 [M]. 北京：北京师范大学，2010.
[9] 张建军. 保险理论与实务 [M]. 西安：西安电子科技大学出版社，2013.
[10] 肖举萍，黄素. 保险实务 [M]. 北京：高等教育出版社，2014.
[11] 姜亚玲，王国龙. 保险学原理与实务 [M]. 北京：北京邮电大学出版社，2014.
[12] 梁涛，南沈卫. 保险实务 [M]. 北京：中国金融出版社，2012.
[13] 段文军. 保险学概论 [M]. 成都：西南财经大学出版社，2009.
[14] 李民. 保险原理与实务 [M]. 北京：高等教育出版社，2015.
[15] 李国义. 保险概论（第4版）[M]. 北京：高等教育出版社，2014.
[16] 项俊波. 保险基础知识 [M]. 北京：中国财政经济出版社，2013.
[17] 于光荣. 保险理论与实务 [M]. 北京：北京理工大学出版社，2013.
[18] 中华人民共和国保险法（2015年修订）.